新工科暨卓越工程师教育培养计划电子信息类专业系列教材

丛书顾问/郝　跃

XINHAO YU XITONG

信号与系统

U0172173

■ 主　编/李开成

华中科技大学出版社
http://www.hustp.com
中国·武汉

内 容 简 介

本书系统介绍了信号与线性时不变系统的基本理论与分析处理方法。第1章介绍连续时间信号与离散时间信号,信号在时域里的变换,系统的性质;第2章介绍线性时不变系统的时域分析,包括利用经典法求解连续时间系统微分方程和离散时间系统差分方程,递推法求解差分方程,利用差分方程求解微分方程,信号的卷积计算,系统的卷积分析与求解;第3章介绍信号的傅里叶级数,傅里叶变换与反变换,信号的抽样及抽样定理,信号的调制与解调;第4章介绍连续时间系统的频域分析,系统的频率响应函数,利用频域法求信号通过系统的响应,以及滤波器;第5章介绍离散时间信号的傅里叶变换,包括离散时间傅里叶变换(DTFT)、离散傅里叶变换(DFT)与快速傅里叶变换(FFT);第6章介绍离散时间系统的傅里叶分析,包括离散时间系统的频率响应函数,数字滤波器及其应用;第7章介绍拉普拉斯变换和连续时间系统复频域分析,包括信号的拉普拉斯变换与反变换,系统的复频域分析,系统函数,系统的频率响应,系统的稳定性分析;第8章介绍 z 变换与离散时间系统分析,包括离散时间信号的 z 变换与反变换,利用 z 变换求解系统的差分方程,离散时间系统的系统函数、系统的频率响应、系统的稳定性分析;第9章介绍系统分析的状态变量法,包括连续和离散系统状态方程的建立,状态方程的求解,系统的可控性与可观性。

本书可作为电子信息、电气工程、自动控制、物理、生物医学、精密仪器、机械工程、计算机等专业本科生的教材或教学参考书,也可作为考研学习资料,同时还可供广大科技工作者、工程技术人员学习参考。

图书在版编目(CIP)数据

信号与系统/李开成主编.—武汉:华中科技大学出版社,2020.8
ISBN 978-7-5680-6416-3

Ⅰ.①信…　Ⅱ.①李…　Ⅲ.①信号系统　Ⅳ.①TN911.6

中国版本图书馆 CIP 数据核字(2020)第 147690 号

信号与系统
Xinhao yu Xitong

李开成　主编

策划编辑:祖　鹏
责任编辑:余　涛
封面设计:秦　茹
责任监印:徐　露
出版发行:华中科技大学出版社(中国·武汉)　　电话:(027)81321913
　　　　　武汉市东湖新技术开发区华工科技园　　邮编:430223
录　　排:武汉市洪山区佳年华文印部
印　　刷:湖北大合印务有限公司
开　　本:787mm×1092mm　1/16
印　　张:18.25
字　　数:437 千字
版　　次:2020 年 8 月第 1 版第 1 次印刷
定　　价:46.80 元

编 委 会

前言

信号充满了我们生活的空间,如语音信号、噪声信号、电压信号、电流信号、心电信号、脑电信号、振动信号等,为了充分获取信号的有用信息,需要对信号从不同的角度、不同的变换域(如时域、频域等)进行深入分析,实现语音识别、信号去噪、疾病诊断、电能质量分析、图像识别、机械故障诊断等。

同样,系统也广泛存在于现实之中,如电路系统、控制系统、力学系统等,因此需要研究系统的描述方法、系统的性质、信号通过系统的响应、系统的频率特性、系统的稳定性等。

现代信号的分析与处理广泛依赖于计算机,因此除研究连续时间信号与系统之外,还要研究离散时间信号与系统的分析处理方法。

"信号与系统"早期是电子通信专业的核心基础课程,随着信息技术的发展,"信号与系统"已成为电子信息、电气工程、自动化、光电工程、物理、生物医学、精密仪器、机械等多学科的重要基础课程。

"信号与系统"的学习内容可概括如下:

信号可在时域做比例、尺度、压缩、时移等变换,也可做加、减、乘、比例等运算。

信号的时域波形只能反映信号的部分信息,如要精确了解信号的频谱信息(信号所含的频率成分以及各频率成分幅值和相位的大小),需要将信号变换到频域,即对连续时间信号求傅里叶变换(continuous time Fourier transform,CTFT)。周期信号可展开成不同频率的正弦或余弦信号之和,这就是傅里叶级数(Fourier series,FS)。

随着计算机和电子技术的发展,信号的傅里叶变换可由计算机或微处理器来完成,即用模数转换器(analog to digital converter,ADC)对信号进行抽样(离散化处理),再由计算机或微处理器对离散时间信号进行傅里叶分析,此即离散时间傅里叶变换(discrete time Fourier transform,DTFT)和离散傅里叶变换(discrete Fourier transform,DFT),为了提高 DFT 的计算速度,又有了快速傅里叶变换(fast Fourier transform,FFT)。FFT 算法可由 DSP(digital signal processor)实现,可对信号进行谐波分析。DTFT 是对离散时间信号求连续频谱,DFT 是对离散时间信号求离散频谱。

将连续时间信号变成离散时间信号需要对信号进行抽样,对信号的抽样必须满足抽样定理,否则存在频谱混叠,这时无论如何无法由抽样信号恢复原信号。

在通信中,为了便于信号的传输以及避免其他信号的干扰,一般要将信号进行调制,然后在接收方解调。信号的调制与解调有不同的方法。

连续时间系统是由若干相互连接的元件或设备所构成的整体,如电路系统、电力系统、控制系统、力学系统等,系统的输入和输出之间的关系一般由微分方程来描述,应用基本的物理定律可构建系统模型,如由 KVL、KCL 构建电路系统模型,由牛顿第二定律构建机械或力学系统模型。系统可以是硬件,也可以是算法。离散时间系统输入和输出之间的关系可由差分方程来描述,如滑动平均滤波器。差分方程可由微分方程进行离散化处理得到,也可由其他方法构建系统的差分方程。

系统具有诸多性质,如线性和非线性、时变和时不变、有记忆和无记忆、因果和非因果等。一般来说,由常系数微分方程或常系数差分方程所描述的系统为线性时不变系统,本书所讨论的都是线性时不变系统。

微分方程或差分方程可以用齐次解加特解的经典法求解。对于线性时不变系统,系统输入和输出之间的关系可以用卷积(或卷积和)来描述,因此也可以用卷积来计算系统的零状态响应。

将系统的微分方程求傅里叶变换,得频域代数方程,解代数方程,再求反变换即可求出连续时间系统的响应。系统具有频率响应,即系统对不同频率输入信号的幅度和相位具有不同的影响,因此根据具体要求可构造不同的滤波器,如低通滤波器、高通滤波器、带通滤波器、带阻滤波器等。

将系统的微分方程求拉普拉斯变换,得复频域代数方程,解代数方程,再求反变换即可求出系统的响应。线性时不变系统可以用系统函数(亦称传递函数)来描述,系统函数取决于系统的结构和参数。根据系统函数可求出任意激励下系统的响应。由系统函数可得系统的频率响应函数。一个实际应用的系统希望具有稳定性,因此需要研究系统稳定性的判断方法。

离散时间系统由差分方程描述,将时域差分方程求 z 变换,得 z 域代数方程,解代数方程,再求反变换即得系统的响应。系统函数可描述离散线性时不变系统。根据系统函数可求出任意激励下系统的响应,可求得系统的频率响应函数,以此判断系统的稳定性。

状态方程是系统的另一种描述方法。它不仅可以描述输入和输出之间的关系,还可以描述系统内部变量对系统的影响,可以描述多输入多输出之间的关系,还可用于研究系统的可控性和可观性。

通过"信号与系统"课程的学习,能让我们站在更高的高度,有更宽的视野和更多的手段来研究信号与系统,解决工程实际问题。通过该课程的学习,可以使电路理论得到升华,为数字信号处理的学习奠定基础,为后续小波变换、s 变换、时频分析等现代信号处理理论的学习提供支撑。由于该课程与控制理论紧密相关,因此课程的学习有利于控制理论的掌握。

本书在编写过程中充分吸收了国内外优秀教材的精华,注重严谨性、系统性、逻辑性以及解决问题方法的多样化。

本书共九章,除传统的信号与系统内容外,还涉及 DTFT、DFT、FFT 等数字信号处理内容,以及系统的状态变量分析法,可根据专业需要和学时计划安排学习内容。

本书各章给出了一定数量的习题,并给出了参考答案。后续将陆续安排习题解答等教辅资料的出版发行。

本书可作为电子信息、电气工程、自动控制、物理、生物医学、精密仪器、机械工程、计算机等专业本科生的教材或教学参考书,也可作为考研学习资料,同时还可供广大科技工作者、工程技术人员学习参考。

由于编者水平有限,书中可能存在诸多问题或不足,敬请读者批评指正。

编 者
2020 年 5 月于华中科技大学

目 录

1

信号与系统的基本概念

1.1　概述

本章主要介绍信号与系统的基本概念,包括信号的分类、基本连续时间信号、基本离散时间信号、信号在时域的运算和变换、系统的建模、系统的性质,为后续信号在频域、复频域的变换及系统分析奠定基础。

1.2　信号的定义与分类

信号是带有信息并随时间变化的物理量,是消息的表现形式,如电压信号、电流信号、速度信号、温度信号等。

信号可以用函数、波形、曲线或表格等表示。信号的波形通常由示波器来显示,它反映信号随时间的变化规律,并测量信号的有关指标,如正弦信号的频率、幅值、有效值等。例如,心电图(ECG 或者 EKG)是利用心电图机从体表记录心脏每一心动周期所产生的电活动变化图形,反映心脏的有关信息,用于疾病的诊断。

信号在时域的波形可以反映信息的一个方面,但难以反映信号的全部信息,如将信号做傅里叶变换可以获取信号的频谱信息。频谱分析仪就是一种根据采集到的时域信号通过分析计算获得信号频谱的仪器。信号做小波变换,可以获得信号的时频信息,即同时获得信号的时间信息和频率信息。

信号可以按不同方式进行分类。

1. 连续时间信号和离散时间信号

随时间连续或分段连续变化的信号称为连续时间信号(continuous time signal),如正弦信号 $U_m \sin(\omega t)$、单位阶跃信号 $u(t)$ 等,通常用 $x(t)$ 表示,如图 1.1 所示。

只在某些离散时间点有取值的时间信号称为离散时间信号(discrete time signal),如 $U_m \sin(\Omega n)$,n 取整数,通常用 $x[n]$ 表示,如图 1.2 所示。离散时间信号通常由连续时间信号抽样而来。

2. 周期信号和非周期信号

具有周而复始变化规律的信号称为周期信号(periodic signal),如正弦信号、余弦信

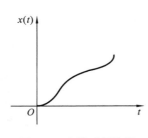

图 1.1 连续时间信号

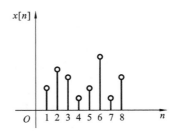

图 1.2 离散时间信号

号等。反之,不具有周而复始变化规律的信号称为非周期信号(aperiodic signal),如指数信号、单位阶跃信号等。

3. 能量信号和功率信号

对于连续时间信号,信号的能量定义为

$$W = \int_{-\infty}^{\infty} |x(t)|^2 \mathrm{d}t \qquad (1.1)$$

对于离散时间信号,信号的能量定义为

$$W = \sum_{n=-\infty}^{\infty} |x[n]|^2 \qquad (1.2)$$

能量有限的信号,即 $\int_{-\infty}^{+\infty} |x(t)|^2 \mathrm{d}t < \infty$ 或 $\sum_{n=-\infty}^{\infty} |x[n]|^2 < \infty$ 称为能量信号(energy signal),反之为能量无限信号。例如,单边衰减的指数信号 $x(t)=5\mathrm{e}^{-2t}u(t)$ 或 $x[n]=5\mathrm{e}^{-2n}u[n]$ 是能量信号,而正弦信号、单位阶跃信号是能量无限信号。

一般能量无限信号的平均功率是有限的,可以从功率角度考察该信号。

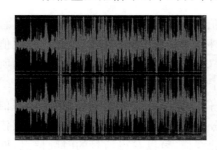

图 1.3 噪声信号

功率有限的信号称为功率信号(power signal),如正弦信号,其能量无限,但功率有限,因为功率 $P = \frac{1}{T}\int_0^T |x(t)|^2 \mathrm{d}t < \infty$。

4. 确定信号和随机信号

能用确定的时间函数或曲线表示的信号称为确定信号(determinate signal),如正弦信号、单位阶跃信号等。反之,不能用确定的时间函数表示的信号称为随机信号(random signal),如噪声,时

强时弱,忽大忽小,没有确定的变化规律,如图 1.3 所示。

1.3 连续时间信号

1.3.1 基本连续时间信号

1. 正弦信号

正弦信号(sinusoidal signal)是一种随时间按正弦规律变化的信号,如电力系统理想的交流电压、电流均为正弦信号。该信号表示为

$$x(t) = A\sin(\omega t + \varphi), \quad -\infty < t < \infty \tag{1.3}$$

式中：A 为信号的幅值；ω 为信号的角频率；φ 为信号的初相位。其波形如图 1.4 所示。

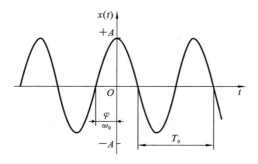

图 1.4　正弦信号

2. 直流信号

直流信号（direct current signal）是一种大小不随时间变化的信号，如直流电压源的电压。该信号可以表示为

$$x(t) = E, \quad -\infty < t < \infty \tag{1.4}$$

式中：E 为常数。其波形如图 1.5 所示。

3. 单位阶跃信号

单位阶跃信号（unit-step signal）定义为

$$u(t) = \begin{cases} 0, & t < 0 \\ 1, & t > 0 \end{cases} \tag{1.5}$$

其波形如图 1.6 所示。

4. 矩形脉冲信号

单位矩形脉冲信号（rectangular pulse signal）定义为

$$p_\tau(t) = \begin{cases} 1, & -\dfrac{\tau}{2} < t < \dfrac{\tau}{2} \\ 0, & |t| > \dfrac{\tau}{2} \end{cases} \tag{1.6}$$

其波形如图 1.7 所示。

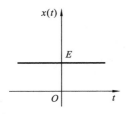

图 1.5　直流信号

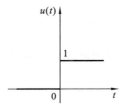

图 1.6　单位阶跃信号

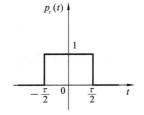

图 1.7　矩形脉冲信号

若脉冲的高度为 E，则该信号可表示为

$$G_\tau(t) = E p_\tau(t) \tag{1.7}$$

5. 三角脉冲信号

三角脉冲信号（triangular pulse signal）定义为

$$p_\Delta(t) = \frac{-2|t|}{\tau} + 1 \qquad\qquad (1.8)$$

其波形如图 1.8 所示。

6. 单位冲激信号

若信号具有如下特点：

$$\begin{cases} \delta(t) = 0, t \neq 0 \\ \displaystyle\int_{-\infty}^{\infty} \delta(t)\mathrm{d}t = 1 \end{cases} \qquad\qquad (1.9)$$

则该信号定义为单位冲激信号（unit impulse signal），其波形如图 1.9 所示。

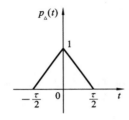
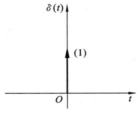

图 1.8　三角脉冲信号　　　　　图 1.9　单位冲激信号

单位冲激信号具有如下性质：

(1) $x(t)\delta(t) = x(0)\delta(t)$。

(2) $x(t)\delta(t - t_0) = x(t_0)\delta(t - t_0)$。

(3) $\displaystyle\int_{-\infty}^{\infty} x(t)\delta(t)\mathrm{d}t = x(0)$。

证　$\displaystyle\int_{-\infty}^{\infty} x(t)\delta(t)\mathrm{d}t = \int_{-\infty}^{\infty} x(0)\delta(t)\mathrm{d}t = x(0)\int_{-\infty}^{\infty} \delta(t)\mathrm{d}t = x(0)$。

(4) $\displaystyle\int_{-\infty}^{\infty} x(t)\delta(t - t_0)\mathrm{d}t = x(t_0)$。

性质(3)、(4)称为筛分性（sifting property）。

(5) $\delta(-t) = \delta(t)$。

表明冲激信号为偶函数。

(6) $\delta(at) = \dfrac{1}{|a|}\delta(t)$。

(7) $\delta(at - t_0) = \dfrac{1}{|a|}\delta\left(t - \dfrac{t_0}{a}\right)$。

(8) 单位阶跃信号 $u(t)$ 与单位冲激信号 $\delta(t)$ 之间具有如下关系：

$$u(t) = \int_{-\infty}^{t} \delta(\lambda)\mathrm{d}\lambda \qquad\qquad (1.10)$$

$$\delta(t) = \frac{\mathrm{d}u(t)}{\mathrm{d}t} \qquad\qquad (1.11)$$

【例 1-1】　计算下列各式：

(1) $\mathrm{e}^{-t}\delta(t)$；(2) $\mathrm{e}^{-t}\sin(\omega t + \theta)\delta(t)$；(3) $\displaystyle\int_{-\infty}^{\infty} \mathrm{e}^{-t}\delta(2t - 2)\mathrm{d}t$。

解　(1) $\mathrm{e}^{-t}\delta(t) = \delta(t)$。

(2) $\mathrm{e}^{-t}\sin(\omega t + \theta)\delta(t) = \sin\theta\,\delta(t)$。

(3) $\int_{-\infty}^{\infty} e^{-t}\delta(2t-2)dt = \int_{-\infty}^{\infty} e^{-t}\delta[2(t-1)]dt = \int_{-\infty}^{\infty} e^{-t}\frac{1}{|2|}\delta(t-1)dt =$
$\frac{1}{2}e^{-t}\Big|_{t=1} = \frac{1}{2}e^{-1}$。

7. 单位冲激偶信号

单位冲激偶信号(unit impulse couple signal)定义为

$$\delta'(t)=\frac{d\delta(t)}{dt} \tag{1.12}$$

$$\delta'(t-t_0)=\frac{d\delta(t-t_0)}{dt} \tag{1.13}$$

单位冲激偶信号具有如下性质：

(1) $\delta'(-t)=-\delta'(t)$(奇函数)；

(2) $\int_{-\infty}^{\infty}\delta'(\lambda)d\lambda=0$；

(3) $\int_{-\infty}^{t}\delta'(\lambda)d\lambda=\delta(t)$。

8. 单位符号信号

单位符号信号(unit signum signal)定义为

$$sgn(t)=\begin{cases} -1, & t<0 \\ 1, & t>0 \end{cases} \tag{1.14}$$

其波形如图 1.10 所示。

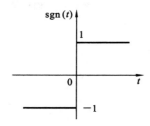

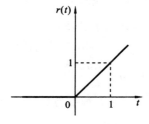

图 1.10　单位符号信号　　　　图 1.11　单位斜坡信号

显然，

$$sgn(t)=u(t)-u(-t)=2u(t)-1$$

9. 单位斜坡信号

单位斜坡信号(unit ramp signal)定义为

$$r(t)=\begin{cases} 0, & t<0 \\ t, & t\geqslant 0 \end{cases} \tag{1.15}$$

其波形如图 1.11 所示。显然有

$$r(t)=tu(t) \tag{1.16}$$

单位斜坡信号与单位阶跃信号、单位冲激信号之间的关系如下：

(1) $u(t)=\frac{dr(t)}{dt}$；

(2) $\delta(t)=\frac{dr^2(t)}{dt^2}$；

(3) $\int_{-\infty}^{t} u(\lambda)\mathrm{d}\lambda = r(t)$。

10. 指数信号

指数信号（exponential signal）为按指数规律变化的信号，即

$$x(t) = \mathrm{e}^{at} \tag{1.17}$$

式中：a 为常数。其波形如图 1.12 所示。

11. 抽样信号

抽样信号（sampling signal）定义为

$$x(t) = \mathrm{Sa}(t) = \frac{\sin t}{t}, \quad -\infty < t < \infty \tag{1.18}$$

其波形如图 1.13 所示。

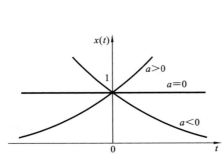

图 1.12   指数信号

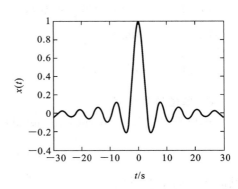

图 1.13   抽样信号

抽样信号具有如下性质：

(1) $\mathrm{Sa}(t) = \mathrm{Sa}(-t)$，表明抽样信号为偶函数；

(2) $\mathrm{Sa}(0) = \lim\limits_{t \to 0} \dfrac{\sin t}{t} = 1$；

(3) 当 $t = \pm k\pi$，k 为整数时，$\mathrm{Sa}(t) = 0$；

(4) $\int_{-\infty}^{\infty} \mathrm{Sa}(t)\mathrm{d}t = \pi$；

(5) $\lim\limits_{t \to \pm\infty} \mathrm{Sa}(t) = 0$。

在有些书上定义了另一种类似于抽样信号的信号，称为 sinc 信号，其定义为

$$\mathrm{sinc}(t) = \frac{\sin(\pi t)}{\pi t}, \quad -\infty < t < \infty \tag{1.19}$$

显然，抽样信号与 sinc 信号之间具有如下关系：

$$\mathrm{Sa}(t) = \frac{\sin t}{t} = \mathrm{sinc}\left(\frac{t}{\pi}\right) \tag{1.20}$$

或

$$\mathrm{sinc}(t) = \frac{\sin(\pi t)}{\pi t} = \mathrm{Sa}(\pi t) \tag{1.21}$$

12. 分段连续时间信号

根据连续函数的定义，信号在 t_i 点连续，必须满足条件 $x(t_i^-) = x(t_i^+) = x(t_i)$，如果在时间轴上的任意时间点均满足上述关系，则该信号称为连续时间信号（continuous time signal)。如正弦信号、抽样信号、直流信号等均为连续时间信号。

若信号只在有限个时间点不连续而在其他点均连续的信号称为分段连续时间信号（piece-wise continuous time signal），如单位阶跃信号 $u(t)$、矩形脉冲信号 $p_\tau(t)$、三角脉冲信号 $p_\Delta(t)$ 等均为分段连续时间信号。

分段连续时间信号可以用分段时间函数表示，也可以用单位阶跃信号的组合来表示，如图 1.14 所示信号，该信号可表示为

$$x(t) = \begin{cases} \dfrac{2}{\tau}t + 1, & -\dfrac{\tau}{2} \leqslant t < 0 \\ -\dfrac{2}{\tau}t + 1, & 0 \leqslant t < \dfrac{\tau}{2} \\ 0, & \text{其他} \end{cases}$$

或表示为

$$x(t) = \left(\frac{2}{\tau}t + 1\right)\left[u\left(t + \frac{\tau}{2}\right) - u(t)\right] + \left(-\frac{2}{\tau}t + 1\right)\left[u(t) - u\left(t - \frac{\tau}{2}\right)\right]$$

对于周期信号，不连续点周期性地出现，该信号也称为分段连续时间信号，如图 1.15 所示的周期方波信号。

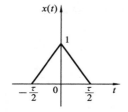

图 1.14　分段连续时间信号

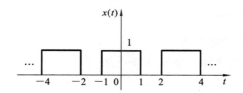

图 1.15　周期方波信号

13. 周期信号

若信号 $x(t)$ 对于所有的 t 恒满足如下关系：

$$x(t) = x(t+T), \quad -\infty < t < \infty \tag{1.22}$$

则该信号为周期信号，T 为周期，否则为非周期信号。

若两信号 $x_1(t)$ 和 $x_2(t)$ 均为周期信号，且其周期分别为 T_1 和 T_2，则该两周期信号之和是否仍为周期信号？

根据周期信号的定义，若对于所有的 t 恒有

$$x_1(t) + x_2(t) = x_1(t+T) + x_2(t+T), \quad -\infty < t < \infty \tag{1.23}$$

则 $x(t) = x_1(t) + x_2(t)$ 为周期信号，且 T 为周期，否则为非周期信号。

可以证明，当且仅当满足下列关系：

$$\frac{T_1}{T_2} = \frac{q}{r} \quad (q \text{、} r \text{ 均为正整数，且互质}) \tag{1.24}$$

则 $x(t) = x_1(t) + x_2(t)$ 为周期信号，且周期为 $T = T_1 r = T_2 q$，否则为非周期信号。

【例 1-2】　试判断下列信号 $x(t)$ 是否为周期信号，若为周期信号，周期为多少？

(1) $x(t) = \cos\left(\dfrac{\pi}{2}t\right) + \cos\left(\dfrac{\pi}{3}t\right)$；

(2) $x(t) = \cos\left(\dfrac{\pi}{2}t\right) + \cos(3t)$。

解 (1) $x_1(t) = \cos\left(\dfrac{\pi}{2}t\right)$ 和 $x_2(t) = \cos\left(\dfrac{\pi}{3}t\right)$ 均为周期信号,且周期分别为

$$T_1 = \frac{2\pi}{\omega_1} = \frac{2\pi}{\pi/2} = 4, \quad T_2 = \frac{2\pi}{\omega_2} = \frac{2\pi}{\pi/3} = 6$$

$$\frac{T_1}{T_2} = \frac{4}{6} = \frac{2}{3} = \frac{q}{r}$$

T_1 与 T_2 之比为整数之比,且 2 与 3 互质,因此,两信号之和仍为周期信号,且周期为 $T = 3T_1 = 2T_2 = 12$。

(2) $x_1(t) = \cos\left(\dfrac{\pi}{2}t\right)$ 和 $x_2(t) = \cos(3t)$ 均为周期信号,且周期分别为

$$T_1 = \frac{2\pi}{\omega_1} = \frac{2\pi}{\pi/2} = 4, \quad T_2 = \frac{2\pi}{\omega_2} = \frac{2\pi}{3}$$

$$\frac{T_1}{T_2} = \frac{4}{2\pi/3} = \frac{6}{\pi}$$

T_1 与 T_2 之比为非整数之比,因此,两信号之和 $x(t)$ 为非周期信号。

1.3.2 信号在时域的运算

信号可以在时域做加、减、乘、除、比例、微分、积分等运算,通常这些运算可以由模拟电路实现。

1. 加法运算

两信号求和所得信号为

$$y(t) = x_1(t) + x_2(t) \tag{1.25}$$

该运算可用图 1.16 表示。

2. 乘法运算

两信号相乘所得信号为

$$y(t) = x_1(t) \cdot x_2(t) \tag{1.26}$$

该运算可用图 1.17 表示。

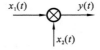

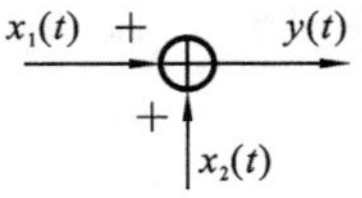

图 1.16　信号的加法运算　　　图 1.17　信号的乘法运算

3. 比例运算

将信号按比例放大或缩小所得信号为

$$y(t) = Ax(t) \tag{1.27}$$

式中:A 为常数。该运算可用图 1.18 表示。

4. 微分运算

对连续时间信号 $x(t)$ 求导所得信号为

$$y(t) = \frac{\mathrm{d}x(t)}{\mathrm{d}t} \tag{1.28}$$

该运算可用图 1.19 表示。

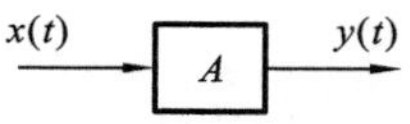

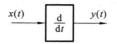

图 1.18　信号的比例运算　　　　　图 1.19　信号的微分运算

对于分段连续时间信号,其广义导数(generalized derivative)为

$$y(t) = \frac{\mathrm{d}x(t)}{\mathrm{d}t} + \sum_{i=1}^{n} \left[x(t_i^+) - x(t_i^-) \right] \delta(t - t_i) \tag{1.29}$$

其中,第一项 $\frac{\mathrm{d}x(t)}{\mathrm{d}t}$ 为信号可导部分的导数,第二项为非连续点求导后所产生的冲激,信号有 n 个非连续点就有 n 个冲激项,冲激前面的系数为该点右边的函数值减去左边的函数值。

【例 1-3】　信号 $x(t)$ 如图 1.20(a)所示,求信号 $y(t) = \frac{\mathrm{d}x(t)}{\mathrm{d}t}$,并画出其波形。

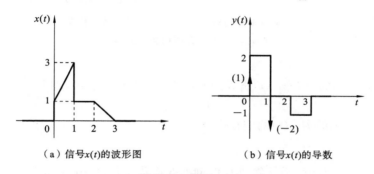

(a) 信号 $x(t)$ 的波形图　　　　　(b) 信号 $x(t)$ 的导数

图 1.20　信号 $x(t)$

解　信号 $x(t)$ 在 $t=0$ 和 $t=1$ 两点不连续,因此对 $x(t)$ 求导后在此两点出现冲激,求导后的波形如图 1.20(b)所示。

若用函数表示,则

$$x(t) = (2t+1)[u(t) - u(t-1)] + [u(t-1) - u(t-2)] + (-t+3)[u(t-2) - u(t-3)]$$

$$y(t) = \frac{\mathrm{d}x(t)}{\mathrm{d}t} = \delta(t) + 2[u(t) - u(t-1)] - 2\delta(t-1) - [u(t-2) - u(t-3)]$$

5. 积分运算

将信号对时间求积分所得信号为

$$y(t) = \int_{-\infty}^{t} x(\lambda)\mathrm{d}\lambda \tag{1.30}$$

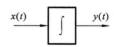

图 1.21　信号的积分运算

该运算可用图 1.21 表示,其中积分限由具体情况确定。

1.3.3　信号在时域的变换

信号在时域里可做各种变换,如反褶、倒相、时移、尺度等,得到新的信号。

1. 反褶

以纵轴为对称轴将信号 $x(t)$ 做折叠的变换称为反褶(time reversal),即

$$y(t) = x(-t) \tag{1.31}$$

图 1.22(a)所示的为信号 $x(t)$ 的波形,图 1.22(b)所示的为 $x(t)$ 反褶所得的信号 $x(-t)$。

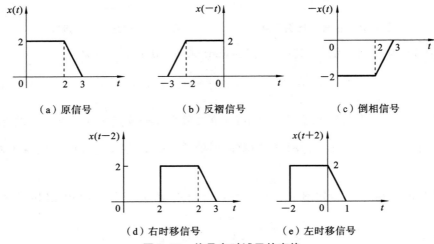

（a）原信号　　　　　（b）反褶信号　　　　　（c）倒相信号

（d）右时移信号　　　　　　（e）左时移信号

图 1.22　信号在时域里的变换

2. 倒相

以横轴为对称轴将信号 $x(t)$ 折叠的变换称为倒相(inverse),即

$$y(t)=-x(t) \tag{1.32}$$

图 1.22(c)所示的为 $x(t)$ 的倒相信号。

3. 时移

将信号 $x(t)$ 延时间轴平行移动 t_0 时刻的变换称为时移(time shift),即

$$y(t)=x(t-t_0) \tag{1.33}$$

若 $t_0>0$,$x(t-t_0)$ 为信号右移 t_0 时刻信号(见图 1.22(d)),$x(t+t_0)$ 为信号左移 t_0 时刻信号(见图 1.22(e))。

4. 尺度

将信号 $x(t)$ 沿时间轴压缩或展宽的变换称为尺度(scaling),即

$$y(t)=x(at) \tag{1.34}$$

式中:a 为常数。当 $0<a<1$ 时,信号沿时间轴被展宽;当 $a>1$ 时,信号沿时间轴被压缩,如图 1.23 所示。

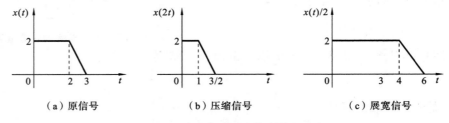

（a）原信号　　　　　（b）压缩信号　　　　　（c）展宽信号

图 1.23　信号在时域里的压缩和展宽

【例 1-4】　一信号 $x(t)$ 的波形如图 1.24 所示,试画出信号 $y(t)=x(-3t+6)$ 的波形。

解　方法 1:

$$x(t)=\begin{cases} 2, & 0<t\leqslant 2 \\ -2(t-3), & 2<t\leqslant 3 \\ 0, & 其他 \end{cases}$$

将变量 t 用 $-3t+6$ 代替,即 $t\rightarrow -3t+6$

$$x(t)=\begin{cases} 2, & 0<-3t+6\leqslant 2 \\ -2(-3t+6-3), & 2<-3t+6\leqslant 3 \\ 0, & 其他 \end{cases}$$

即

$$x(t)=\begin{cases} 2, & 4/3<t\leqslant 2 \\ 6t-6, & 1<t\leqslant 4/3 \\ 0, & 其他 \end{cases}$$

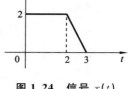

图 1.24 信号 $x(t)$

方法 2:

信号先作尺度变换,再作反褶,最后作时移,即

$$x(t)\rightarrow x(3t)\rightarrow x(-3t)\rightarrow x[-3(t-2)]=x(-3t+6)$$

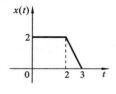 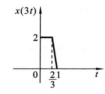 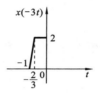 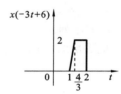

方法 3:

信号先作时移,再作尺度变换,最后作反褶,即

$$x(t)\rightarrow x(t+6)\rightarrow x(3t+6)\rightarrow x(-3t+6)$$

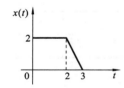 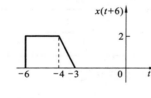 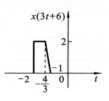 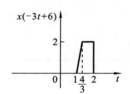

1.4 离散时间信号

1.4.1 离散时间信号的定义与表示

1. 离散时间信号的定义

对连续时间信号 $x(t)$ 按一定的时间间隔抽样即得离散时间信号 $x[n]$。如图 1.25 所示,输入 $x(t)$ 为连续时间信号,将开关作周期性的开合操作,输出就得到离散时间信号,即 $x(t)\big|_{t=nT}=x(nT)$。为简单起见,用 $x[n]$ 表示 $x[nT]$,n 为整数,T 为抽样间隔,通常为等间隔抽样。

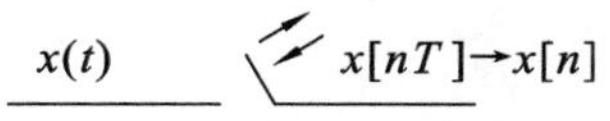

$x(t)$ ⟍ $x[nT]\rightarrow x[n]$

图 1.25 信号的抽样

图 1.26(a)所示信号为连续时间信号 $x(t)$,图 1.26(b)所示信号为离散时间信号 $x[n]$。

2. 离散时间信号的表示

离散时间信号可以用如下方式来表示:

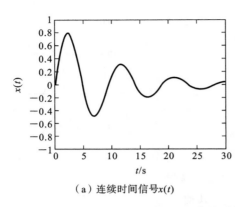 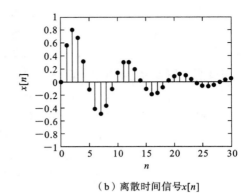

（a）连续时间信号$x(t)$ 　　　　　　　（b）离散时间信号$x[n]$

图 1.26　连续时间信号与离散时间信号

（1）函数。

$$x[n] = \begin{cases} 2^n, & n \geqslant 0 \\ 0, & n < 0 \end{cases} \quad (1.35)$$

（2）序列。

将离散时间信号的取值按序号从小到大排列，并指明 $n=0$ 时信号的取值，例如，

$$x[n] = \left\{ \cdots, 0, 0, \underset{\underset{n=0}{\uparrow}}{1}, 2, 4, 8, \cdots \right\}$$

（3）表格。

将序号 n 和 $x[n]$ 的取值用表格表示，例如，

n	$\cdots$	-2	-1	0	1	2	3	$\cdots$
$x[n]$	$\cdots$	0	0	1	2	4	8	$\cdots$

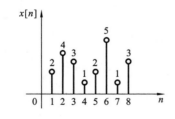

图 1.27　离散时间信号的杆状图表示

（4）杆状图。

图 1.27 所示的为信号的杆状图（stem plot）表示，横坐标表示序号 n，纵坐标表示离散值 $x[n]$，杆的高度表示信号的大小，杆的顶端用实心圆点或空心圆圈表示。

1.4.2　基本离散时间信号

1．单位脉冲信号

单位脉冲信号定义为

$$\delta[n] = \begin{cases} 0, & n \neq 0 \\ 1, & n = 0 \end{cases} \quad (1.36)$$

如图 1.28 所示，其在时间轴上的平移信号为

$$\delta[n-j] = \begin{cases} 0, & n \neq j \\ 1, & n = j \end{cases} \quad (1.37)$$

单位脉冲信号有如下性质：

（1）$x[n]\delta[n] = x[0]\delta[n]$；

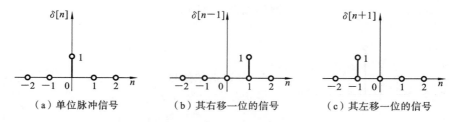

（a）单位脉冲信号　　　（b）其右移一位的信号　　　（c）其左移一位的信号

图 1.28　单位脉冲信号及其平移信号

（2）$x[n]\delta[n-i]=x[i]\delta[n-i]$；

（3）$x[n]=\sum\limits_{i=-\infty}^{\infty}x[i]\delta[n-i]$。

性质（3）表明，任一离散时间信号可以用单位脉冲信号的线性组合来表示。

【例 1-5】　一离散时间信号如图 1.29 所示，该信号可表示为

$$x[n]=\delta[n+1]+2\delta[n]-\delta[n-2]$$

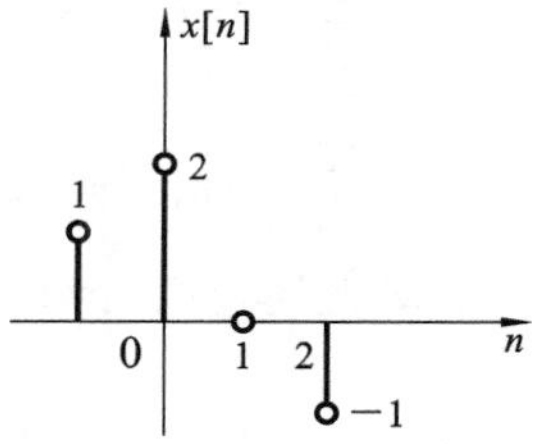

2. 单位阶跃信号

单位阶跃信号定义为

$$u[n]=\begin{cases}1, & n=0 \\ 0, & n\neq0\end{cases}\qquad(1.38)$$

其在时间轴上的平移信号为

$$u[n-j]=\begin{cases}1, & n\geqslant j \\ 0, & n<j\end{cases}\qquad(1.39)$$

图 1.29　离散时间信号

图 1.30(a)所示的为单位阶跃信号，图 1.30(b)所示的为其右移两个时间单位的信号。

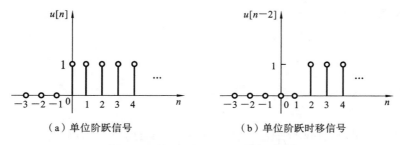

（a）单位阶跃信号　　　　　　　（b）单位阶跃时移信号

图 1.30　单位阶跃信号及其时移信号

显然，可推得下列关系：

（1）$\delta[n]=u[n]-u[n-1]$；

（2）$u[n]=\delta[n]+\delta[n-1]+\delta[n-2]+\cdots=\sum\limits_{i=0}^{\infty}\delta[n-i]$；

（3）$x[n]u[n]=\begin{cases}x[n], & n\geqslant0 \\ 0, & n<0\end{cases}$，显然 $x[n]u[n]$ 为右边序列信号。

4. 单位斜坡信号

单位斜坡信号定义为

$$r[n]=\begin{cases}0, & n<0 \\ n, & n\geqslant0\end{cases}\qquad(1.40)$$

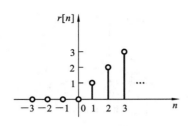

图 1.31 单位斜坡信号

其波形如图 1.31 所示。

显然,

$$r[n]=nu[n] \qquad (1.41)$$

5. 单边指数信号

单边指数信号定义为

$$x[n]=a^n u[n] \qquad (1.42)$$

式中:a 为常数,若无特别说明,通常指右边指数信号。

6. 周期离散时间信号

若信号 $x[n]$ 对于所有的 n 恒满足

$$x[n]=x[n+r],n=\pm 1,\pm 2,\cdots,\pm\infty \qquad (1.43)$$

若 n、r 均为整数,则 $x[n]$ 为周期离散时间信号,r 为周期。使上述关系成立的最小 r 为基本周期(fundamental period)。

对于连续时间周期信号

$$x(t)=A\cos(\omega_0 t+\theta)$$

式中:$\omega_0=\dfrac{2\pi}{T_0}$ 为信号角频率,rad/s;T_0 为信号的周期。

若对上述连续时间信号进行抽样,则得其离散时间信号

$$x[n]=A\cos(\omega_0 nT+\theta)=A\cos(\Omega_0 n+\theta)$$

式中:$\Omega_0=\omega_0 T$,rad;T 为抽样间隔时间。

抽样之后的离散时间信号 $x[n]$ 是否为周期信号?

假设 $x[n]$ 是周期信号,且其周期为 r,则有

$$x[n]=A\cos(\Omega_0 n+\theta)=A\cos[\Omega_0 (n+r)+\theta]=A\cos(\Omega_0 n+\theta+2\pi q)$$

式中:r、q 均为正整数。

则有

$$\Omega_0 r=2\pi q \qquad (1.44)$$

或

$$\frac{2\pi}{\Omega_0}=\frac{r}{q} \qquad (1.45)$$

式(1.45)表明,当且仅当 $\dfrac{2\pi}{\Omega_0}=\dfrac{r}{q}$ 时,$x[n]=A\cos(\Omega_0 n+\theta)$ 为周期信号,且其周期为

$$r=\frac{2\pi}{\Omega_0}\cdot q \qquad (1.46)$$

否则周期不存在。

【例 1-6】 试判断下列信号是否为周期信号,若为周期信号,其周期为多少?

(1) $x[n]=\cos\left(\dfrac{\pi}{5}n+\theta\right)$; (2) $x[n]=\cos\left(\dfrac{4\pi}{11}n\right)$; (3) $x[n]=\cos(0.4n)$。

解 (1)

$$\frac{2\pi}{\Omega_0}=\frac{2\pi}{\pi/5}=\frac{10}{1}=\frac{r}{q}$$

r、q 均为正整数,因此 $x[n]$ 是周期信号,且周期为 $r=\dfrac{2\pi}{\Omega_0}\cdot q=\dfrac{2\pi}{\pi/5}\times 1=10$。

(2)

$$\frac{2\pi}{\Omega_0}=\frac{2\pi}{4\pi/11}=\frac{11}{2}=\frac{r}{q}$$

r、q 均为正整数,因此 $x[n]$ 是周期信号,且周期为

$$r = \frac{2\pi}{\Omega_0} \cdot q = \frac{2\pi}{4\pi/11} \times q = \frac{11}{2} \times q$$

当 $q=2$ 时,$r=11$,即周期为 11。

(3)
$$\frac{2\pi}{\Omega_0} = \frac{2\pi}{0.4} = \frac{5\pi}{1} \neq \frac{r}{q}$$

不存在使上式成立的正整数 r 和 q,故该信号不是周期信号。

7. 离散时间矩形脉冲信号

离散时间矩形脉冲信号定义为

$$p_L[n] = \begin{cases} 1, & n = -\frac{L-1}{2}, \cdots, -1, 0, 1, \cdots, \frac{L-1}{2} \\ 0, & \text{其他} \end{cases} \tag{1.47}$$

式中:L 为奇整数。其波形如图 1.32 所示。

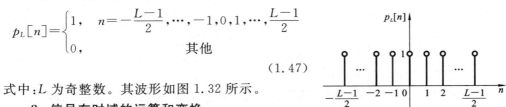

图 1.32 离散时间矩形脉冲信号

8. 信号在时域的运算和变换

与连续时间信号一样,离散时间信号也可以做时域的运算和变换。例如,$x[n-q]$ 为 $x[n]$ 右移 q 个单位时刻的信号,$x[n+q]$ 为左移 q 个单位时刻的信号,其中 q 为正整数。

1.5 系统的定义与分类

1. 系统的定义

系统是由若干基本元件或设备相互连接实现特定功能的整体,如电路系统、电力系统、控制系统、力学系统等。

系统可以是硬件,也可以是软件(算法),如由电阻和电容构成的 RC 低通滤波器就是硬件系统,而根据采样所获得的离散数据求平均值实现数字滤波的运算就是软件系统。

2. 系统的分类

系统可从不同角度进行分类。

1)集总参数系统和分布参数系统

由集总参数元件构成的系统,称为集总参数系统(lumped parameter system),如相对于信号的波长具有较小尺寸的电路系统。

含有分布参数元件的系统,称为分布参数系统(distributed parameter system),如均匀长线传输系统。

2)线性系统和非线性系统

由线性微分方程或差分方程描述输入/输出关系的系统称为线性系统(linear system)。反之,不能由线性微分方程或差分方程描述输入/输出关系的系统称为非线性系统(nonlinear system)。

3)连续时间系统和离散时间系统

取值区间在时间轴上连续的系统称为连续时间系统(continuous time system)。

只在某些离散点才有取值、其他点无定义的系统称为离散时间系统(discrete time system)。

4)时不变系统和时变系统

系统的响应与激励施加于系统的时刻无关,这样的系统称为时不变系统(time-invariant system)。常系数微分方程或差分方程系统是线性时不变系统(linear time-invariant system,LTI)。

反之,系统的响应与激励施加于系统的时刻有关,这样的系统称为时变系统(time varying system)。系数随时间变化的微分方程或差分方程系统是时变系统。

5)动态系统与即时系统

系统的输入/输出关系由微分方程或差分方程描述的系统,称为动态系统(dynamic system),如含有储能元件电容、电感的电路系统。系统输入/输出关系由代数方程描述的系统称为即时系统(instantaneous system),如仅由纯电阻元件所构成的电路系统。

6)有记忆系统和无记忆系统

系统的输出不仅与当前时刻的输入有关,而且还与它过去的输入有关,这样的系统称为有记忆系统(system with memory)。

反之,若系统的输出只与当前时刻的输入有关,这样的系统称为无记忆系统(memoryless system)。

7)因果系统与非因果系统

当前的响应仅取决于现在或过去的激励,而与将来的激励无关,这样的系统称为因果系统(causal system)。

反之,当前的响应与将来的激励有关,这样的系统称为非因果系统(noncausal system)。非因果系统在物理上不可实现。

8)稳定系统与非稳定系统

当施加给系统的扰动消除后能恢复到原来状态的系统称为稳定系统(stable system);反之称为非稳定系统(unstable system)。

若输入有界,且输出也有界的系统称为有界输入有界输出稳定系统(bounded input bounded output system),简称 BIBO 稳定系统。反之,输入有界有可能导致输出无界的系统称为 BIBO 非稳定系统。

1.6 系统的建模与描述

1. 连续时间系统的建模与描述

连续时间系统一般根据基本的物理定律,如基尔霍夫电流定律(Kirchhoff's current law,KCL)、基尔霍夫电压定律(Kirchhoff's voltage law,KVL)、牛顿定律(Newton's law)等建立数学模型。

【例 1-7】 如图 1.33 所示的电路系统,假设激励为 $u_s(t)$,电容器两端的电压为 $u_C(t)$,根据 KVL 可得电路方程

$$u_C(t) + L\frac{di(t)}{dt} + Ri(t) = u_s(t)$$

由于 $i(t) = C\frac{du_C(t)}{dt}$,故得系统的微分方程为

$$LC\frac{\mathrm{d}^2 u_C(t)}{\mathrm{d}t^2}+RC\frac{\mathrm{d}u_C(t)}{\mathrm{d}t}+u_C(t)=u_s(t)$$

该方程确定了输入与输出之间的关系,结合初始条件即可确定电路的输出。

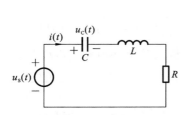
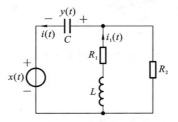

图 1.33　RLC 串联电路系统　　　图 1.34　电路系统

【例 1-8】　一电路系统如图 1.34 所示,$x(t)$ 为激励,电容器上的电压 $y(t)$ 为响应,试建立系统的微分方程。

解　根据 KVL、KCL,有

$$L\frac{\mathrm{d}i_1(t)}{\mathrm{d}t}+R_1 i_1(t)+y(t)+x(t)=0$$

$$i(t)=i_1(t)-\frac{1}{R_2}\big[y(t)+x(t)\big]$$

且 $i(t)=C\dfrac{\mathrm{d}y(t)}{\mathrm{d}t}$,由上述关系可得

$$LC\frac{\mathrm{d}^2 y(t)}{\mathrm{d}t^2}+\left(\frac{L}{R_2}+R_1 C\right)\frac{\mathrm{d}y(t)}{\mathrm{d}t}+\left(\frac{R_1}{R_2}+1\right)y(t)=-\frac{L}{R_2}\frac{\mathrm{d}x(t)}{\mathrm{d}t}-\left(\frac{R_1}{R_2}+1\right)x(t)$$

上述微分方程描述了输入与输出之间的关系,结合初始条件即可求得系统的输出(即响应)。

【例 1-9】　如图 1.35 所示,一质量为 m 的力学系统在外力 $x(t)$ 作用下产生的位移为 $y(t)$,试确定位移和外力之间的关系。D 为阻尼器,K 为弹簧。

解　根据牛顿第二定律,可得方程

$$x(t)-f_D-f_K-mg=ma$$

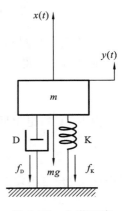

其中,$f_D=D\dfrac{\mathrm{d}y(t)}{\mathrm{d}t}$ 为黏滞摩擦力(viscous friction),它与物体的运动速度成正比;$f_K=Ky(t)$ 为弹簧的恢复力(restoring force),它与弹簧的位移成正比。故有

$$x(t)-D\frac{\mathrm{d}y(t)}{\mathrm{d}t}-Ky(t)-mg=m\frac{\mathrm{d}^2 y(t)}{\mathrm{d}t^2}$$

即

图 1.35　力学系统

$$m\frac{\mathrm{d}^2 y(t)}{\mathrm{d}t^2}+D\frac{\mathrm{d}y(t)}{\mathrm{d}t}+Ky(t)=x(t)-mg \tag{1.48}$$

式中:D 为阻尼器的阻尼系数(damping coefficient);K 为弹簧的弹性系数(elastic coefficient)。

上述微分方程描述了位移(displacement)与外力(external force)之间的关系。

【例 1-10】　图 1.36 为电机拖动负载旋转示意图,由牛顿第二定律可建立电机的

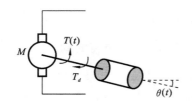

图 1.36 电机拖动负载旋转示意图

转矩与角位移之间的关系：

$$T(t) - k_d \frac{\mathrm{d}\theta(t)}{\mathrm{d}t} = I \frac{\mathrm{d}^2\theta(t)}{\mathrm{d}t^2}$$

即

$$I \frac{\mathrm{d}^2\theta(t)}{\mathrm{d}t^2} + k_d \frac{\mathrm{d}\theta(t)}{\mathrm{d}t} = T(t) \qquad (1.49)$$

式中：$T(t)$ 为电机的转矩（torque）；$\theta(t)$ 为角位移（angular displacement）；$T_d = k_d \dfrac{\mathrm{d}\theta(t)}{\mathrm{d}t}$ 为黏滞摩擦力矩，它与角速度 $\omega(t) = \dfrac{\mathrm{d}\theta(t)}{\mathrm{d}t}$ 成正比，k_d 为黏滞摩擦系数；I 为转动惯量（rotational inertia），$\dfrac{\mathrm{d}^2\theta(t)}{\mathrm{d}t^2}$ 为角加速度（angular acceleration）。

系统的微分方程(1.49)中 $T(t)$ 为输入（激励），$\theta(t)$ 为输出（响应）。

【例 1-11】 直流电机拖动控制系统如图 1.37 所示。设电机激磁绕组电流恒定不变，仅改变施加于电枢上的电压 $u_s(t)$ 以控制电机的转速。为此，必须建立转速与电枢电压之间的关系。

直流电机中，电枢电流 $i(t)$ 与磁场相互作用产生电磁转矩 $T(t)$，它与电枢电流成正比，即

$$T(t) = Ki(t)$$

式中：K 为转矩系数。

电磁转矩用以驱动负载并克服摩擦力矩，为简便起见，忽略摩擦力矩，此时电机的转矩平衡方程为

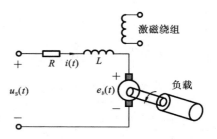

图 1.37 直流电机拖动控制系统

$$T(t) = I \frac{\mathrm{d}\omega(t)}{\mathrm{d}t}$$

式中：I 为转动惯量；$\omega(t)$ 为角速度。

由以上二式得

$$i(t) = \frac{I}{K} \frac{\mathrm{d}\omega(t)}{\mathrm{d}t}$$

由 KVL 得电枢回路电压方程

$$u_s(t) = Ri(t) + L \frac{\mathrm{d}i(t)}{\mathrm{d}t} + e_b(t)$$

式中：$e_b(t)$ 是电枢绕组的感生电动势，它与电动机的转速成正比，即

$$e_b(t) = K_b \omega(t)$$

式中：K_b 为常数。将其代入电压方程得

$$\frac{LI}{K} \frac{\mathrm{d}^2\omega(t)}{\mathrm{d}t^2} + \frac{RI}{K} \frac{\mathrm{d}\omega(t)}{\mathrm{d}t} + K\omega(t) = u_s(t) \qquad (1.50)$$

式(1.50)为系统的微分方程，它确定了外施电压 $u_s(t)$ 与转速之间的关系。

连续时间系统一般由微分方程（differential equation）描述，如果系统是线性时不变的，则系统由式(1.51)所表示的常系数微分方程（constant coefficient differential equation）描述：

$$\frac{\mathrm{d}^n y(t)}{\mathrm{d}t^n}+a_{n-1}\frac{\mathrm{d}^{n-1}y(t)}{\mathrm{d}t^{n-1}}+\cdots+a_0 y(t)=b_m\frac{\mathrm{d}^m x(t)}{\mathrm{d}t^m}+\cdots+b_0 x(t) \qquad (1.51)$$

式中：a_i、b_i 均为常数；$x(t)$ 为激励（excitation）或输入（input）；$y(t)$ 为响应（response）或输出（output）；n 为微分方程的阶数。解微分方程即可求得响应。

可以证明，常系数微分方程所对应的系统是线性时不变连续时间系统，反之，线性时不变连续时间系统的模型一定对应于常系数微分方程。本书所讨论的是线性时不变连续时间系统。

2. 离散时间系统的建模与描述

离散时间系统一般由差分方程描述。方程的建立一般基于：① 信号处理算法；② 由微分方程导出。

【例 1-12】 某离散时间系统的差分方程为

$$y[n]=\frac{1}{N}(x[n]+x[n-1]+\cdots+x[n-N+1])$$

该运算为求平均值的运算，其频率响应函数具有低通滤波器的特点（将在后面章节说明），故该系统构成滑动平均低通滤波器。

离散时间系统的差分方程也可由连续时间系统的微分方程导出。

【例 1-13】 如图 1.38 所示电路，根据 KVL 可得电路的微分方程，

$$Ri(t)+y(t)=x(t)$$

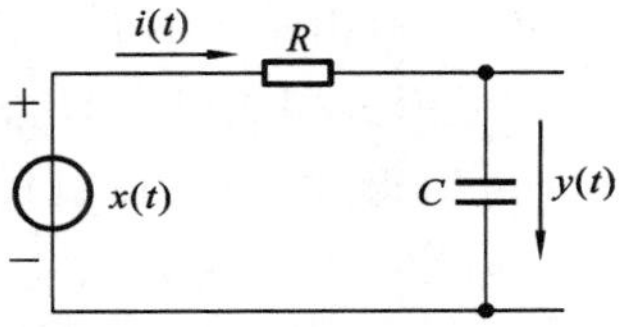

将 $i(t)=C\dfrac{\mathrm{d}y(t)}{\mathrm{d}t}$ 代入上式，得

$$RC\frac{\mathrm{d}y(t)}{\mathrm{d}t}+y(t)=x(t)$$

或

$$\frac{\mathrm{d}y(t)}{\mathrm{d}t}+\frac{1}{RC}y(t)=\frac{1}{RC}x(t)$$

图 1.38 RC 低通滤波器

对信号进行抽样，有 $x(t)|_{t=nT}=x[nT]$，$y(t)|_{t=nT}=y[nT]$。

若抽样间隔时间 T 足够小，则有

$$\frac{\mathrm{d}y(t)}{\mathrm{d}t}\approx\frac{y[(n+1)T]-y[nT]}{T} \qquad (1.52)$$

将上述关系代入微分方程，有

$$\frac{y[(n+1)T]-y[nT]}{T}+\frac{1}{RC}y[nT]=\frac{1}{RC}x[nT]$$

整理得

$$y[(n+1)T]+\left(\frac{T}{RC}-T\right)y[nT]=\frac{T}{RC}x[nT]$$

为简化起见，用 n 表示 nT，则上式变为

$$y[n+1]+\left(\frac{T}{RC}-1\right)y[n]=\frac{T}{RC}x[n] \qquad (1.53)$$

式（1.5.3）就是系统的差分方程。

若用 $k=n+1$ 代入式（1.53），则差分方程变为

$$y[k]+\left(\frac{T}{RC}-1\right)y[k-1]=\frac{T}{RC}x[k-1]$$

即

$$y[n] + \left(\frac{T}{RC} - 1 \right) y[n-1] = \frac{T}{RC} x[n-1] \qquad (1.54)$$

若系统的微分方程为二阶的,即

$$\frac{\mathrm{d}^2 y(t)}{\mathrm{d}t^2} + a_1 \frac{\mathrm{d}y(t)}{\mathrm{d}t} + a_0 y(t) = b_1 \frac{\mathrm{d}x(t)}{\mathrm{d}t} + b_0 x(t)$$

由于,$\left. \dfrac{\mathrm{d}x(t)}{\mathrm{d}t} \right|_{t=nT} \approx \dfrac{x[(n+1)T] - x[nT]}{T}$, $\left. \dfrac{\mathrm{d}y(t)}{\mathrm{d}t} \right|_{t=nT} \approx \dfrac{y[(n+1)T] - y[nT]}{T}$

$$\left. \frac{\mathrm{d}^2 y(t)}{\mathrm{d}t^2} \right|_{t=nT} \approx \frac{\mathrm{d}y(t)/\mathrm{d}t|_{t=nT+T} - \mathrm{d}y(t)/\mathrm{d}t|_{t=nT}}{T}$$

$$= \frac{y[(n+2)T] - 2y[(n+1)T] + y[nT]}{T^2}$$

将上述关系代入微分方程,整理得系统的二阶差分方程,即

$$y[n+2] + (a_1 T - 2) y[n+1] + (1 - a_1 T + a_0 T^2) y[n]$$
$$= b_1 T x[n+1] + (b_0 T^2 - b_1 T) x[n] \qquad (1.55)$$

若用 $n-2$ 代替 n,得

$$y[n] + (a_1 T - 2) y[n-1] + (1 - a_1 T + a_0 T^2) y[n-2]$$
$$= b_1 T x[n-1] + (b_0 T^2 - b_1 T) x[n-2] \qquad (1.56)$$

同理,可由系统的高阶微分方程导出系统的高阶差分方程。

方程形式如式(1.53)、式(1.55)的差分方程称为前向差分方程(forward difference equation),形式如式(1.54)、式(1.56)的差分方程称为后向差分方程(backward difference equation),两种形式之间可以互相转换。

差分方程还可用于解决人们的生活与生产实际问题。

【例 1-14】 某客户购房向银行办理贷款,首付一定金额,每月的贷款余额可按如下差分方程计算,即

$$y[n] = y[n-1] + \frac{I}{12} y[n-1] - x[n]$$

式中:n 为月份;$x[n]$ 为客户第 n 月向银行的还款金额;$y[n]$ 为客户第 n 月的贷款余额;$y[0]$ 为贷款总金额;I 为年利率。

解上述差分方程即可求出每月的贷款余额。

1.7 系统的性质

1. 因果性

对于任意时刻 t_1,如果系统的响应 $y(t_1)$ 不取决于 $t > t_1$ 时刻的激励,则系统是因果的(causal),否则是非因果的(noncausal)。一般可以用冲激响应检验系统的因果性。如果 $t < 0$ 时,$y(t) \neq 0$,则系统是非因果的。

【例 1-15】 已知系统 $y(t) = x(t-1)$,试判断系统的因果性。

解 因为 $y(1) = x(-1)$,$y(2) = x(1)$,当前时刻的响应只取决于过去时刻的激励,故系统是因果的。

而 $y(t) = x(t+1)$ 是非因果的,因为 $y(1) = x(2)$,$y(3) = x(2)$,当前时刻的响应取

决于将来时刻的激励。

【例 1-16】　某离散时间系统的差分方程为

$$y[n]=\frac{1}{N}(x[n]+x[n+1]+\cdots+x[n+N-1])$$

它表明，n 时刻的输出 $y[n]$ 取决于 n 及以后时刻的输入，故该系统是非因果的。但若 $N=1$，则 $y[n]=x[n]$，此时系统是因果的。

2. 记忆性

如果系统在 t_1 时刻的输出 $y(t_1)$ 取决于过去到 t_1 时刻的输入，则该系统是有记忆的(system with memory)，否则系统是无记忆的(memoryless system)。

【例 1-17】　电容器两端的电压与流经电容器的电流具有如下关系：

$$u_C(t)=\frac{1}{C}\int_{-\infty}^{t}i_C(t)\mathrm{d}t$$

它表明，电容器当前时刻的端电压取决于从过去到当前时刻流经电容器的电流，故电容器是一种有记忆的元件，含电容器的系统是有记忆系统。同理，含电感元件的系统也是有记忆系统。

【例 1-18】　比例放大系统的输入/输出关系为 $y(t)=kx(t)$，k 为常数。

由于 t 时刻的输出 $y(t)$ 仅取决于 t 时刻的输入 $x(t)$，故该系统是无记忆系统。

【例 1-19】　滑动平均滤波器的输入和输出之间具有如下关系：

$$y[n]=\frac{1}{N}(x[n]+x[n-1]+\cdots+x[n-N+1])$$

它表明，n 时刻的输出 $y[n]$ 取决于 n 时刻及以前时刻的输入，故滑动平均滤波器是有记忆系统。

如果 $N=1$，则 $y[n]=x[n]$。它表明，n 时刻的输出 $y[n]$ 仅取决于 n 时刻的输入，此时系统是无记忆的。

3. 线性性

1）齐次性

若激励 $x(t)$ 产生的响应为 $y(t)$，简单表示为 $x(t)\to y(t)$，有 $ax(t)\to ay(t)$，a 为任意常数，则系统是齐次的(homogenous)。

2）叠加性

若 $x_1(t)\to y_1(t)$，$x_2(t)\to y_2(t)$，有 $x_1(t)+x_2(t)\to y_1(t)+y_2(t)$，则系统是可加的(additive)。

3）线性性

若 $x_1(t)\to y_1(t)$，$x_2(t)\to y_2(t)$，有 $ax_1(t)+bx_2(t)\to ay_1(t)+by_2(t)$，$a$、$b$ 为任意常数，则系统是线性的(linear)。

满足齐次性和叠加性的系统是线性系统(linear system)。

可以证明常系数微分方程系统为线性系统。

设系统的微分方程为

$$\frac{\mathrm{d}^n y(t)}{\mathrm{d}t^n}+a_{n-1}\frac{\mathrm{d}^{n-1}y(t)}{\mathrm{d}t^{n-1}}+\cdots+a_0 y(t)=b_m\frac{\mathrm{d}^m x(t)}{\mathrm{d}t^m}+\cdots+b_0 x(t)$$

则有

$$\frac{\mathrm{d}^n y_1(t)}{\mathrm{d}t^n} + a_{n-1}\frac{\mathrm{d}^{n-1} y_1(t)}{\mathrm{d}t^{n-1}} + \cdots + a_0 y_1(t) = b_m \frac{\mathrm{d}^m x_1(t)}{\mathrm{d}t^m} + \cdots + b_0 x_1(t)$$

$$\frac{\mathrm{d}^n y_2(t)}{\mathrm{d}t^n} + a_{n-1}\frac{\mathrm{d}^{n-1} y_2(t)}{\mathrm{d}t^{n-1}} + \cdots + a_0 y_2(t) = b_m \frac{\mathrm{d}^m x_2(t)}{\mathrm{d}t^m} + \cdots + b_0 x_2(t)$$

$ax_1(t) + bx_2(t)$ 共同激励时，有

$$\frac{\mathrm{d}^n y(t)}{\mathrm{d}t^n} + a_{n-1}\frac{\mathrm{d}^{n-1} y(t)}{\mathrm{d}t^{n-1}} + \cdots + a_0 y(t) = b_m \frac{\mathrm{d}^m [ax_1(t) + bx_2(t)]}{\mathrm{d}t^m} + \cdots + b_0 [ax_1(t) + bx_2(t)]$$

其解为 $y(t) = ay_1(t) + by_2(t)$，表明系统是线性的。

4. 时不变性

若 $x(t) \rightarrow y(t)$，有 $x(t-\tau) \rightarrow y(t-\tau)$，则系统为时不变性系统，否则为时变系统。图 1.39 为时不变系统示意图。

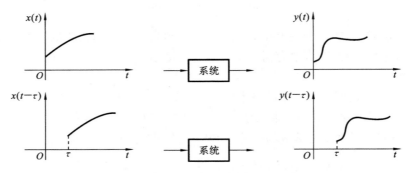

图 1.39 时不变系统示意图

可以证明，常系数微分方程系统为线性时不变系统。

5. 微分性

对于线性时不变系统，若 $x(t) \rightarrow y(t)$，则有 $\dfrac{\mathrm{d}x(t)}{\mathrm{d}t} \rightarrow \dfrac{\mathrm{d}y(t)}{\mathrm{d}t}$，该性质称为线性时不变系统的微分性（differentiation）。

【例 1-20】 若一线性时不变系统的单位阶跃响应为 $y(t) = \mathrm{e}^{-2t}u(t)$，试求该系统的单位冲激响应。

解 根据单位冲激信号与单位阶跃信号之间的关系：$\delta(t) = \dfrac{\mathrm{d}u(t)}{\mathrm{d}t}$，则该系统的单位冲激响应为

$$h(t) = \frac{\mathrm{d}y(t)}{\mathrm{d}t} = -2\mathrm{e}^{-2t}u(t) + \delta(t)$$

6. 积分性

对于线性时不变系统，若 $x(t) \rightarrow y(t)$，则有 $\displaystyle\int_{-\infty}^{t} x(\lambda)\mathrm{d}\lambda \rightarrow \int_{-\infty}^{t} y(\lambda)\mathrm{d}\lambda$，该性质称为线性时不变系统的积分性（integration）。

【例 1-21】 设某线性时不变系统的冲激响应为 $h(t) = \mathrm{e}^{-2t}u(t)$，试求该系统的单位阶跃响应。

解 根据冲激信号与单位阶跃信号之间的关系：$u(t) = \displaystyle\int_{-\infty}^{t} \delta(\lambda)\mathrm{d}\lambda$，则该系统的单

位阶跃响应为

$$y(t) = \int_{-\infty}^{t} h(\lambda)\mathrm{d}\lambda = \int_{-\infty}^{t} \mathrm{e}^{-2\lambda}u(\lambda)\mathrm{d}\lambda = \frac{1}{2}(1 - \mathrm{e}^{-2t})u(t)$$

习题 1

1. 试粗略绘出下列信号的波形。

(1) $x(t) = (2 - \mathrm{e}^{-t})u(t)$;

(2) $x(t) = \mathrm{e}^{-t}\cos(10\pi t)[u(t-1) - u(t-2)]$;

(3) $x(t) = t\mathrm{e}^{-t}u(t)$;

(4) $x(t) = \dfrac{\sin[\pi(t-t_0)]}{\pi(t-t_0)}$;

(5) $x(t) = \dfrac{\mathrm{d}}{\mathrm{d}t}[\mathrm{e}^{-t}\cos t \, u(t)]$。

2. 计算下列各式。

(1) $y(t) = \displaystyle\int_{-\infty}^{\infty} x(t_0 - t)\delta(t)\mathrm{d}t$;

(2) $y(t) = \displaystyle\int_{-\infty}^{\infty} (2 - t)\delta(t)\mathrm{d}t$;

(3) $y(t) = \displaystyle\int_{-\infty}^{\infty} (\mathrm{e}^{-t} + t)\delta(t+2)\mathrm{d}t$;

(4) $y(t) = \displaystyle\int_{-\infty}^{\infty} (\sin t + t)\delta\left(t - \dfrac{\pi}{6}\right)\mathrm{d}t$。

3. 试判断下列信号是否为周期,如果是,求基本周期。

(a) $x(t) = \cos\pi t + \cos(4\pi t/5)$;

(b) $x(t) = \cos(2\pi(t-4)) + \sin 5\pi t$;

(c) $x(t) = \cos 2\pi t + \cos 10t$。

4. 已知信号 $x(t)$ 波形如图 1.40 所示,试画出下列波形。

(1) $y(t) = 2x(2t)$;

(2) $y(t) = x\left(\dfrac{1}{2}t - 1\right)$;

(3) $y(t) = x(-2t + 6)$;

(4) $y(t) = \dfrac{\mathrm{d}x(t)}{\mathrm{d}t}$。

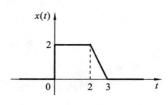

图 1.40   第 4 题图

5. 试粗略画出下列离散时间信号。

(1) $x[n] = (0.5)^n u[n]$;

(2) $x[n] = (-0.5)^n u[n]$;

(3) $x[n] = \sin(\pi n/4)$;

(4) $x[n] = u[n] - 2u[n-1] + u[n-4]$;

(5) $x[n] = \delta[n+1] - \delta[n] + u[n+1] - u[n-2]$。

6. 试判断下列信号是否为周期,如果是,求基本周期。

(1) $x[n] = \sin(10n)$;

(2) $x[n] = \sin(10\pi n/3)$。

7. 试判断下列系统是否为线性的、时不变的与因果的？并说明理由。

(1) $y(t) = \dfrac{\mathrm{d}x(t)}{\mathrm{d}t}$；

(2) $y(t) = x(t)u(t)$；

(3) $y(t) = tx(t)$；

(4) $y(t) = \displaystyle\int_{-\infty}^{t} x(\lambda)\mathrm{d}\lambda$。

8. 试确定下列系统的因果性、记忆性、线性、时不变性，并给出理由。

(1) $y(t) = |x(t)|$；

(2) $y(t) = \mathrm{e}^{x(t)}$；

(3) $y(t) = \sin tx(t)$；

(4) $y(t) = \begin{cases} x(t), & |x(t)| \leqslant 10 \\ 10, & |x(t)| > 10 \end{cases}$；

(5) $y(t) = \displaystyle\int_{0}^{t}(t-\lambda)x(\lambda)\mathrm{d}\lambda$；

(6) $y(t) = \displaystyle\int_{0}^{t}\lambda x(\lambda)\mathrm{d}\lambda$。

9. 试判断下列离散时间系统的因果性、记忆性、线性、时不变性，并给出理由。

(1) $y[n] = x[n] + 2x[n-2]$；

(2) $y[n] = x[n] + 2x[n+1]$；

(3) $y[n] = nx[n]$；

(4) $y[n] = u[n]x[n]$；

(5) $y[n] = |x[n]|$；

(6) $y[n] = \sin x[n]$；

(7) $y[n] = \displaystyle\sum_{i=0}^{n}(0.5)^{n}x[i], n \geqslant 0$。

10. 一线性时不变连续时间系统在 $x(t)$ 激励下所产生的响应为 $y(t)$。如果 $x(t) = u(t)$，则 $y(t) = 2(1-\mathrm{e}^{t})u(t)$。求在下列激励下的 $y(t)$。

(1) $x(t) = 2u(t) - 2u(t-1)$；

(2) $x(t) = tu(t)$。

11. 证明下列系统是线性的、时不变的：

$$y[n] + \sum_{i=1}^{N}a_i y[n-i] = \sum_{i=0}^{M}b_i x[n-i]$$

式中：a_i、b_i 为常数。

12. 证明积分系统和微分系统是线性系统：

(1) $y(t) = \displaystyle\int_{0}^{t}x(\lambda)\mathrm{d}\lambda$；

(2) $y(t) = \dfrac{\mathrm{d}x(t)}{\mathrm{d}t}$。

13. 试确定如图 1.41 所示具有理想二极管的电路系统的因果、线性及时不变性，并给出理由。

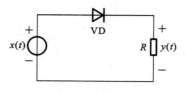

图 1.41　第 13 题图

2

线性时不变系统时域分析

本章主要介绍线性时不变系统的时域分析方法,包括:连续时间系统的经典时域分析方法,系统响应与微分方程解之间的关系;连续时间系统的卷积分析方法及卷积计算;离散时间系统的时域分析方法;离散时间系统的卷积分析方法及卷积和的计算。

2.1 连续时间系统的时域分析

本章所分析的系统为线性时不变连续时间系统,对于非线性及时变系统不作分析。

线性时不变连续时间系统由常系数微分方程描述,反之,常系数微分方程所描述的系统一定是线性时不变系统。因此,对线性时不变系统求解就是对常系数微分方程求解。常系数微分方程的求解方法主要有以下几种。

(1)时域经典法:即分别求微分方程的齐次解和特解,齐次解与特解之和即为微分方程的解。

(2)变换法:将微分方程作傅里叶变换或拉普拉斯变换,得到频域或复频域代数方程,解代数方程,再求反变换得到时域解。

(3)数值求解法:将微分方程离散化变成差分方程,解差分方程,即得微分方程的近似解。离散时间间隔越小,差分方程的解越接近连续微分方程的解。

本章主要讨论时域经典法和数值求解法,变换法将在傅里叶变换和拉普拉斯变换章节讨论。

2.1.1 连续时间系统时域经典法求解

线性时不变连续时间系统(LTI continuous-time system)一般由常系数微分方程(constant-coefficient differential equation)描述,假设系统为单输入单输出(single input and single output,SISO),则系统的微分方程如式(2.1)所示。

$$\frac{\mathrm{d}^n y(t)}{\mathrm{d}t^n} + a_{n-1}\frac{\mathrm{d}^{n-1}y(t)}{\mathrm{d}t^{n-1}} + \cdots + a_0 y(t) = b_m \frac{\mathrm{d}^m x(t)}{\mathrm{d}t^m} + \cdots + b_0 x(t) \tag{2.1}$$

式中:$x(t)$为输入;$y(t)$为输出;a_i、b_i均为常数。结合 n 个初始条件(initial conditions)即可求得微分方程的解。

方程的解为

$$y(t) = y_\mathrm{h}(t) + y_\mathrm{p}(t) \tag{2.2}$$

式中:$y_\mathrm{h}(t)$为齐次解(homogeneous solution);$y_\mathrm{p}(t)$为特解(particular solution)。

这种由求齐次解和特解解微分方程的方法称为时域经典法(classic method in time domain)。

1. 齐次微分方程的时域解

当微分方程(2.1)的右边为零(无激励)时所对应的微分方程称为齐次微分方程(homogeneous differential equation),即

$$\frac{\mathrm{d}^n y(t)}{\mathrm{d}t^n}+a_{n-1}\frac{\mathrm{d}^{n-1}y(t)}{\mathrm{d}t^{n-1}}+\cdots+a_0 y(t)=0 \tag{2.3}$$

由于无激励,因此无特解,所以齐次微分方程的解只有齐次解。齐次解的形式取决于特征方程的特征根(characteristic roots)的形式。

(1) 当特征根全部为单根(distinct roots),即 $p_1\neq p_2\neq\cdots\neq p_n$ 时,

$$y_{\mathrm{h}}(t)=\sum_{i=1}^{n}k_i\mathrm{e}^{p_i t} \tag{2.4}$$

(2) 当特征根为 r 重根(repeated roots),即 $p_1=p_2=\cdots=p_r$ 时,

$$y_{\mathrm{h}}(t)=\sum_{i=1}^{r}k_i t^{r-i}\mathrm{e}^{p_1 t} \tag{2.5}$$

(3) 当特征根含 r 个重根,即 $p_1=p_2=\cdots=p_r$,以及 $n-r-1$ 个单根时,

$$y_{\mathrm{h}}(t)=\sum_{i=1}^{r}k_i t^{r-i}\mathrm{e}^{p_1 t}+\sum_{i=r+1}^{n}k_i\mathrm{e}^{p_i t} \tag{2.6}$$

(4) 当特征根为一对共轭复根(conjugate roots),即 $p_{1,2}=\alpha\pm\mathrm{j}\beta$ 时,

$$y_{\mathrm{h}}(t)=k_1\mathrm{e}^{p_1 t}+k_1^*\mathrm{e}^{p_1^* t} \tag{2.7}$$

式中:$k_1=|k_1|\mathrm{e}^{\mathrm{j}\angle k_1}$;$p_1=|p_1|\mathrm{e}^{\mathrm{j}\angle p_1}$;$k_1^*$、$p_1^*$ 分别为 k_1 和 p_1 的共轭。

$$|p_1|=\sqrt{\alpha^2+\beta^2},\quad \angle p_1=\begin{cases}\arctan\dfrac{\beta}{\alpha}, & \alpha>0\\[2mm]\pi+\arctan\dfrac{\beta}{\alpha}, & \alpha<0\end{cases}$$

所以,齐次解可表示为

$$y_{\mathrm{h}}(t)=|k_1|\mathrm{e}^{\alpha t}[\mathrm{e}^{\mathrm{j}(\beta t+\angle k_1)}+\mathrm{e}^{-\mathrm{j}(\beta t+\angle k_1)}] \tag{2.8}$$

由欧拉公式(Euler's formula)得

$$y_{\mathrm{h}}(t)=2|k_1|\mathrm{e}^{\alpha t}\cos(\beta t+\angle k_1) \tag{2.9}$$

或表示为

$$y_{\mathrm{h}}(t)=\mathrm{e}^{\alpha t}[c_1\cos(\beta t)+c_2\sin(\beta t)] \tag{2.10}$$

(5) 当特征根为 r 重共轭复根,即 $p_{1,2}=\alpha\pm\mathrm{j}\beta$ 时,

$$y_{\mathrm{h}}(t)=\mathrm{e}^{\alpha t}(c_1+c_2 t+\cdots+c_r t^{r-1})\cos(\beta t)+\mathrm{e}^{\alpha t}(d_1+d_2 t+\cdots+d_r t^{r-1})\sin(\beta t) \tag{2.11}$$

结合 n 个初始条件可确定上述各系数。

表 2.1 列出了特征根与齐次解的对应关系。

表 2.1 特征根与齐次解的对应关系

特 征 根	齐 次 解
单根,$p_1\neq p_2\neq\cdots\neq p_n$	$y_{\mathrm{h}}(t)=\sum_{i=1}^{n}k_i\mathrm{e}^{p_i t}$

续表

特 征 根	齐 次 解
r 重根，$p_1 = p_2 = \cdots = p_r$	$y_h(t) = \sum\limits_{i=1}^{r} k_i t^{r-i} e^{p_1 t}$
一对共轭复根，$p_{1,2} = \alpha \pm \mathrm{j}\beta$	$y_h(t) = e^{\alpha t}[c_1 \cos(\beta t) + c_2 \sin(\beta t)]$ 或 $y_h(t) = 2c e^{\alpha t} \cos(\beta t + \varphi)$
r 重共轭复根，$p_{1,2} = \alpha \pm \mathrm{j}\beta$	$y_h(t) = e^{\alpha t}(c_1 + c_2 t + \cdots + c_r t^{r-1})\cos(\beta t) + e^{\alpha t}(d_1 + d_2 t + \cdots + d_r t^{r-1})\sin(\beta t)$

2. 非齐次微分方程的时域解

当微分方程(2.1)的右边不为零(激励不为零)时所对应的微分方程称为非齐次微分方程(nonhomogeneous differential equation)，其解称为非齐次解(nonhomogeneous solution)。解的形式为

$$y(t) = y_h(t) + y_p(t) \tag{2.12}$$

式中：$y_h(t)$ 为齐次微分方程的解，即齐次解；$y_p(t)$ 为非齐次微分方程的特解。

非齐次微分方程的求解步骤如下：

(1) 求齐次微分方程的通解 $y_h(t)$，解的形式取决于特征方程特征根的形式(同前)；

(2) 求非齐次微分方程的特解 $y_p(t)$，解的形式取决于激励的形式，如表 2-2 所示；

(3) 写出非齐次微分方程的解，$y(t) = y_h(t) + y_p(t)$；

(4) 由非齐次微分方程的解，结合 n 个初始条件确定待定系数；

(5) 写出非齐次微分方程的解。

表 2-2　非齐次微分方程的特解与激励形式的对应关系

激励 $x(t)$	特解 $y_p(t)$
E(常数)	A(常数)
t^m	$A_m t^m + A_{m-1} t^{m-1} + \cdots + A_1 t + A_0$
$e^{\alpha t}$	$A e^{\alpha t}$　当 α 不是特征根时
	$(A_1 t + A_0)e^{\alpha t}$　当 α 是特征根时
	$(A_k t^k + A_{k-1} t^{k-1} + \cdots + A_1 t + A_0)e^{\alpha t}$　当 α 是 k 重特征根时
$\cos(\omega t), \sin(\omega t)$	$A_1 \cos(\omega t) + A_2 \sin(\omega t)$

2.1.2　微分方程的解与系统响应之间的关系

微分方程的解(solution)就是系统的响应(response)，解与响应之间具有确定的对应关系，且有明确的物理意义。

(1) 零输入响应(zero-input response)。

无外加激励，仅由初始条件所产生的响应称为零输入响应，用符号 $y_{zi}(t)$ 表示。它对应于齐次微分方程的解，结合初始条件可确定解的各系数。

(2) 零状态响应(zero-state response)。

初始条件为零，仅由激励所产生的响应称为零状态响应，用符号 $y_{zs}(t)$ 表示。它对应于非齐次微分方程的解，等于齐次解加特解。其中齐次解的有关系数由微分方程的

全解和零初始条件共同确定。

（3）暂态响应(transient state response)。

当时间 $t→∞$ 时，趋于零的那部分响应称为暂态响应，用符号 $y_{tr}(t)$ 表示。

例如，在一阶 RC 电路中，电容器上的充电电压为

$$y(t)=U_s(1-e^{-\frac{t}{\tau}})u(t)$$

式中：U_s 为外施直流电压，$\lim\limits_{t→∞}U_s e^{-\frac{t}{\tau}}=0$，故 $U_s e^{-\frac{t}{\tau}}u(t)$ 为暂态响应。

（4）稳态响应(steady state response)。

当时间 $t→∞$ 时，不为零的那部分响应称为稳态响应，用符号 $y_{ss}(t)$ 表示。

例如，上述电容电压中，$\lim\limits_{t→∞}U_s(1-e^{-\frac{t}{\tau}})=U_s$，故 $U_s u(t)$ 为稳态响应。

（5）自由响应(free response)。

自由响应 $y_n(t)$ 对应微分方程的齐次解，即 $y_n(t)=y_h(t)$，解的形式取决于特征方程特征根的形式。自由响应由两部分组成，即零输入响应和零状态响应的齐次解部分。自由响应中有关系数由微分方程的全解（齐次解＋特解）和初始条件共同确定。

（6）强制响应(forced response)。

强制响应 $y_f(t)$ 由激励产生，对应于非齐次微分方程的特解，解的形式取决于激励的形式。强制响应就是微分方程的特解，即 $y_f(t)=y_p(t)$。

（7）全响应(complete response)。

由激励和初始条件共同作用所产生的响应称为全响应，对应于微分方程的全解(complete solution)，用符号 $y(t)$ 表示。

微分方程的解与各响应之间的关系如表 2.3 所示。

表 2.3　微分方程的解与各响应之间的关系

解与响应之间的关系	公式
微分方程的解＝全响应＝齐次解＋特解	$y(t)=y_h(t)+y_p(t)$
全响应＝自由响应＋强制响应	$y(t)=y_n(t)+y_f(t)$
全响应＝零输入响应＋零状态响应	$y(t)=y_{zi}(t)+y_{zs}(t)$
全响应＝瞬态响应＋稳态响应	$y(t)=y_{tr}(t)+y_{ss}(t)$

说明：微分方程的齐次解对应自由响应，特解对应强制响应，即 $y_h(t)=y_n(t)$，$y_p(t)=y_f(t)$。

各响应之间的关系可用图 2.1 表示。

下面举例说明微分方程的解与各响应之间的关系。

【例 2-1】　某连续时间系统由下列微分方程描述：

$$\frac{d^2y(t)}{dt^2}+3\frac{dy(t)}{dt}+2y(t)=\frac{dx(t)}{dt}+2x(t)$$

若 $x(t)=t^2$，$y(0)=1$，$\frac{dy(0)}{dt}=1$，求系统的自由响应、强制响应、全响应、零输入响应及零状态响应。

解　（1）自由响应 $y_n(t)$。

对应于微分方程的齐次解 $y_h(t)$。由系统的特征方程

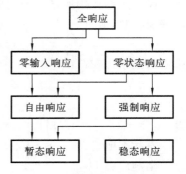

图 2.1　系统各响应之间的关系

$$\alpha^2 + 3\alpha + 2 = 0$$

求得特征根，$\alpha_1 = -1$，$\alpha_2 = -2$ 为两单根，故

$$y_n(t) = c_1 e^{-t} + c_2 e^{-2t}, \quad t \geqslant 0$$

（2）强制响应 $y_f(t)$。

对应于微分方程的特解 $y_p(t)$，解的形式取决于激励的形式。

$$y_f(t) = A_2 t^2 + A_1 t + A_0$$

将其代入原微分方程，有

$$2A_2 + 3(2A_2 + A_1) + 2(A_2 t^2 + A_1 t^1 + A_0) = 2t + 2t^2$$

比较方程两边的系数，求得 $A_2 = 1$，$A_1 = -2$，$A_0 = 2$。所以

$$y_f(t) = t^2 - 2t + 2$$

（3）全响应 $y(t)$。

$$y(t) = y_n(t) + y_f(t) = c_1 e^{-t} + c_2 e^{-2t} + t^2 - 2t + 2$$

由初始条件，有

$$\begin{cases} c_1 + c_2 + 2 = 1 \\ -c_1 - 2c_2 - 2 = 1 \end{cases}$$

得 $c_1 = 1$，$c_2 = -2$。所以

自由响应： $\qquad\qquad y_n(t) = e^{-t} - 2e^{-2t}, \quad t \geqslant 0$

强制响应： $\qquad\qquad y_f(t) = t^2 - 2t + 2$

全响应： $\qquad y(t) = y_n(t) + y_f(t) = \underbrace{e^{-t} - 2e^{-2t}}_{\text{自由响应}} + \underbrace{t^2 - 2t + 2}_{\text{强制响应}}, \quad t \geqslant 0$

（4）零输入响应 $y_{zi}(t)$。

仅由初始条件作用所产生的响应，它对应于齐次微分方程的解，故有

$$y_{zi}(t) = c_{zi1} e^{-t} + c_{zi2} e^{-2t}$$

由初始条件，有

$$\begin{cases} c_{zi1} + c_{zi2} = 1 \\ -c_{zi1} - 2c_{zi2} = 1 \end{cases}$$

得 $c_{zi1} = 3$，$c_{zi2} = -2$。所以

$$y_{zi}(t) = 3e^{-t} - 2e^{-2t}, \quad t \geqslant 0$$

（5）零状态响应 $y_{zs}(t)$。

仅由激励作用所产生的响应，对应于零初始条件下非齐次微分方程的解，它等于齐次解加特解，故有

$$y_{zs}(t) = c_{zs1} e^{-t} + c_{zs2} e^{-2t} + t^2 - 2t + 2$$

由零初始条件，有

$$\begin{cases} c_{zs1} + c_{zs2} + 2 = 0 \\ -c_{zi1} - 2c_{zi2} - 2 = 0 \end{cases}$$

得 $c_{zs1} = -2$，$c_{zs2} = 0$。所以

零状态响应： $\qquad y_{zs}(t) = -2e^{-t} + t^2 - 2t + 2, \quad t \geqslant 0$

全响应：

$$y(t) = y_{zi}(t) + y_{zs}(t) = \underbrace{3e^{-t} - 2e^{-2t}}_{\text{零输入响应}} \underbrace{-2e^{-t} + t^2 - 2t + 2}_{\text{零状态响应}} = \overbrace{3e^{-t} - 2e^{-2t} - 2e^{-t}}^{\text{自由响应}} + \overbrace{t^2 - 2t + 2}^{\text{强制响应}}$$

即
$$y(t)=\underbrace{\mathrm{e}^{-t}-2\mathrm{e}^{-2t}}_{\text{自由响应}}+\underbrace{t^2-2t+2}_{\text{强制响应}},\quad t\geqslant 0$$

比较上述计算结果,显然,
$$y(t)=y_{\mathrm{zi}}(t)+y_{\mathrm{zs}}(t)=y_{\mathrm{n}}(t)+y_{\mathrm{f}}(t)$$

求微分方程的解一般是用 0_+ 时刻的初始条件,上述微分方程的右边不含有冲激及其导数,初始状态从 0_- 到 0_+ 不会发生突变。一般来说,当微分方程右边含有冲激函数 $\delta(t)$ 及其导数时,初始状态从 0_- 到 0_+ 要发生跳变。因此,求微分方程的解或系统的响应时要设法确定 0_+ 时刻的状态(初始条件),一般可由 0_- 时刻的起始状态结合微分方程和激励来确定。

【例 2-2】 $\dfrac{\mathrm{d}y(t)}{\mathrm{d}t}+2y(t)=x(t),y(0_-)=0,x(t)=u(t)$,确定系统的初始条件。

解 将 $x(t)=u(t)$ 代入微分方程
$$\frac{\mathrm{d}y(t)}{\mathrm{d}t}+2y(t)=u(t)$$

由于上述方程的右边不含 $\delta(t)$ 及其导数项,故 $\dfrac{\mathrm{d}y(t)}{\mathrm{d}t}$、$y(t)$ 均不含 $\delta(t)$ 及其导数项。将方程两边从 0_- 到 0_+ 积分,有
$$\int_{0_-}^{0_+}\frac{\mathrm{d}y(t)}{\mathrm{d}t}\mathrm{d}t+\int_{0_-}^{0_+}2y(t)\mathrm{d}t=\int_{0_-}^{0_+}u(t)\mathrm{d}t$$

得 $y(0_+)-y(0_-)=0$,即 $y(0_+)=y(0_-)=0$,说明系统从 0_- 到 0_+ 状态不发生跳变。

【例 2-3】 $\dfrac{\mathrm{d}y(t)}{\mathrm{d}t}+2y(t)=3\dfrac{\mathrm{d}x(t)}{\mathrm{d}t},y(0_-)=0,x(t)=u(t)$,求 $y(0_+)$。

解 将 $x(t)=u(t)$ 代入微分方程,得
$$\frac{\mathrm{d}y(t)}{\mathrm{d}t}+2y(t)=3\delta(t)$$

方程要平衡,可判断 $\dfrac{\mathrm{d}y(t)}{\mathrm{d}t}$ 含有冲激,而 $y(t)$ 不含有冲激。将方程两边从 0_- 到 0_+ 积分,有
$$\int_{0_-}^{0_+}\mathrm{d}y(t)+\int_{0_-}^{0_+}2y(t)\mathrm{d}t=\int_{0_-}^{0_+}3\delta(t)\mathrm{d}t$$
即
$$y(0_+)-y(0_-)=3$$
故 $y(0_+)=3+y(0_-)=3$,说明系统从 0_- 到 0_+ 状态发生了跳变。

【例 2-4】 $2\dfrac{\mathrm{d}^2y(t)}{\mathrm{d}t^2}+3\dfrac{\mathrm{d}y(t)}{\mathrm{d}t}+4y(t)=\dfrac{\mathrm{d}x(t)}{\mathrm{d}t},y(0_-)=1,y'(0_-)=1,x(t)=u(t)$,求 $y(0_+)$。

解 将 $x(t)=u(t)$ 代入微分方程,得
$$2\frac{\mathrm{d}^2y(t)}{\mathrm{d}t^2}+3\frac{\mathrm{d}y(t)}{\mathrm{d}t}+4y(t)=\delta(t)$$

方程要平衡,可判断 $\dfrac{\mathrm{d}^2y(t)}{\mathrm{d}t^2}$ 含有冲激,而 $\dfrac{\mathrm{d}y(t)}{\mathrm{d}t}$、$y(t)$ 不含有冲激。将方程两边从 0_- 到 0_+ 积分,有

$$\int_{0_-}^{0_+} 2\,\frac{\mathrm{d}^2 y(t)}{\mathrm{d}t^2}\mathrm{d}t + \int_{0_-}^{0_+} 3\,\frac{\mathrm{d}y(t)}{\mathrm{d}t}\mathrm{d}t + \int_{0_-}^{0_+} 4y(t)\mathrm{d}t = \int_{0_-}^{0_+}\delta(t)\mathrm{d}t$$

$$2[y'(0_+)-y'(0_-)]=1$$

故
$$y'(0_+)=\frac{1}{2}+y'(0_-)=\frac{3}{2}$$

$y(t)$不含有冲激,故 $y(0_+)=y(0_-)=1$。

工程实际问题中,如电路系统,当电路存在储能元件(电容、电感)时,$t=0_+$ 时刻的初始值不一定等于 $t=0_-$ 时刻的初始值,这时需要根据系统在 $t=0_-$ 时刻的起始状态和激励接入瞬间的具体情况确定系统在 $t=0_+$ 时刻的初始值,据此来确定微分方程中有关系数。

由电路理论可知,电容上的电荷和电感中的磁链保持连续,即当有限的电流流过电容时,电容两端的电压不能突变,除非有无穷大冲激电流流过电容;当有限的电压施加于电感两端时电感电流不能突变,除非电感两端有无穷大电压。因此,对于有限的电容电流和有限的电感电压有

$$u_C(0_+)-u_C(0_-)=\int_{0_-}^{0_+}i_C(t)\mathrm{d}t=0$$

$$i_L(0_+)-i_L(0_-)=\int_{0_-}^{0_+}u_L(t)\mathrm{d}t=0$$

即
$$u_C(0_+)=u_C(0_-)$$

$$i_L(0_+)=i_L(0_-)$$

【例 2-5】 如图 2.2 所示的电路,已知 $L=2$ H,$C=\dfrac{1}{4}$ F,$R_C=1$ Ω,$R_L=5$ Ω;电容上的初始电压 $u_C(0_-)=3$ V,电感初始电流 $i_L(0_-)=1$ A;激励电流源为单位阶跃函数 $i_s(t)=u(t)$ A。试求电感电流 $i_L(t)$ 的零输入响应和零状态响应。

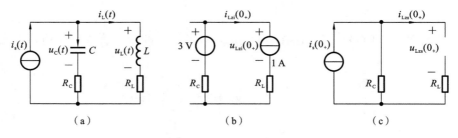

图 2.2 例 2-5 电路

解 根据 KVL、KCL 可建立电路的微分方程如下:

$$\frac{\mathrm{d}^2 i_L(t)}{\mathrm{d}t^2}+\frac{R_C+R_L}{L}\frac{\mathrm{d}i_L(t)}{\mathrm{d}t}+\frac{1}{LC}i_L(t)=\frac{R_C}{L}\frac{\mathrm{d}i_s(t)}{\mathrm{d}t}+\frac{1}{LC}i_s(t)$$

将电路参数代入,得下列微分方程

$$\frac{\mathrm{d}^2 i_L(t)}{\mathrm{d}t^2}+3\frac{\mathrm{d}i_L(t)}{\mathrm{d}t}+2i_L(t)=\frac{1}{2}\frac{\mathrm{d}i_s(t)}{\mathrm{d}t}+2i_s(t)$$

(1)零输入响应。

$$\frac{\mathrm{d}^2 i_L(t)}{\mathrm{d}t^2}+3\frac{\mathrm{d}i_L(t)}{\mathrm{d}t}+2i_L(t)=0$$

特征方程为 $\alpha^2+3\alpha+2=0$,得 $\alpha_1=-1,\alpha_2=-2$。

故零输入响应

$$i_{Lzi}(t)=c_{zi1}\mathrm{e}^{-t}+c_{zi2}\mathrm{e}^{-2t},\quad t\geqslant0$$

其中,系数 c_{zi1}、c_{zi2} 要由 $t=0_+$ 时刻的初始条件确定。为此,可画出求解零输入响应的初始条件等值电路,如图 2.2(b)所示。其中,输入电流源为零,相当于开路;电容初始电压 $u_C(0_+)=u_C(0_-)=3$ V,它可用 3 V 的直流电压源替代;电感电流的初值 $i_L(0_+)=i_L(0_-)=1$ A,可用 1 A 的直流电流源替代。

由图 2.2(b)可得

$$i_{Lzi}(0_+)=1\ \mathrm{A}$$

由 $u_L(t)=L\dfrac{\mathrm{d}i_L(t)}{\mathrm{d}t}$,可得

$$\frac{\mathrm{d}i_{Lzi}(0_+)}{\mathrm{d}t}=\frac{1}{L}u_{Lzi}(0_+)$$

由电路图 2.2(b)并根据 KVL 可得

$$u_{Lzi}(0_+)=3-(R_C+R_L)i_{Lzi}(0_+)=-3$$

所以

$$\frac{\mathrm{d}i_{Lzi}(0_+)}{\mathrm{d}t}=-\frac{3}{2}$$

将 $i_{Lzi}(0_+)$ 及 $\dfrac{\mathrm{d}i_{Lzi}(0_+)}{\mathrm{d}t}$ 代入零输入响应 $i_{Lzi}(t)=c_{zi1}\mathrm{e}^{-t}+c_{zi2}\mathrm{e}^{-2t}$,得

$$i_{Lzi}(0_+)=c_{zi1}+c_{zi2}=1$$

$$\frac{\mathrm{d}i_{Lzi}(0_+)}{\mathrm{d}t}=-c_{zi1}-2c_{zi2}=-\frac{3}{2}$$

解方程组,得 $c_{zi1}=\dfrac{1}{2},c_{zi2}=\dfrac{1}{2}$,故

$$i_{Lzi}(t)=\frac{1}{2}\mathrm{e}^{-t}+\frac{1}{2}\mathrm{e}^{-2t},\quad t\geqslant0$$

（2）零状态响应。

当 $t\geqslant0$ 时,$i_s(t)=1,\dfrac{\mathrm{d}i_s(t)}{\mathrm{d}t}=0$,此时电路的微分方程为

$$\frac{\mathrm{d}^2i_{Lzs}(t)}{\mathrm{d}t^2}+3\frac{\mathrm{d}i_{Lzs}(t)}{\mathrm{d}t}+2i_{Lzs}(t)=2$$

上述方程为非齐次微分方程,其解等于其次解加特解,即

$$i_{Lzs}(t)=i_{Lh}(t)+i_{Lp}(t)$$

令 $i_{Lp}(t)=A$,代入上述微分方程,得 $i_{Lp}(t)=1$,故

$$i_{Lzs}(t)=c_{zs1}\mathrm{e}^{-t}+c_{zs2}\mathrm{e}^{-2t}+1$$

其中,系数 c_{zs1}、c_{zs2} 由 $t=0_+$ 时刻的输入和零初始条件确定。为此,可画出求零状态响应的初始值等效电路,如图 2.2(c)所示。其中,$i_s(0_+)=1$;由于是零状态,电容电压的初始值 $u_{Czs}(0_+)=u_{Czs}(0_-)=0$,相当于短路;电感电流的初始值 $i_L(0_+)=i_L(0_-)=0$,相当于开路。

由等效电路图 2.2(c)可得

$$i_{Lzs}(0_+)=0$$

$$\frac{\mathrm{d}i_{\mathrm{Lzs}}(0_+)}{\mathrm{d}t} = \frac{1}{L}u_{\mathrm{Lzs}}(0_+) = \frac{1}{L}R_{\mathrm{C}}i_{\mathrm{s}}(0_+) = \frac{1}{2}$$

将上述初始条件代入 $i_{\mathrm{Lzs}}(t) = c_{\mathrm{zs1}}\mathrm{e}^{-t} + c_{\mathrm{zs2}}\mathrm{e}^{-2t} + 1$ 及其导数,得

$$\begin{cases} c_{\mathrm{zs1}} + c_{\mathrm{zs2}} + 1 = 0 \\ -c_{\mathrm{zs1}} - 2c_{\mathrm{zs2}} = \dfrac{1}{2} \end{cases}$$

解得 $c_{\mathrm{zs1}} = -\dfrac{3}{2}, c_{\mathrm{zs2}} = \dfrac{1}{2}$。

得零状态响应

$$i_{\mathrm{Lzs}}(t) = -\frac{3}{2}\mathrm{e}^{-t} + \frac{1}{2}\mathrm{e}^{-2t} + 1, \quad t \geqslant 0$$

故电感电流的全响应

$$i_{\mathrm{L}}(t) = i_{\mathrm{Lzi}}(t) + i_{\mathrm{Lzs}}(t) = \overbrace{\frac{1}{2}\mathrm{e}^{-t} + \frac{1}{2}\mathrm{e}^{-2t}}^{\text{零输入响应}} \overbrace{-\frac{3}{2}\mathrm{e}^{-t} + \frac{1}{2}\mathrm{e}^{-2t} + 1}^{\text{零状态响应}}$$

$$= \overbrace{\frac{1}{2}\mathrm{e}^{-t} + \frac{1}{2}\mathrm{e}^{-2t} - \frac{3}{2}\mathrm{e}^{-t} + \frac{1}{2}\mathrm{e}^{-2t}}^{\text{自由响应}} + \overbrace{1}^{\text{强制响应}}$$

$$= \underbrace{-\mathrm{e}^{-t} + \mathrm{e}^{-2t}}_{\text{暂态响应}} + \underbrace{1}_{\text{稳态响应}}, \quad t \geqslant 0$$

由上可见,用经典法解微分方程所用的初始条件都是 $t=0_+$ 时刻的值,而且求 0_+ 时刻的初始值较麻烦。用拉普拉斯变换解微分方程时只需用 $t=0_-$ 时刻的初始条件,回避了求 0_+ 时刻初始值的问题,故求解较简单。

2.2 单位冲激响应与单位阶跃响应

2.2.1 单位冲激响应

线性时不变系统的单位冲激响应(unit impulse response)是激励为单位冲激信号时系统的零状态响应,如图 2.3 所示。

图 2.3 单位冲激激励与响应

单位冲激响应的求解方法主要有:

(1) 时域求解法,即按经典法求解微分方程;

(2) 变换域求解法,即利用傅里叶变换或拉普拉斯变换求解。

本章主要介绍时域求解法,其他求解方法在后续章节讲解。

由于冲激激励在 $t>0$ 时为零,故可将非齐次微分方程转换为齐次微分方程,将零状态响应问题转换为零输入响应问题。

通常冲激响应用符号 $h(t)$ 表示,故系统的微分方程为

$$\frac{\mathrm{d}^n h(t)}{\mathrm{d}t^n} + a_{n-1}\frac{\mathrm{d}^{n-1}h(t)}{\mathrm{d}t^{n-1}} + \cdots + a_0 h(t) = b_m\frac{\mathrm{d}^m\delta(t)}{\mathrm{d}t^m} + \cdots + b_0\delta(t) \qquad (2.13)$$

方程的右边为冲激及各阶导数,方程解的形式与特征方程特征根的形式及方程两边导数阶数 m、n 的相对大小有关。假设特征方程的特征根为单根,即 $\alpha_1 \neq \alpha_2 \neq \cdots \neq \alpha_n$,则

当 $n > m$ 时,$h(t) = (c_1 \mathrm{e}^{\alpha_1 t} + c_2 \mathrm{e}^{\alpha_2 t} + \cdots + c_n \mathrm{e}^{\alpha_n t})u(t)$;

当 $m = n$ 时,$h(t) = (c_1 \mathrm{e}^{\alpha_1 t} + c_2 \mathrm{e}^{\alpha_2 t} + \cdots + c_n \mathrm{e}^{\alpha_n t})u(t) + c\delta(t)$;

当 $n < m$ 时,$h(t) = (c_1 \mathrm{e}^{\alpha_1 t} + c_2 \mathrm{e}^{\alpha_2 t} + \cdots + c_n \mathrm{e}^{\alpha_n t})u(t) + c\delta(t) + \sum_{j=1}^{m-n} d_j\delta^{(m-j)}(t)$。

以上三种情况下的解有所不同,其原因是方程两边必须有相同的对应项才能使方程平衡。

根据特征方程的根及上述三种情况可写出解的形式,然后利用待定系数法确定系数即可求出冲激响应。

【例 2-6】 已知某系统的微分方程为

$$\frac{\mathrm{d}^2 y(t)}{\mathrm{d}t^2} + 3\frac{\mathrm{d}y(t)}{\mathrm{d}t} + 2y(t) = \frac{1}{2}\frac{\mathrm{d}x(t)}{\mathrm{d}t} + 2x(t)$$

求系统的单位冲激响应 $h(t)$。

解 单位冲激激励下的微分方程为

$$\frac{\mathrm{d}^2 h(t)}{\mathrm{d}t^2} + 3\frac{\mathrm{d}h(t)}{\mathrm{d}t} + 2h(t) = \frac{1}{2}\frac{\mathrm{d}\delta(t)}{\mathrm{d}t} + 2\delta(t)$$

特征方程

$$\alpha^2 + 3\alpha + 2 = 0$$

其解 $\alpha_1 = -1$,$\alpha_2 = -2$ 为两单根。

由于微分方程左边的阶数高于右边的阶数,故其解的形式为

$$h(t) = (c_1 \mathrm{e}^{-t} + c_2 \mathrm{e}^{-2t})u(t)$$

求 $h(t)$ 的一阶及二阶导数,得

$$h'(t) = (-c_1 \mathrm{e}^{-t} - 2c_2 \mathrm{e}^{-2t})u(t) + (c_1 + c_2)\delta(t)$$

$$h''(t) = (c_1 \mathrm{e}^{-t} + 4c_2 \mathrm{e}^{-2t})u(t) + (-c_1 - 2c_2)\delta(t) + (c_1 + c_2)\delta'(t)$$

将 $h(t)$ 及其各阶导数代入微分方程,并比较方程两边的系数可得

$$\begin{cases} c_1 + c_2 = 1/2 \\ 2c_1 + c_2 = 2 \end{cases}$$

求得 $c_1 = 3/2$,$c_2 = -1$。所以

$$h(t) = \left(\frac{3}{2}\mathrm{e}^{-t} - \mathrm{e}^{-2t}\right)u(t)$$

显然,上述方法在零状态响应转换为零输入响应过程中回避了初始条件确定的问题。

当特征方程的特征根为重根或共轭复根时,用该方法求冲激响应更复杂,这里不作介绍。

2.2.2 单位阶跃响应

单位阶跃响应(unit-step response)是指在单位阶跃激励下系统的零状态响应,通

常用 $g(t)$ 表示,如图 2.4 所示。

图 2.4　阶跃响应激励与响应

单位阶跃响应的求解方法主要有:① 时域经典法;② 根据冲激响应与单位阶跃响应之间的关系求解;③ 变换域求解法。

本章主要介绍前两种方法,第三种方法将在后续章节叙述。

1. 时域经典法

单位阶跃响应为在单位阶跃信号激励下非齐次微分方程的解,为齐次解加特解。由于在 $t>0$ 时单位阶跃激励 $u(t)$ 等于 1,因此其特解应等于常数。齐次解的形式取决于特征方程根的形式。

【**例 2-7**】　已知描述某系统的微分方程为

$$\frac{\mathrm{d}^2 y(t)}{\mathrm{d}t^2}+3\frac{\mathrm{d}y(t)}{\mathrm{d}t}+2y(t)=\frac{1}{2}\frac{\mathrm{d}x(t)}{\mathrm{d}t}+2x(t)$$

求系统的单位阶跃响应。

解　方程的解为齐次解加特解,即

$$y(t)=y_{\mathrm{h}}(t)+y_{\mathrm{p}}(t)$$

齐次解:

$$y_{\mathrm{h}}(t)=(c_1\mathrm{e}^{-t}+c_2\mathrm{e}^{-2t})u(t)$$

特解:

$$y_{\mathrm{p}}(t)=c_3 u(t)$$

所以

$$y(t)=(c_1\mathrm{e}^{-t}+c_2\mathrm{e}^{-2t}+c_3)u(t)$$

对 $y(t)$ 求一阶及二阶导数,得

$$y'(t)=(-c_1\mathrm{e}^{-t}-2c_2\mathrm{e}^{-2t})u(t)+(c_1+c_2+c_3)\delta(t)$$

$$y''(t)=(c_1\mathrm{e}^{-t}+4c_2\mathrm{e}^{-2t})u(t)+(-c_1-2c_2)\delta(t)+(c_1+c_2+c_3)\delta'(t)$$

将 $x(t)=u(t)$、$y(t)$ 及其各阶导数代入原微分方程,并比较方程两边的系数可得

$$\begin{cases} c_1+c_2+c_3=0 \\ 2c_1+c_2+3c_3=\dfrac{1}{2} \\ 2c_3=2 \end{cases}$$

解得 $c_1=-\dfrac{3}{2}$,$c_2=\dfrac{1}{2}$,$c_3=1$。故得系统的单位阶跃响应为

$$y(t)=\left(-\frac{2}{3}\mathrm{e}^{-t}+\frac{1}{2}\mathrm{e}^{-2t}+1\right)u(t)$$

2. 利用单位冲激响应和单位阶跃响应之间的关系求解

已知 $\delta(t)$ 作用于系统所产生的响应为 $h(t)$,由于 $u(t)=\displaystyle\int_{-\infty}^{t}\delta(\lambda)\mathrm{d}\lambda$,根据线性时不

变系统的积分特性,故系统的单位阶跃响应为

$$g(t) = \int_{-\infty}^{t} h(\lambda)\,\mathrm{d}\lambda$$

由前一例题知系统的单位冲激响应为

$$h(t) = \left(\frac{3}{2}\mathrm{e}^{-t} - \mathrm{e}^{-2t}\right)u(t)$$

故系统的单位阶跃响应为

$$g(t) = \int_{-\infty}^{t} h(\lambda)\,\mathrm{d}\lambda = \int_{-\infty}^{t} \left(\frac{3}{2}\mathrm{e}^{-\lambda} - \mathrm{e}^{-2\lambda}\right)u(\lambda)\,\mathrm{d}\lambda = \left(-\frac{3}{2}\mathrm{e}^{-t} + \frac{1}{2}\mathrm{e}^{-2t} + 1\right)u(t)$$

2.3 连续时间系统的卷积描述

2.3.1 系统的卷积描述

1. 卷积的定义

对于线性时不变系统,假设单位冲激激励 $\delta(t)$ 所产生的响应为 $h(t)$(记为 $\delta(t) \rightarrow h(t)$),根据线性时不变系统的性质,有如下关系:

$$\delta(t) \rightarrow h(t)$$
$$\delta(\lambda) \rightarrow h(\lambda)$$
$$\delta(t-\lambda) \rightarrow h(t-\lambda)$$
$$x(\lambda)\delta(t-\lambda) \rightarrow x(\lambda)h(t-\lambda)$$
$$\int_{-\infty}^{\infty} x(\lambda)\delta(t-\lambda)\,\mathrm{d}\lambda \rightarrow \int_{-\infty}^{\infty} x(\lambda)h(t-\lambda)\,\mathrm{d}\lambda$$

由于 $\int_{-\infty}^{\infty} x(\lambda)\delta(t-\lambda)\,\mathrm{d}\lambda = x(t)$,故上述关系表明信号 $x(t)$ 作用于系统所产生的响应为

$$y(t) = \int_{-\infty}^{\infty} x(\lambda)h(t-\lambda)\,\mathrm{d}\lambda$$

此积分运算定义为卷积(convolution),并用符号表示为

$$y(t) = x(t) * h(t) = \int_{-\infty}^{\infty} x(\lambda)h(t-\lambda)\,\mathrm{d}\lambda \tag{2.14}$$

上式表明,任意激励 $x(t)$ 作用于系统所产生的响应为激励与系统冲激响应之卷积。

上述公式的导出是基于线性时不变系统的假设,因此只有线性时不变系统才能应用卷积计算响应。需要指出,这里的响应是指零状态响应。

卷积的一般定义如下:

设 $x(t)$、$v(t)$ 为两连续时间信号或分段连续时间信号,则该两信号的卷积定义为

$$x(t) * v(t) = \int_{-\infty}^{\infty} x(\lambda)v(t-\lambda)\,\mathrm{d}\lambda \tag{2.15}$$

2.3.2 卷积的性质

可以证明,卷积具有如下性质:

(1) $x(t) * \delta(t) = x(t)$;

$x(t) * \delta(t-T) = x(t-T)$;

$x(t-t_0) * \delta(t-T) = x(t-t_0-T)$。

(2) 交换律(commutativity)。

$$x(t) * v(t) = v(t) * x(t)$$

(3) 分配律(distributivity)。

$$x(t) * [v(t) + w(t)] = x(t) * v(t) + x(t) * w(t)$$

(4) 结合律(associativity)。

$$[x(t) * v(t)] * w(t) = x(t) * [v(t) * w(t)]$$

(5) 积分性(integration property)。

$$\int_{-\infty}^{t} [x(\lambda) * v(\lambda)] d\lambda = x(t) * \int_{-\infty}^{t} v(\lambda) d\lambda = \int_{-\infty}^{t} x(\lambda) d\lambda * v(t)$$

(6) 微分性(derivative property)。

$$\frac{d}{dt}[x(t) * v(t)] = \frac{d}{dt}x(t) * v(t) = x(t) * \frac{d}{dt}v(t)$$

由此性质,可得

$$x(t) * \delta'(t) = x'(t)$$

(7) 微积分性(differentiation and integration)。

$$x(t) * v(t) = \frac{d}{dt}x(t) * \int_{-\infty}^{t} v(\lambda) d\lambda = \int_{-\infty}^{t} x(\lambda) d\lambda * \frac{d}{dt}v(t)$$

由此性质,可得

$$x(t) * u(t) = \int_{-\infty}^{t} x(\lambda) d\lambda * \frac{du(t)}{dt} = \int_{-\infty}^{t} x(\lambda) d\lambda * \delta(t)$$

$$= \int_{-\infty}^{t} x(\lambda) d\lambda = \int_{0}^{\infty} x(t-\lambda) d\lambda$$

2.4 卷积积分的计算

卷积积分的计算方法主要有:① 图解法(graphic method);② 解析法(analytical method)。

2.4.1 图解法

根据卷积的计算公式 $x(t) * v(t) = \int_{-\infty}^{\infty} x(\lambda)v(t-\lambda)d\lambda$,可得计算步骤如下。

(1) 变量置换:$x(t) \rightarrow x(\lambda)$,$v(t) \rightarrow v(\lambda)$。

(2) 反褶:$v(\lambda) \rightarrow v(-\lambda)$。

原则上可将任一信号进行反褶,但为了计算简单,通常将相对较简单的信号进行反褶。

(3) 平移:$v(-\lambda) \rightarrow v(t-\lambda)$。

将反褶信号沿时间轴作平移,t 为参量,其变化范围从 $-\infty$ 到 $+\infty$。

(4) 信号相乘并积分:$\int_{-\infty}^{\infty} x(\lambda)v(t-\lambda)d\lambda$。

由于信号可能是分段连续的,在不同的区间被积函数可能不同,因此通常要分区间积分。

【例 2-8】 已知两信号 $x_1(t)$、$x_2(t)$ 分别如图 2.5 所示,求卷积 $y(t)=x_1(t)*x_2(t)$。

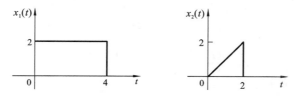

图 2.5　信号 $x_1(t)$ 与 $x_2(t)$ 波形

解　(1) 将变量置换,并将其中一个信号反褶,如图 2.6 所示。

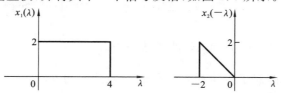

图 2.6　信号 $x_1(\lambda)$ 及反褶信号 $x_2(-\lambda)$ 波形

(2) 将反褶信号沿时间轴平移,即 $x_2(-\lambda) \rightarrow x_2(t-\lambda)$,并改变参量 t 使其从 $-\infty$ 变化到 $+\infty$,如图 2.7 所示。

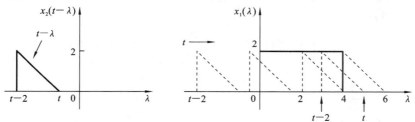

图 2.7　信号 $x_1(\lambda)$ 及反褶平移信号 $x_2(t-\lambda)$ 在不同的时间区间

(3) 计算两信号在不同区间的乘积,并积分。不同的时间区间积分结果如下:

$t<0, y(t)=0$;

$0 \leqslant t < 2, y(t)=\int_0^t 2(t-\lambda)\mathrm{d}\lambda = t^2$;

$2 \leqslant t < 4, y(t)=\int_{t-2}^t 2(t-\lambda)\mathrm{d}\lambda = 4$;

$4 \leqslant t < 6, y(t)=\int_{t-2}^4 2(t-\lambda)\mathrm{d}\lambda = 4-(t-4)^2$;

$t>6, y(t)=0$。

卷积计算结果 $y(t)$ 波形如图 2.8 所示。

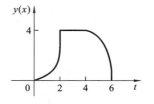

图 2.8　卷积计算波形 $y(t)$

2.4.2　解析法

若两信号均由函数给出,则可直接由卷积积分的定义计算卷积。

【例 2-9】 已知 $x(t)=tu(t)$,$h(t)=u(t)-u(t-2)$,求 $y(t)=x(t)*h(t)$。

解　$y(t)=x(t)*h(t)=tu(t)*[u(t)-u(t-2)]$

$$= tu(t) * u(t) - tu(t) * u(t-2)$$

$$= \frac{t^2}{2}u(t) - \frac{(t-2)^2}{2}u(t-2) = \begin{cases} 0, & t<0 \\ \dfrac{t^2}{2}, & 0<t<2 \\ 2t-2, & t>2 \end{cases}$$

【例 2-10】 已知 $h(t) = u(t+1) - u(t-1)$，$x(t) = \delta_T(t) = \displaystyle\sum_{n=-\infty}^{\infty} \delta(t-nT)$，$T > 2$，求 $y(t) = x(t) * h(t)$。

解
$$y(t) = [u(t+1) - u(t-1)] * \sum_{n=-\infty}^{\infty} \delta(t-nT)$$
$$= \sum_{n=-\infty}^{\infty} [u(t+1-nT) - u(t-1-nT)]$$

2.4.3 利用卷积计算连续时间系统的零状态响应

由式(2.14)可知，对于线性时不变系统，任意输入的零状态响应等于任意激励与单位冲激响应的卷积，即

$$y(t) = x(t) * h(t) \tag{2.16}$$

据此可计算系统的零状态响应。

【例 2-11】 已知一线性时不变系统的单位冲激响应为 $h(t) = e^{-\alpha t}u(t)$，试求当激励为 $x(t) = u(t)$ 时的响应。

解
$$y(t) = x(t) * h(t) = \int_{-\infty}^{\infty} h(\lambda) \cdot x(t-\lambda)\,\mathrm{d}\lambda$$
$$= \int_{-\infty}^{\infty} e^{-\alpha\lambda}u(\lambda)u(t-\lambda)\,\mathrm{d}\lambda = \frac{1}{\alpha}(1 - e^{-\alpha t})u(t)$$

2.5 数值卷积

对于因果(当 $t<0$ 时，$h(t)=0$)线性时不变系统，其零状态响应为

$$y(t) = x(t) * h(t) = \int_0^{\infty} h(\lambda)x(t-\lambda)\,\mathrm{d}\lambda$$

若将时间离散化，即 $t = nT$(T 为抽样间隔)，则有

$$y(nT) = \int_0^{\infty} h(\lambda)x(nT-\lambda)\,\mathrm{d}\lambda$$

若 T 足够小，则

$$y(nT) = \int_0^{T} h(\lambda)x(nT-\lambda)\,\mathrm{d}\lambda + \int_T^{2T} h(\lambda)x(nT-\lambda)\,\mathrm{d}\lambda + \cdots$$
$$+ \int_{iT}^{(i+1)T} h(\lambda)x(nT-\lambda)\,\mathrm{d}\lambda + \cdots$$

写成和式，即

$$y(nT) = \sum_{i=0}^{\infty} \int_{iT}^{(i+1)T} h(\lambda)x(nT-\lambda)\,\mathrm{d}\lambda$$

当 T 足够小时，对于每一个正整数 i，在 $iT \leqslant \lambda < (i+1)T$ 区间，$h(\lambda)$ 和 $x(nT-\lambda)$ 可近似表示为

$$h(\lambda) = h(iT), \quad iT \leqslant \lambda < (i+1)T$$
$$x(nT-\lambda) = x(nT-iT), \quad iT \leqslant \lambda < (i+1)T$$

则

$$
\begin{aligned}
y(nT) &= \sum_{i=0}^{\infty} \int_{iT}^{(i+1)T} h(iT)x(nT-iT)\mathrm{d}\lambda \\
&= \sum_{i=0}^{\infty} \left[\int_{iT}^{(i+1)T} \mathrm{d}\lambda \right] \cdot h(iT)x(nT-iT) \\
&= \sum_{i=0}^{\infty} Th(iT)x(nT-iT)
\end{aligned}
$$

写成离散时间信号形式,有

$$y[n] = \sum_{i=0}^{\infty} Th[i]x[n-i] \tag{2.17}$$

式(2.17)可看成是具有单位脉冲响应 $Th[n]$ 的线性时不变离散时间系统的卷积表示。该方法可以模拟具有单位冲激响应 $h(t)$ 的线性时不变连续时间系统。

上述计算称为数值卷积(numerical convolution)。

【例 2-12】 某 RC 低通滤波器的单位冲激响应为 $h(t) = \dfrac{1}{RC}\mathrm{e}^{-\frac{1}{RC}t}$, $t \geqslant 0$,试用数值卷积计算系统在信号 $x(t)=U_s$, $t \geqslant 0$ 激励下的响应。

解 由 $h(t) = \dfrac{1}{RC}\mathrm{e}^{-\frac{1}{RC}t}$, $t \geqslant 0$,有

$$Th[n] = \frac{T}{RC}\mathrm{e}^{-\frac{1}{RC}n}, \quad n = 0,1,2,\cdots$$

故

$$y[n] = \sum_{i=0}^{\infty} Th[i]x[n-i] = \sum_{i=0}^{\infty} \frac{T}{RC}\mathrm{e}^{-\frac{1}{RC}i}x[n-i], \quad n \geqslant 0$$

对上式做求和计算即得系统的响应 $y(t) \approx y[nT] = y[n]$。

【例 2-13】 某线性时不变系统的单位冲激响应 $h(t) = \dfrac{1}{k_f}[1-\mathrm{e}^{-(k_f/M)t}]$,求系统在图 2.9 所示信号 $x(t)$ 激励下的零状态响应。

解 由 $h(t) = \dfrac{1}{k_f}[1-\mathrm{e}^{-(k_f/M)t}]$,有

$$Th[n] = \frac{T}{k_f}[1-\mathrm{e}^{-(k_f T/M)n}], \quad n = 0,1,2,\cdots$$

故

$$y[n] = \sum_{i=0}^{n} \frac{T}{k_f}[1-\mathrm{e}^{-(k_f T/M)i}]x[n-i], \quad n = 0,1,2,\cdots$$

对上式做求和计算即得系统的响应 $y(t) \approx y[nT] = y[n]$。

图 2.10 所示的为取 $k_f = 0.1$, $M=1$ 时系统的零状态响应,其中实线为精确解(exact solution),圆圈所构成的曲线为取抽样间隔 $T=2$ 时由数值卷积计算的近似解(approximate solution),显然二者较接近。抽样间隔 T 越小,由数值卷积计算的输出响应近似解越接近于精确解。

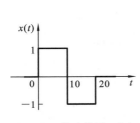

图 2.9　激励信号 $x(t)$

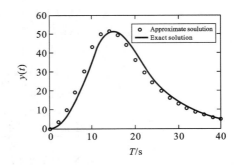

图 2.10　系统输出响应的精确解和近似解

2.6　离散时间系统的时域分析

线性时不变离散时间系统由常系数差分方程(constant coefficient difference equation)描述,其一般形式为

$$y[n] + \sum_{i=1}^{N} a_i y[n-i] = \sum_{i=0}^{M} b_i x[n-i] \qquad (2.18)$$

式中:$x[n]$ 为输入;$y[n]$ 为输出;系数 a_i、b_i 均为常数。结合初始条件可求出差分方程的解。

由常系数差分方程所描述的系统一定是线性时不变系统。反之,线性时不变系统一定由常系数差分方程所描述。本书所述差分方程均为常系数差分方程。

若方程(2.18)右边为零,则方程称为齐次差分方程(homogeneous difference equation),反之为非齐次差分方程(nonhomogeneous difference equation)。

差分方程有前向和后向两种形式,若响应序列以 $y[n]$ 及 $y[n+1]$、$y[n+2]$ 等形式出现,该差分方程称为前向差分方程(forward difference equation);若响应序列以 $y[n]$ 及 $y[n-1]$、$y[n-2]$ 等形式出现,该差分方程称为后向差分方程(backward difference equation)。例如,

$$y[n] + 3y[n-1] + 2y[n-2] = x[n]$$

为后向差分方程,而

$$y[n+2] + 3y[n+1] + 2y[n] = x[n]$$

为前向差分方程。

前向差分方程与后向差分方程可以互相转换。例如,$y[n]+3y[n-1]+2y[n-2]=x[n]$ 为后向差分方程,若用 $n-2$ 代替 n,则变为前向差分方程,即

$$y[n+2] + 3y[n+1] + 2y[n] = x[n+2]$$

响应序列的最高序号与最低序号之差为差分方程的阶数。如上述差分方程为二阶差分方程。

差分方程的求解方法主要有:① 递推法;② 经典法;③ Z 变换法。本章主要讲前两种方法,第三种解法在 Z 变换章节详细阐述。

2.6.1　差分方程的递推法求解

根据过去时刻的输出离散值递推当前或将来时刻的输出离散值的求解方法称为递

推法（recursion method）。

【例 2-14】　已知一离散时间系统由下列差分方程描述
$$y[n]+ay[n-1]=bx[n], \quad n=1,2,\cdots$$
初值 $y[0]$，a、b 为常数，求差分方程的解 $y[n]$。

解　将原差分方程作如下变换：
$$y[n]=-ay[n-1]+bx[n]$$

递推可得
$$y[1]=-ay[0]+bx[1]$$
$$y[2]=-ay[1]+bx[2]=a^2y[0]-abx[1]+bx[2]$$
$$y[3]=-ay[2]+bx[3]=-a^3y[0]+a^2bx[1]-abx[2]-abx[3]$$
$$\vdots$$
$$y[n]=(-a)^ny[0]-\sum_{i=1}^{n}(-a)^{n-i}bx[i], \quad n\geqslant 1$$

【例 2-15】　已知 $y[n]+2y[n-1]=x[n]$，$x[n]=u[n]$，$y[-1]=1$，求 $y[n]$。

解　由 $y[n]=-2y[n-1]+x[n]$，得
$$y[0]=-2y[-1]+x[0]=-1$$
$$y[1]=-2y[0]+x[1]=3$$
$$y[2]=-2y[1]+x[2]=-5$$
$$\vdots$$
$$y[n]=\left[-\frac{4}{3}(-2)^n+\frac{1}{3}\right]u[n]$$

显然，递推法具有直观、简单的特点，但不易写出通解。该方法适用于计算机求解。

2.6.2　离散时间系统时域经典法求解

与连续时间系统常系数微分方程求解方法一样，离散时间系统常系数差分方程也有时域经典求解方法。

1. 齐次差分方程时域解

当方程(2.18)右边为零时所对应的差分方程称为齐次差分方程（homogeneous difference equation），方程的解称为齐次解（homogeneous solution）。

N 阶齐次差分方程表示为
$$y[n]+\sum_{i=1}^{N}a_iy[n-i]=0 \tag{2.19}$$
其特征方程为
$$\alpha^N+a_1\alpha^{N-1}+a_2\alpha^{N-2}+\cdots+a_N=0 \tag{2.20}$$
方程解的形式取决于特征方程根的形式。

(1) 所有的根全部为单根（distinct roots），即 $\alpha_1\neq\alpha_2\neq\cdots\neq\alpha_N$，
$$y_{\mathrm{h}}[n]=c_1\alpha_1^N+c_2\alpha_2^N+\cdots+c_N\alpha_N^N=\sum_{i=1}^{N}c_i\alpha_i^N \tag{2.21}$$

(2) 所有的根全部为重根（repeated roots），即 $\alpha_1=\alpha_2=\cdots=\alpha_N=\alpha$，

$$y_h[n] = (c_1 + c_2 n + \cdots + c_N n^{N-1})\alpha^N = \sum_{i=1}^{N} c_i n^{i-1}\alpha^N \qquad (2.22)$$

（3）有 k 个重根，$\alpha_1 = \alpha_2 = \cdots = \alpha_k$，其余为单根，

$$y_h[n] = \sum_{i=1}^{k} c_i n^{i-1}\alpha_i^k + \sum_{j=k+1}^{N} c_j \alpha_j^n \qquad (2.23)$$

（4）有一对共轭复根（conjugate roots），即 $\alpha_i \pm j\beta_i$，

$$y_h[n] = c_1(\alpha+j\beta)^n + c_2(\alpha-j\beta)^n \qquad (2.24)$$

或

$$y_h[n] = c_3 \rho^n \cos n\varphi + c_4 \rho^n \sin n\varphi \qquad (2.25)$$

式中：$\rho = \sqrt{\alpha^2+\beta^2}$；$\varphi = \arctan\dfrac{\beta}{\alpha}$。

（5）有 k 重共轭复根，即 $(\alpha_i \pm j\beta_i)^k$，$y_h[n]$ 含 $\rho^n\cos(n\varphi)$，$\rho^n\sin(n\varphi)$；$n\rho^n\cos(n\varphi)$，$n\rho^n\sin(n\varphi)$；$\cdots$；$n^{k-1}\rho^n\cos(n\varphi)$，$n^{k-1}\rho^n\sin(n\varphi)$。

结合 N 个初始条件可确定解的各待定系数。

2. 非齐次差分方程时域解

当方程（2.18）右边不为零（激励不为零）时所对应的差分方程称为非齐次差分方程。非齐次差分方程的解等于齐次解加特解，即

$$y[n] = y_h[n] + y_p[n]$$

齐次解 $y_h[n]$ 的形式取决于特征根的形式；特解 $y_p[n]$ 的形式取决于激励的形式。表 2.4 列出了几种典型激励所对应的特解形式。

表 2.4　激励与特解的对应形式

激励 $x[n]$	特解 $y_p[n]$
E（常数）	A（常数）
n^m	$A_m n^m + A_{m-1}n^{m-1} + \cdots + A_1 n + A_0$
α^n	$A\alpha^n$　当 α 不是特征根时
	$(A_1 n + A_0)\alpha^n$　当 α 是特征根时
	$(A_k n^k + A_{k-1}n^{k-1} + \cdots + A_1 n + A_0)\alpha^n$　当 α 是 k 重特征根时
$\cos(\beta n)$，$\sin(\beta n)$	$p\cos(\beta n) + q\sin(\beta n)$ 或 $A\cos(\beta n + \varphi)$

非齐次差分方程经典法求解步骤如下：

（1）写出特征方程，求特征根；

（2）由特征根写出齐次解 $y_h[n]$；

（3）由激励形式写出特解 $y_p[n]$；

（4）写出非齐次差分方程的通解 $y[n] = y_h[n] + y_p[n]$；

（5）由非齐次差分方程的通解结合初始值确定各待定系数；

（6）写出非齐次差分方程解。

3. 差分方程的解与系统响应之间的关系

与连续时间系统类似，差分方程的解与系统的各响应之间具有确定的关系，且有明确的物理意义，这里不再赘述。表 2.5 列出了差分方程的解与各响应之间的关系。

表 2.5　差分方程的解与各响应之间的关系

解与响应之间的关系	公式
差分方程的解＝全响应＝齐次解＋特解	$y[n]=y_h[n]+y_p[n]$
全响应＝自由响应＋强制响应	$y[n]=y_n[n]+y_f[n]$
全响应＝零输入响应＋零状态响应	$y[n]=y_{zi}[n]+y_{zs}[n]$
全响应＝暂态响应＋稳态响应	$y[n]=y_{tr}[n]+y_{ss}[n]$

说明:差分方程的齐次解对应自由响应,特解对应强制响应,即 $y_h[n]=y_n[n]$, $y_p[n]=y_f[n]$。

【例 2-16】 已知系统的差分方程为
$$y[n]-4y[n-1]+3y[n-2]=x[n]$$
初始条件 $y[-1]=0, y[-2]=0.5$, 激励 $x[n]=2^n u[n]$。试求(1) 自由响应;(2) 强制响应;(3) 零输入响应;(4) 零状态响应;(5) 全响应。

解　(1) 自由响应 $y_n[n]$。

自由响应对应于差分方程的齐次解。

特征方程:
$$\alpha^2-4\alpha+3=0$$
特征根为 $\alpha_1=1, \alpha_2=3$。故
$$y_n[n]=c_1(1)^n+c_2(3)^n$$
(2) 强制响应 $y_f[n]$。

对应于差分方程的特解。
$$y_f[n]=A(2)^n,\quad n\geqslant 0$$
代入原方程,有
$$A(2)^n-4A(2)^{n-1}+3A(n)^{n-2}=2^n$$
得 $A=-4$。所以
$$y_f[n]=-4(2)^n,\quad n\geqslant 0$$
全响应:
$$y[n]=c_1(1)^n+c_2(3)^n-4(2)^n,\quad n\geqslant 0$$
根据初始条件 $y[-1]=0, y[-2]=0.5$,有
$$\begin{cases} c_1+c_2(3)^{-1}-4(2)^{-1}=0 \\ c_1+c_2(3)^{-2}-4(2)^{-2}=1/2 \end{cases}$$
求得 $c_1=\dfrac{5}{4}, c_2=\dfrac{9}{4}$。故全响应为
$$y[n]=\underbrace{\dfrac{5}{4}+\dfrac{9}{4}(3)^n}_{y_n[n]}\underbrace{-4(2)^n}_{y_f[n]},\quad n\geqslant 0$$
(3) 零输入响应 $y_{zi}[n]$。

零输入响应对应于齐次差分方程的解。
$$y_{zi}[n]=c_{zi1}(1)^n+c_{zi2}(3)^n$$
根据初始条件,有
$$\begin{cases} c_{zi1}+c_{zi2}(3)^{-1}=0 \\ c_{zi1}+c_{zi2}(3)^{-2}=1/2 \end{cases}$$

求得 $c_{zi1} = \dfrac{3}{4}, c_{zi2} = -\dfrac{9}{4}$。故

$$y_{zi}[n] = \frac{3}{4} - \frac{9}{4}(3)^n, \quad n \geqslant 0$$

（4）零状态响应 $y_{zs}[n]$。

零状态响应对应于零初始条件下非齐次差分方程的解，等于齐次解加特解，即

$$y_{zs}[n] = c_{zs1}(1)^n + c_{zs2}(3)^n - 4(2)^n$$

由于初始条件为零，有

$$\begin{cases} y_{zs}[-1] = c_{zs1} + c_{zs2}(3)^{-1} - 4(2)^{-1} = 0 \\ y_{zs}[-2] = c_{zs1} + c_{zs2}(3)^{-2} - 4(2)^{-2} = 0 \end{cases}$$

求得 $c_{zs1} = \dfrac{1}{2}, c_{zs2} = \dfrac{9}{2}$。故

$$y_{zs}[n] = \frac{1}{2} + \frac{9}{2}(3)^n - 4(2)^n$$

（5）全响应。

全响应等于零输入响应加零状态响应。

$$y[n] = \underbrace{\frac{3}{4} - \frac{9}{4}(3)^n}_{y_{zi}[n]} + \underbrace{\frac{1}{2} + \frac{9}{2}(3)^n - 4(2)^n}_{y_{zs}[n]} = \overbrace{\frac{3}{4} - \frac{9}{4}(3)^n + \frac{1}{2} + \frac{9}{2}(3)^n}^{y_n[n]} \overbrace{- 4(2)^n}^{y_f[n]}$$

$$= \underbrace{\frac{5}{4} + \frac{9}{4}(3)^n}_{y_n[n]} \underbrace{- 4(2)^n}_{y_f[n]}, \quad n \geqslant 0$$

显然，全响应也等于自由响应加强制响应。

2.6.3 利用差分方程解微分方程

将微分方程离散化可得差分方程，因此可以通过解差分方程来求解微分方程。

【例 2-17】 假设一连续时间系统的微分方程为

$$\frac{\mathrm{d}y(t)}{\mathrm{d}t} + ay(t) = bx(t) \tag{2.26}$$

将连续时间信号离散化，有

$$x(t)\big|_{t=nT} = x[nT], \quad y(t)\big|_{t=nT} = y[nT]$$

可推得如下差分方程：

$$y[n] - (1 - aT)y[n-1] = bTx[n-1] \tag{2.27}$$

若激励 $x[n] = 0$，初始条件为 $y[0]$，则上述差分方程的解为

$$y[n] = (1 - aT)^n y[0], \quad n = 0, 1, 2, \cdots \tag{2.28}$$

解微分方程（2.26），得其精确解

$$y(t) = \mathrm{e}^{-at} y(0), \quad t \geqslant 0 \tag{2.29}$$

将其离散化，有

$$y[nT] = \mathrm{e}^{-anT} y[0] = (\mathrm{e}^{-aT})^n y[0], \quad n = 0, 1, 2, \cdots$$

当 $aT \ll 1$ 时，e^{-aT} 可展开成泰勒级数（Tylor series）：

$$\mathrm{e}^{-aT} = 1 - aT + \frac{(aT)^2}{2!} - \frac{(aT)^3}{3!} + \cdots \approx 1 - aT$$

故
$$y[n]=(1-aT)^n y[0], \quad n=0,1,2,\cdots \tag{2.30}$$

比较式(2.28)和(2.30)，计算结果完全一致。

$y[n]$ 称为 $y(t)$ 的欧拉近似(Euler approximation)。离散时间间隔越小，由差分方程计算出的结果越接近由微分方程计算出的结果，即计算结果越精确。

2.7 离散时间系统的单位脉冲响应与单位阶跃响应

2.7.1 离散时间系统单位脉冲响应

激励为单位脉冲信号 $\delta[n]$ 时离散时间系统的零状态响应称为单位脉冲响应(unit pulse response)，用 $h[n]$ 表示，如图 2.11 所示。

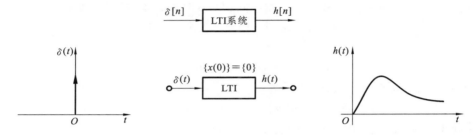

图 2.11 单位脉冲响应

单位脉冲响应的差分方程表示为
$$h[n]+\sum_{i=1}^{N}a_i h[n-i]=\sum_{i=0}^{M}b_i\delta[n-i] \tag{2.31}$$

单位脉冲响应的求解方法主要有：① 递推法；② 时域经典法；③ z 变换求解法。本章主要介绍递推法和经典法，z 变换求解法将在后续章节阐述。

（1）递推法。

由过去时刻的输出值推得当前或将来时刻的输出值。

【例 2-18】 已知一因果离散时间系统的差分方程为 $y[n]+3y[n-1]+2y[n-2]=x[n]$，求系统的单位脉冲响应 $h[n]$。

解
$$h[n]+3h[n-1]+2h[n-2]=\delta[n]$$
将上式写成递推形式
$$h[n]=-3h[n-1]-2h[n-2]+\delta[n]$$
因为系统为因果离散时间系统，故有 $n<0$ 时 $h[n]=0$。递推得
$$h[0]=-3h[-1]-2h[-2]+\delta[0]=1$$
$$h[1]=-3h[0]-2h[-1]+\delta[1]=-3$$
$$h[2]=-3h[1]-2h[0]+\delta[2]=7$$
$$h[3]=-3h[2]-2h[1]+\delta[3]=-15$$
$$\vdots$$
所以
$$h[n]=[-(-1)^n+2(-2)^n]u[n]$$

（2）时域经典法。

由于单位脉冲信号在 $n=0$ 时取值为 1，其他时间点的取值为零，因此可以将 $\delta[n]$ 的作用转化为系统的初始值作用，将零状态响应转换为零输入响应，所以其解对应于齐次差分方程的解。

【例 2-19】 一因果离散时间系统的差分方程为

$$y[n]+ay[n-1]=x[n]$$

求系统的单位脉冲响应。

解
$$h[n]+ah[n-1]=\delta[n]$$

已知系统为因果系统，故有 $n<0$ 时 $h[n]=0$。

将差分方程写成递推形式，即

$$h[n]=-ah[n-1]+\delta[n]$$

递推得 $h[0]=1$

由于 $n>0$ 时，$\delta[n]=0$，故零状态响应问题变成零输入响应问题，即有

$$h[n]+ah[n-1]=0,\quad h[0]=1$$

所以

$$h[n]=c\,(-a)^n,\quad n=0,1,2,\cdots$$

由初始条件 $h[0]=1$，得 $c=1$。故

$$h[n]=(-a)^n u[n]$$

【例 2-20】 已知一因果系统的差分方程为

$$y[n]-5y[n-1]+6y[n-2]=x[n]$$

求系统的单位脉冲响应 $h[n]$。

解
$$h[n]-5h[n-1]+6h[n-2]=\delta[n]$$

系统的特征方程为

$$\alpha^2-5\alpha+6=0$$

得 $\alpha_1=2,\alpha_2=3$。故

$$h[n]=[c_1\,(2)^n+c_2\,(3)^n]u[n]$$

对于因果系统，当 $n<0$ 时 $h[n]=0$。

由 $h[n]=5h[n-1]-6h[n-2]+\delta[n]$，递推得初值：

$$h[0]=5h[-1]-6h[-2]+\delta[0]=1$$
$$h[1]=5h[0]-6h[-1]+\delta[1]=5$$

将 $h[0]$、$h[1]$ 代入通解求待定系数有：

$$h[0]=c_1+c_2=1$$
$$h[1]=c_1(2)+c_2(3)=5$$

解得 $c_1=-2,c_2=3$。故

$$h[n]=[-2\,(2)^n+3\,(3)^n]u[n]$$

单位脉冲响应的经典解法也称为等效初值法。

2.7.2 离散时间系统单位阶跃响应

离散时间系统单位阶跃响应的求解方法主要有：① 时域经典法；② 利用单位脉冲响应求单位阶跃响应；③ z 变换法。这里主要阐述前两种方法，第三种方法将在后续章

节阐述。

1. 时域经典法

【例 2-21】 已知描述系统的差分方程为

$$y[n]-5y[n-1]+6y[n-2]=x[n]$$

求系统的单位阶跃响应 $y[n]$。

解 差分方程的解为齐次解加特解。

（1）齐次解 $y_n[n]$。

由特征方程

$$\alpha^2-5\alpha+6=0$$

得 $\alpha_1=2,\alpha_2=3$。所以

$$y_h[n]=[c_1(2)^n+c_2(3)^n],\quad n\geqslant 0$$

（2）特解 $y_p[n]$。

特解的形式取决于激励的形式。因为激励为单位阶跃信号，即 $x[n]=1,n\geqslant 0$，故有

$$y_p[n]=c,\quad n\geqslant 0$$

将其代入差分方程，得 $c=\dfrac{1}{2}$。故

$$y_p[n]=\frac{1}{2},\quad n\geqslant 0$$

所以

$$y[n]=[c_1(2)^n+c_2(3)^n]+\frac{1}{2},\quad n\geqslant 0$$

由 $y[-1]=0,y[-2]=0$，得 $c_1=-4,c_2=\dfrac{9}{2}$。故

$$y[n]=\left[-4(2)^n+\frac{9}{2}(3)^n+\frac{1}{2}\right]u[n]$$

2. 利用单位脉冲响应求单位阶跃响应

因为 $u[n]=\sum\limits_{i=0}^{\infty}\delta[n-i]$，由线性时不变系统的性质可得单位阶跃响应

$$y[n]=\sum_{i=0}^{\infty}h[n-i]$$

在例 2-20 中，求得系统的单位脉冲响应

$$h[n]=[-2(2)^n+3(3)^n]u[n]$$

故系统的单位阶跃响应

$$y[n]=\sum_{i=0}^{\infty}h[n-i]=\sum_{i=0}^{\infty}[-2(2)^{n-i}+3(3)^{n-i}]u[n-i]$$

$$=-4(2)^n+\frac{9}{2}(3)^n+\frac{1}{2},\quad n\geqslant 0$$

2.8 差分方程描述的滑动平均滤波器

线性时不变系统的差分方程

$$y[n] + \sum_{i=1}^{N} a_i y[n-i] = \sum_{i=0}^{M} b_i x[n-i]$$

若系数 $a_i=0$, $b_i=\dfrac{1}{N}$,方程右边共有 N 项,则上述差分方程变为

$$y[n] = \sum_{i=0}^{N-1} \frac{1}{N} x[n-i] = \frac{1}{N}(x[n] + x[n-1] + \cdots + x[n-N+1]) \quad (2.32)$$

上式为求平均值的运算,由于其频率响应具有低通滤波器的特点(此为数字滤波器,将在后续章节论述),故称为滑动平均滤波器(moving average filter,MA)。该滤波器各项系数为常数,且均等于 $1/N$。

若滑动平均滤波器的系数为变系数,且为 w_i,则差分方程变为

$$y[n] = \sum_{i=0}^{N-1} w_i x[n-i] \quad (2.33)$$

由于上式各系数不同,且满足 $\sum_{i=0}^{N-1} w_i = 1$,故称为权系数滑动平均滤波器(weighted moving average filter,WMA)。

若滑动平均滤波器的权系数按指数规律变化,即 $w_i = ab^i$,则差分方程变为

$$y[n] = \sum_{i=0}^{N-1} ab^i x[n-i] \quad (2.34)$$

式中:b 为实数,且 $0<b<1$。由 $\sum_{i=0}^{N-1} w_i = \sum_{i=0}^{N-1} ab^i = 1$,求得 $a = \dfrac{1-b}{1-b^N}$。

该滤波器称为指数加权滑动平均滤波器(exponentially weighted moving average filter,EWMA)。

例如,三点指数加权滑动平均滤波器 $N=3$,取 $b=0.5$,则 $a = \dfrac{1-0.5}{1-0.5^3} \approx 0.571$,则

$$y[n] = 0.571x[n] + 0.286x[n-1] + 0.143x[n-2]$$

N 点指数加权滑动平均滤波器(EWMA)较 N 点滑动平均滤波器(MA)具有更快的响应速度,即 EWMA 较 MA 具有更小的时间延时,前者的延时时间取决于参数 b。不过,MA 较 EMWA 具有更好的滤波效果。后续章节将对此结论加以阐述。

2.9　离散时间系统的卷积和描述

假设单位脉冲激励 $\delta[n]$ 产生的响应为 $h[n]$(表示为 $\delta[n] \to h[n]$),根据线性时不变系统的性质有下列关系:

$$\delta[i] \to h[i]$$
$$\delta[n-i] \to h[n-i]$$
$$x[i]\delta[n-i] \to x[i]h[n-i]$$
$$\sum_{i=-\infty}^{\infty} x[i]\delta[n-i] \to \sum_{i=-\infty}^{\infty} x[i]h[n-i]$$

由上可见,当激励为 $\sum_{i=-\infty}^{\infty} x[i]\delta[n-i] = x[n]$ 时,响应为 $\sum_{i=-\infty}^{\infty} x[i]h[n-i] = y[n]$,该求和运算定义为卷积和(convolution sum),并用符号 $x[n] * h[n]$ 表示,即

$$y[n] = x[n] * h[n] = \sum_{i=-\infty}^{\infty} x[i]h[n-i] \tag{2.35}$$

式(2.35)表明,任意激励 $x[n]$ 作用于线性时不变系统所产生的响应为任意激励与单位脉冲响应之卷积和。

卷积和的一般定义:设有任意两离散时间信号 $x[n]$ 和 $v[n]$,卷积和定义为

$$x[n] * v[n] = \sum_{i=-\infty}^{\infty} x[i]v[n-i] \tag{2.36}$$

可以证明,卷积和运算具有如下性质:

(1) $x[n] = \sum\limits_{i=-\infty}^{\infty} x[i]\delta[n-i] = x[n] * \delta[n]$。

上式表明,任一离散时间信号可以表示为单位脉冲信号及移位信号之线性组合。

(2) $x[n] * \delta[n-q] = x[n-q]$;

$x[n-M] * \delta[n-N] = x[n-M-N]$。

(3) $x[n] * u[n] = \sum\limits_{i=-\infty}^{n} x[i]$。

证 $\qquad\qquad x[n] * u[n] = \sum\limits_{i=-\infty}^{\infty} x[i]u[n-i] = \sum\limits_{i=-\infty}^{n} x[i]$

(4) 移位特性。

若 $x[n] * v[n] = w[n]$,则

$$x[n-q] * v[n] = x[n] * v[n-q] = w[n-q]$$

(5) 交换律。

$$x[n] * v[n] = v[n] * x[n]$$

(6) 分配率。

$$x[n] * [v[n]+w[n]] = x[n] * v[n] + x[n] * w[n]$$

(7) 结合律。

$$x[n] * (v[n] * w[n]) = (x[n] * v[n]) * w[n]$$

2.10 卷积和的计算

卷积和的计算方法主要有:① 解析法(analytical method);② 图解法(graphical method);③ 表格法(table method);④ 阵列法(array-array method)。

2.10.1 解析法

当信号用函数表示时,可以根据卷积和的定义计算卷积。

【例 2-21】 已知 $x[n]=\alpha^n u[n](0<\alpha<1)$,$h[n]=u[n]$,求 $y[n]=x[n] * h[n]$。

解 根据定义

$$y[n] = x[n] * h[n] = \sum_{i=-\infty}^{\infty} x[i]h[n-i] = \sum_{i=-\infty}^{\infty} \alpha^i u[i]u[n-i]$$

上式中,$i \geqslant 0$ 时 $u[i] \neq 0$;$n-i \geqslant 0$,即 $i \leqslant n$ 时 $u[n-i] \neq 0$,故 i 的有效求和区间为 $0 \sim n$,故

$$y[n] = u[n] \cdot \sum_{i=0}^{n} \alpha^i = \frac{1 - \alpha^{n+1}}{1 - \alpha} u[n]$$

【例 2-22】 已知 $x[n] = \delta[n-1] + 2\delta[n-2] + 3\delta[n-3]$，$h[n] = \delta[n] + 2\delta[n-1] - \delta[n-2]$，求卷积和 $y[n] = x[n] * h[n]$。

解　$y[n] = x[n] * h[n]$
$$= (\delta[n-1] + 2\delta[n-2] + 3\delta[n-3]) * (\delta[n] + 2\delta[n-1]) - \delta[n-2])$$
$$= \delta[n-1] + 4\delta[n-2] + 6\delta[n-3] + 8\delta[n-4] - 3\delta[n-5]$$

2.10.2　图解法

图解法基于卷积和的定义,计算步骤如下:

(1) 变量置换: $x[n] \rightarrow x[i]$, $h[n] \rightarrow h[i]$;

(2) 反褶:将其中一个信号反褶, $h[i] \rightarrow h[-i]$;

(3) 时移:将反褶信号沿时间轴平移 $h[-i] \rightarrow h[n-i]$, n 的变化范围为 $-\infty \sim +\infty$;

(4) 相乘求和:当 n 取不同值时,将 $x[i]$ 与 $h[n-i]$ 同序号值相乘并求和 $\sum_{i=-\infty}^{\infty} x[i]h[n-i]$。

【例 2-23】　两离散时间信号 $x[n]$ 和 $h[n]$ 如图 2.12 所示,试利用图解法计算卷积和。

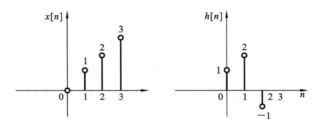

图 2.12　离散时间信号 $x[n]$ 和 $h[n]$

解　$x[i]$ 及 $h[n-i]$ 各波形如图 2.13 所示。

由卷积和计算公式 $y[n] = x[n] * h[n] = \sum_{i=-\infty}^{\infty} x[i]h[n-i]$,有

$$y[1] = \sum_{i=-\infty}^{\infty} x[i]h[1-i] = 1 \times 1 = 1$$

$$y[2] = \sum_{i=-\infty}^{\infty} x[i]h[2-i] = 1 \times 2 + 2 \times 1 = 4$$

$$y[3] = \sum_{i=-\infty}^{\infty} x[i]h[3-i] = 1 \times (-1) + 2 \times 2 + 3 \times 1 = 6$$

$$y[4] = \sum_{i=-\infty}^{\infty} x[i]h[4-i] = 2 \times (-1) + 3 \times 2 = 4$$

$$y[5] = \sum_{i=-\infty}^{\infty} x[i]h[5-i] = 3 \times (-1) = -3$$

当 $n < 1$ 及 $n > 5$ 时, $y[n] = 0$。

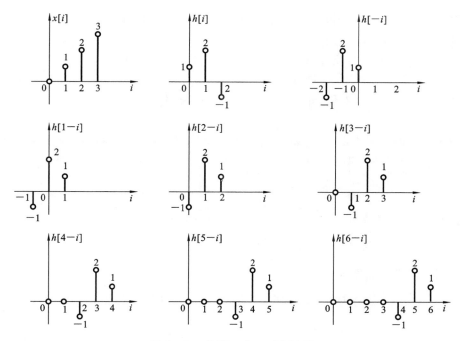

图 2.13 $x[i]$ 和 $h[n-i]$ 各波形

2.10.3 表格法

将两序列分别按行和列依顺序排列,将列中的各元素与行中的每一元素分别相乘得到新的一行元素值,再将虚线所示对角线各元素求和即得卷积和的某一元素值。

设两序列同上,计算过程如图 2.14 所示。计算结果如下:

$$y[1]=1, \quad y[2]=4, \quad y[3]=6, \quad y[4]=4, \quad y[5]=-3$$

若两序列的第一个非零元素序号分别为 M 和 N,则卷积和的第一个元素的序号为 $M+N$,其余的元素序号按顺序排列。例如,上例中 $x[n]$ 和 $h[n]$ 第一个非零元素的序号分别为 1 和 0,故卷积和 $y[n]$ 第一个元素序号为 $1+0=1$,其他元素的序号依次为 2、3、4、5。

如果两序列中任一序列第一个非零元素的序号为 $-\infty$,则不能用上述方法计算卷积和。

2.10.4 阵列法

将两序列按顺序排列成两行,将第二行的各元素分别与第一行的各元素相乘,将相乘所得结果构成新的一行元素,然后按列将各元素值求和即得卷积和。计算过程如图 2.15 所示。

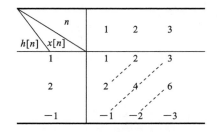

	$x[n]$	1	2	3	
	$h[n]$	1	2	-1	
		1	2	3	
			2	4	6
				-1	-2	-3
		1	4	6	4	-3

图 2.14 表格法求卷积和　　　　**图 2.15** 阵列法求卷积和

所求序列第一个元素的序号的确定方法与表格法相同,故 $y[1]=1,y[2]=4,y[3]=6,y[4]=4,y[5]=-3$。

同样,该方法也只适合于起始序号不为 $-\infty$ 的序列求卷积和。

2.11 利用卷积和计算系统的零状态响应

对于线性时不变系统,任意输入的零状态响应等于任意激励与单位脉冲响应的卷积和,据此可求系统的零状态响应。

$$y_{zs}[n] = \sum_{i=-\infty}^{\infty} x[i]h[n-i] = x[n] * h[n]$$

【例 2-24】 某离散时间系统的单位脉冲响应为

$$h[n] = \frac{1}{N}(\delta[n]+\delta[n-1]+\cdots+\delta[n-N+1])$$

求系统的单位阶跃响应。

解 $y[n] = u[n] * h[n] = u[n] * \frac{1}{N}(\delta[n]+\delta[n-1]+\cdots+\delta[n-N+1])$

$$= \frac{1}{N}(u[n]+u[n-1]+\cdots+u[n-N+1])$$

【例 2-25】 已知系统的差分方程为 $y[n]+3y[n-1]+2y[n-2]=x[n]$,激励 $x[n]=2^n u[n]$,初始条件 $y[-1]=0,y[-2]=1/2$,求系统(1)零输入响应 $y_{zi}[n]$;(2)零状态响应 $y_{zs}[n]$;(3)全响应 $y[n]$。

解 (1)零输入响应 $y_{zi}[n]$。

系统的特征方程为

$$\alpha^2+3\alpha+2=0$$

得特征根 $\alpha_1=-1,\alpha_2=-2$。故

$$y_{zi}[n]=c_1(-1)^n+c_2(-2)^n$$

由初始条件,有

$$\begin{cases} c_1(-1)^{-1}+c_2(-2)^{-1}=0 \\ c_1(-1)^{-2}+c_2(-2)^{-2}=1/2 \end{cases}$$

得 $c_1=1,c_2=-2$。故

$$y_{zi}[n]=(-1)^n-2(-2)^n, \quad n \geqslant -1$$

(2)零状态响应 $y_{zs}[n]$。

$$y_{zs}[n]=x[n]*h[n]$$

其中,$h[n]$ 为系统的单位脉冲响应。由例 2-18 有

$$h[n]=[-(-1)^n+2(-2)^n]u[n]$$

故 $y_{zs}[n]=x[n]*h[n]=[-(-1)^n+2(-2)^n]u[n]*2^n u[n]$

$$=[-\frac{1}{3}(-1)^n+(-2)^n+\frac{1}{3}\cdot 2^n]u[n]$$

(3)全响应。

$$y[n]=y_{zi}[n]+y_{zs}[n]=\underbrace{(-1)^n-2(-2)^n}_{y_{zi}[n]}\underbrace{-\frac{1}{3}(-1)^n+(-2)^n+\frac{1}{3}\cdot 2^n}_{y_{zs}[n]}$$

$$= \frac{2}{3}(-1)^n - (-2)^n + \frac{1}{3} \cdot 2^n, \quad n \geqslant 0$$

习题 2

1. 已知系统的微分方程及初始条件,求系统的零输入响应。

(1) $\dfrac{\mathrm{d}^2 y(t)}{\mathrm{d}t^2} + 2\dfrac{\mathrm{d}y(t)}{\mathrm{d}t} + 2y(t) = 0, y(0_+) = 1, y'(0_+) = 2$;

(2) $\dfrac{\mathrm{d}^2 y(t)}{\mathrm{d}t^2} + 2\dfrac{\mathrm{d}y(t)}{\mathrm{d}t} + y(t) = 0, y(0_+) = 1, y'(0_+) = 2$。

2. 已知系统的微分方程为 $\dfrac{\mathrm{d}^2 y(t)}{\mathrm{d}t^2} + 3\dfrac{\mathrm{d}y(t)}{\mathrm{d}t} + 2y(t) = \dfrac{\mathrm{d}x(t)}{\mathrm{d}t} + 3x(t)$,求下列两种激励和起始状态的零输入响应、零状态响应、全响应、自由响应和强制响应。

(1) $x(t) = u(t), y(0_-) = 1, y'(0_-) = 2$;

(2) $x(t) = \mathrm{e}^{-3t} u(t), y(0_-) = 1, y'(0_-) = 2$。

3. 求下列系统的单位冲激响应 $h(t)$ 和单位阶跃响应 $g(t)$。

(1) $\dfrac{\mathrm{d}y}{\mathrm{d}t} + 3y(t) = 2\dfrac{\mathrm{d}x(t)}{\mathrm{d}t}$;

(2) $\dfrac{\mathrm{d}^2 y(t)}{\mathrm{d}t^2} + 5\dfrac{\mathrm{d}y(t)}{\mathrm{d}t} + 6y(t) = x(t)$;

(3) $\dfrac{\mathrm{d}^2 y(t)}{\mathrm{d}t^2} + 5\dfrac{\mathrm{d}y(t)}{\mathrm{d}t} + 6y(t) = \dfrac{\mathrm{d}^2 x(t)}{\mathrm{d}t^2} + 2\dfrac{\mathrm{d}x(t)}{\mathrm{d}t} + 2x(t)$;

(4) $\dfrac{\mathrm{d}y(t)}{\mathrm{d}t} + 2y(t) = \dfrac{\mathrm{d}^2 x(t)}{\mathrm{d}t^2} + 3\dfrac{\mathrm{d}x(t)}{\mathrm{d}t} + 3x(t)$。

4. 求下列卷积: $y(t) = x(t) * v(t)$。

(1) $x(t) = u(t), v(t) = \mathrm{e}^{-\alpha t} u(t)$;

(2) $x(t) = \cos(\omega t), v(t) = \delta(t+1) - \delta(t-1)$;

(3) $x(t) = \mathrm{e}^{-\alpha t} u(t), v(t) = \sin t u(t)$。

5. 已知信号 $x(t)$、$v(t)$ 分别如图 2.16 所示,求卷积 $y(t) = x(t) * v(t)$。

6. 已知信号 $x(t) = u(t) + u(t-1) - 2u(t-2)$, $v(t) = 2u(t+1) - u(t) - u(t-1)$,求卷积 $y(t) = x(t) * v(t)$。

7. 一连续时间系统具有如下输入/输出关系:

$$y(t) = \int_{-\infty}^{t} (t - \lambda + 2) x(\lambda) \mathrm{d}\lambda$$

(1) 求系统的单位冲激响应 $h(t)$。

(2) $x(t) = u(t) - u(t-1)$,求系统的输出响应 $y(t)$。

8. 一因果线性时不变连续时间系统的单位冲激响应为

$$h(t) = \mathrm{e}^{-t} + \sin t, \quad t \geqslant 0$$

(1) 求系统的单位阶跃响应;

(2) 若 $x(t) = u(t) - u(t-2)$,求系统的输出响应 $y(t)$。

9. 已知系统的差分方程 $y[n+1] - 0.8y[n] = x[n], x[n] = u[n], y[0] = 2$,

(1) 试用递推法求解差分方程,并给出 $y[0], y[1], y[2]$ 的值;

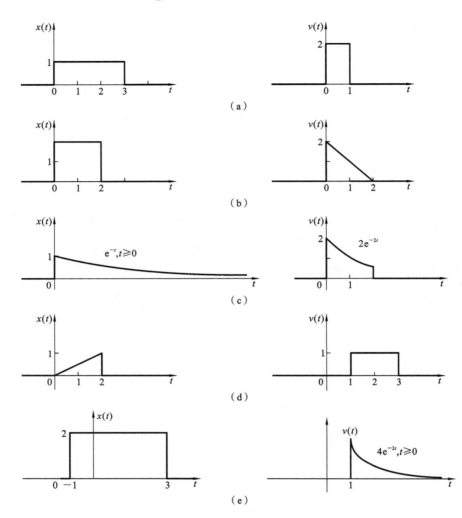

图 2.16   第 5 题图

（2）求差分方程的解析解。

10. 一离散时间系统的差分方程如下：

$$y[n+2]+\frac{3}{4}y[n+1]+\frac{1}{8}y[n]=x[n]$$

$y[-2]=-1$，$y[-1]=2$，对于所有 n，$x[n]=0$。

分别用（1）递推法求 $y[n]$，$n=0,1,2,3$；（2）经典法求解析解 $y[n]$。

11. 解差分方程

（1）$y[n]-3y[n-1]+2y[n-2]=0$，$y[-1]=2$，$y[-2]=1$；

（2）$y[n]+3y[n-1]+y[n-2]=0$，$y[0]=y[-1]=1$；

（3）$y[n]+2y[n-2]=0$，$y[0]=1$，$y[1]=2$。

12. 解差分方程 $y[n]+2y[n-1]+y[n-2]=3^n$，$y[-1]=0$，$y[0]=0$。

13. 已知因果系统的差分方程为

$y[n]+3y[n-1]+2y[n-2]=x[n]$， $x[n]=2^n u[n]$，$y[0]=0$，$y[1]=2$，

求系统的响应。

14. 用递推法计算下列离散时间系统的单位脉冲响应 $h[n]$，$n=0,1,2,3$。

(1) $y[n+1]+y[n]=2x[n]$；

(2) $y[n+2]+\dfrac{1}{2}y[n+1]+\dfrac{1}{4}y[n]=x[n+1]-x[n]$。

15. 求下列离散时间系统的单位脉冲响应 $h[n]$，$n\geqslant0$，写出解析解。

(1) $y[n+1]+\dfrac{1}{2}y[n]=x[n+1]$；

(2) $y[n+2]+\dfrac{1}{4}y[n]=2x[n+2]-x[n]$。

16. 已知离散时间系统的差分方程 $2y[n]-y[n-1]=4x[n]+2x[n-1]$，求系统的单位脉冲响应 $h[n]$。

17. 求下列差分方程的单位脉冲响应。

(1) $y[n+2]-0.6y[n+1]-0.16y[n]=x[n]$；

(2) $y[n+2]-y[n]=x[n+1]-x[n]$。

18. 已知两离散时间信号 $x[n]$ 及 $v[n]$，计算卷积和 $y[n]=x[n]*v[n]$。

(1) $x[n]=\delta[n]+\delta[n-1]+\delta[n-2]$，$v[n]=\delta[n]+\delta[n-1]+\delta[n-2]+\delta[n-3]$；

(2) $x[n]=2\delta[n]+\delta[n-1]$，$v[n]=\delta[n]+\delta[n-1]+\delta[n-2]+\delta[n-3]$；

(3) $x[n]=2\delta[n]+\delta[n-1]$，$v[n]=\delta[n-1]+2\delta[n-2]$；

(4) $x[n]=u[n]$，$v[n]=u[n]$；

(5) $x[n]=\delta[n]-\delta[n-2]$，$v[n]=\begin{cases}\cos(\pi n/3),& n\geqslant0\\ 0,& n<0\end{cases}$

19. 已知两离散时间信号 $x[n]$ 及 $v[n]$，计算卷积和 $y[n]=x[n]*v[n]$。

(1) $x[n]=u[n]$，$v[n]=2^nu[n]$；

(2) $x[n]=(0.5)^nu[n]$，$v[n]=2^nu[n]$。

20. 某电路如图 2.17 所示，电流源 $i_\text{s}(t)$ 为激励，试写出电感电流 $i_\text{L}(t)$ 和电阻 R_C 上电压 $u(t)$ 的微分方程。

21. 一系统的微分方程如下：

$$\dfrac{\mathrm{d}^2y(t)}{\mathrm{d}t^2}+\dfrac{\mathrm{d}y(t)}{\mathrm{d}t}+4.25y(t)=0,\quad y(0)=2,\quad y'(0)=1$$

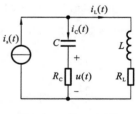

图 2.17　第 20 题图

(1) 证明系统的解为 $y(t)=\mathrm{e}^{-0.5t}[\sin(2t)+2\cos(2t)]$；

(2) 用欧拉近似，由微分方程导出差分方程。T 为任意步长，$x(t)$ 为任意激励。

22. 系统的微分方程如下：

$$\dfrac{\mathrm{d}^2y(t)}{\mathrm{d}t^2}+2\dfrac{\mathrm{d}y(t)}{\mathrm{d}t}+y(t)=0,\quad y(0)=2,\quad y'(0)=-1$$

(1) 求微分方程的解；

(2) 用欧拉近似，由微分方程导出差分方程。T 为任意步长，$x(t)$ 为任意激励。

3

傅里叶级数与傅里叶变换

    本章将讨论信号的傅里叶级数、傅里叶变换与反变换、信号的抽样、信号的调制与解调等问题。时域里的周期信号可以表示成无穷多个不同频率（基波及其整数倍）、不同幅度大小、不同相位的谐波分量之和。将信号作傅里叶变换，即从时域变换到频域，可以看出信号的频谱信息，它是信号的另外一种表现形式。为了满足计算机求解傅里叶变换的要求，需要对信号进行抽样。如何保证抽样的有效性，不损失原有信号的信息，且能恢复原信号，需要研究抽样信号的频谱混叠问题和抽样定理。此外，为了保证信号在自由空间的传输，避免不同信号之间的干扰，本章还介绍了信号的调制与解调。

3.1　傅里叶级数

3.1.1　三角傅里叶级数

    当周期信号 $x(t)$ 满足狄利赫里条件（Dirichlet conditions）时，可展开成三角形式的傅里叶级数（trigonometric Fourier series），即

$$x(t) = a_0 + \sum_{k=1}^{\infty} \left[a_k \cos(k\omega_0 t) + b_k \sin(k\omega_0 t) \right], \quad -\infty < t < +\infty \qquad (3.1)$$

式中：$\omega_0 = \dfrac{2\pi}{T}$ 为基波角频率（fundamental angular frequency）；T 为基本周期（fundamental period）；$a_0 = \dfrac{1}{T} \displaystyle\int_{-T/2}^{T/2} x(t)\mathrm{d}t$，它反映信号在一个周期里的平均值，即直流分量；$a_k = \dfrac{2}{T} \displaystyle\int_{-T/2}^{T/2} x(t)\cos(k\omega_0 t)\mathrm{d}t, k=1,2,\cdots$，为信号的余弦分量幅度；$b_k = \dfrac{2}{T} \displaystyle\int_{-T/2}^{T/2} x(t)\sin(k\omega_0 t)\mathrm{d}t, k=1,2,\cdots$，为信号的正弦分量幅度。

    上述积分区间可以为任意一个周期的积分区间，如 $0 \sim T$ 等。

    根据三角公式，上式可表示成如下三角级数形式：

$$x(t) = a_0 + \sum_{k=1}^{\infty} A_k \cos(k\omega_0 t + \varphi_k) \qquad (3.2)$$

上述两种三角形式系数之间具有如下关系：$A_k = \sqrt{a_k^2 + b_k^2}$。

$$\varphi_k = \begin{cases} \arctan\left(\dfrac{-b_k}{a_k}\right), & k=1,2,\cdots,\text{当 } a_k \geqslant 0 \text{ 时} \\[2mm] \pi + \arctan\left(\dfrac{-b_k}{a_k}\right), & k=1,2,\cdots,\text{当 } a_k < 0 \text{ 时} \end{cases}$$

式中：$a_k = A_k\cos\varphi_k$；$b_k = A_k\sin\varphi_k$。

式(3.2)表明，周期信号可展开成直流、基波和各次谐波（基波频率的整数倍）的组合。

3.1.2　复指数傅里叶级数

根据欧拉公式（Euler's formula），三角级数可表示为

$$\begin{aligned} x(t) &= a_0 + \sum_{k=1}^{\infty}\left[a_k\cos(k\omega_0 t) + b_k\sin(k\omega_0 t)\right] \\ &= a_0 + \sum_{k=1}^{\infty}\left[a_k\frac{1}{2}(\mathrm{e}^{\mathrm{j}k\omega_0 t} + \mathrm{e}^{-\mathrm{j}k\omega_0 t}) + b_k\frac{1}{2\mathrm{j}}(\mathrm{e}^{\mathrm{j}k\omega_0 t} - \mathrm{e}^{-\mathrm{j}k\omega_0 t})\right] \\ &= a_0 + \sum_{k=1}^{\infty}\left(\frac{a_k - \mathrm{j}b_k}{2}\mathrm{e}^{\mathrm{j}k\omega_0 t} + \frac{a_k + \mathrm{j}b_k}{2}\mathrm{e}^{-\mathrm{j}k\omega_0 t}\right) \end{aligned}$$

令 $c_k = \dfrac{a_k - \mathrm{j}b_k}{2}$，$c_{-k} = \dfrac{a_k + \mathrm{j}b_k}{2}$，则有

$$x(t) = a_0 + \sum_{k=1}^{\infty}(c_k\mathrm{e}^{\mathrm{j}k\omega_0 t} + c_{-k}\mathrm{e}^{-\mathrm{j}k\omega_0 t})$$

$$x(t) = a_0 + \sum_{k=-\infty}^{\infty}c_k\mathrm{e}^{\mathrm{j}k\omega_0 t}, \quad k = \pm 1, \pm 2, \cdots \tag{3.3}$$

式中：a_0 为直流分量（$k=0$ 分量），且 $a_0 = c_0$。若将 $k=0$ 一并考虑，则

$$x(t) = \sum_{k=-\infty}^{\infty}c_k\mathrm{e}^{\mathrm{j}k\omega_0 t}, \quad k = 0, \pm 1, \pm 2, \cdots \tag{3.4}$$

式(3.4)为周期信号的傅里叶级数的复指数形式，称为复指数傅里叶级数（complex exponential series）。

将 a_k、b_k 的积分运算公式代入 c_k，则

$$c_k = \frac{a_k - \mathrm{j}b_k}{2} = \frac{1}{T}\left[\int_{-T/2}^{T/2}x(t)\cos(k\omega_0 t)\mathrm{d}t - \mathrm{j}\int_{-T/2}^{T/T}x(t)\sin(k\omega_0 t)\mathrm{d}t\right]$$

所以

$$c_k = \frac{1}{T}\int_{-T/2}^{T/2}x(t)\mathrm{e}^{-\mathrm{j}k\omega_0 t}\mathrm{d}t, k = 0, \pm 1, \pm 2, \cdots \tag{3.5}$$

显然，复系数 c_k 与三角傅里叶级数系数之间具有如下关系：

$$c_k = \frac{a_k - \mathrm{j}b_k}{2} = \frac{A_k}{2}\mathrm{e}^{\mathrm{j}\varphi_k}, \quad c_{-k} = \frac{a_k + \mathrm{j}b_k}{2} = \frac{A_k}{2}\mathrm{e}^{-\mathrm{j}\varphi_k}$$

$$c_k = |c_k|\mathrm{e}^{\mathrm{j}\angle c_k}, \quad c_{-k} = |c_{-k}|\mathrm{e}^{\mathrm{j}\angle c_{-k}}$$

$$|c_k| = |c_{-k}| = \frac{1}{2}\sqrt{a_k^2 + b_k^2} = \frac{A_k}{2}$$

$$\angle c_k = -\angle c_{-k} = \varphi_k$$

所以

$$x(t) = a_0 + \sum_{k=1}^{\infty} A_k \cos(k\omega_0 t + \varphi_k) = a_0 + \sum_{k=1}^{\infty} 2|c_k| \cos(k\omega_0 t + \varphi_k) \qquad (3.6)$$

由此可见,傅里叶级数的不同形式之间可以互相转换。

傅里叶级数具有如下奇偶特性:

(1) 当 $x(t)$ 为奇函数时,

$$a_k = \frac{2}{T} \int_{-T/2}^{T/2} x(t)\cos(k\omega_0 t)\mathrm{d}t = 0, \quad b_k = \frac{4}{T} \int_0^{T/2} x(t)\sin(k\omega_0 t)\mathrm{d}t$$

$$c_0 = a_0, \quad c_k = -\mathrm{j}\frac{b_k}{2}, \quad c_{-k} = \mathrm{j}\frac{b_k}{2}$$

(2) 当 $x(t)$ 为偶函数时,

$$a_k = \frac{4}{T} \int_0^{T/2} x(t)\cos(k\omega_0 t)\mathrm{d}t, \quad b_k = \frac{2}{T} \int_{-T/2}^{T/2} x(t)\sin(k\omega_0 t)\mathrm{d}t = 0$$

$$c_0 = a_0, \quad c_k = \frac{a_k}{2}, \quad c_{-k} = \frac{a_k}{2}$$

利用信号的奇偶性可以简化计算。

【**例 3-1**】 试将图 3.1 所示的周期矩形脉冲信号展开成:(1) 三角傅里叶级数;(2) 复指数傅里叶级数。

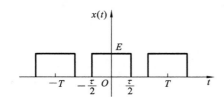

图 3.1 周期矩形脉冲信号

解 (1) 三角傅里叶级数。

$$x(t) = a_0 + \sum_{k=1}^{\infty} \left[a_k \cos(k\omega_0 t) + b_k \sin(k\omega_0 t) \right]$$

$$a_0 = \frac{1}{T} \int_{-T/2}^{T/2} x(t)\mathrm{d}t = \frac{1}{T} \int_{-\tau/2}^{\tau/2} E\mathrm{d}t = \frac{\tau}{T}E$$

$$a_k = \frac{2}{T} \int_{-T/2}^{T/2} x(t)\cos(k\omega_0 t)\mathrm{d}t$$

$$= \frac{2}{T} \int_{-\tau/2}^{\tau/2} E\cos(k\omega_0 t)\mathrm{d}t = \frac{2E}{\pi k}\sin\left(\frac{k\omega_0 \tau}{2}\right)$$

$$b_k = \frac{2}{T} \int_{-T/2}^{T/2} x(t)\sin(k\omega_0 t)\mathrm{d}t = 0 \quad (x(t) \text{ 为偶函数})$$

故

$$x(t) = \frac{\tau}{T}E + \sum_{k=1}^{\infty} \frac{E}{\pi k}\left[2\sin\left(\frac{k\omega_0 \tau}{2}\right)\right]\cos(k\omega_0 t), \quad -\infty < t < +\infty$$

式中: $a_0 = \frac{\tau}{T}E$ 为信号的平均值,即直流分量。

(2) 复指数傅里叶级数。

$$c_k = \frac{1}{T} \int_{-\frac{T}{2}}^{\frac{T}{2}} x(t)\mathrm{e}^{-\mathrm{j}k\omega_0 t}\mathrm{d}t = \frac{1}{T} \int_{-\frac{\tau}{2}}^{\frac{\tau}{2}} E\mathrm{e}^{-\mathrm{j}k\omega_0 t}\mathrm{d}t = \frac{E\tau}{T}\mathrm{Sa}\left(\frac{k\omega_0 \tau}{2}\right), \quad k = 0, \pm 1, \pm 2, \cdots$$

$$(3.7)$$

或

$$c_k = \frac{a_k - \mathrm{j}b_k}{2} = \frac{a_k}{2} = \frac{E}{\pi k}\sin\left(\frac{k\omega_0 \tau}{2}\right) = \frac{E\tau}{T}\mathrm{Sa}\left(\frac{k\omega_0 \tau}{2}\right)$$

所以

$$x(t) = \sum_{k=-\infty}^{\infty} c_k \mathrm{e}^{\mathrm{j}k\omega_0 t} = \sum_{k=-\infty}^{\infty} \frac{E\tau}{T}\mathrm{Sa}\left(\frac{k\omega_0 \tau}{2}\right)\mathrm{e}^{\mathrm{j}k\omega_0 t}, \quad k = 0, \pm 1, \pm 2, \cdots$$

$c_0 = a_0 = \dfrac{E\tau}{T}$。

若取 $E=1, \tau=1, T=2$，则

$$x(t) = \frac{1}{2} + \frac{2}{\pi} \sum_{k=1}^{\infty} \frac{1}{k} \sin\left(\frac{k\pi}{2}\right) \cos(k\pi t), \quad -\infty < t < +\infty$$

【例 3-2】 试将图 3.2 所示的奇对称周期信号展开成：(1) 三角傅里叶级数；(2) 复指数傅里叶级数。

解 (1) 三角傅里叶级数。

该信号为奇函数，故

$$x(t) = a_0 + \sum_{k=1}^{\infty} [a_k \cos(k\omega_0 t) + b_k \sin(k\omega_0 t)]$$

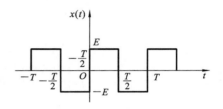

图 3.2 奇对称周期方波信号

式中： $\quad a_0 = \dfrac{1}{T} \displaystyle\int_{-T/2}^{T/2} x(t)\,\mathrm{d}t = 0$

$$a_k = \frac{2}{T} \int_{-T/2}^{T/2} x(t)\cos(k\omega_0 t)\,\mathrm{d}t = 0$$

$$b_k = \frac{4}{T} \int_0^{T/2} x(t)\sin(k\omega_0 t)\,\mathrm{d}t = \begin{cases} \dfrac{4E}{k\pi}, & k=1,3,5,\cdots \\ 0, & k=2,4,6,\cdots \end{cases}$$

所以

$$x(t) = \sum_{k=1,3,5,\cdots}^{\infty} \frac{4E}{\pi k}\sin(k\omega_0 t), \quad -\infty < t < +\infty$$

$$x(t) = \frac{4E}{\pi}\left[\sin(\omega_0 t) + \frac{1}{3}\sin 3(\omega_0 t) + \frac{1}{5}\sin 5(\omega_0 t) + \cdots\right], \quad -\infty < t < +\infty$$

式中： $\omega_0 = \dfrac{2\pi}{T}$。

(2) 复指数傅里叶级数。

$$x(t) = \sum_{k=-\infty}^{\infty} c_k \mathrm{e}^{\mathrm{j}k\omega_0 t}$$

$$c_k = \frac{1}{T}\int_{-T/2}^{T/2} x(t)\mathrm{e}^{-\mathrm{j}k\omega_0 t}\,\mathrm{d}t = \frac{1}{T}\left[\int_{-T/2}^{0}(-E)\mathrm{e}^{-\mathrm{j}k\omega_0 t}\,\mathrm{d}t + \int_0^{T/2} E\mathrm{e}^{-\mathrm{j}k\omega_0 t}\,\mathrm{d}t\right]$$

$$= \frac{E}{\mathrm{j}k\pi}[1-(-1)^n] = \begin{cases} -\dfrac{\mathrm{j}2E}{k\pi}, & k=\pm 1, \pm 3, \pm 5, \cdots \\ 0, & k=\pm 2, \pm 4, \pm 6, \cdots \end{cases}$$

或 $\qquad c_k = \dfrac{a_k - \mathrm{j}b_k}{2} = \dfrac{-\mathrm{j}b_k}{2} = \dfrac{-\mathrm{j}2E}{k\pi}, k=1,3,5,\cdots$

$$a_0 = c_0 = \frac{1}{T}\int_{-T/2}^{T/2} x(t)\,\mathrm{d}t = 0$$

$$x(t) = \sum_{k=-\infty}^{\infty} c_k \mathrm{e}^{\mathrm{j}k\omega_0 t} = \sum_{k=-\infty}^{\infty} \frac{-\mathrm{j}2E}{k\pi}\mathrm{e}^{\mathrm{j}k\omega_0 t}, \quad k=0,\pm 1,\pm 3,\pm 5,\cdots$$

【例 3-3】 试将图 3.3 所示的周期奇对称锯齿波信号展开成：(1) 三角傅里叶级数；(2) 复指数傅里叶级数。

解 $\qquad\qquad x(t) = \dfrac{2E}{T}t, \quad -T/2 < t < T/2$

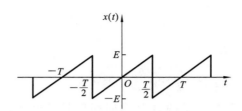

图 3.3 周期奇对称锯齿波信号

（1）三角傅里叶级数。

$$a_0 = \frac{1}{T}\int_{-T/2}^{T/2}\frac{2A}{T}t\,\mathrm{d}t = 0$$

$$a_k = \frac{2}{T}\int_{-T/2}^{T/2}\frac{2E}{T}t\cos(k\omega_0 t)\,\mathrm{d}t = 0 \quad (x(t)\text{ 为奇函数})$$

$$b_k = \frac{2}{T}\int_{-T/2}^{T/2}\frac{2E}{T}t\sin(k\omega_0 t)\,\mathrm{d}t = \mathrm{j}\frac{2E}{k\pi}(-1)^{k+1}, \quad k = 1,2,3,\cdots$$

$$x(t) = a_0 + \sum_{k=1}^{\infty}\left[a_k\cos(k\omega_0 t) + b_k\sin(k\omega_0 t)\right] = 0 + \frac{2E}{\pi}\sin(\omega_0 t) - \frac{E}{\pi}\sin(2\omega_0 t) - \cdots$$

式中：$\omega_0 = \dfrac{2\pi}{T}$ 为基波角频率。

（2）复指数傅里叶级数。

$$x(t) = \sum_{k=-\infty}^{\infty}c_k\mathrm{e}^{\mathrm{j}k\omega_0 t}$$

$$c_k = \frac{a_k - \mathrm{j}b_k}{2} = \frac{-\mathrm{j}b_k}{2} = \frac{\mathrm{j}E}{k\pi}(-1)^k, \quad k = 1,2,3,\cdots$$

$$c_0 = a_0 = \frac{1}{T}\int_{-\frac{T}{2}}^{\frac{T}{2}}\frac{2A}{T}t\,\mathrm{d}t = 0$$

$$x(t) = \sum_{k=-\infty}^{\infty}c_k\mathrm{e}^{\mathrm{j}k\omega_0 t} = \sum_{k=-\infty}^{\infty}\frac{\mathrm{j}E}{k\pi}(-1)^k\mathrm{e}^{\mathrm{j}k\omega_0 t}, \quad k = \pm1,\pm2,\pm3,\cdots$$

3.1.3 周期信号的频谱及特点

周期信号展开成傅里叶级数时，不同频率分量的幅值、相位随频率变化的图形称为信号的频谱（spectrum）。幅值与频率之间的关系称为幅度谱（amplitude spectrum），相位与频率之间的关系称为相位谱（phase spectrum），幅度谱和相位谱统称为线谱（line spectrum）。根据傅里叶级数的形式不同，频谱可分为单边频谱和双边频谱。

1. 单边频谱

当周期信号展开成余弦形式三角级数时，有

$$x(t) = a_0 + \sum_{k=1}^{\infty}A_k\cos(k\omega_0 t + \varphi_k), \quad k\omega_0 > 0$$

A_k 与 $k\omega_0$ 之间的关系称为单边幅度频谱，如图 3.4（a）所示；φ_k 与 $k\omega_0$ 之间的关系称为单边相位频谱，如图 3.4（b）所示。

2. 双边频谱

当周期信号展开成复指数级数形式时，有

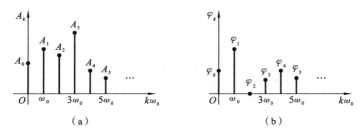

图 3.4 单边幅度频谱 (a) 和单边相位频谱 (b)

$$x(t) = \sum_{k=-\infty}^{\infty} c_k e^{jk\omega_0 t}, \quad -\infty < k\omega_0 < \infty$$

$|c_k|$ 与 $k\omega_0$ 之间的关系称为双边幅度频谱；φ_k 与 $k\omega_0$ 之间的关系称为双边相位频谱。

【例 3-4】 $x(t) = \cos t + 0.5\cos(4t + \pi/3) + \cos(8t + \pi/2)$，试画出信号的幅度谱和相位谱。

解 （1）单边频谱。

信号 $x(t)$ 由三个频率分量组成，它们的幅值和相位分别为

$$A_1 = 1, \varphi_1 = 0; A_4 = 0.5, \varphi_4 = \frac{\pi}{3}; A_8 = 1, \varphi_8 = \frac{\pi}{2}$$

单边幅度谱和单边相位谱如图 3.5 所示。

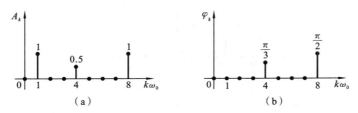

图 3.5 信号 $x(t)$ 的单边幅度频谱和单边相位频谱

（2）双边频谱。

由 $c_k = \dfrac{a_k - jb_k}{2} = \dfrac{A_k}{2}e^{j\varphi_k}, k = 1, 2, \cdots$，以及 $c_{-k} = \dfrac{a_k + jb_k}{2} = \dfrac{A_k}{2}e^{-j\varphi_k}, k = 1, 2, \cdots$，得

$$c_1 = \frac{1}{2}, \quad c_{-1} = \frac{1}{2}$$

$$c_4 = \frac{0.5}{2}e^{j\frac{\pi}{3}} = 0.25\angle 60°, \quad c_{-4} = \frac{0.5}{2}e^{-j\frac{\pi}{3}} = 0.25\angle -60°$$

$$c_8 = \frac{1}{2}e^{j\frac{\pi}{2}} = 0.5\angle 90°, \quad c_{-8} = \frac{1}{2}e^{-j\frac{\pi}{2}} = 0.5\angle -90°$$

双边幅度频谱和双边相位频谱如图 3.6 所示。

【例 3-5】 试画出图 3.1 所示的周期矩形脉冲信号的频谱。取 $E = 1, \tau = 1, T = 2$。

解 由前述推导，

$$x(t) = \frac{1}{2} + \frac{1}{\pi}\sum_{k=-\infty}^{+\infty}\frac{1}{k}\sin\left(\frac{k\pi}{2}\right)e^{jk\pi t}, \quad -\infty < t < +\infty$$

$$c_k = \frac{1}{\pi k}\sin\frac{k\pi}{2}$$

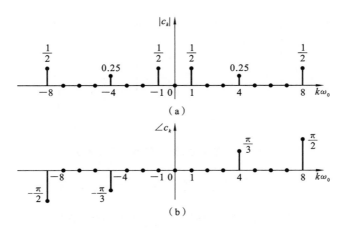

(a)

(b)

图 3.6 信号的双边幅度谱和双边相位谱

$$|c_k| = \begin{cases} 0, & k = \pm 2, \pm 4, \cdots \\ \dfrac{1}{k\pi}, & k = \pm 1, \pm 3, \cdots \end{cases}, \quad \angle c_k = \begin{cases} 0, & k = \pm 2, \pm 4, \cdots \\ \left[(-1)^{(k-1)/2} - 1\right]\dfrac{\pi}{2}, & k = \pm 1, \pm 3, \cdots \end{cases}$$

信号的幅度谱和相位谱如图 3.7 所示。

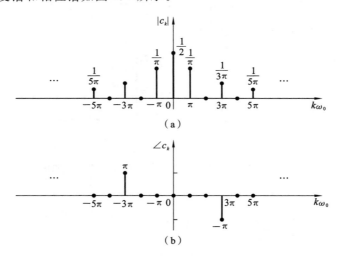

(a)

(b)

图 3.7 周期矩形脉冲信号的幅度谱和相位谱

下面以周期矩形脉冲信号的频谱为例，说明周期信号频谱的特点。

周期矩形脉冲信号如图 3.8 所示，其复指数级数为

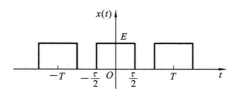

图 3.8 周期矩形脉冲信号

$$x(t) = \sum_{k=-\infty}^{\infty} c_k e^{jk\omega_0 t}, \quad -\infty < t < +\infty$$

根据前面的推导，有

$$c_k = \frac{E\tau}{T}\mathrm{Sa}\left(\frac{k\omega_0\tau}{2}\right), \quad k = 0, \pm 1, \pm 2, \cdots, \quad c_0 = \frac{E\tau}{T}$$

若取 $\tau = \dfrac{1}{20}$ s, $T = \dfrac{1}{4}$ s, $\omega_0 = \dfrac{2\pi}{T} = 8\pi$ rad/s, $\omega = k\omega_0 = 8\pi k$, 则

$$c_k = \frac{E}{5}\mathrm{Sa}\left(\frac{k\pi}{5}\right)$$

这里，c_k 为实数（一般情况下为复数），其频谱的幅度和相位信息可由图 3.9 表示。当 c_k 为正数时，相位 $\angle c_k = 0$，c_k 为负数时，$\angle c_k = \pi$ 或 $-\pi$。

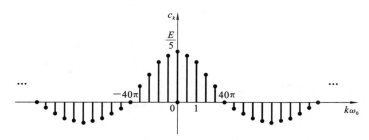

图 3.9   周期矩形脉冲信号的频谱

该信号频谱具有如下特点：① 频谱包络服从抽样函数特点；② 频谱具有离散性，频谱间隔为 ω_0；③ 随着频率的增大，频谱幅度具有衰减性；④ 当周期 $T \to \infty$ 时，频谱间隔 $\omega_0 \to 0$，离散频谱变成连续频谱。

推而广之，周期信号频谱具有如下共同的特点：① 离散性，频谱由频率离散而非连续的谱线组成；② 谐波性，各次谐波分量的频率都是基波频率的整数倍；③ 收敛性，就整个频率范围来说，谱线幅度随谐波频率的增大而衰减。

3.1.4   吉布斯现象

周期矩形脉冲信号取参数 $E=1, \tau=1, T=2$ 时的波形如图 3.10 所示。其傅里叶级数为

$$x(t) = \frac{1}{2} + \frac{2}{\pi}\sum_{k=1}^{\infty}\frac{1}{k}\sin\left(\frac{k\pi}{2}\right)\cos(k\pi t), \quad -\infty < t < +\infty$$

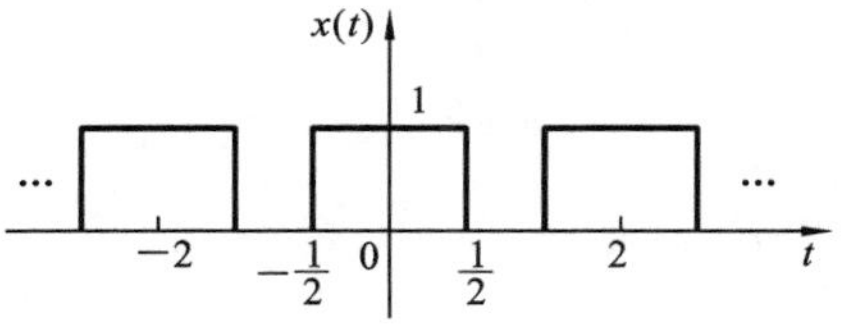

图 3.10   周期矩形脉冲信号($E=1, \tau=1, T=2$)

当 k 取有限项（N 项）时，

$$x_N(t) = \frac{1}{2} + \frac{2}{\pi}\sum_{k=1}^{N}\frac{1}{k}\sin\left(\frac{k\pi}{2}\right)\cos(k\pi t), \quad -\infty < t < +\infty$$

显然有

$$x(t) = \lim_{N\to\infty} x_N(t)$$

图 3.11 所示的为 N 取不同值时 $x(t)$ 的波形。吉布斯发现，无论 N 取多少（即使 $N \to \infty$），在信号的不连续点如 t_1 处存在 9% 的超调，t_1^- 处超调为 -9%，t_1^+ 处超调为 $+9\%$，此现象称为吉布斯现象（Gibbs phenomenon）。

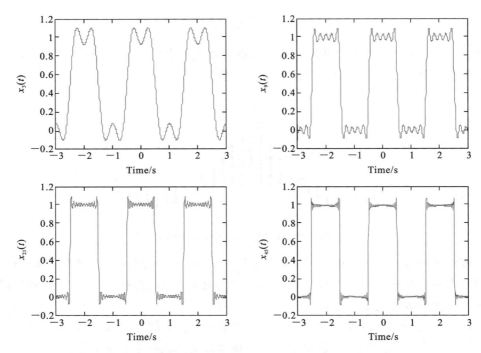

图 3.11 吉布斯现象(N 分别取 3、9、21、45 时周期矩形脉冲波形)

3.1.5 帕斯瓦尔定理

设信号为周期信号,则

$$x(t) = \sum_{k=-\infty}^{\infty} c_k \mathrm{e}^{\mathrm{j}k\omega_0 t}, \quad -\infty < t < +\infty$$

信号的平均功率为

$$P = \frac{1}{T} \int_0^T x^2(t)\mathrm{d}t$$

可推得下列关系

$$P = \frac{1}{T} \int_0^T x^2(t)\mathrm{d}t = \sum_{k=-\infty}^{\infty} |c_k|^2 = c_0^2 + 2\sum_{k=1}^{\infty} |c_k|^2 \tag{3.8}$$

式(3.8)表明,信号在时域里的能量等于频域里的能量,称为帕斯瓦尔定理(Parseval's theorem)。它体现了能量守恒(energy conservation)。

3.2 傅里叶变换与反变换

3.2.1 傅里叶变换

周期信号的傅里叶级数为

$$x(t) = \sum_{k=-\infty}^{\infty} c_k \mathrm{e}^{\mathrm{j}k\omega_0 t}$$

令 $c_k = \dfrac{1}{T} \displaystyle\int_{-T/2}^{T/2} x(t)\mathrm{e}^{-\mathrm{j}k\omega_0 t}\mathrm{d}t = X(k\omega_0)$,则

$$T \cdot c_k = \frac{X(k\omega_0)}{1/T} = \frac{X(k\omega_0)}{f} = \int_{-T/2}^{T/2} x(t) e^{-jk\omega_0 t} dt \quad (3.9)$$

它表示单位频率上的频谱值。

当 $T \to \infty$ 时，周期信号变成非周期信号，$\omega_0 = \frac{2\pi}{T} \to d\omega$（频谱间隔趋近于无穷小），$k\omega_0 \to \omega$（离散频率变成连续频率）。

傅里叶变换定义为

$$X(\omega) = \lim_{T \to \infty} T c_k = \int_{-\infty}^{\infty} x(t) e^{-j\omega t} dt \quad (3.10)$$

$X(\omega)$ 反映单位频率上幅值与相位随频率的分布情况，称为频谱密度（spectral density），简称频谱（spectrum）。当信号由周期信号变为非周期信号时，离散频谱变为连续频谱。

为简便起见，用符号 $\mathscr{F}[x(t)]$ 表示对信号 $x(t)$ 求傅里叶变换，即 $\mathscr{F}[x(t)] = X(\omega)$，或 $x(t) \leftrightarrow X(\omega)$。

傅里叶变换存在的条件（收敛条件）为信号绝对可积，即

$$\int_{-\infty}^{\infty} |x(t)| dt < \infty$$

3.2.2 傅里叶反变换

设周期信号 $x(t) = \sum_{k=-\infty}^{\infty} c_k e^{jk\omega_0 t}$，将其表示为

$$x(t) = \sum_{k=-\infty}^{\infty} \frac{c_k}{\omega_0} \omega_0 e^{jk\omega_0 t} \quad (3.11)$$

根据傅里叶变换的定义

$$\lim_{T \to \infty} T c_k = \int_{-\infty}^{\infty} x(t) e^{-j\omega t} dt = X(\omega)$$

则有

$$\lim_{T \to \infty} \frac{2\pi}{\omega_0} c_k = X(\omega)$$

即

$$\lim_{T \to \infty} \frac{c_k}{\omega_0} = \frac{X(\omega)}{2\pi}$$

周期 $T \to \infty$ 时，频谱间隔趋于无穷小，离散频率趋于连续频率，故有 $\omega_0 \to d\omega$，$k\omega_0 \to \omega$，$\sum_{k=-\infty}^{\infty} \to \int_{-\infty}^{\infty}$，则式（3.11）变为

$$x(t) = \frac{1}{2\pi} \int_{-\infty}^{\infty} X(\omega) e^{j\omega t} d\omega \quad (3.12)$$

该式即傅里叶反变换（inverse Fourier transform），据此可由 $X(\omega)$ 求出信号 $x(t)$。

为简便起见，用符号 $\mathscr{F}^{-1}[X(\omega)] = x(t)$ 表示求 $X(\omega)$ 的傅里叶反变换。

3.2.3 傅里叶变换的表示形式

信号的傅里叶变换 $X(\omega) = \int_{-\infty}^{\infty} x(t) e^{-j\omega t} dt$ 为复数，可表示成直角坐标形式

（rectangular form）

$$X(\omega) = R(\omega) + jI(\omega)$$

或极坐标形式（polar form）

$$X(\omega) = |X(\omega)| e^{j\angle X(\omega)}$$

式中：

$$|X(\omega)| = \sqrt{R^2(\omega) + I^2(\omega)}$$

$$\angle X(\omega) = \begin{cases} \arctan\dfrac{I(\omega)}{R(\omega)}, & R(\omega) \geqslant 0 \\[3mm] \pi + \arctan\dfrac{I(\omega)}{R(\omega)}, & R(\omega) < 0 \end{cases}$$

$|X(\omega)|$-ω 称为幅度谱，$\angle X(\omega)$-ω 称为相位谱。

可以证明，$X(\omega)$ 与 $X(-\omega)$ 互为共轭，即

$$X(-\omega) = X^*(\omega)$$

$$X(-\omega) = |X(\omega)| e^{-j\angle X(\omega)}$$

$$|X(-\omega)| = |X(\omega)|, \quad \angle X(-\omega) = -\angle X(\omega)$$

如果 $x(t)$ 为偶函数，则

$$X(\omega) = 2\int_0^\infty x(t)\cos(\omega t)\mathrm{d}t = R(\omega)$$

如果 $x(t)$ 为奇函数，则

$$X(\omega) = -j2\int_0^\infty x(t)\sin(\omega t)\mathrm{d}t = jI(\omega)$$

3.2.4 典型信号的傅里叶变换

1. 单边指数信号（single-sided exponential signal）

$$x(t) = Ee^{-\alpha t}u(t), \quad \alpha > 0$$

其波形如图 3.12 所示。

$$X(\omega) = \int_{-\infty}^\infty x(t)e^{-j\omega t}\mathrm{d}t = \frac{E}{\alpha + j\omega} \tag{3.13}$$

$$|X(\omega)| = \frac{E}{\sqrt{\alpha^2 + \omega^2}}, \quad \angle X(\omega) = -\arctan\frac{\omega}{\alpha}$$

其幅度谱和相位谱如图 3.13 所示。

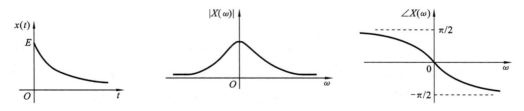

图 3.12　单边指数信号　　　　　图 3.13　单边指数信号的频谱

2. 单位阶跃信号

单位阶跃信号为单边指数信号 $x(t) = e^{-\alpha t}u(t)$ 当 $\alpha \to 0$ 时的极限，因此其傅里叶变

换也为单边指数信号傅里叶变换当 $\alpha \to 0$ 时的极限。

$$X(\omega) = \lim_{\alpha \to 0} \frac{1}{\alpha + \mathrm{j}\omega} = \lim_{\alpha \to 0} \frac{\alpha - \mathrm{j}\omega}{\alpha^2 + \omega^2} = \lim_{\alpha \to 0} \frac{\alpha}{\alpha^2 + \omega^2} - \lim_{\alpha \to 0} \frac{\mathrm{j}\omega}{\alpha^2 + \omega^2} = A_e(\omega) + \mathrm{j}B_e(\omega)$$

$$A(\omega) = \lim_{\alpha \to 0} A_e(\omega) = 0, \quad \omega \neq 0$$

$$\int_{-\infty}^{\infty} A(\omega)\,\mathrm{d}\omega = \lim_{\alpha \to 0} \int_{-\infty}^{\infty} \frac{\mathrm{d}\left(\dfrac{\omega}{\alpha}\right)}{1 + \left(\dfrac{\omega}{\alpha}\right)^2} = \lim_{\alpha \to 0} \arctan\frac{\omega}{\alpha} \bigg|_{-\infty}^{\infty} = \pi$$

故

$$A(\omega) = \pi\delta(\omega)$$

$$B(\omega) = \lim_{\alpha \to 0} B_e(\omega) = -\frac{1}{\omega}, \quad \omega \neq 0$$

所以

$$X(\omega) = \pi\delta(\omega) + \frac{1}{\mathrm{j}\omega} \tag{3.14}$$

单位阶跃信号的频谱如图 3.14 所示。

3. 偶双边指数信号(even double-sided exponential signal)

$$x(t) = \begin{cases} E\mathrm{e}^{-\alpha t}, & t > 0 \\ E\mathrm{e}^{\alpha t}, & t < 0 \end{cases}, \quad \alpha > 0$$

$$X(\omega) = \int_{-\infty}^{0} E\mathrm{e}^{\alpha t}\,\mathrm{e}^{-\mathrm{j}\omega t}\,\mathrm{d}t + \int_{0}^{\infty} E\mathrm{e}^{-(\alpha + \mathrm{j}\omega)t}\,\mathrm{d}t$$

所以

$$X(\omega) = \frac{E}{\alpha - \mathrm{j}\omega} + \frac{E}{\alpha + \mathrm{j}\omega} = \frac{2\alpha E}{\alpha^2 + \omega^2} \tag{3.15}$$

该信号及频谱如图 3.15 所示。

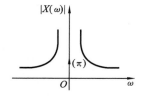

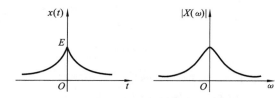

图 3.14 单位阶跃信号的频谱   图 3.15 偶双边指数信号及频谱

4. 直流信号(DC signal)

直流信号可以认为是双边指数信号当 $\alpha \to 0$ 时的极限,因此其傅里叶变换也为双边指数傅里叶变换当 $\alpha \to 0$ 时的极限。

$$x(t) = E$$

$$\lim_{\alpha \to 0} \frac{2\alpha E}{\alpha^2 + \omega^2} = 0, \quad \omega \neq 0$$

即

$$\int_{-\infty}^{\infty} \lim_{\alpha \to 0} \frac{2\alpha E}{\alpha^2 + \omega^2}\,\mathrm{d}\omega = 2E \lim_{\alpha \to 0} \arctan\frac{\omega}{\alpha} \bigg|_{-\infty}^{\infty} = 2\pi E$$

所以

$$X(\omega) = 2\pi E\delta(\omega) \tag{3.16}$$

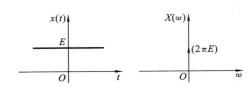

图 3.16 直流信号及频谱

当直流信号 $x(t)=1$ 时，

$$X(\omega)=2\pi\delta(\omega) \tag{3.17}$$

直流信号及频谱如图 3.16 所示。

5. 奇双边指数信号(odd double-sided exponential signal)

$$x(t)=\begin{cases} Ee^{-\alpha t}, & t>0 \\ -Ee^{\alpha t}, & t<0 \end{cases}, \quad \alpha>0$$

$$X(\omega)=-\int_{-\infty}^{0}Ee^{\alpha t}e^{-j\omega t}\,dt+\int_{0}^{\infty}Ee^{-(\alpha+j\omega)t}\,dt$$

即

$$X(\omega)=-\frac{E}{\alpha-j\omega}+\frac{E}{\alpha+j\omega}=-j\frac{2\omega E}{\alpha^2+\omega^2} \tag{3.18}$$

奇双边指数信号及频谱如图 3.17 所示。

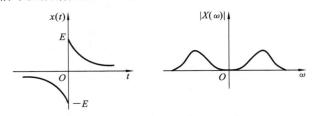

图 3.17 奇双边指数信号及频谱

6. 符号函数信号(signum signal)

符号函数信号可以认为是双边奇指数信号当 $\alpha\to0$ 时的极限，因此其傅里叶变换也为双边奇指数傅里叶变换当 $\alpha\to0$ 时的极限。

$$x(t)=\operatorname{sgn}(t)=\begin{cases} 1, & t>0 \\ -1, & t<0 \end{cases}$$

$$X(\omega)=\lim_{\alpha\to0}\left(-j\frac{2\omega}{\alpha^2+\omega^2}\right)=-j\frac{2}{\omega}=\frac{2}{j\omega} \tag{3.19}$$

单位符号信号及频谱如图 3.18 所示。

7. 单位冲激信号(unit impulse signal)

$$x(t)=\delta(t)$$

$$X(\omega)=\int_{-\infty}^{\infty}\delta(t)e^{-j\omega t}\,dt=1 \tag{3.20}$$

单位冲激信号及频谱如图 3.19 所示。

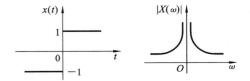

图 3.18 单位符号信号及频谱

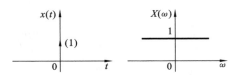

图 3.19 单位冲激信号及频谱

8. 矩形脉冲信号(rectangular pulse signal)

$$x(t)=Ep_\tau(t)$$

其波形如图 3.20 所示。

该信号可以认为是周期矩形脉冲信号当周期趋近于无穷大时的特殊情况。

对于周期矩形脉冲信号,有

$$x(t) = \sum_{k=-\infty}^{\infty} c_k \mathrm{e}^{jk\omega_0 t}, \quad -\infty < t < +\infty$$

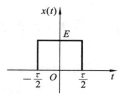

图 3.20　矩形脉冲信号

式中: $c_k = \dfrac{E\tau}{T} \mathrm{Sa}\left(\dfrac{k\omega_0 \tau}{2}\right)$。

所以

$$Tc_k = E\tau \mathrm{Sa}\left(\frac{k\omega_0 \tau}{2}\right)$$

当 $T \to \infty$ 时,$(k\omega_0) \to \omega$,有

$$X(\omega) = \lim_{T \to \infty} Tc_k = \lim_{T \to \infty} T \cdot \frac{E\tau}{T} \mathrm{Sa}\left(\frac{k\omega_0 \tau}{2}\right)$$

所以

$$X(\omega) = E\tau \mathrm{Sa}\left(\frac{\omega\tau}{2}\right)$$

上述方法表明,非周期信号的傅里叶变换可由周期信号的傅里叶级数复系数求极限来获得,即 $X(\omega) = \lim\limits_{T \to \infty} Tc_k$。

该信号的傅里叶变换也可由定义求出:

$$x(t) = Ep_\tau(t)$$

$$X(\omega) = \int_{-\infty}^{\infty} x(t)\mathrm{e}^{-j\omega t}\,\mathrm{d}t = \int_{-\frac{\tau}{2}}^{\frac{\tau}{2}} E\mathrm{e}^{-j\omega t}\,\mathrm{d}t = \frac{2E}{\omega}\sin\left(\frac{\omega\tau}{2}\right)$$

用抽样函数表示为

$$X(\omega) = E\tau \mathrm{Sa}\left(\frac{\omega\tau}{2}\right) = E\tau \mathrm{sinc}\left(\frac{\omega\tau}{2\pi}\right) \tag{3.21}$$

若矩形脉冲的高度为 1,$x(t) = p_\tau(t)$,则

$$X(\omega) = \tau \mathrm{Sa}\left(\frac{\omega\tau}{2}\right) = \tau \mathrm{sinc}\frac{\omega\tau}{2\pi}$$

矩形脉冲信号的频谱如图 3.21 所示。

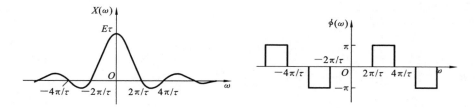

图 3.21　矩形脉冲信号的频谱

$\phi(\omega)$-ω 为相位谱,当 $X(\omega)$ 为正数时,$\phi(\omega) = 0$,为负数时,$\phi(\omega) = \pi$ 或 $-\pi$。

3.3 傅里叶变换的基本性质

1. 线性(linearity)

若 $\mathscr{F}[x(t)]=X(\omega)$，$\mathscr{F}[v(t)]=V(\omega)$，则

$$\mathscr{F}[ax(t)+bv(t)]=aX(\omega)+bV(\omega) \tag{3.22}$$

【例 3-6】 求 $x(t)=u(t)$ 的傅里叶变换。

解

$$x(t)=u(t)=\frac{1}{2}+\frac{1}{2}\operatorname{sgn}(t)$$

所以

$$X(\omega)=\pi\delta(\omega)+\frac{1}{j\omega} \tag{3.23}$$

图 3.22 信号 $x(t)$ 波形

【例 3-7】 求图 3.22 所示信号的傅里叶变换。

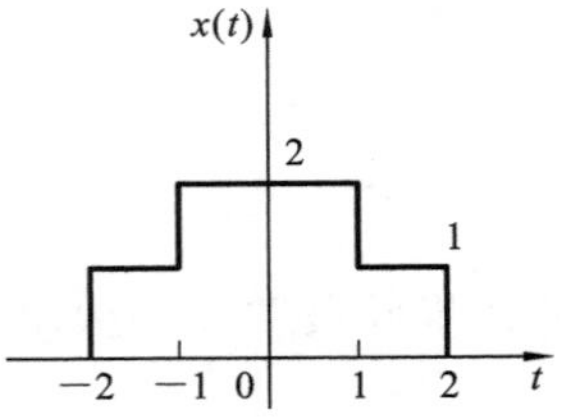

解 $x(t)=p_4(t)+p_2(t)$，则

$$X(\omega)=4\operatorname{sinc}\left(\frac{4\omega}{2\pi}\right)+2\operatorname{sinc}\left(\frac{2\omega}{2\pi}\right)=4\operatorname{sinc}\left(\frac{2\omega}{\pi}\right)+2\operatorname{sinc}\left(\frac{\omega}{\pi}\right)$$

$$=4\operatorname{Sa}(2\omega)+2\operatorname{Sa}(\omega)$$

2. 折叠性(reversal)

若 $\mathscr{F}[x(t)]=X(\omega)$，则

$$\mathscr{F}[x(-t)]=X(-\omega) \tag{3.24}$$

证 由 $X(\omega)=\int_{-\infty}^{\infty}x(t)\mathrm{e}^{-j\omega t}\mathrm{d}t$，则

$$\int_{-\infty}^{\infty}x(-t)\mathrm{e}^{-j\omega t}\mathrm{d}t=-\int_{\infty}^{-\infty}x(t)\mathrm{e}^{j\omega t}\mathrm{d}t=\int_{-\infty}^{\infty}x(t)\mathrm{e}^{-j(-\omega)t}\mathrm{d}t=X(-\omega)$$

【例 3-8】 $x(t)=\begin{cases}0, & t>0 \\ \mathrm{e}^{bt}, & t\leqslant 0, b>0\end{cases}$，求信号的傅里叶变换。

解 $x(-t)=\mathrm{e}^{-bt}u(t)$，则有 $\mathscr{F}[x(-t)]=\dfrac{1}{b+j\omega}$，故

$$\mathscr{F}[x(t)]=X(\omega)=\frac{1}{b+j\omega}=\frac{1}{b-j\omega}$$

3. 对称性(symmetry)

若 $\mathscr{F}[x(t)]=X(\omega)$，则

$$\mathscr{F}[X(t)]=2\pi x(-\omega) \tag{3.25}$$

证 $$X(\omega)=\int_{-\infty}^{\infty}x(t)\mathrm{e}^{-j\omega t}\mathrm{d}t$$

令 $\omega=t$，则

$$X(t)=\int_{-\infty}^{\infty}x(\omega)\mathrm{e}^{-j\omega t}\mathrm{d}\omega=\frac{1}{2\pi}\int_{-\infty}^{\infty}2\pi x(\omega)\mathrm{e}^{-j\omega t}\mathrm{d}\omega=-\frac{1}{2\pi}\int_{\infty}^{-\infty}2\pi x(-\omega)\mathrm{e}^{j\omega t}\mathrm{d}\omega$$

$$=\frac{1}{2\pi}\int_{-\infty}^{\infty}2\pi x(-\omega)\mathrm{e}^{j\omega t}\mathrm{d}\omega$$

根据傅里叶反变换公式，$X(t)$ 的傅里叶变换为 $2\pi x(-\omega)$，即

$$\mathscr{F}[X(t)]=2\pi x(-\omega) \tag{3.26}$$

【例 3-9】 已知 $x(t)=1$，求 $X(\omega)$。

解 已知 $\mathscr{F}[\delta(t)]=1$，由对偶特性，$\mathscr{F}[1]=2\pi\delta(-\omega)=2\pi\delta(\omega)$，所以

$$X(\omega)=2\pi\delta(\omega)$$

【例 3-10】 已知 $x(t)=\dfrac{\sin t}{t}$，求 $X(\omega)$。

解 已知 $\mathscr{F}[p_\tau(t)]=\tau\mathrm{Sa}\left(\dfrac{\omega\tau}{2}\right)$，由对偶特性，有

$$\mathscr{F}\left[\tau\mathrm{Sa}\left(\dfrac{t\tau}{2}\right)\right]=2\pi p_\tau(-\omega)=2\pi p_\tau(\omega)$$

令 $\tau=2$，则

$$\mathscr{F}[\mathrm{Sa}(t)]=\pi p_2(\omega)$$

上述关系简单表述为

$$p_\tau(t)\leftrightarrow\tau\mathrm{Sa}\left(\dfrac{\omega\tau}{2}\right)$$

$$\mathrm{Sa}(t)\leftrightarrow\pi p_2(\omega)$$

表明单位矩形脉冲信号 $p_\tau(t)$ 的傅里叶变换为抽样函数 $X(\omega)=\tau\mathrm{Sa}\left(\dfrac{\omega\tau}{2}\right)$，抽样信号 $\mathrm{Sa}(t)$ 的傅里叶变换为矩形脉冲函数 $X(\omega)=\pi p_2(\omega)$，体现了对偶性。

4. 尺度特性(scaling)

若 $\mathscr{F}[x(t)]=X(\omega)$，则

$$\mathscr{F}[x(at)]=\dfrac{1}{|a|}X\left(\dfrac{\omega}{a}\right) \tag{3.27}$$

式中：a 为常数。

证
$$\mathscr{F}[x(at)]=\int_{-\infty}^{\infty}x(at)\mathrm{e}^{-j\omega t}\mathrm{d}t$$

令 $t'=at$，当 $a>0$ 时，有

$$\mathscr{F}[x(at)]=\int_{-\infty}^{\infty}x(at)\mathrm{e}^{-j\omega t}\mathrm{d}t=\int_{-\infty}^{\infty}x(t')\mathrm{e}^{-j\omega\frac{t'}{a}}\mathrm{d}\left(\dfrac{t'}{a}\right)$$

$$=\dfrac{1}{a}\int_{-\infty}^{\infty}x(t')\mathrm{e}^{-j\frac{\omega}{a}t'}\mathrm{d}t'=\dfrac{1}{a}X\left(\dfrac{\omega}{a}\right)$$

当 $a<0$ 时，有

$$\mathscr{F}[x(at)]=\int_{-\infty}^{\infty}x(at)\mathrm{e}^{-j\omega t}\mathrm{d}t=\int_{\infty}^{-\infty}x(t')\mathrm{e}^{-j\omega\frac{t'}{a}}\mathrm{d}\left(\dfrac{t'}{a}\right)$$

$$=-\dfrac{1}{a}\int_{-\infty}^{\infty}x(t')\mathrm{e}^{-j\frac{\omega}{a}t'}\mathrm{d}t'=-\dfrac{1}{a}X\left(\dfrac{\omega}{a}\right)$$

故
$$\mathscr{F}[x(at)]=\dfrac{1}{|a|}X\left(\dfrac{\omega}{a}\right) \tag{3.28}$$

【例 3-11】 已知信号 $x(t)$ 的傅里叶变换为 $X(\omega)$，求信号 $x(-t)$ 的傅里叶变换。

解 由尺度特性 $\mathscr{F}[x(at)]=\dfrac{1}{|a|}X\left(\dfrac{\omega}{a}\right)$，有

$$\mathscr{F}[x(-t)]=\dfrac{1}{|-1|}X\left(\dfrac{\omega}{-1}\right)=X(-\omega)$$

5. 时移性（time shifting）

若 $\mathscr{F}[x(t)]=X(\omega)$，则

$$\mathscr{F}[x(t\pm t_0)]=X(\omega)e^{\pm j\omega t_0} \tag{3.29}$$

证
$$\mathscr{F}[x(t-t_0)]=\int_{-\infty}^{\infty}x(t-t_0)e^{-j\omega t}\,dt$$

令 $t'=t-t_0$，则

$$\mathscr{F}[x(t-t_0)]=\int_{-\infty}^{\infty}x(t')e^{-j\omega(t'+t_0)}\,dt=\int_{-\infty}^{\infty}x(t')e^{-j\omega(t'+t_0)}\,dt=e^{-j\omega t_0}X(\omega)$$

同理可证

$$\mathscr{F}[x(t+t_0)]=e^{j\omega t_0}X(\omega)$$

若信号既有尺度也有时移，可推得

$$\mathscr{F}[x(at-b)]=\frac{1}{|a|}e^{-j\frac{b}{a}\omega}X\left(\frac{\omega}{a}\right) \tag{3.30}$$

【例 3-12】 已知信号 $x(t)$ 如图 3.23 所示，求其傅里叶变换 $X(\omega)$。

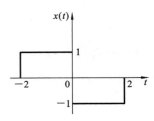

图 3.23 信号 $x(t)$ 波形

解
$$x(t)=p_2(t+1)-p_2(t-1)$$
因为 $\mathscr{F}[p_2(t)]=2\mathrm{Sa}(\omega)$，有
$$X(\omega)=2\mathrm{Sa}(\omega)e^{j\omega}-2\mathrm{Sa}(\omega)e^{-j\omega}=j4\mathrm{Sa}(\omega)\sin\omega$$

6. 频移性（frequency shifting）

若 $\mathscr{F}[x(t)]=X(\omega)$，则

$$\mathscr{F}[x(t)e^{\pm j\omega_0 t}]=X(\omega\mp\omega_0) \tag{3.31}$$

证
$$\mathscr{F}[x(t)e^{-j\omega_0 t}]=\int_{-\infty}^{\infty}x(t)e^{-j\omega_0 t}e^{-j\omega t}\,dt$$
$$=\int_{-\infty}^{\infty}x(t)e^{-j(\omega+\omega_0)t}\,dt=X(\omega+\omega_0)$$

同理可证

$$\mathscr{F}[x(t)e^{j\omega_0 t}]=X(\omega-\omega_0)$$

该特性又称调制特性（modulation property），表明信号 $x(t)$ 乘以复指数后其频谱发生平移，平移的距离为 ω_0，频谱的形状和幅度不变。

【例 3-13】 已知 $x(t)=\cos(\omega_0 t)$，求 $X(\omega)$。

解
$$x(t)=\cos(\omega_0 t)=\frac{1}{2}(e^{j\omega_0}+e^{-j\omega_0})$$

由频移性

$$x(t)=\cos(\omega_0 t)=\frac{1}{2}(e^{j\omega_0}+e^{-j\omega_0})\leftrightarrow\frac{1}{2}[2\pi\delta(\omega-\omega_0)+2\pi\delta(\omega+\omega_0)]$$

故有

$$\cos(\omega_0 t)\leftrightarrow\pi[\delta(\omega-\omega_0)+\delta(\omega+\omega_0)] \tag{3.32}$$

同理可得

$$\sin(\omega_0 t)\leftrightarrow j\pi[\delta(\omega+\omega_o)-\delta(\omega-\omega_o)] \tag{3.33}$$

【例 3-14】 已知 $\mathscr{F}[x(t)]=X(\omega)$，$y(t)=x(3-2t)e^{j4t}$，求 $Y(\omega)$。

解 由 $\mathscr{F}[x(at-b)]=\frac{1}{|a|}e^{-j\frac{b}{a}\omega}X\left(\frac{\omega}{a}\right)$，得

$$Y(\omega) = \frac{1}{2} X \left[-\frac{(\omega-4)}{2} \right] \mathrm{e}^{-\mathrm{j}\frac{3}{2}(\omega-4)}$$

7. 时域微分性(differential in the time domain)

若 $\mathscr{F}[x(t)] = X(\omega)$，则

$$\mathscr{F}\left[\frac{\mathrm{d}x(t)}{\mathrm{d}t}\right] = \mathrm{j}\omega X(\omega) \qquad (3.34)$$

证 傅里叶反变换

$$x(t) = \frac{1}{2\pi} \int_{-\infty}^{\infty} X(\omega) \mathrm{e}^{\mathrm{j}\omega t} \mathrm{d}\omega$$

将上式两边对时间 t 求导数，得

$$\frac{\mathrm{d}x(t)}{\mathrm{d}t} = \frac{1}{2\pi} \int_{-\infty}^{\infty} \mathrm{j}\omega X(\omega) \mathrm{e}^{\mathrm{j}\omega t} \mathrm{d}\omega$$

故有

$$\mathscr{F}\left[\frac{\mathrm{d}x(t)}{\mathrm{d}t}\right] = \mathrm{j}\omega X(\omega)$$

若对时间 t 求 n 阶导数，则可推得

$$\mathscr{F}\left[\frac{\mathrm{d}^n x(t)}{\mathrm{d}t^n}\right] = (\mathrm{j}\omega)^n X(\omega) \qquad (3.35)$$

【例 3-15】 已知信号 $x(t)$ 如图 3.24 所示，求其频谱。

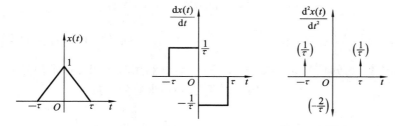

图 3.24 信号 $x(t)$ 及其一阶、二阶导数波形

解 对信号 $x(t)$ 求一阶及二阶导数，得

$$x'(t) = \frac{1}{\tau} p_\tau \left(t + \frac{\tau}{2} \right) - \frac{1}{\tau} p_\tau \left(t - \frac{\tau}{2} \right)$$

$$x''(t) = \frac{1}{\tau} \delta(t+\tau) - \frac{2}{\tau} \delta(t) + \frac{1}{\tau} \delta(t-\tau)$$

由微分性，有

$$\mathscr{F}[x'(t)] = \frac{1}{\tau} \cdot \tau \mathrm{Sa}\left(\frac{\omega\tau}{2}\right) \cdot \mathrm{e}^{\mathrm{j}\frac{\omega\tau}{2}} - \frac{1}{\tau} \cdot \tau \mathrm{Sa}\left(\frac{\omega\tau}{2}\right) \cdot \mathrm{e}^{\mathrm{j}\frac{\omega\tau}{2}}$$

得

$$X(\omega) = \tau \mathrm{Sa}^2\left(\frac{\omega\tau}{2}\right)$$

或

$$\mathscr{F}[x''(t)] = \frac{1}{\tau} \mathrm{e}^{\mathrm{j}\omega\tau} - \frac{2}{\tau} + \frac{1}{\tau} \mathrm{e}^{-\mathrm{j}\omega\tau} = (\mathrm{j}\omega)^2 X(\omega)$$

得

$$X(\omega) = \frac{2}{\tau\omega^2}(1 - \cos\omega\tau) = \tau \operatorname{Sa}^2\left(\frac{\omega\tau}{2}\right)$$

8. 时域积分性(integral in the time domain)

若 $\mathscr{F}[x(t)] = X(\omega)$,则

$$\mathscr{F}\left[\int_{-\infty}^{t} x(x)\mathrm{d}x\right] = \pi X(0)\delta(\omega) + \frac{X(\omega)}{\mathrm{j}\omega} \tag{3.36}$$

【例 3-16】 求单位阶跃信号的傅里叶变换。

解 已知 $\mathscr{F}[\delta(t)] = 1$,$u(t) = \int_{-\infty}^{t} \delta(\lambda)\mathrm{d}\lambda$,所以

$$\mathscr{F}[u(t)] = \pi\delta(\omega) + \frac{1}{\mathrm{j}\omega}$$

【例 3-17】 已知 $x(t)$ 信号如图 3.24 所示,试利用时域积分性求信号的频谱。

解 将信号 $x(t)$ 求对时间 t 的一阶导数,得

$$v(t) = x'(t) = \frac{1}{\tau}p_\tau\left(t + \frac{\tau}{2}\right) - \frac{1}{\tau}p_\tau\left(t - \frac{\tau}{2}\right)$$

$$V(\omega) = \operatorname{Sa}\left(\frac{\omega\tau}{2}\right)\mathrm{e}^{\mathrm{j}\omega\tau/2} - \operatorname{Sa}\left(\frac{\omega\tau}{2}\right)\mathrm{e}^{-\mathrm{j}\omega\tau/2}$$

因为 $x(t) = \int_{-\infty}^{t} v(\lambda)\mathrm{d}\lambda$,故由积分特性,得

$$\mathscr{F}[x(t)] = \pi V(0)\delta(\omega) + \frac{1}{\mathrm{j}\omega} \cdot V(\omega)$$

即

$$X(\omega) = \frac{1}{\mathrm{j}\omega}\left[\operatorname{Sa}\left(\frac{\omega\tau}{2}\right)\mathrm{e}^{\mathrm{j}\omega\tau/2} - \operatorname{Sa}\left(\frac{\omega\tau}{2}\right)\mathrm{e}^{-\mathrm{j}\omega\tau/2}\right] = \tau \operatorname{Sa}^2\left(\frac{\omega\tau}{2}\right) = \tau \operatorname{sinc}^2\left(\frac{\omega\tau}{2\pi}\right)$$

【例 3-18】 已知信号 $x(t)$ 如图 3.25 所示,试利用时域积分性求信号的频谱。

解 对信号 $x(t)$ 求导数,得

$$v(t) = \frac{\mathrm{d}x(t)}{\mathrm{d}t} = \frac{1}{\tau}p_\tau(t)$$

因为 $\frac{1}{\tau}p_\tau(t) \leftrightarrow \operatorname{Sa}\left(\frac{\omega\tau}{2}\right)$,而 $x(t) = \int_{-\infty}^{t} v(\lambda)\mathrm{d}\lambda$,由积分特性,有

$$\int_{-\infty}^{t} v(\lambda)\mathrm{d}\lambda \leftrightarrow \pi V(0)\delta(\omega) + \frac{V(\omega)}{\mathrm{j}\omega}$$

所以

$$X(\omega) = \pi\delta(\omega) + \frac{1}{\mathrm{j}\omega}\operatorname{Sa}\left(\frac{\omega\tau}{2}\right)$$

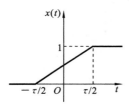

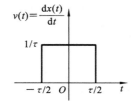

图 3.25 信号 $x(t)$ 及其导数

9. 频域微分性(differential in the frequency domain)

若 $\mathscr{F}[x(t)] = X(\omega)$,则

$$\mathscr{F}[tx(t)] = \mathrm{j}\frac{\mathrm{d}X(\omega)}{\mathrm{d}\omega} \tag{3.37}$$

$$\mathscr{F}[t^n x(t)] = (\mathrm{j})^n \frac{\mathrm{d}X^n(\omega)}{\mathrm{d}\omega^n} \tag{3.38}$$

证

$$X(\omega) = \int_{-\infty}^{\infty} x(t)\mathrm{e}^{-\mathrm{j}\omega t}\,\mathrm{d}t$$

将上式两边对 ω 求导数，得

$$\frac{\mathrm{d}X(\omega)}{\mathrm{d}\omega}=\int_{-\infty}^{\infty}(-\mathrm{j}t)x(t)\mathrm{e}^{-\mathrm{j}\omega t}\mathrm{d}t$$

故有

$$\mathscr{F}[tx(t)]=\mathrm{j}\frac{\mathrm{d}X(\omega)}{\mathrm{d}\omega}$$

同理，若对 $X(\omega)$ 求 n 阶导数，可得式(3.38)。

【例 3-19】 求图 3.26 所示信号的傅里叶变换。

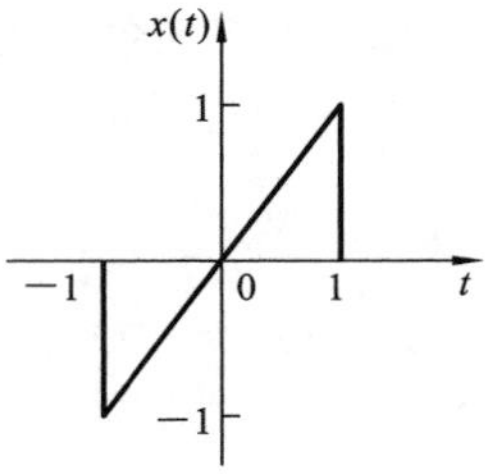

图 3.26 信号 $x(t)$ 波形

解
$$x(t)=tp_2(t)$$

因为 $p_2(t)\leftrightarrow 2\mathrm{Sa}(\omega)=2\dfrac{\sin\omega}{\omega}$，所以

$$x(t)=tp_2(t)\leftrightarrow\mathrm{j}\frac{\mathrm{d}}{\mathrm{d}\omega}\left(2\frac{\sin\omega}{\omega}\right)=\mathrm{j}2\frac{\omega\cos\omega-\sin\omega}{\omega^2}$$

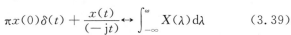

10. 频域积分性(integral in the frequency domain)

若 $\mathscr{F}[x(t)]=X(\omega)$，则

$$\pi x(0)\delta(t)+\frac{x(t)}{(-\mathrm{j}t)}\leftrightarrow\int_{-\infty}^{\omega}X(\lambda)\mathrm{d}\lambda \qquad (3.39)$$

如果 $x(0)=0$，则

$$\frac{x(t)}{(-\mathrm{j}t)}\leftrightarrow\int_{-\infty}^{\omega}X(\lambda)\mathrm{d}\lambda \qquad (3.40)$$

【例 3-20】 已知信号 $x(t)=\dfrac{\sin t}{t}$，求其傅里叶变换 $X(\omega)$。

解 已知
$$\sin t\leftrightarrow\mathrm{j}\pi[\delta(\omega+1)-\delta(\omega-1)]$$

由频域积分性，有

$$\frac{\sin t}{(-\mathrm{j}t)}\leftrightarrow\int_{-\infty}^{\omega}\mathrm{j}\pi[\delta(\lambda+1)-\delta(\lambda-1)]\mathrm{d}\lambda=\mathrm{j}\pi[u(\omega+1)-u(\omega-1)]$$

所以

$$\frac{\sin t}{t}\leftrightarrow\pi[u(\omega+1)-u(\omega-1)]=\pi p_\tau(\omega)$$

11. 时域卷积定理(convolution in the time domain)

若 $\mathscr{F}[x(t)]=X(\omega)$，$\mathscr{F}[v(t)]=V(\omega)$，则

$$\mathscr{F}[x(t)*v(t)]=X(\omega)V(\omega) \qquad (3.41)$$

证
$$\begin{aligned}\mathscr{F}[x(t)*v(t)]&=\int_{-\infty}^{\infty}\left[\int_{-\infty}^{\infty}x(\lambda)v(t-\lambda)\mathrm{d}\lambda\right]\mathrm{e}^{-\mathrm{j}\omega t}\mathrm{d}t\\&=\int_{-\infty}^{\infty}x(\lambda)\left[\int_{-\infty}^{\infty}v(t-\lambda)\mathrm{e}^{-\mathrm{j}\omega t}\mathrm{d}t\right]\mathrm{d}\lambda\\&=V(\omega)\int_{-\infty}^{\infty}x(\lambda)\mathrm{e}^{-\mathrm{j}\omega\lambda}\mathrm{d}\lambda\\&=X(\omega)V(\omega)\end{aligned}$$

12. 频域卷积定理(convolution in the frequency domain)

若 $\mathscr{F}[x(t)]=X(\omega)$，$\mathscr{F}[v(t)]=V(\omega)$，则

$$\mathscr{F}[x(t)v(t)]=\frac{1}{2\pi}X(\omega)*V(\omega) \qquad (3.42)$$

【**例 3-21**】 已知 $x(t)=\cos(\omega_0 t)\cdot u(t)$，求 $X(\omega)$。

解
$$x(t)=\cos(\omega_0 t)\cdot u(t)=x_1(t)x_2(t)$$
$$x_1(t)=\cos(\omega_0 t),\quad X_1(\mathrm{j}\omega)=\pi[\delta(\omega+\omega_o)+\delta(\omega-\omega_o)]$$
$$x_2(t)=u(t),\quad X_2(\mathrm{j}\omega)=\pi\delta(\omega)+\frac{1}{\mathrm{j}\omega}$$
$$X(\omega)=\frac{1}{2\pi}X_1(\omega)*X_2(\omega)=\frac{\pi}{2}[\delta(\omega+\omega_o)+\delta(\omega-\omega_o)]+\frac{1}{2\mathrm{j}}\left[\frac{1}{\omega+\omega_0}+\frac{1}{\omega-\omega_0}\right]$$

13. 帕斯瓦尔定理(Parseval's theorem)

若 $\mathscr{F}[x(t)]=X(\omega)$，$\mathscr{F}[v(t)]=V(\omega)$，则
$$\int_{-\infty}^{\infty}x(t)v(t)\mathrm{d}t=\frac{1}{2\pi}\int_{-\infty}^{\infty}\overline{X(\omega)}V(\omega)\mathrm{d}\omega \tag{3.43}$$

若 $x(t)=v(t)$，则
$$\int_{-\infty}^{\infty}x^2(t)\mathrm{d}t=\frac{1}{2\pi}\int_{-\infty}^{\infty}|X(\omega)|^2\mathrm{d}\omega \tag{3.44}$$

上式左边为时域能量，右边为频域能量，表明时域能量等于频域能量，体现了能量守恒。

证 因为
$$\mathscr{F}[x(t)v(t)]=\frac{1}{2\pi}[X(\omega)*V(\omega)]=\frac{1}{2\pi}\int_{-\infty}^{\infty}X(\omega-\lambda)V(\lambda)\mathrm{d}\lambda$$

即
$$\int_{-\infty}^{\infty}x(t)v(t)\mathrm{e}^{-\mathrm{j}\omega t}\mathrm{d}t=\frac{1}{2\pi}\int_{-\infty}^{\infty}X(\omega-\lambda)V(\lambda)\mathrm{d}\lambda$$

令 $\omega=0$，得
$$\int_{-\infty}^{\infty}x(t)v(t)\mathrm{d}t=\frac{1}{2\pi}\int_{-\infty}^{\infty}X(-\lambda)V(\lambda)\mathrm{d}\lambda$$

如果 $x(t)$ 是实数，有 $X(-\omega)=X^*(\omega)$，故
$$\int_{-\infty}^{\infty}x(t)v(t)\mathrm{d}t=\frac{1}{2\pi}\int_{-\infty}^{\infty}X^*(\lambda)V(\lambda)\mathrm{d}\lambda$$

如果 $x(t)=v(t)$，则
$$\int_{-\infty}^{\infty}x^2(t)\mathrm{d}t=\frac{1}{2\pi}\int_{-\infty}^{\infty}|X(\omega)|^2\mathrm{d}\omega$$

14. 调制特性(modulation)

信号 $x(t)$ 与正弦信号或余弦信号相乘称为信号的调制，如图 3.27 所示。

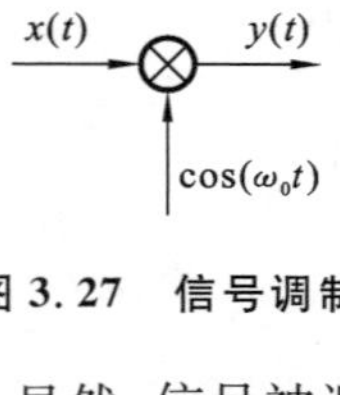

图 3.27 信号调制

已知信号 $x(t)$ 的频谱 $X(\omega)$，调制信号 $y(t)=x(t)\cos(\omega_0 t)$ 的频谱为何？由欧拉公式可得 $y(t)=x(t)(\mathrm{e}^{\mathrm{j}\omega_0 t}+\mathrm{e}^{-\mathrm{j}\omega_0 t})/2$，故有
$$Y(\omega)=\frac{1}{2}[X(\omega+\omega_0)+X(\omega-\omega_0)] \tag{3.45}$$

信号 $x(t)$ 及调制信号 $y(t)=x(t)\cos(\omega_0 t)$ 的频谱如图 3.28 所示。显然，信号被调制后其频谱形状不变，但中心频率向左和向右平移了 ω_0，且幅度是原信号频谱的一半。

同样，若 $y(t)=x(t)\sin(\omega_0 t)$，则
$$Y(\omega)=\frac{\mathrm{j}}{2}[X(\omega+\omega_0)-X(\omega-\omega_0)] \tag{3.46}$$

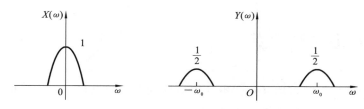

图 3.28 信号 $x(t)$ 及调制信号的频谱

【例 3-22】 已知 $x(t)=p_\tau(t),y(t)=x(t)\cos(\omega_0 t)$，求 $Y(\omega)$。

解
$$\mathscr{F}[x(t)]=X(\omega)=\tau\mathrm{Sa}\left(\frac{\omega\tau}{2}\right)$$

故 $\quad Y(\omega)=\dfrac{1}{2}\left[X(\omega-\omega_0)+X(\omega+\omega_0)\right]=\dfrac{1}{2}\left\{\tau\mathrm{Sa}\left[\dfrac{(\omega-\omega_0)\tau}{2}\right]+\tau\mathrm{Sa}\left[\dfrac{(\omega+\omega_0)\tau}{2}\right]\right\}$

傅里叶变换性质总结如表 3.1 所示。

表 3.1 傅里叶变换的性质

序号	性质	时域↔频域
1	线性	$\mathscr{F}[ax(t)+bv(t)]=aX(\omega)+bV(\omega)$
2	折叠性	$\mathscr{F}[x(-t)]=X(-\omega)$
3	对称性	若 $\mathscr{F}[x(t)]=X(\omega)$，则 $\mathscr{F}[X(t)]=2\pi x(-\omega)$
4	尺度特性	$\mathscr{F}[x(at)]=\dfrac{1}{\|a\|}X\left(\dfrac{\omega}{a}\right),\mathscr{F}[x(at-b)]=\dfrac{1}{\|a\|}\mathrm{e}^{-\mathrm{j}\frac{b}{a}\omega}X\left(\dfrac{\omega}{a}\right)$
5	时移性	$\mathscr{F}[x(t\pm t_0)]=X(\omega)\mathrm{e}^{\pm\mathrm{j}\omega t_0}$
6	频移性	$\mathscr{F}[x(t)\mathrm{e}^{\pm\mathrm{j}\omega_0 t}]=X(\omega\mp\omega_0)$
7	时域微分性	$\mathscr{F}\left[\dfrac{\mathrm{d}x(t)}{\mathrm{d}t}\right]=\mathrm{j}\omega X(\omega),\mathscr{F}\left[\dfrac{\mathrm{d}^n x(t)}{\mathrm{d}t^n}\right]=(\mathrm{j}\omega)^n X(\omega)$
8	时域积分性	$\mathscr{F}\left[\displaystyle\int_{-\infty}^{t}x(x)\mathrm{d}x\right]=\pi X(0)\delta(\omega)+\dfrac{X(\omega)}{\mathrm{j}\omega}$
9	频域微分性	$\mathscr{F}[tx(t)]=\mathrm{j}\dfrac{\mathrm{d}X(\omega)}{\mathrm{d}\omega},\mathscr{F}[t^n x(t)]=(\mathrm{j})^n\dfrac{\mathrm{d}X^n(\omega)}{\mathrm{d}\omega^n}$
10	频域积分性	$\pi x(0)\delta(t)+\dfrac{x(t)}{(-\mathrm{j}t)}\leftrightarrow\displaystyle\int_{-\infty}^{\omega}X(\lambda)\mathrm{d}\lambda$
11	时域卷积定理	$\mathscr{F}[x(t)*v(t)]=X(\omega)V(\omega)$
12	频域卷积定理	$\mathscr{F}[x(t)v(t)]=\dfrac{1}{2\pi}X(\omega)*V(\omega)$
13	帕斯瓦尔定理	$\displaystyle\int_{-\infty}^{\infty}x(t)v(t)\mathrm{d}t=\dfrac{1}{2\pi}\int_{-\infty}^{\infty}X^*(\omega)V(\omega)\mathrm{d}\omega$ $\displaystyle\int_{-\infty}^{\infty}x^2(t)\mathrm{d}t=\dfrac{1}{2\pi}\int_{-\infty}^{\infty}\|X(\omega)\|^2\mathrm{d}\omega$
14	调制特性	$y(t)=x(t)\cos(\omega_0 t)\leftrightarrow Y(\omega)=\dfrac{1}{2}[X(\omega+\omega_0)+X(\omega-\omega_0)]$ $y(t)=x(t)\sin(\omega_0 t)\leftrightarrow Y(\omega)=\dfrac{\mathrm{j}}{2}[X(\omega+\omega_0)-X(\omega-\omega_0)]$

3.4   广义傅里叶变换

信号 $x(t)$ 的傅里叶变换存在的条件是信号必须绝对可积，即 $\int_{-\infty}^{+\infty} |x(t)| \, \mathrm{d}t < \infty$。但很多信号并不满足此条件，如直流信号、单位阶跃信号、周期信号等，当引入冲激频谱后，这些信号存在广义的傅里叶变换（generalized Fourier transform），如表 3.2 所示。

表 3.2   信号的广义傅里叶变换

$$1 \leftrightarrow 2\pi\delta(\omega)$$

$$\mathrm{e}^{\mathrm{j}\omega_0 t} \leftrightarrow 2\pi\delta(\omega - \omega_0)$$

$$u(t) \leftrightarrow \pi\delta(\omega) + \frac{1}{\mathrm{j}\omega}$$

$$\cos\omega_0 t \leftrightarrow \pi[\delta(\omega + \omega_0) + \delta(\omega - \omega_0)]$$

$$\sin\omega_0 t \leftrightarrow \mathrm{j}\pi[\delta(\omega + \omega_0) - \delta(\omega - \omega_0)]$$

周期信号可表示为如下复指数形式：

$$x(t) = \sum_{k=-\infty}^{\infty} c_k \mathrm{e}^{\mathrm{j}k\omega_0 t}, \quad -\infty < t < +\infty$$

由下列傅里叶变换对

$$1 \to 2\pi\delta(\omega)$$

$$1 \cdot \mathrm{e}^{\mathrm{j}\omega_0 t} \to 2\pi\delta(\omega - \omega_0)$$

$$c_k \mathrm{e}^{\mathrm{j}k\omega_0 t} \to 2\pi c_k \delta(\omega - k\omega_0)$$

$$\sum_{k=-\infty}^{\infty} c_k \mathrm{e}^{\mathrm{j}k\omega_0 t} \to \sum_{k=-\infty}^{\infty} 2\pi c_k \delta(\omega - k\omega_0)$$

可得

$$X(\omega) = \sum_{k=-\infty}^{+\infty} 2\pi c_k \delta(\omega - k\omega_0), \quad k = 0, \pm 1, \pm 2, \cdots \tag{3.47}$$

上式即为周期信号的傅里叶变换，它由一系列冲激频谱组成，也是广义傅里叶变换。

【例 3-23】   求周期单位冲激信号 $x(t) = \delta_T(t) = \sum_{k=-\infty}^{\infty} \delta(t - kT)$ 的傅里叶变换。

解
$$\delta_T(t) = \sum_{k=-\infty}^{\infty} c_k \mathrm{e}^{\mathrm{j}k\omega_0 t}$$

$$c_k = \frac{1}{T} \int_{-T/2}^{T/2} x(t) \mathrm{e}^{-\mathrm{j}k\omega_0 t} \mathrm{d}t = \frac{1}{T} \int_{-T/2}^{T/2} \delta(t) \mathrm{e}^{-\mathrm{j}k\omega_0 t} \mathrm{d}t = \frac{1}{T}$$

故

$$\delta_T(t) = \sum_{k=-\infty}^{\infty} c_k \mathrm{e}^{\mathrm{j}k\omega_0 t} = \frac{1}{T} \sum_{k=-\infty}^{\infty} \mathrm{e}^{\mathrm{j}k\omega_0 t}$$

其傅里叶变换为

$$X(\omega) = \frac{2\pi}{T} \sum_{k=-\infty}^{\infty} \delta(\omega - k\omega_0) = \omega_0 \sum_{k=-\infty}^{\infty} \delta(\omega - k\omega_0) \tag{3.48}$$

周期单位冲激信号及其频谱如图 3.29 所示。

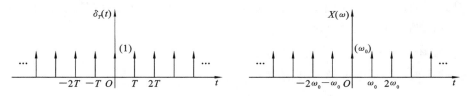

图 3.29 周期单位冲激信号及其频谱

【例 3-24】 求周期矩形脉冲信号的傅里叶变换。

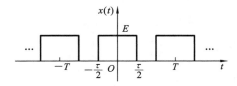

图 3.30 周期矩形脉冲信号

解
$$x(t) = \sum_{k=-\infty}^{\infty} c_k \mathrm{e}^{\mathrm{j}k\omega_0 t}$$

式中：$c_k = \dfrac{1}{T} \displaystyle\int_{-T/2}^{T/2} x(t) \mathrm{e}^{-\mathrm{j}k\omega_0 t}\,\mathrm{d}t = \dfrac{1}{T} \int_{-\frac{\tau}{2}}^{\frac{\tau}{2}} E\mathrm{e}^{-\mathrm{j}k\omega_0 t}\,\mathrm{d}t = \dfrac{E\tau}{T}\mathrm{Sa}\!\left(\dfrac{k\omega_0 \tau}{2}\right)$。

由 $X(\omega) = 2\pi \displaystyle\sum_{k=-\infty}^{\infty} c_k \delta(\omega - k\omega_0)$，得

$$X(\omega) = 2\pi \sum_{k=-\infty}^{\infty} \frac{E\tau}{T}\mathrm{Sa}\!\left(\frac{k\omega_0 \tau}{2}\right)\delta(\omega - k\omega_0) \tag{3.49}$$

其频谱为以抽样函数为包络的无穷多个冲激组成。

3.5 信号的抽样与抽样定理

3.5.1 信号的抽样

信号的抽样就是将连续时间信号按一定的时间间隔抽取样本数值，构成离散时间信号。A/D 转换器(analog to digital converter)就是将连续时间信号转化成离散时间信号的器件。抽样的过程，可以认为是信号 $x(t)$ 与抽样脉冲 $p(t)$ 相乘，抽样脉冲起到开关的作用，如图 3.31 所示。

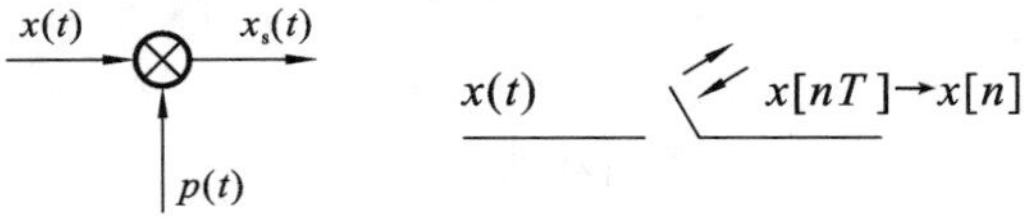

图 3.31 信号的抽样

抽样信号为

$$x_s(t) = x(t) \cdot p(t) \tag{3.50}$$

抽样脉冲可以是矩形脉冲，也可以是冲激抽样。

将连续时间信号变成离散时间信号的目的是为了便于计算机或微处理器进行数字信号处理。抽样脉冲如何确定？抽样频率为多少？抽样之后的信号是否能反映原信号？这些问题将在下面进行讨论。

1. 矩形脉冲抽样

抽样函数为周期矩形脉冲，表示为

$$p(t) = \sum_{k=-\infty}^{\infty} p_{\tau}(t - kT_s)$$

式中：T_s 为抽样间隔，$\omega_s = \dfrac{2\pi}{T_s}$ 为抽样角频率；τ 为脉冲宽度，脉冲的高度为 1。

周期矩形脉冲信号 $p(t)$ 的频谱为

$$P(\omega) = 2\pi \sum_{k=-\infty}^{\infty} \frac{\tau}{T_s} \mathrm{Sa}\left(\frac{k\omega_s\tau}{2}\right)\delta(\omega - k\omega_s) \tag{3.51}$$

则抽样信号 $x_s(t)$ 的频谱为

$$X_s(\omega) = \frac{1}{2\pi}X(\omega) * P(\omega) = \sum_{k=-\infty}^{+\infty} \frac{\tau}{T_s} \mathrm{Sa}\left(\frac{k\omega_s\tau}{2}\right)X(\omega - k\omega_s) \tag{3.52}$$

显然，抽样信号的频谱 $X_s(\omega)$ 包含了被抽样信号 $x(t)$ 的频谱 $X(\omega)$。矩形脉冲抽样及频谱如图 3.32 所示。

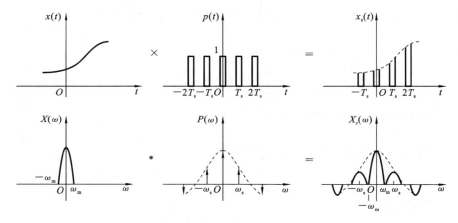

图 3.32　矩形脉冲抽样及频谱

若设计一低通滤波器，其带宽为 $-\omega_m \sim \omega_m$（ω_m 为信号 $x(t)$ 的最高频率），则抽样信号经滤波后可恢复原信号，如图 3.33 所示。

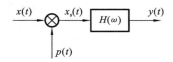

图 3.33　信号的抽样与恢复

2. 冲激抽样

冲激抽样是指抽样脉冲为周期冲激信号实现的抽样。

周期冲激信号为

$$p(t) = \sum_{k=-\infty}^{\infty} \delta(t - kT_s) \tag{3.53}$$

则抽样信号为

$$x_s(t) = x(t)p(t) = \sum_{k=-\infty}^{\infty} x(t)\delta(t - kT_s)$$

$$= \sum_{k=-\infty}^{\infty} x(kT_s)\delta(t-kT_s)$$

将周期冲激信号表示为复指数形式

$$p(t) = \sum_{k=-\infty}^{\infty} c_k e^{jk\omega_s t}, \quad -\infty < t < +\infty$$

式中：$\omega_s = \dfrac{2\pi}{T_s}$；$c_k = \dfrac{1}{T_s}\displaystyle\int_{-T_s/2}^{T_s/2} p(t)e^{-jk\omega_s t}dt = \dfrac{1}{T_s}\displaystyle\int_{-T_s/2}^{T_s/2}\delta(t)e^{-jk\omega_s t}dt = \dfrac{1}{T_s}$。

因此，$p(t) = \displaystyle\sum_{k=-\infty}^{\infty}\dfrac{1}{T_s}e^{jk\omega_s t}$，故有

$$x_s(t) = x(t)p(t) = \sum_{k=-\infty}^{\infty}\frac{1}{T_s}x(t)e^{jk\omega_s t}$$

由于 $x(t)\leftrightarrow X(\omega)$，$x(t)e^{jk\omega_s t}\leftrightarrow X(\omega-k\omega_s)$，故抽样信号的频谱为

$$X_s(\omega) = \sum_{k=-\infty}^{\infty}\frac{1}{T_s}X(\omega-k\omega_s) \tag{3.54}$$

这里，T 为抽样间隔，$\omega_s = \dfrac{2\pi}{T}$ 为抽样角频率。

冲激抽样及频谱如图 3.34 所示。

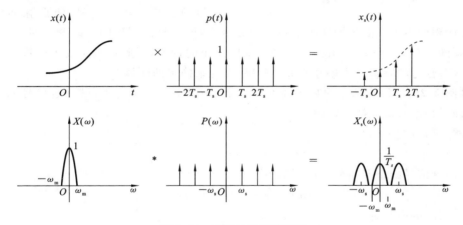

图 3.34 冲激抽样及其频谱

由以上分析可得如下结论：

（1）抽样信号的频谱 $X_s(\omega)$ 为周期函数，周期为 ω_s；

（2）抽样信号的频谱包含有原信号的频谱 $X(\omega)$，且频谱幅度是原信号频谱幅度的 $1/T_s$。

因此，只要抽样频率足够高（即 ω_s 足够大），则频谱没有混叠。若设计一低通滤波器，其带宽为 $-\omega_m \sim \omega_m$，增益为 T_s，则滤波器的输出即为信号 $x(t)$，信号得到恢复。

3.5.2 频谱混叠

由前面的分析可知，抽样信号的频谱 $X_s(\omega)$ 为周期函数，且周期为 ω_s，当抽样频率 ω_s 足够大时，频谱不会出现混叠（aliasing），如图 3.35（a）所示，这时用一个低通滤波器能使原信号的所有频率成分通过系统，从而恢复原信号。

当抽样频率逐渐减小到 $\omega_s = 2\omega_m$ 时，频谱也不出现混叠，信号仍然可以恢复，如图

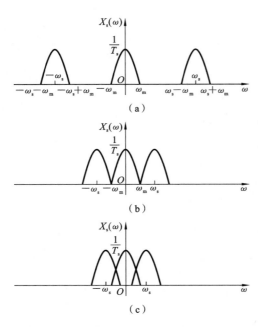

图 3.35 频谱混叠

3.35(b)所示,但当抽样频率再小一点,频谱就会出现混叠。不出现频谱混叠的最小抽样频率称为奈奎斯特抽样频率(Nyquist sampling frequency),即 $\omega_s = 2\omega_m$。

当抽样频率 $\omega_s < 2\omega_m$ 时,频谱出现混叠,如图 3.35(c)所示,这时无论如何都不能恢复原信号。

信号的频谱产生混叠的原因可能有:① 抽样频率太低;② 信号的频带太宽。

3.5.3 抽样定理

设信号的频带受限,其最高频率为 ω_m,当抽样频率 ω_s 为信号最高频率的 2 倍及以上时,可从抽样信号无失真地恢复原信号,这就是抽样定理(sampling theorem)。

生活实际中很多信号具有无穷宽的频谱,如衰减的单边指数信号、矩形脉冲信号等,要使频谱不出现混叠抽样频率必须为无穷大,但这是做不到的。研究表明,一般信号的频谱具有随着频率的增大而频谱的幅度减小的特点,因此在满足要求的情况下可以取一个合适的频率作为信号的最高频率,以此来确定抽样频率。

【例 2-25】 语音信号的频谱幅度在高于 10 kHz 时几乎为零,试确定信号的夸奎斯特抽样频率及最大抽样时间间隔。

解 信号的最高频率

$$\omega_m = 2\pi f_m = 2\pi \times 10^4 \text{ rad/s}$$

因此,语音信号的奈奎斯特抽样频率为

$$\omega_s = 2\omega_m = 4\pi \times 10^4 \text{ rad/s}$$

抽样时间间隔最大为

$$T_s = 2\pi/\omega_s = 2\pi/(4\pi \times 10^4) \text{ s} = 50 \text{ } \mu\text{s}$$

3.5.4 连续时间信号的重构

抽样信号可以由一低通滤波器恢复原信号,过程如图 3.36 所示。

设信号为冲激抽样,则

$$x_s(t) = x(t)p(t) = \sum_{k=-\infty}^{\infty} x(nT_s)\delta(t - kT_s)$$

取一理想低通滤波器,其频率响应如图 3.37 所示。

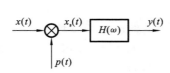

图 3.36 信号的恢复

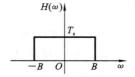

图 3.37 理想低通滤波器

滤波器的频率响应函数为

$$H(\omega)=\begin{cases} T_\mathrm{s}, & |\omega|\leqslant B \\ 0, & \text{其他} \end{cases} \tag{3.55}$$

式中：B 为滤波器的截止频率，取 $\omega_\mathrm{m}\leqslant B<\omega_\mathrm{s}-\omega_\mathrm{m}$。

滤波器输出的傅里叶变换为

$$Y(\omega)=X_\mathrm{s}(\omega)H(\omega) \tag{3.56}$$

显然，$Y(\omega)$ 的频谱与被抽样信号 $x(t)$ 的频谱完全相同，如图 3.38 所示，所以信号得以恢复。

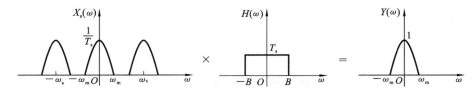

图 3.38　信号的恢复

信号的恢复也可以从时域来分析。

滤波器对应的冲激响应为

$$h(t)=\frac{BT_\mathrm{s}}{\pi}\mathrm{sinc}\left(\frac{B}{\pi}t\right), \quad -\infty<t<+\infty$$

则滤波器的输出为

$$y(t)=x_\mathrm{s}(t)*h(t)=\int_{-\infty}^{+\infty}x_\mathrm{s}(\lambda)h(t-\lambda)\mathrm{d}\lambda=\sum_{k=-\infty}^{\infty}x(nT_\mathrm{s})h(t-nT_\mathrm{s})$$

所以

$$y(t)=\frac{BT_\mathrm{s}}{\pi}\sum_{n=-\infty}^{\infty}x(nT_\mathrm{s})\mathrm{sinc}\left[\frac{B}{\pi}(t-nT_\mathrm{s})\right] \tag{3.57}$$

要恢复原信号，故

$$x(t)=\frac{BT_\mathrm{s}}{\pi}\sum_{n=-\infty}^{\infty}x(nT_\mathrm{s})\mathrm{sinc}\left[\frac{B}{\pi}(t-nT_\mathrm{s})\right] \tag{3.58}$$

式(3.58)表明，连续时间信号 $x(t)$ 由无穷多个离散时间信号 $x(nT_\mathrm{s})$ 插值而成，故该滤波器称为插值滤波器(interpolation filter)，原理如图 3.39 所示。

3.6　信号的调制与解调

在无线通信中，信号的传送通常是利用天线将信号转变为空中的电磁波信号来实现的。为了实现信号的高效传输，减小天线的尺寸(尺寸与工作频率成反比)，避免不同信号之间的干扰(如将不同电台的工作频率错开)，需要对信号进行调制，被调制信号由天线发送，在远方经天线接收并解调，恢复原信号。

调制解调有不同的方式，主要有：① 模拟调制(analog modulation)；② 角度调制(angle modulation)；③ 脉冲幅度调制(pulse-amplitude modulation)。

下面对调制(modulation)与解调(demodulation)作简单的介绍。

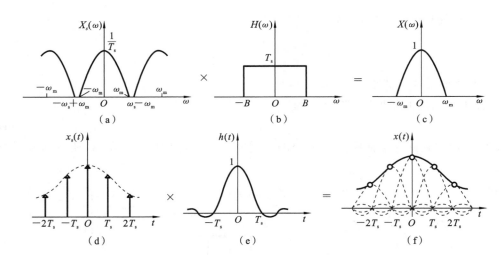

图 3.39　插值滤波器原理

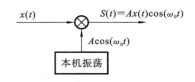

图 3.40　信号的调制

1. 模拟调制

模拟调制又称幅度调制或调幅（amplitude modulation，AM），原理框图如图 3.40 所示，其中，$x(t)$ 为输入信号，$A\cos\omega_0 t$ 为载波信号（carrier），$s(t)=Ax(t)\cos\omega_0 t$ 称为已调信号（modulated carrier）。这里余弦信号的幅度 A 受到 $x(t)$ 的调制，故称为调幅。

【例 3-26】 设 $x(t)=0.5\cos(10\pi t)$，载波信号 $f(t)=\cos(\pi t)$，已调信号为
$$s(t)=x(t)\cdot f(t)=0.5\cos(10\pi t)\cdot\cos(\pi t)$$

其时域波形如图 3.41 所示。

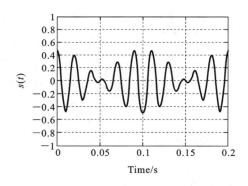

图3.41　调幅信号 $s(t)=0.5\cos10(\pi t)\cdot\cos(\pi t)$

设信号 $x(t)$ 的频谱为 $X(\omega)$，其最高频率为 B，且 $\omega_0>B$，则已调信号 $s(t)$ 的频谱
$$S(\omega)=\frac{A}{2}[X(\omega+\omega_0)+X(\omega-\omega_0)]$$

如图 3.42 所示。显然，$s(t)$ 的频谱含有 $x(t)$ 的频谱信息，只是幅度为原信号频谱幅度的一半（设 $A=1$），且中心频率分别向左右平移了 ω_0。通过改变 ω_0，使信号的中心频率发生平移，这样就避免了信号之间的干扰，这也是不同电台有不同频率的道理。

在已调信号 $s(t)$ 的频谱中，$X(\omega-\omega_0)$ 的频谱为双边带（double-sideband，DSB）频谱，$(\omega_0-B)\sim\omega_0$ 区间称为下边带（lower sideband），$\omega_0\sim(\omega_0+B)$ 区间称为上边带（upper sideband)。

　　信号通过调幅传输的特点是把信号 $x(t)$ 的频谱上移,被调制了的载波具有更高的频率范围,能够在自由空间或线缆获得更好的传播性能。

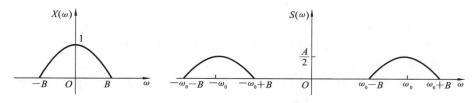

图 3.42　$x(t)$ 和 $s(t)$ 的频谱

　　那么,如何实现信号解调呢? 图 3.43 为信号的调制与解调原理框图,其中前半部分为调制,后半部分为解调。

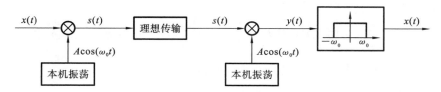

图 3.43　信号的调制与解调

　　信号经理想传输后,在接收端再乘以一同频率、同相位的余弦信号 $A\cos(\omega_0 t)$,则有

$$y(t) = As(t)\cos(\omega_0 t)$$

其频谱

$$Y(\omega) = \frac{A}{2}[S(\omega+\omega_0) + S(\omega-\omega_0)]$$

而 $s(t) = Ax(t)\cos(\omega_0 t)$ 的频谱为

$$S(\omega) = \frac{A}{2}[X(\omega+\omega_0) + X(\omega-\omega_0)]$$

故 $y(t)$ 的频谱

$$Y(\omega) = \frac{A}{4}[X(\omega+2\omega_0) + 2X(\omega) + X(\omega-2\omega_0)]$$

　　显然,若在信号 $y(t)$ 后接一理想低通滤波器,截止频率为信号 $x(t)$ 的最高频率,抑制高频成分,这样信号就得以恢复,实现了解调。

　　另外一种调幅形式是

$$s(t) = A[1 + kx(t)]\cos(\omega_0 t)$$

其中,k 为一正常数,称幅值灵敏度,一般取 $1 + kx(t) > 0$。这种调幅方式使得 $s(t)$ 由双极信号变成单极信号,$s(t)$ 的包络能够反映信号 $x(t)$。

　　设 $x(t) = 0.5\cos(10\pi t)$,$s(t) = [1 + kx(t)]\cos(\pi t)$,$k = 0.5$,调制后的波形如图 3.44 所示。

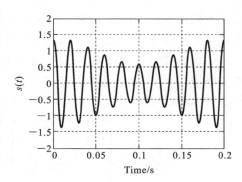

图 3.44　$s(t) = [1 + kx(t)]\cos(\pi t)$,
$k = 0.5$ 调制后的波形

已调信号 $s(t)=A[1+kx(t)]\cos(\omega_0 t)$ 的频谱为

$$S(\omega)=\pi A[\delta(\omega+\omega_0)+\delta(\omega-\omega_0)]+\frac{Ak}{2}[X(\omega+\omega_0)+X(\omega-\omega_0)]$$

显然,上述频谱除含有信号 $x(t)$ 的频谱信息外,还含有载波信号 $A\cos(\omega_0 t)$ 的频谱,而 $s(t)=Ax(t)\cos(\omega_0 t)$ 的频谱中不含有载波信号的频谱信息,或者说载波信息受到了抑制。因此,$s(t)=Ax(t)\cos(\omega_0 t)$ 被称为双边带抑制载波(double-sideband-suppressed carrier,DSB-SC)传输,而 $s(t)=A[1+kx(t)]\cos(\omega_0 t)$ 被称为双边带(double-sideband,DSB)传输。DSB 相较于 DSB-SC 的最大优点是,由于 DSB-SC 不需要传输载波信号,因此在传输信号 $x(t)$ 时消耗更小的功率。

如何实现 $s(t)=A[1+kx(t)]\cos(\omega_0 t)$ 的解调呢? 如果在接收端乘以一同频率、同相位的余弦信号 $A\cos(\omega_0 t)$,即 $y(t)=s(t)\cdot A\cos(\omega_0 t)$,则 $y(t)$ 的频谱为

$$Y(\omega)=\frac{A}{2}[S(\omega+\omega_0)+S(\omega-\omega_0)]$$

$$=\frac{A}{2}[2\pi A\delta(\omega)+AkX(\omega)]+\frac{A^2}{2}\pi[\delta(\omega+2\omega_0)+\delta(\omega-2\omega_0)]$$

$$+\frac{A^2 k}{4}[X(\omega+2\omega_0)+X(\omega-2\omega_0)]$$

若在 $y(t)$ 后接一理想低通滤波器,截止频率为信号 $x(t)$ 的最高频率,滤除高频成分,则可得滤波器的输出信号为 $v(t)=A[1+kx(t)]$(其频谱为 $2\pi A\delta(\omega)+AkX(\omega)$),再利用交流耦合电路去除直流分量,即可恢复原信号 $x(t)$,实现了解调。

上述解调方式需要发射器和接收器之间的同步(称为同步解调),使接收系统复杂化,实现起来较困难,且成本增加。

由于 $s(t)=A[1+kx(t)]\cos(\omega_0 t)$ 的包络线就是信号 $x(t)$,因此可以在接收端用一个简单的包络检测器实现信号解调。这种解调方式不要求调制器与解调器同步,称为异步解调。

解调原理如图 3.45 所示,其中包络检测器由二极管、电容器和负载电阻组成,工作过程如下:当信号 $s(t)$ 的电压高于电容器电压时,电容器被充电,充电时间常数为 $R_s C$(R_s 为源电阻,图中未画出);当 $s(t)$ 的电压低于电容器电压时,电容器放电,由于二极管处于截止状态,放电电流以电容器和负载电阻 R 形成回路。上述过程不断重复,在负载电阻两端形成以 $x(t)$ 为包络且带锯齿的输出电压,经低通滤波器滤波即可实现信号解调。上述充放电过程中,充电时间常数相较于载波信号的周期必须很小,即 $R_s C\ll 2\pi/\omega_0$,保证能够快速充电;而放电时间常数必须足够大($RC\gg 2\pi/\omega_0$),以保证电容器放电足够慢,但是放电时间常数必须小于信号 $x(t)$ 的最大变化率。如果 $x(t)$ 的带宽为 B,信号 $x(t)$ 的最大变化率为 $2\pi/B$,因此要求 $RC\ll 2\pi/B$。

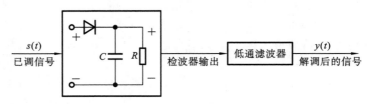

图 3.45   AM 信号的包络检波原理图

2. 角度调制（angle modulation）

除上述调幅方式外，$x(t)$ 也可作载波信号的角度，使得已调载波信号为 $s(t)=A\cos[\theta(t)]$，其中 $\theta(t)$ 是信号 $x(t)$ 的函数，这种调制方式称为角度调制。

角度调制有两种基本形式，即相位调制（phase modulation，PM）和频率调制（frequency modulation，FM）。在相位调制（PM）中

$$\theta(t)=\omega_0 t+k_p x(t)$$

式中：k_p 为调制器的相位灵敏度。则调相信号为

$$s(t)=A\cos[\omega_0 t+k_p x(t)]$$

在频率调制（FM）中

$$\theta(t)=\omega_0 t+2\pi k_f\int_0^t x(\tau)\mathrm{d}\tau$$

式中：k_f 为调制器的频率灵敏度。则调频信号为

$$s(t)=A\cos\left[\omega_0 t+2\pi k_f\int_0^t x(\tau)\mathrm{d}\tau\right]$$

如果 $x(t)=\alpha\cos(\omega_x t)$，则调频信号变为

$$s(t)=A\cos\left[\omega_0 t+\frac{2\pi k_f\alpha}{\omega_x}\sin(\omega_x t)\right]$$

设 $x(t)=\cos(\pi t)$，$\omega_0=10\pi$，$A=1$，$k_p=5$，$k_f=5/2$，则信号 $x(t)$ 及调相信号（PM）、调频信号（FM）分别如图 3.46(a)、(b)、(c)所示。

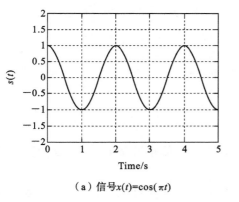

（a）信号$x(t)=\cos(\pi t)$

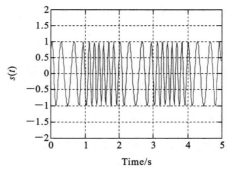

（b）调相信号$s(t)=A\cos[\omega_0 t+k_p x(t)]$

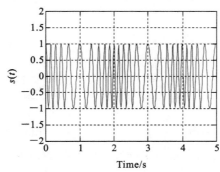

（c）调频信号$s(t)=A\cos\left[\omega_0 t+\dfrac{2\pi k_f\alpha}{\omega_x}\sin(\omega_x t)\right]$

图 3.46　信号的相位调制与频率调制

3. 脉冲幅度调制(pulse-amplitude modulation)

信号 $x(t)$ 与周期矩形脉冲信号 $p(t)$ 相乘,使 $p(t)$ 的幅度受到调制,这一过程称为脉冲幅度调制(pulse-amplitude modulation,PAM)。显然,脉冲幅度调制实际上就是矩形脉冲抽样,故 PAM 信号的频谱即为矩形脉冲抽样信号的频谱。

习题 3

1. 画出下列信号的单边幅度谱和单边相位谱。

(1) $x(t) = 2\cos t + 3\cos\left(2t - \frac{\pi}{3}\right) + \sin\left(5t - \frac{\pi}{6}\right)$;

(2) $x(t) = 1 + 2\cos(\pi t) + 4\sin(3\pi t)$。

2. 求下列信号的复指数傅里叶级数,并画出幅度谱和相位谱。

(1) $x(t) = \cos(5t - \pi/4)$;

(2) $x(t) = \sin t + \cos t$;

(3) $x(t) = \cos(2t)\sin(3t)$;

(4) $x(t) = \cos^2(5t)$。

3. 求下列信号的复指数傅里叶级数

$$x(t) = \frac{\sin(2t) + \sin(3t)}{2\sin t}$$

4. 周期信号的傅里叶复指数形式为

$$x(t) = \sum_{k=-\infty}^{\infty} c_k^x \mathrm{e}^{\mathrm{j}k\omega_0 t}, \quad \omega_0 = \frac{2\pi}{T} \quad -\infty < t < \infty$$

式中:c_k^x 为其复系数。求下列信号的复指数傅里叶级数:

(1) $v(t) = x(t-1)$;

(2) $v(t) = \dfrac{\mathrm{d}x(t)}{\mathrm{d}t}$。

5. 求图 3.47 所示信号的傅里叶级数:(1) 三角傅里叶级数;(2) 复指数傅里叶级数。

6. 求图 3.48 所示信号的傅里叶级数:(1) 三角傅里叶级数;(2) 复指数傅里叶级数。

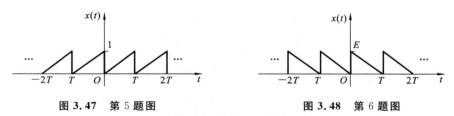

图 3.47　第 5 题图　　　　　　图 3.48　第 6 题图

7. 求图 3.49 所示信号的三角傅里叶级数与复指数傅里叶级数。

8. 已知全波整流正弦信号

$$x(t) = |A\sin(\pi t)|$$

(1) 画出 $x(t)$ 的草图,并确定其基波周期;

(2) 求信号的复指数傅里叶级数;

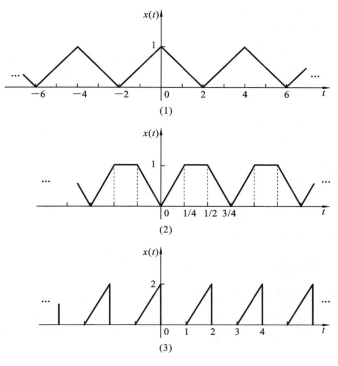

图 3.49 第 7 题图

（3）求信号的三角傅里叶级数。

9. 求下列信号的傅里叶变换。

（1）$x(t)=-p_1\left(t-\dfrac{1}{2}\right)+p_1\left(t-\dfrac{3}{2}\right)$;

（2）$x(t)=\cos t \cdot p_1(t)$;

（3）$x(t)=\mathrm{e}^{-t}[u(t)-u(t-1)]$;

（4）$x(t)=\begin{cases} t-1, & -1\leqslant t<0 \\ 1, & 0\leqslant t<1 \\ 2, & 其他 \end{cases}$

10. 一连续时间信号的傅里叶变换为

$$X(\omega)=\frac{1}{\mathrm{j}\omega+b}$$

式中：b 为常数。试确定下列信号的傅里叶变换 $V(\omega)$。

（1）$v(t)=x(5t-4)$;

（2）$v(t)=t^2 x(t)$。

11. 利用傅里叶变换的性质求下列信号的傅里叶变换。

（1）$x(t)=\mathrm{e}^{-t}\cos(4t) \cdot u(t)$;

（2）$x(t)=t\mathrm{e}^{-t}u(t)$;

（3）$x(t)=\cos(4t) \cdot u(t)$;

（4）$x(t)=\mathrm{e}^{|-t|}$, $-\infty<t<\infty$

12. 已知信号 $x(t)$ 的傅里叶变换为 $X(\omega)$，求 $y(t)$ 的傅里叶变换。

(1) $y(t) = tx(2t)$；

(2) $y(t) = (t-2)x(t)$；

(3) $y(t) = (t-2)x(-2t)$；

(4) $y(t) = t\dfrac{\mathrm{d}x(t)}{\mathrm{d}t}$；

(5) $y(t) = x(1-t)$；

(6) $y(t) = (1-t)x(1-t)$；

(7) $y(t) = x(2t-5)$。

13. 求傅里叶反变换。

(1) $X(\omega) = \cos(4\omega)$，$-\infty < \omega < \infty$；

(2) $X(\omega) = \sin^2(3\omega)$，$-\infty < \omega < \infty$；

(3) $X(\omega) = p_4(\omega)\cos\left(\dfrac{\pi\omega}{2}\right)$，$-\infty < \omega < \infty$；

(4) $X(\omega) = \dfrac{\sin(\omega/2)}{j\omega+2}e^{-j\omega 2}$，$-\infty < \omega < \infty$。

14. $x(t)$ 和 $v(t)$ 的傅里叶变换如下：

$$X(\omega) = \begin{cases} 2, & |\omega| = \pi \\ 0, & \text{其他} \end{cases}, \quad V(\omega) = X(\omega-\omega_0) + X(\omega+\omega_0)$$

(1) 求 $x(t)$；

(2) 求 $v(t)$。

15. 求下列信号的广义傅里叶变换：

(1) $x(t) = 1/t$，$-\infty < t < \infty$；

(2) $x(t) = 1 + e^{-j2\pi t} + 2e^{j2\pi t}$，$-\infty < t < \infty$；

(3) $x(t) = 3\cos t + 2\sin(2t)$，$-\infty < t < \infty$；

(4) $x(t) = 2u(t) + 3\cos(\pi t - \pi/4)$，$-\infty < t < \infty$。

16. 信号 $x(t)$ 的傅里叶变换为

$$X(\omega) = \frac{1}{j}\left[\text{sinc}\left(\frac{2\omega}{\pi} - \frac{1}{2}\right) - \text{sinc}\left(\frac{2\omega}{\pi} + \frac{1}{2}\right)\right]$$

(1) 求 $x(t)$；

(2) 令 $x_p(t)$ 表示周期信号

$$x_p(t) = \sum_{k=-\infty}^{\infty} x(t-16k)$$

求 $x_p(t)$ 的傅里叶变换 $X_p(\omega)$。

17. 已知信号 $x(t) = 2 + \cos(100\pi t) + \cos(300\pi t) + \cos(500\pi t)$，试确定信号的最高频率及信号的夸奎斯特抽样频率。

18. 求下列幅度调制信号的傅里叶变换，并画出幅度谱：

(1) $x(t) = e^{-10t}u(t)\cos(100t)$；

(2) $x(t) = p_2(t)\cos(10t)$。

4

连续时间系统的频域分析

4.1 系统的频率响应函数

对于线性时不变系统,任意输入的零状态响应为

$$y(t) = x(t) * h(t) \tag{4.1}$$

若系统的单位冲激响应绝对可积(此为系统稳定条件,将在后面章节详述),即

$$\int_{-\infty}^{\infty} |h(t)| \, dt < \infty \tag{4.2}$$

则系统的频率响应函数(frequency response function)定义为单位冲激响应的傅里叶变换,即

$$H(\omega) = \int_{-\infty}^{\infty} h(t) e^{-j\omega t} \, dt \tag{4.3}$$

对式(4.1)两边求傅里叶变换,得

$$Y(\omega) = H(\omega)X(\omega) \tag{4.4}$$

则

$$H(\omega) = \frac{Y(\omega)}{X(\omega)} \tag{4.5}$$

系统的频率响应函数定义为系统输出的傅里叶变换与输入傅里叶变换之比。

对式(4.4)两边求模,则有

$$|Y(\omega)| = |H(\omega)| \, |X(\omega)| \tag{4.6}$$

$$\angle Y(\omega) = \angle H(\omega) + \angle X(\omega) \tag{4.7}$$

其中,$|H(\omega)|$-ω 称为系统的幅频特性(magnitude frequency characteristic),或幅频响应(magnitude frequency response);$\angle H(\omega)$-ω 称为系统的相频特性(phase frequency characteristic),或相频响应(phase frequency response),它们体现了系统对不同频率信号幅度和相位的影响。

输入给系统的信号可能有不同的种类,如正弦信号、周期信号、非周期信号等,下面讨论不同信号通过系统的响应。

4.2 系统的正弦输入信号响应

设输入信号

$$x(t)=A\cos(\omega_0 t+\theta),\quad -\infty<t<+\infty \tag{4.8}$$

其傅里叶变换为

$$X(\omega)=A\pi[\mathrm{e}^{-\mathrm{j}\theta}\delta(\omega+\omega_0)+\mathrm{e}^{\mathrm{j}\theta}\delta(\omega-\omega_0)] \tag{4.9}$$

输出的傅里叶变换为

$$Y(\omega)=H(\omega)X(\omega)=A\pi H(\omega)[\mathrm{e}^{-\mathrm{j}\theta}\delta(\omega+\omega_0)+\mathrm{e}^{\mathrm{j}\theta}\delta(\omega-\omega_0)] \tag{4.10}$$

即

$$Y(\omega)=A\pi\,|\,H(\omega_0)\,|\,[\mathrm{e}^{\mathrm{j}(-\angle H(\omega_0)+\theta)}\delta(\omega+\omega_0)+\mathrm{e}^{\mathrm{j}(\angle H(\omega_0)+\theta)}\delta(\omega-\omega_0)] \tag{4.11}$$

求反变换,得输出信号为

$$y(t)=A\,|\,H(\omega_0)\,|\cos(\omega_0 t+\theta+\angle H(\omega_0)),\quad -\infty<t<+\infty \tag{4.12}$$

比较式(4.8)和式(4.12),说明正弦信号(或余弦信号)通过系统后仍为同频率的正弦信号,但信号的幅度放大(或缩小)了$|\,H(\omega_0)\,|$倍,相位产生了$\angle H(\omega_0)$的相移。

【例 4-1】 设系统的频率响应函数为

$$|\,H(\omega)\,|=\begin{cases}1.5,&0\leqslant\omega\leqslant20\\0,&\omega>20\end{cases}$$

$$\angle H(\omega)=-60°\quad(\text{对于所有 }\omega)$$

若$x(t)=2\cos(10t+90°)+5\cos(25t+120°),-\infty<t<\infty$,求信号通过系统的响应$y(t)$。

解 信号由两个不同频率正弦信号组成,其中频率$\omega=10$的信号在系统的通频带范围,可以通过系统,频率$\omega=25$的信号不在系统的通频带范围,不能通过系统,故系统的输出为

$$y(t)=A\,|\,H(\omega_0)\,|\cos[\omega_0 t+\theta+\angle H(\omega_0)]=2\times1.5\cos(10t+90°-60°)$$

即

$$y(t)=3\cos(10t+30°),\quad -\infty<t<\infty$$

【例 4-2】 RC 低通滤波器电路如图 4.1 所示,输入为$x(t)=A\cos(\omega t+\theta)$,电路参数$1/RC=1000$,求

(1) 系统的频率响应函数$H(\omega)$;

(2) 输入信号的角频率分别为$\omega=0$、1000 rad/s、3000 rad/s 时电容器上的输出电压$y(t)$。

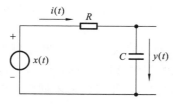

图 4.1   例 4-2 电路

解 (1) 由电路可知,系统的频率响应函数为

$$H(\omega)=\frac{1/(\mathrm{j}\omega C)}{R+1/(\mathrm{j}\omega C)}=\frac{1/(RC)}{\mathrm{j}\omega+1/(RC)}$$

系统的幅频特性和相频特性分别为

$$|\,H(\omega)\,|=\frac{1/(RC)}{\sqrt{\omega^2+[1/(RC)]^2}}$$

$$\angle H(\omega)=-\arctan(\omega RC)$$

系统的幅频特性和相频特性如图 4.2 所示。

由幅频特性可见,低频信号通过系统时幅度衰减较少,能较好地通过系统,而高频信号幅度衰减较大,且信号的频率越高,幅度衰减越大,说明系统对高频信号具有较好的抑制能力,因此系统为低通滤波器。

由幅频特性和相频特性曲线可得系统在不同频率下的$|\,H(\omega)\,|$和$\angle H(\omega)$,则系统

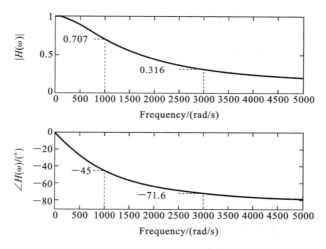

图 4.2 系统的幅频特性和相频特性

的输出为

$$y(t) = A \mid H(\omega) \mid \cos(\omega t + \theta + \angle H(\omega))$$

$\omega = 0,$ $y(t) = A \times 1 \cos(0t + \theta + 0)$

$\omega = 1000,$ $y(t) = A \times 0.707 \cos(1000t + \theta - 45°)$

$\omega = 3000,$ $y(t) = A \times 0.316 \cos(3000t + \theta - 71.6°)$

若输入为两种不同频率的信号

$$x(t) = A_1 \cos(\omega_1 t + \theta_1) + A_2 \cos(\omega_2 t + \theta_2)$$

则响应为

$$y(t) = A_1 \mid H(\omega_1) \mid \cos(\omega_1 t + \theta_1 + \angle H(\omega_1)) + A_2 \mid H(\omega_2) \mid \cos(\omega_2 t + \theta_2 + \angle H(\omega_2))$$

设 $x(t) = \cos 100t + \cos 3000t$，$1/(RC) = 1000$，得输出波形 $y(t)$。输入/输出波形如图 4.3 所示，显然，由于低通滤波器的作用，高频成分得到抑制，输出接近单一频率正弦信号。

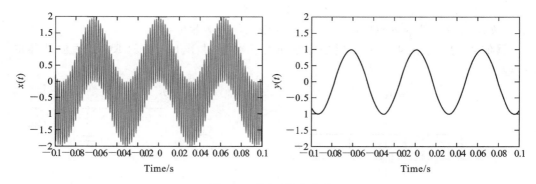

图 4.3 输入/输出波形

4.3 系统的周期输入信号响应

周期信号 $x(t)$ 在满足狄利赫里条件（Dirichlet conditions）时，可展开成三角级数

$$x(t) = a_0 + \sum_{k=1}^{\infty} A_k^x \cos(k\omega_0 t + \theta_k^x), \quad -\infty < t < \infty \tag{4.13}$$

当周期信号通过频率响应函数为 $H(\omega)$ 的线性时不变系统时,由叠加性可得系统的输出为

$$y(t) = a_0 H(0) + \sum_{k=1}^{\infty} A_k^x |H(k\omega_0)| \cos(k\omega_0 t + \theta_k^x + \angle H(k\omega_0)), \quad -\infty < t < \infty \tag{4.14}$$

可表示为

$$y(t) = a_0 H(0) + \sum_{k=1}^{\infty} A_k^y \cos(k\omega_0 t + \theta_k^y), \quad -\infty < t < \infty \tag{4.15}$$

式中:$A_k^y = A_k^x |H(k\omega_0)|$;$\theta_k^y = \theta_k^x + \angle H(k\omega_0)$。

表明周期信号各频率分量通过系统时输出仍为同频率分量,但各频率分量幅值和相位都发生了变化,变化的大小取决于系统的幅频特性和相频特性,输出分量的幅值为输入分量幅值的 $|H(k\omega_0)|$ 倍,相位增加了 $\angle H(k\omega_0)$。

若将周期信号表示成复指数形式

$$x(t) = \sum_{k=-\infty}^{\infty} c_k^x e^{jk\omega_0 t}, \quad -\infty < t < \infty \tag{4.16}$$

则信号通过系统时的输出为

$$y(t) = \sum_{k=-\infty}^{\infty} c_k^x H(k\omega_0) e^{jk\omega_0 t}, \quad -\infty < t < \infty \tag{4.17}$$

或表示为

$$y(t) = \sum_{k=-\infty}^{\infty} c_k^y e^{jk\omega_0 t}, \quad -\infty < t < \infty \tag{4.18}$$

式中:$c_k^y = c_k^x H(k\omega_0)$,有

$$|c_k^y| = |c_k^x| |H(k\omega_0)| = |H(k\omega_0)| \cdot \frac{1}{2} A_k^x$$

$$\angle c_k^y = \theta_k^x + \angle H(k\omega_0)$$

$|c_k^y|$-$k\omega_0$ 为输出信号的幅度谱,$\angle c_k^y$-$k\omega_0$ 为输出信号的相位谱。

【例 4-3】 求图 4.4 所示周期矩形脉冲信号通过图 4.5 所示 RC 低通滤波器的响应。

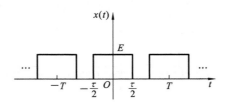

图 4.4 周期矩形脉冲信号

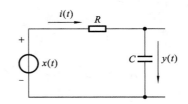

图 4.5 RC 低通滤波器

解
$$x(t) = a_0 + \sum_{k=1}^{\infty} a_k \cos(k\pi t), \quad -\infty < t < \infty$$

$$c_k^x = \frac{E\tau}{T} \text{Sa}\left(\frac{k\omega_0 \tau}{2}\right) = \frac{E}{k\pi} \sin\left(\frac{k\omega_0 \tau}{2}\right), \quad k = \pm 1, \pm 2, \cdots$$

若取 $E=1, \tau=1, T=2$,则

$$\omega_0 = \frac{2\pi}{T} = \frac{2\pi}{2} = \pi, \quad c_0^x = a_0 = 0.5$$

$$c_k^x = \frac{E\tau}{T}\mathrm{Sa}\left(\frac{k\omega_0\tau}{2}\right) = \frac{E}{k\pi}\sin\left(\frac{k\omega_0\tau}{2}\right)$$

$$= \frac{1}{k\pi}\sin\left(\frac{k\omega_0}{2}\right), \quad k = \pm 1, \pm 2, \cdots$$

输入信号的频谱 $|c_k^x|$-$k\omega_0$ 如图 4.6 所示。

取滤波电路的时间常数 RC 为三种不同值，得输出信号的幅度谱 $|c_k^y|$-$k\omega_0$ 和输出波形分别如图 4.7(a)、(b)、(c)所示。

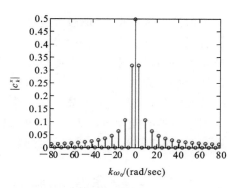

图 4.6 输入信号的频谱

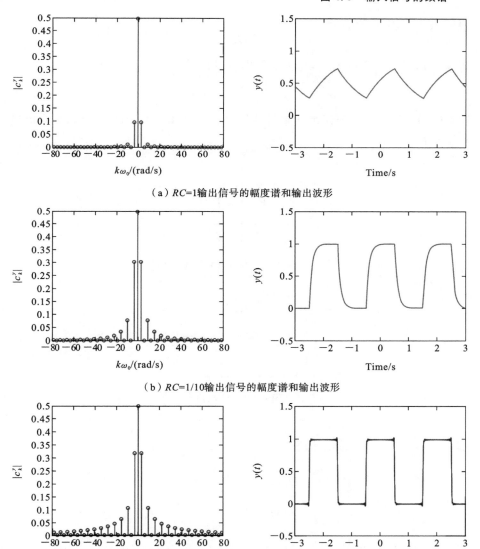

(a) $RC=1$ 输出信号的幅度谱和输出波形

(b) $RC=1/10$ 输出信号的幅度谱和输出波形

(c) $RC=1/100$ 输出信号的幅度谱和输出波形

图 4.7 系统在不同时间常数下输出信号的幅度谱和输出波形

由图 4.7 可见,当取较大时间常数($RC=1$)时,输入信号的很多频率成分被滤除,只有很少的频率成分通过系统,输出波形接近三角波,如图 4.7(a)所示;当减小时间常数至 $RC=1/10$ 时,输入信号的较少频率成分被滤除,较多的频率成分能通过系统,输出波形接近方波,如图 4.7(b)所示;当进一步减小时间常数至 $RC=1/100$ 时,很少频率成分被滤除,很多的频率成分通过系统,输出信号几乎为周期矩形脉冲信号(输入)。这表明电路的时间常数越大,滤波效果越好,能滤除的频率成分越多;反之,电路的时间常数越小,滤波效果越差,能滤除的频率成分越少。

4.4 系统的非周期输入信号响应

设输入为非周期信号,由

$$Y(\omega) = H(\omega)X(\omega)$$

可算出输出信号的傅里叶变换,求反变换即得输出,即

$$y(t) = \frac{1}{2\pi} \int_{-\infty}^{\infty} H(\omega)X(\omega)e^{j\omega t}\,d\omega \tag{4.19}$$

【例 4-4】 设图 4.8 所示的矩形脉冲信号通过图 4.9 所示的 RC 电路,求电路的输出。设 $E=1,\tau=1$。

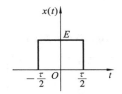

图 4.8 矩形脉冲信号

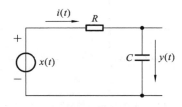

图 4.9 RC 电路

解
$$X(\omega) = E\tau \mathrm{Sa}\left(\frac{\omega\tau}{2}\right) = E\tau \mathrm{sinc}\left(\frac{\omega\tau}{2\pi}\right) = 2\frac{\sin\frac{\omega}{2}}{\omega}$$

$$H(\omega) = \frac{1/(RC)}{j\omega + 1/(RC)}$$

$$Y(\omega) = H(\omega)X(\omega)$$

$$y(t) = \mathscr{F}^{-1}[Y(\omega)]$$

图 4.10、图 4.11 展示了输入信号频谱及不同时间常数下系统的频率响应、输出信号频谱及输出波形。

显然,时间常数越大,滤除的频率成分越多,输出波形相较于输入波形差别越大;反之,时间常数越小,滤除的频率成分越少,输出波形越接近输入波形。

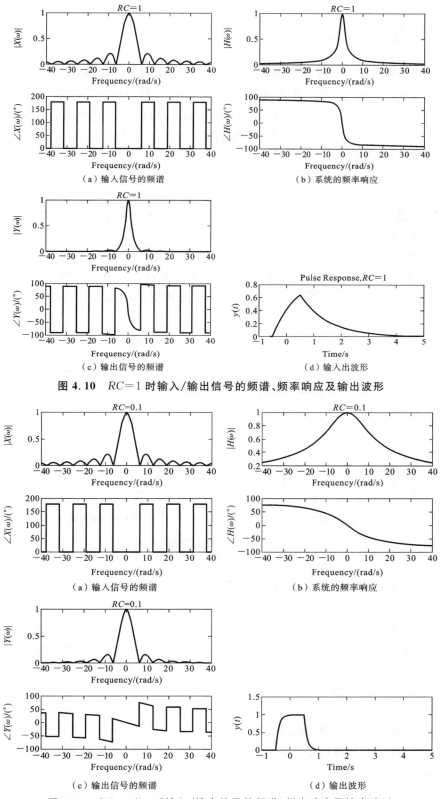

（a）输入信号的频谱　　　　　　　　　（b）系统的频率响应

（c）输出信号的频谱　　　　　　　　　（d）输入出波形

图 4.10 $RC=1$ 时输入/输出信号的频谱、频率响应及输出波形

（a）输入信号的频谱　　　　　　　　　（b）系统的频率响应

（c）输出信号的频谱　　　　　　　　　（d）输出波形

图 4.11 $RC=1/10$ 时输入/输出信号的频谱、频率响应及输出波形

4.5 理想滤波器

滤波器分为低通滤波器(low pass filter)、高通滤波器(high pass filter)、带通滤波器(band pass filter)和带阻滤波器(band stop filter)。低通滤波器滤除(或抑制)高频成分,通过低频成分;高通滤波器滤除低频成分,通过高频成分;带通滤波器通过通带内的频率成分,滤除通带外的频率成分;带阻滤波器滤除一定频率范围内的频率成分,通过其他频率成分。

带通(band pass)和带阻(band stop)是滤波器的两个重要基本概念。一般按信号通过系统时幅度下降 3 dB 的频率范围定义为滤波器的带宽(bandwidth)。从带宽到带阻,或从带阻到带宽一般是渐变的,不可能出现突变。通常来说,滤波器的阶数越高,从带通变化到带阻或从带阻变化到带通过渡越快,但永远不可能出现突变。从带宽到带阻或从带阻到带宽为突变的滤波器称为理想滤波器。图 4.12 所示的为理想滤波器,其中图 4.12(a)所示的为理想低通滤波器;图 4.12(b)所示的为理想高通滤波器;图 4.12(c)所示的为理想带通滤波器;图 4.12(d)所示的为理想带阻滤波器。理想滤波器在物理上是不可实现的。

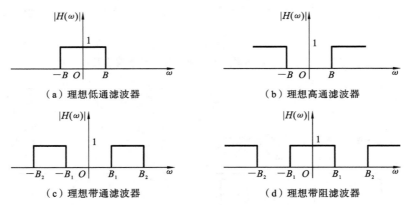

图 4.12　理想滤波器

4.6 系统的无失真传输及条件

无失真传输是指信号在传输过程中不产生任何失真(distortion)。如高保真音响设备,要求扬声器能无失真地重现磁带或唱盘上所录制的音乐;示波器的探头能够无失真地反映信号的波形。

若信号为 $x(t)$,经过传输之后的信号为

$$y(t)=Ax(t-t_d) \tag{4.20}$$

式中:A 为常数;t_d 为信号的延迟时间。

显然,$y(t)$ 和 $x(t)$ 波形形状完全相同,只是 $y(t)$ 为 $x(t)$ 的延时和放大。式(4.20)为系统无失真传输信号时在时域应满足的条件。

对式(4.20)两边求傅里叶变换,得

$$Y(\omega) = AX(\omega)e^{-j\omega t_d}$$

故得无失真传输系统的系统函数为

$$H(\omega) = \frac{Y(\omega)}{X(\omega)} = Ae^{-j\omega t_d} \tag{4.21}$$

有 $|H(\omega)| = A$，$\angle H(\omega) = -\omega t_d$。

若系统为滤波器，且相频特性满足如下关系：

$$\angle H(\omega) = -\omega t_d \tag{4.22}$$

其中，t_d 为固定正数，则该滤波器称为线性相位滤波器（linear-phase filter）。同时，若滤波器的幅频特性满足下列条件：

$$|H(\omega)| = \begin{cases} 常数, & \omega \text{ 在带通内} \\ 0, & \omega \text{ 在带阻内} \end{cases} \tag{4.23}$$

则该滤波器称为理想线性相位滤波器（ideal linear-phase filter）。

为了避免相位失真，滤波器必须具有线性相位。

设输入信号为

$$x(t) = A\cos(\omega_0 t), \quad -\infty < t < \infty$$

则信号经过线性相位滤波器的输出为

$$y(t) = A|H(\omega_0)|\cos(\omega_0 t - \omega_0 t_d) = A|H(\omega_0)|\cos(\omega_0(t - t_d))$$

显然，输出信号为输入信号的延时，延时时间为 t_d，没有相位失真，输出信号的幅度为输入信号幅度的 $|H(\omega_0)|$ 倍。

若输入信号为两个不同频率的余弦信号，即

$$x(t) = A_0\cos\omega_0 t + A_1\cos\omega_1 t, \quad -\infty < t < \infty$$

则输出信号为

$$y(t) = A_0|H(\omega_0)|\cos(\omega_0(t - t_d)) + A_1|H(\omega_1)|\cos(\omega_1(t - t_d))$$

若 $|H(\omega)|$ 在带通内恒定不变，$|H(\omega_0)| = |H(\omega_1)|$，则

$$y(t) = |H(\omega_0)|[A_0\cos(\omega_0(t - t_d)) + A_1\cos(\omega_1(t - t_d))]$$

表明输出信号为输入信号的延时，延时时间为 t_d，没有相位失真，输出信号的幅度为输入信号幅度的 $|H(\omega_0)|$ 倍。

若相位函数为固定值，即 $\angle H(\omega) = c$，则

$$y(t) = A_0|H(\omega_0)|\cos(\omega_0 t + c) + A_1|H(\omega_1)|\cos(\omega_1 t + c)$$

显然，输出信号并非输入信号的延时。

4.7　理想线性相位低通滤波器

理想线性相位低通滤波器可表示为

$$H(\omega) = \begin{cases} e^{-j\omega t_d}, & -B \leqslant \omega \leqslant B \\ 0, & |\omega| > B \end{cases} \tag{4.24}$$

或表示为

$$H(\omega) = P_{2B}(\omega)e^{-j\omega t_d}, \quad -\infty < \omega < \infty \tag{4.25}$$

该滤波器可用图 4.13 所示的幅频特性和相频特性表示，其中，$-B \leqslant \omega \leqslant B$ 为带通，其他为带阻。

已知下列变换对

$$\frac{\tau}{2\pi}\mathrm{sinc}\left(\frac{\tau}{2\pi}t\right)\leftrightarrow P_\tau(\omega)$$

令 $\tau=2B$，则

$$\frac{B}{\pi}\mathrm{sinc}\left(\frac{B}{\pi}t\right)\leftrightarrow P_{2B}(\omega)$$

$$\frac{B}{\pi}\mathrm{sinc}\left[\frac{B}{\pi}(t-t_\mathrm{d})\right]\leftrightarrow P_{2B}(\omega)\mathrm{e}^{-\mathrm{j}\omega t_\mathrm{d}} \tag{4.26}$$

式(4.26)表明，理想线性相位低通滤波器的冲激响应为

$$h(t)=\frac{B}{\pi}\mathrm{sinc}\left[\frac{B}{\pi}(t-t_\mathrm{d})\right] \tag{4.27}$$

其波形如图 4.14 所示。

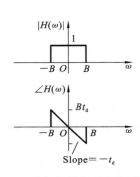

图 4.13 理想线性相位低通滤波器的幅频特性和相频特性

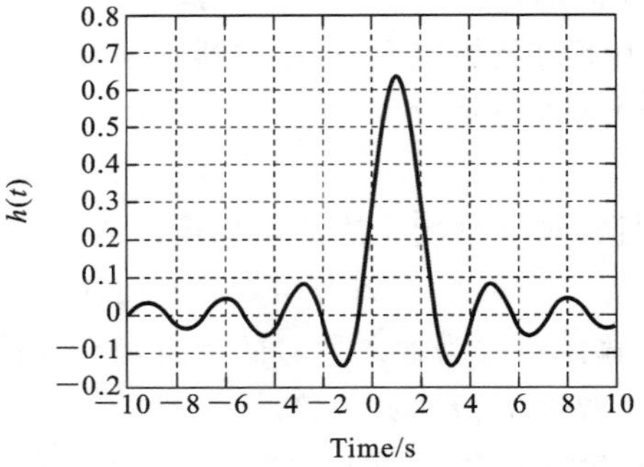

图 4.14 理想线性相位低通滤波器的冲激响应

由图 4.14 可见，当 $t<0$ 时，$h(t)\neq0$，表明理想线性相位低通滤波器为非因果系统，说明该滤波器在物理上是不可实现的。

此外，还有理想线性相位带通滤波器，其频率响应函数表示为

$$H(\omega)=\begin{cases}\mathrm{e}^{-\mathrm{j}\omega t_\mathrm{d}}, & B_1\leqslant|\omega|\leqslant B_2\\0, & \text{其他}\end{cases} \tag{4.28}$$

物理上可实现的滤波器称为因果滤波器，因果滤波器从带宽到带阻或从带阻到带通是渐变的，滤波器的冲激响应在 $t<0$ 时等于 0。在电路和电子技术里所学的滤波器均为因果滤波器。

习题 4

1. 一线性时不变连续时间系统具有如下频率响应函数：

$$H(\omega)=\begin{cases}1, & 2\leqslant|\omega|\leqslant7\\0, & \text{其他}\end{cases}$$

计算信号 $x(t)$ 通过系统的输出响应 $y(t)$。

(1) $x(t)=2+3\cos(3t)-5\sin(6t-30°)+4\cos(13t-20°)$，$-\infty<t<\infty$；

(2) $x(t)=1+\displaystyle\sum_{k=1}^{\infty}\frac{1}{k}\cos(2kt)$，$-\infty<t<\infty$。

2. 一线性时不变连续时间系统具有如下频率响应函数：

$$H(\omega)=\frac{1}{j\omega+1}$$

计算信号 $x(t)$ 通过系统的输出响应 $y(t)$。

（1）$x(t)=\cos t,-\infty<t<\infty$；

（2）$x(t)=\cos(t+45°),-\infty<t<\infty$。

3. 一线性时不变连续时间系统具有如下频率响应函数：

$$H(\omega)=\frac{10}{j\omega+10}$$

计算信号 $x(t)$ 通过系统的输出响应 $y(t)$：

（1）$x(t)=2+\cos(50t+\pi/2)$；

（2）画出 $|H(\omega)|-\omega$，并求出滤波器的带宽。

4. 一线性时不变连续时间系统具有如下频率响应函数：

$$H(\omega)=\frac{j\omega}{j\omega+2}$$

输入信号 $x(t)$ 为图 4.15 所示的周期信号。

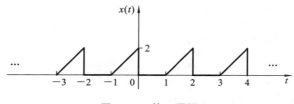

图 4.15 第 4 题图

（1）画出系统的幅频响应和相频响应；

（2）计算输出的复指数级数 $y(t)$，并画出 $k=0,\pm1,\pm2,\pm3,\pm4,\pm5$ 时 $x(t)$ 和 $y(t)$ 的幅度谱和相位谱。

5. 周期为 T 的周期信号 $x(t)$ 具有常数分量 $c_0^x=2$，信号作用于具有如下频率响应函数的线性时不变系统：

$$H(\omega)=\begin{cases}10e^{-j5\omega}, & \omega>\dfrac{\pi}{T},\omega<-\dfrac{\pi}{T}\\[2mm] 0, & 其他\end{cases}$$

证明：输出 $y(t)$ 可表示为 $y(t)=ax(t-b)+c$，计算常数 a、b、c。

6. 考虑图 4.16 所示的全波整流电路，输入电压 $v(t)=156\cos(120\pi t),-\infty<t<\infty$，整流器的输出电压 $x(t)=|v(t)|$。

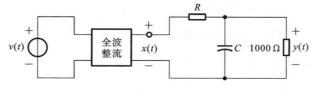

图 4.16 第 6 题图

选择 R、C 使得满足下列两要求：

(a) $y(t)$ 的 DC 分量等于 $90\%x(t)$ 的 DC 分量；

(b) $y(t)$ 的最大谐波峰值是 $y(t)$ 直流分量的 $1/30$。

7. 信号 $x(t)=1.5+\sum\limits_{k=1}^{\infty}\left[\dfrac{1}{k\pi}\sin(k\pi t)+\dfrac{2}{k\pi}\cos(k\pi t)\right]$ $(-\infty<t<\infty)$ 作用于频率响应函数为 $H(\omega)$ 的线性时不变系统，输入产生的输出 $y(t)$ 如图 4.17 所示，求 $H(k\pi),k=1,2,3,\cdots$。

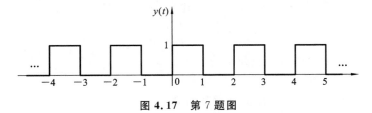

图 4.17　第 7 题图

8. 一线性时不变系统具有如下频率响应函数 $H(\omega)$，假设输入
$$x(t)=1+4\cos(2\pi t)+8\sin(3\pi t-90°)$$
产生的响应为
$$y(t)=2-2\sin(2\pi t)$$
求 $H(0)$、$H(2\pi)$、$H(3\pi)$。

9. 已知理想低通滤波器的频率响应函数为
$$H(\omega)=\begin{cases}1,&|\omega|<\omega_c\\0,&|\omega|>\omega_c\end{cases}，\text{输入信号为 } x(t)=\dfrac{\sin(at)}{\pi t}。$$

(1) 求 $a<\omega_c$ 时滤波器的输出 $y(t)$；

(2) 求 $a>\omega_c$ 时滤波器的输出 $y(t)$。

(3) 哪种情况下输出有失真？

10. 信号经冲激抽样 $x_s(t)=x(t)p(t)$，再由理想低通滤波器滤波，滤波器的频率响应函数为
$$H(\omega)=\begin{cases}T,&-0.5\omega_s\leqslant\omega\leqslant0.5\omega_s\\0,&\text{其他}\end{cases}$$
令输入 $x(t)=2+\cos(50\pi t)$，抽样时间间隔 $T=0.01$ s。

(1) 画出 $|X_s(\omega)|$，并判断是否发生频谱混叠；

(2) 求输出 $y(t)$；

(3) 确定 $x[n]$。

11. 一理想线性相位低通滤波器具有如下频率响应函数：
$$H(\omega)=\begin{cases}\mathrm{e}^{-\mathrm{j}\omega},&-2<\omega<2\\0,&\text{其他}\end{cases}$$
计算滤波器在下列输入时的输出响应 $y(t)$。

(1) $x(t)=5\,\mathrm{sinc}\left(\dfrac{3t}{2\pi}\right),-\infty<t<\infty$；

(2) $x(t)=5\,\mathrm{sinc}\left(\dfrac{t}{2\pi}\right)\cos(2t),-\infty<t<\infty$；

(3) $x(t)=\sum\limits_{k=1}^{\infty}\left[\dfrac{1}{k}\cos\left(\dfrac{k\pi}{2}t+30°\right)\right],-\infty<t<\infty$。

12. 一低通滤波器具有频率响应函数

$$H(\omega)=\begin{cases}1+\cos(2\pi\omega), & -0.5<\omega<0.5\\ 0, & \text{其他}\end{cases}$$

（1）求滤波器的单位冲激响应；

（2）求当输入为 $x(t)=\mathrm{sinc}\left(\dfrac{t}{2\pi}\right)(-\infty<t<\infty)$ 的响应 $y(t)$。

13. 输入 $x(t)=\mathrm{sinc}(t/\pi)\cos(2t)(-\infty<t<\infty)$ 作用于频率响应函数为

$$H(\omega)=\begin{cases}1, & -a<\omega<a\\ 0, & \text{其他}\end{cases}$$

的理想低通滤波器，试确定可能的最小 a，使得输出 $y(t)$ 等于 $x(t)$。

14. 一周期信号 $x(t)$，其周期 $T=2$，傅里叶复系数

$$c_k=\begin{cases}0, & k=0\\ 0, & k\ \text{为偶数}\\ 1, & k\ \text{为奇数}\end{cases}$$

该信号作用于线性时不变系统，其频率响应如图 4.18 所示，试确定系统的输出 $y(t)$。

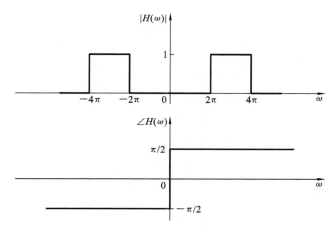

图 4.18　第 14 题图

15. 一线性时不变系统具有频率响应函数

$$H(\omega)=5\cos(2\omega), \quad -\infty<\omega<\infty$$

（1）计算系统的单位冲激响应 $h(t)$；

（2）导出任意输入 $x(t)$ 的输出表达式 $y(t)$。

16. 希尔伯特变换器是一具有单位冲激响应为 $h(t)=1/t(-\infty<t<\infty)$ 的线性时不变系统。试确定输入 $x(t)=A\cos(\omega_0 t)(-\infty<t<\infty)$ 通过该系统的响应。

17. 一线性时不变系统具有如下频率响应函数：

$$H(\omega)=\mathrm{j}\omega\mathrm{e}^{-\mathrm{j}\omega}$$

输入 $x(t)=\cos(\pi t/2)p_2(t)$ 作用于线性时不变系统。

（1）求输入和输出信号的频谱 $X(\omega)$、$Y(\omega)$；

（2）求输出 $y(t)$。

18. 信号 $x(t)$ 的傅里叶变换为 $X(\omega)$，如图 4.19 所示。令 $x_s(t)=x(t)p(t)$ 为冲激抽样信号，$p(t)=\sum\limits_{k=-\infty}^{\infty}\delta(t-kT)$，试画出下列情况下 $|X_s(\omega)|$。

(1) $T=\pi/15$；(2) $T=2\pi/15$。

19. 信号经冲激抽样 $x_s=x(t)p(t)$，再通过图 4.20 所示的理想低通滤波器滤波。

若输入 $x(t)=2+\cos(50\pi t)$，抽样时间间隔 $T=0.01$ s。

(1) 画出 $|X_s(\omega)|$，并判断是否发生混叠；

(2) 求输出 $y(t)$；

(3) 确定 $x[n]$。

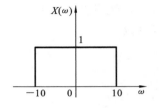

图 4.19　第 18 题图

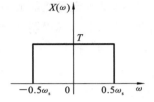

图 4.20　第 19 题图

5

离散时间信号的傅里叶分析

5.1 概述

随着电子技术及计算机技术的发展,信号的傅里叶变换往往依赖于计算机(或微处理器)来完成,如频谱分析仪就是根据采集的数据由微处理器经过数字信号处理来实现频谱分析的。计算机处理的数据是经过 AD 转换得到的离散数据,且数据的长度有限,因此要根据离散数据计算傅里叶变换。本章将讨论离散时间傅里叶变换(discrete time Fourier transform,DTFT)和离散傅里叶变化(discrete Fourier transform,DFT)。DTFT由离散时间信号计算获得连续频谱,DFT 由离散时间信号计算获得离散频谱。对 DTFT 进行频率抽样可获得 DFT。

离散傅里叶变换是分析有限长序列的有效工具,可以在计算机(或微处理器,如DSP)上实现频谱分析、卷积等相关运算,实现现代数字信号处理。

DFT 涉及较多的复数乘法运算,在离散时间点较多时计算量大,耗时多,本章介绍了 DFT 的快速算法 FFT(fast Fourier transform),并介绍了 FFT 的有关应用。

5.2 离散时间傅里叶变换

5.2.1 离散时间傅里叶变换

设有离散时间信号 $x[n]$,则

$$X(\Omega) = \sum_{n=-\infty}^{\infty} x[n] \mathrm{e}^{-\mathrm{j}\Omega n} \qquad (5.1)$$

定义为离散时间傅里叶变换。

$X(\Omega)$ 为复数,可表示为直角坐标形式(rectangular form)

$$X(\Omega) = R(\Omega) + \mathrm{j}I(\Omega) = \sum_{n=-\infty}^{\infty} x[n]\cos(n\Omega) - \mathrm{j}\sum_{n=-\infty}^{\infty} x[n]\sin(n\Omega) \qquad (5.2)$$

或极坐标形式(polar form)

$$X(\Omega) = |X(\Omega)| \mathrm{e}^{\mathrm{j}\angle X(\Omega)}$$

式中:

$$|X(\Omega)| = \sqrt{R^2(\Omega) + I^2(\Omega)}$$

$$\angle X(\Omega) = \begin{cases} \arctan\dfrac{I(\Omega)}{R(\Omega)}, & R(\Omega) \geqslant 0 \\ \pi + \arctan\dfrac{I(\Omega)}{R(\Omega)}, & R(\Omega) < 0 \end{cases}$$

信号 $x[n]$ 存在 DTFT 的充分条件是 $x[n]$ 绝对可和，即 $\displaystyle\sum_{n=-\infty}^{\infty} |x[n]| < \infty$。

【例 5-1】　已知信号 $x[n] = a^n u[n]$，求信号的 DTFT。

解　　　$X(\Omega) = \displaystyle\sum_{n=-\infty}^{\infty} a^n u[n] \mathrm{e}^{-\mathrm{j}\Omega n} = \sum_{n=0}^{\infty} a^n \mathrm{e}^{-\mathrm{j}\Omega n} = \sum_{n=0}^{\infty} (a\mathrm{e}^{-\mathrm{j}\Omega})^n$

以上为无穷等比数列求和，当 $|a\mathrm{e}^{-\mathrm{j}\Omega n}| < 1$，即 $|a| < 1$ 时，有

$$X(\Omega) = \frac{1}{1 - a\mathrm{e}^{-\mathrm{j}\Omega}} \tag{5.3}$$

或表示为

$$X(\Omega) = \frac{1 - a\cos\Omega}{1 - 2a\cos\Omega + a^2} + \mathrm{j}\frac{-a\sin\Omega}{1 - 2a\cos\Omega + a^2}$$

【例 5-2】　已知信号 $x[n] = \delta[n]$，求信号的 DTFT。

解　　　　　　$X(\Omega) = \displaystyle\sum_{n=-\infty}^{\infty} \delta[n] \mathrm{e}^{-\mathrm{j}\Omega n} = 1$

5.2.2　DTFT 的性质

1. 周期性（periodicity）

根据 DTFT 的定义，有

$$X(\Omega + 2\pi) = \sum_{n=-\infty}^{\infty} x[n]\mathrm{e}^{-\mathrm{j}(\Omega + 2\pi)n} = \sum_{n=-\infty}^{\infty} x[n]\mathrm{e}^{-\mathrm{j}\Omega n}\mathrm{e}^{-\mathrm{j}2\pi n} = \sum_{n=-\infty}^{\infty} x[n]\mathrm{e}^{-\mathrm{j}\Omega n} = X(\Omega)$$

即对于所有的 Ω，恒有

$$X(\Omega) = X(\Omega + 2\pi) \tag{5.4}$$

表明 DTFT 具有周期性，且周期为 2π。

2. 奇偶性（odevity）

若 $x[n]$ 是偶函数，则

$$X(\Omega) = x[0] + 2\sum_{n=1}^{\infty} x[n]\cos(n\Omega) \tag{5.5}$$

若 $x[n]$ 是奇函数，则

$$X(\Omega) = x[0] - 2\mathrm{j}\sum_{n=1}^{\infty} x[n]\sin(n\Omega) \tag{5.6}$$

可证明

$$X(-\Omega) = \sum_{n=-\infty}^{\infty} x[n]\mathrm{e}^{\mathrm{j}\Omega n} = X^*(\Omega) = R(\Omega) - \mathrm{j}I(\Omega)$$

$X^*(\Omega)$ 为 $X(\Omega)$ 的共轭（conjugate）。显然有，$|X(-\Omega)| = |X(\Omega)|$，$\angle X(-\Omega) = -\angle X(\Omega)$。

3. 线性（linearity）

若信号 $x[n]$、$v[n]$ 的离散时间傅里叶变换分别为 $X(\Omega)$、$V(\Omega)$，简记为 $x[n] \leftrightarrow$

$X(\Omega),v[n]\leftrightarrow V(\Omega)$,则

$$ax[n]+bv[n]\leftrightarrow aX(\Omega)+bV(\Omega) \tag{5.7}$$

4. 时移性(time shifting)

$$x[n-q]\leftrightarrow X(\Omega)\mathrm{e}^{-\mathrm{j}q\Omega} \tag{5.8}$$

证 $\displaystyle\sum_{n=-\infty}^{\infty}x[n-q]\mathrm{e}^{-\mathrm{j}\Omega n}=\sum_{m=-\infty}^{\infty}x[m]\mathrm{e}^{-\mathrm{j}\Omega(m+q)}=\mathrm{e}^{-\mathrm{j}\Omega q}\sum_{m=-\infty}^{\infty}x[m]\mathrm{e}^{-\mathrm{j}\Omega n}=X(\Omega)\mathrm{e}^{-\mathrm{j}\Omega q}$

5. 反褶性(time reversal)

$$x[-n]\leftrightarrow X(-\Omega)=X^{*}(\Omega) \tag{5.9}$$

证 $\displaystyle\sum_{n=-\infty}^{\infty}x[-n]\mathrm{e}^{-\mathrm{j}\Omega n}=\sum_{n=-\infty}^{\infty}x[n]\mathrm{e}^{\mathrm{j}\Omega n}=X^{*}(\Omega)$

6. 频域微分性(differential in the frequency domain)

$$nx[n]\leftrightarrow j\frac{\mathrm{d}X(\Omega)}{\mathrm{d}\Omega} \tag{5.10}$$

证 由 $X(\Omega)=\displaystyle\sum_{n=-\infty}^{\infty}x[n]\mathrm{e}^{-\mathrm{j}\Omega n}$,两边对 Ω 求导数,得

$$\frac{\mathrm{d}X(\Omega)}{\mathrm{d}\Omega}=-\mathrm{j}\sum_{n=-\infty}^{\infty}nx[n]\mathrm{e}^{-\mathrm{j}\Omega n}$$

即

$$\mathrm{j}\frac{\mathrm{d}X(\Omega)}{\mathrm{d}\Omega}=\sum_{n=-\infty}^{\infty}nx[n]\mathrm{e}^{-\mathrm{j}\Omega n}$$

故有

$$nx[n]\leftrightarrow\mathrm{j}\frac{\mathrm{d}X(\Omega)}{\mathrm{d}\Omega}$$

7. 调制特性(modulation)

$$x[n]\mathrm{e}^{\mathrm{j}n\Omega_0}\leftrightarrow X(\Omega-\Omega_0) \tag{5.11}$$

$$x[n]\sin(\Omega_0 n)\leftrightarrow\frac{\mathrm{j}}{2}[X(\Omega+\Omega_0)-X(\Omega-\Omega_0)] \tag{5.12}$$

$$x[n]\cos(\Omega_0 n)\leftrightarrow\frac{1}{2}[X(\Omega+\Omega_0)+X(\Omega-\Omega_0)] \tag{5.13}$$

8. 卷积定理(convolution theorem)

$$x[n]*v[n]\leftrightarrow X(\Omega)V(\Omega) \tag{5.14}$$

9. 求和(summation)

$$\sum_{n=0}^{N}x[i]\leftrightarrow\frac{1}{1-\mathrm{e}^{-\mathrm{j}\Omega}}X(\Omega)+\sum_{n=-\infty}^{\infty}\pi X(2\pi n)\delta(\Omega-2\pi n) \tag{5.15}$$

10. 时域信号相乘(multiplication in the time domain)

$$x[n]v[n]\leftrightarrow\frac{1}{2\pi}\int_{-\pi}^{\pi}X(\Omega-\lambda)V(\lambda)\mathrm{d}\lambda \tag{5.16}$$

11. 帕斯瓦尔定理(Parseval's theorem)

$$\sum_{n=-\infty}^{\infty}x[n]v[n]=\frac{1}{2\pi}\int_{-\pi}^{\pi}X^{*}(\Omega)V(\Omega)\mathrm{d}\Omega \tag{5.17}$$

证 由 $\sum\limits_{n=-\infty}^{\infty} x[n]v[n]\mathrm{e}^{-\mathrm{j}\Omega n}=\dfrac{1}{2\pi}\int_{-\pi}^{\pi} X(\Omega-\lambda)V(\lambda)\mathrm{d}\lambda$，令 $\Omega=0$，则有

$$\sum_{n=-\infty}^{\infty} x[n]v[n]=\frac{1}{2\pi}\int_{-\pi}^{\pi} X(-\lambda)V(\lambda)\mathrm{d}\lambda=\frac{1}{2\pi}\int_{-\pi}^{\pi} X(-\Omega)V(\Omega)\mathrm{d}\Omega$$

因为 $X(-\Omega)=X^*(\Omega)$，故有

$$\sum_{n=-\infty}^{\infty} x[n]v[n]=\frac{1}{2\pi}\int_{-\pi}^{\pi} X^*(\Omega)V(\Omega)\mathrm{d}\Omega$$

若 $x[n]=v[n]$，则

$$\sum_{n=-\infty}^{\infty} x^2[n]=\frac{1}{2\pi}\int_{-\pi}^{\pi} |X(\Omega)|^2\mathrm{d}\Omega \tag{5.18}$$

上式左侧为信号的时域能量，右侧为信号的频域能量，表明能量守恒，能量不因为信号做 DTFT 变换而发生改变。

12. DTFT 与 CTFT 的关系

若 $x[n]\leftrightarrow X(\Omega)$，且 $\gamma(t)\leftrightarrow X(\omega)p_{2\pi}(\omega)$，则有

$$x[n]=\gamma(t)\big|_{t=nT}=\gamma[n]$$

这里，$X(\omega)$ 为连续时间信号 $x(t)$ 的傅里叶变换（CTFT），$X(\Omega)$ 为离散时间信号 $x[n]$ 的 DTFT；$p_{2\pi}(\omega)$ 为频域窗函数，其在 $-\pi\leqslant\omega\leqslant\pi$ 时取值为 1，其他频率时取值为 0，用来对 $X(\omega)$ 截断。$x[n]$、$\gamma[n]$ 分别为 $x[nT]$、$\gamma[nT]$ 的简洁表示。

因为 $\gamma(t)=\dfrac{1}{2\pi}\int_{-\infty}^{\infty} X(\omega)p_{2\pi}(\omega)\mathrm{e}^{\mathrm{j}\omega t}\mathrm{d}\omega=\dfrac{1}{2\pi}\int_{-\pi}^{\pi} X(\omega)\mathrm{e}^{\mathrm{j}\omega t}\mathrm{d}\omega$，令 $t=nT$，故有

$$\gamma(t)\big|_{t=nT}=\gamma[nT]=\frac{1}{2\pi}\int_{-\pi}^{\pi} X(\omega)\mathrm{e}^{\mathrm{j}\omega n}\mathrm{d}\omega$$

5.2.3 DTFT 的频谱

$|X(\Omega)|$ 与 Ω 之间的关系称为离散时间信号的幅度谱（amplitude spectrum）；$\angle X(\Omega)$ 与 Ω 之间的关系称为相位谱（phase spectrum）。由于 $X(\Omega)$ 以 2π 为周期，且 $|X(\Omega)|\sim\Omega$ 具有偶对称、$\angle X(\Omega)\sim\Omega$ 具有奇对称的特点，故通常考虑频率 Ω 的取值范围为 $[0 \quad \pi]$，π 为最高可能的频率。

前已述及，对连续时间信号 $x(t)=A\cos(\omega t+\theta)$ 抽样，所得离散时间信号

$$x[n]=A\cos(\omega nT_s+\theta)=A\cos(\Omega n+\theta)$$

式中：$\Omega=\omega T_s$，rad；$\omega=\Omega/T_s$，$\mathrm{rad/s}$；T_s 为抽样间隔时间。该式表明角度 Ω 与信号的角频率 ω 具有对应关系。

【例 5-3】 $x[n]=(0.5)^n u[n]$，求 $X(\Omega)$。

解
$$X(\Omega)=\frac{1}{1-0.5\mathrm{e}^{-\mathrm{j}\Omega}}$$

$$|X(\Omega)|=\frac{1}{\sqrt{1.25-\cos\Omega}}, \quad \angle X(\Omega)=-\arctan\frac{0.5\sin\Omega}{1-0.5\cos\Omega}$$

分别为信号的幅度谱和相位谱。

将频率做归一化处理（即 Ω/π），当 $0\leqslant\Omega\leqslant\pi$ 时，幅度谱和相位谱曲线如图 5.1 所示。显然，该信号的低频成分占主导地位，随着频率的增加，频谱幅度越来越小。

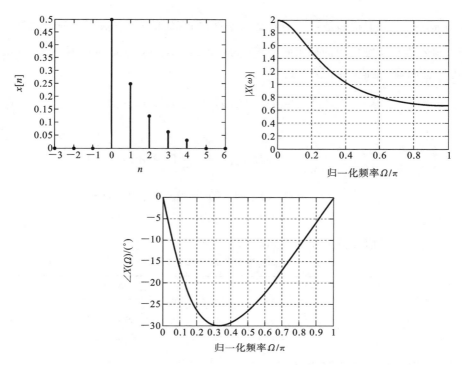

图 5.1 信号 $x[n]=(0.5)^n u[n]$ 及其幅度谱和相位谱

【**例 5-4**】 已知信号 $p[n]=\begin{cases} 1, & n=-q,-q+1,\cdots,-1,0,1,\cdots,q \\ 0, & \text{所有其他 } n \end{cases}$，求其 DTFT。

解
$$\begin{aligned} P(\Omega) &= \sum_{n=-\infty}^{\infty} p[n]\mathrm{e}^{-\mathrm{j}\Omega n} = \sum_{n=-q}^{q}\mathrm{e}^{-\mathrm{j}\Omega n} \\ &= \frac{\mathrm{e}^{\mathrm{j}\Omega q}\left[1-\mathrm{e}^{-\mathrm{j}\Omega(2q+1)}\right]}{1-\mathrm{e}^{-\mathrm{j}\Omega}} \\ &= \frac{\sin\left[\left(q+\dfrac{1}{2}\right)\Omega\right]}{\sin(\Omega/2)} \end{aligned} \qquad (5.19)$$

取 $q=10$，信号的频谱如图 5.2 所示。

信号 $p[n]$ 或其移位信号 $p[n-q]$ 常用来作窗函数，将信号 $x[n]$ 与窗函数相乘，实现对信号的截断。

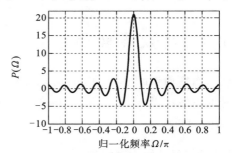

图 5.2 信号 $p[n]$ 的频谱

5.2.4 DTFT 的反变换

由 $X(\Omega)$ 求离散时间信号 $x[n]$，称逆离散时间傅里叶变换（inverse discrete time Fourier transform，IDTFT），由下列公式计算

$$x[n] = \frac{1}{2\pi}\int_{-\pi}^{\pi} X(\Omega)\mathrm{e}^{\mathrm{j}n\Omega}\,\mathrm{d}\Omega \qquad (5.20)$$

5.2.5 广义 DTFT

前已述及，离散时间信号傅里叶变换存在的条件是信号必须绝对可和，即

$\sum\limits_{n=-\infty}^{\infty} |x[n]| < \infty$。但很多信号并不满足该条件,如直流信号、正弦信号等。但引入冲激频谱后,其存在广义离散时间傅里叶变换(generalized discrete time Fourier transform)。

可以证明,直流信号的 DTFT 为

$$X(\Omega) = \sum_{k=-\infty}^{\infty} 2\pi\delta(\Omega - 2\pi k), k = 0, \pm 1, \pm 2, \cdots \qquad (5.21)$$

其反变换

$$x[n] = \frac{1}{2\pi}\int_{-\pi}^{\pi} X(\Omega) e^{jn\Omega}\, d\Omega = \frac{1}{2\pi}\int_{-\pi}^{\pi} 2\pi\delta(\Omega) e^{0}\, d\Omega$$

$$= \int_{-\pi}^{\pi}\delta(\Omega)\, d\Omega = 1, \quad n = 0, \pm 1, \pm 2, \cdots$$

为直流信号。

典型离散时间信号傅里叶变换如表 5.1 所示。

表 5.1　典型离散时间信号傅里叶变换对

信号 $x[n]$	DTFT
1	$\sum\limits_{k=-\infty}^{\infty} 2\pi\delta(\Omega - 2\pi k)$
$\delta[n]$	1
$\delta[n-q]$	$e^{-jq\Omega}$
$a^n u[n], |a| < 1$	$\dfrac{1}{1-ae^{-j\Omega}}$

5.3　离散傅里叶变换

离散傅里叶变换(discrete Fourier transform,DFT)由离散时间信号 $x[n]$ 计算信号的离散频谱 $X[k]$。在学习 DFT 之前有必要学习离散傅里叶级数(discrete Fourier series,DFS)。

5.3.1　离散傅里叶级数

设有连续时间周期信号 $x_p(t)$,其复指数傅里叶级数为

$$x_p(t) = \sum_{k=-\infty}^{\infty} X_k e^{jk\omega_0 t}, \quad -\infty < t < \infty$$

式中: $X_k = \dfrac{1}{T}\int_{-T/2}^{T/2} x(t) e^{-jk\omega_0 t}\, dt$(前面章节用 c_k 表示,为方便这里用 X_k 表示)。

将 $x_p(t)$ 离散化,即抽样,得

$$x_p(t)\,|_{t=nT_s} = x_p(nT_s) = \sum_{k=-\infty}^{\infty} X_k e^{jk\omega_0 nT_s} = \sum_{k=-\infty}^{\infty} X_k e^{jk\frac{2\pi}{T}nT_s}$$

$$= \sum_{k=-\infty}^{\infty} X_k e^{jk\frac{2\pi}{T/T_s}n} = \sum_{k=-\infty}^{\infty} X_k e^{j\frac{2\pi}{N}nk}$$

式中: T 为信号的周期; T_s 为抽样间隔; $N = T/T_s$ 为一个周期的抽样点数。

上式可简写为

$$x_p(n) = \sum_{k=-\infty}^{\infty} X_k e^{j\frac{2\pi}{N}nk} \tag{5.22}$$

将上式两边同时乘指数函数 $e^{-j\frac{2\pi}{N}nm}$，再求和 $\sum_{n=0}^{N-1}$，则式(5.22)变为

$$\sum_{n=0}^{N-1} x_p(n) e^{-j\frac{2\pi}{N}nm} = \sum_{n=0}^{N-1}\sum_{k=-\infty}^{\infty} X_k e^{j\frac{2\pi}{N}nk} e^{-j\frac{2\pi}{N}nm} = \sum_{k=-\infty}^{\infty} X_k \sum_{n=0}^{N-1} e^{j\frac{2\pi}{N}n(k-m)} \tag{5.23}$$

由于 $e^{-j\frac{2\pi}{N}n(k-m)}$ 以 N 为周期，有

$$\sum_{n=0}^{N-1} e^{-j\frac{2\pi}{N}n(k-m)} = \begin{cases} N, & k=m \\ 0, & k \neq m \end{cases} \tag{5.24}$$

故有如下关系

$$\sum_{n=0}^{N-1} x_p(n) e^{-j\frac{2\pi}{N}nk} = NX_k = X_p(k) \tag{5.25}$$

$X_p(k)$ 称为离散傅里叶级数，它与傅里叶级数复系数 X_k 相差一个因子 N，因此可以用 DFS 计算周期信号的复系数 X_k。

式(5.25)中，$e^{-j\frac{2\pi}{N}n}$ 为基波成分，$e^{-j\frac{2\pi}{N}nk}$ 为 k 次谐波成分，$k=0,1,2,\cdots,N-1$，故 $X_p(k)$ 有 N 个不同的频率成分。

由于 $x_p(n)$ 和 $e^{-j\frac{2\pi}{N}nk}$ 均是以 N 为周期的，故 $X_p(k)$ 也是以 N 为周期的，当已知 $0\sim(N-1)$ 次谐波成分后，$X_p(k)$ 其余各周期的全部数值可由周期性获得。

若对式(5.25)两边同时乘以指数函数 $e^{-j\frac{2\pi}{N}km}$，再求和 $\sum_{k=0}^{N-1}$，并考虑到

$$\sum_{k=0}^{N-1} e^{-j\frac{2\pi}{N}k(m-n)} = \begin{cases} N, & m=n \\ 0, & m \neq n \end{cases} \tag{5.26}$$

可得

$$x_p(n) = \frac{1}{N}\sum_{k=0}^{N-1} X_P(k) e^{j\frac{2\pi}{N}nk} \tag{5.27}$$

式(5.27)说明，周期信号 $x_p(n)$ 可以表示成 N 个不同频率分量的线性组合，或者说周期信号 $x_p(n)$ 可分解成 N 个不同频率成分之和。

由于 $X_p(k)$ 和 $e^{j\frac{2\pi}{N}nk}$ 均是以 N 为周期的，故 $x_p(n)$ 也是以 N 为周期的。

式(5.27)为 DFS 的反变换。

5.3.2 离散傅里叶变换

1. DFT 的定义

将有限长的 N 点离散时间信号 $x[n]$ 以 N 为周期进行周期延拓，使其变成周期信号 $x_p(n)$，然后根据 DFS 计算离散傅里叶级数即得信号的离散傅里叶变换，即

$$X(k) = \sum_{n=0}^{N-1} x[n] e^{-j\frac{2\pi}{N}nk}, k=0,1,2,\cdots,N-1 \tag{5.28}$$

其反变换为

$$x(n) = \frac{1}{N}\sum_{k=0}^{N-1} X(k) e^{j\frac{2\pi}{N}nk}, n=0,1,2,\cdots,N-1 \tag{5.29}$$

令 $W = \mathrm{e}^{-\mathrm{j}\frac{2\pi}{N}}$，则上述两式可写成

$$X(k) = \sum_{n=0}^{N-1} x[n] W^{nk}, \quad k = 0,1,2,\cdots,N-1 \qquad (5.30)$$

$$x[n] = \frac{1}{N} \sum_{k=0}^{N-1} X(k) W^{-nk}, \quad n = 0,1,2,\cdots,N-1 \qquad (5.31)$$

上述变换也可以写成矩阵形式，即

$$\begin{bmatrix} X(0) \\ X(1) \\ X(2) \\ \vdots \\ X(N-1) \end{bmatrix} = \begin{bmatrix} W^{0\times0} & W^{1\times0} & W^{2\times0} & \cdots & W^{(N-1)\times0} \\ W^{0\times1} & W^{1\times1} & W^{2\times1} & \cdots & W^{(N-1)\times1} \\ W^{0\times2} & W^{1\times2} & W^{2\times2} & \cdots & W^{(N-1)\times2} \\ \vdots & \vdots & \vdots & & \vdots \\ W^{0\times(N-1)} & W^{1\times(N-1)} & W^{2\times(N-1)} & \cdots & W^{(N-1)\times(N-1)} \end{bmatrix} \begin{bmatrix} x[0] \\ x[1] \\ x[2] \\ \vdots \\ x[N-1] \end{bmatrix}$$

$$(5.32)$$

及

$$\begin{bmatrix} x[0] \\ x[1] \\ x[2] \\ \vdots \\ x[N-1] \end{bmatrix} = \frac{1}{N} \begin{bmatrix} W^{-0\times0} & W^{-1\times0} & W^{-2\times0} & \cdots & W^{-(N-1)\times0} \\ W^{-0\times1} & W^{-1\times1} & W^{-2\times1} & \cdots & W^{-(N-1)\times1} \\ W^{-0\times2} & W^{-1\times2} & W^{-2\times2} & \cdots & W^{-(N-1)\times2} \\ \vdots & \vdots & \vdots & & \vdots \\ W^{-0\times(N-1)} & W^{-1\times(N-1)} & W^{-2\times(N-1)} & \cdots & W^{-(N-1)\times(N-1)} \end{bmatrix} \begin{bmatrix} X(0) \\ X(1) \\ X(2) \\ \vdots \\ X(N-1) \end{bmatrix}$$

$$(5.33)$$

在离散傅里叶变换中，n 和 k 均为整数，因此，DFT 是由离散时间信号 $x[n]$ 计算离散频谱 $X(k)$ 的变换。

2. DFT 的幅度谱和相位谱

$X(k)$ 为复数，可以表示成直角坐标形式

$$X(k) = \sum_{n=0}^{N-1} x[n] \mathrm{e}^{-\mathrm{j}\frac{2\pi}{N}nk} = R_k + \mathrm{j}I_k$$

或极坐标形式

$$X(k) = \sum_{n=0}^{N-1} x[n] \mathrm{e}^{-\mathrm{j}\frac{2\pi}{N}nk} = |X(k)| \mathrm{e}^{\mathrm{j}\angle X(k)}$$

式中：

$$R_k = \sum_{n=0}^{N-1} x[n]\cos\left(\frac{2\pi}{N}nk\right) = x[0] + \sum_{n=1}^{N-1} x[n]\cos\left(\frac{2\pi}{N}nk\right)$$

$$I_k = -\sum_{n=0}^{N-1} x[n]\sin\left(\frac{2\pi}{N}nk\right)$$

$$|X(k)| = \sqrt{R_k^2 + I_k^2}$$

$$\angle X(k) = \begin{cases} \arctan\dfrac{I_k}{R_k}, & R_k \geqslant 0 \\ \pi + \arctan\dfrac{I_k}{R_k}, & R_k < 0 \end{cases}$$

$|X(k)|$ 与 k 之间的关系称为幅度谱，$\angle X(k)$ 与 k 之间的关系称为相位谱。

由 $X(k) = \sum_{n=0}^{N-1} x[n]\mathrm{e}^{-\mathrm{j}\frac{2\pi}{N}nk}$，$k = 0,1,2,\cdots,N-1$，用 $N-k$ 代替 k，得

$$X(N-k)=\sum_{n=0}^{N-1}x[n]\mathrm{e}^{-\mathrm{j}\frac{2\pi}{N}n(N-k)}=\sum_{n=0}^{N-1}x[n]\mathrm{e}^{\mathrm{j}\frac{2\pi}{N}nk}$$

故有

$$X(N-k)=X^*(k),\quad k=0,1,2,\cdots,N-1$$

或

$$X(k)=X^*(N-k),\quad k=0,1,2,\cdots,N-1 \qquad (5.34)$$

所以有

$$|X(k)|=|X^*(N-k)|=|X(N-k)| \qquad (5.35)$$

$$\angle X(k)=\angle X^*(N-k)=-\angle X(N-k) \qquad (5.36)$$

　　式(5.35)、式(5.36)表明,$X(k)$ 的幅度和相位对于 $N/2$ 点分别呈半周偶对称和半周奇对称特性。但由于长度为 N 的 $X(k)$ 有值区间为 $0\sim N-1$,而式(5.34)实际上增加了第 N 点的数值,因此对称的说法并不十分严格。图 5.3 分别示出 $N=6$ 和 $N=5$ 时 $|X(k)|$ 的对称分布。

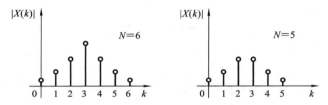

图 5.3　$|X(k)|$ 半周偶对称特性

【例 5-5】　已知 $x[n]=\begin{cases}1,&n=0\\2,&n=1\\2,&n=2\\1,&n=3\end{cases}$,求信号的 DFT。

　　解　$X(k)=\sum_{n=0}^{3}x[n]\mathrm{e}^{-\mathrm{j}\frac{2\pi}{4}nk}=1+2\mathrm{e}^{-\mathrm{j}\frac{2\pi}{4}\cdot 1k}+2\mathrm{e}^{-\mathrm{j}\frac{2\pi}{4}\cdot 2k}+\mathrm{e}^{-\mathrm{j}\frac{2\pi}{4}\cdot 3k},\quad k=0,1,2,3$

所以

$$X(k)=\begin{cases}6,&k=0\\-1-\mathrm{j},&k=1\\0,&k=2\\-1+\mathrm{j},&k=3\end{cases}$$

其幅度谱和相位谱如图 5.4 所示。

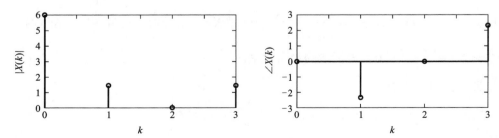

图 5.4　$x[n]$ 的幅度谱和相位谱

此题用矩阵形式计算：

$$W = e^{-j\frac{2\pi}{4}} = -j$$

$$\begin{bmatrix} X(0) \\ X(1) \\ X(2) \\ X(3) \end{bmatrix} = \begin{bmatrix} W^0 & W^0 & W^0 & W^0 \\ W^0 & W^1 & W^2 & W^3 \\ W^0 & W^2 & W^4 & W^6 \\ W^0 & W^3 & W^6 & W^9 \end{bmatrix} \begin{bmatrix} x[0] \\ x[1] \\ x[2] \\ x[3] \end{bmatrix} = \begin{bmatrix} 1 & 1 & 1 & 1 \\ 1 & -j & -1 & j \\ 1 & -1 & 1 & -1 \\ 1 & j & -1 & -j \end{bmatrix} \begin{bmatrix} 1 \\ 2 \\ 2 \\ 1 \end{bmatrix} = \begin{bmatrix} 6 \\ -1-j \\ 0 \\ -1+j \end{bmatrix}$$

【例 5-6】 已知 $\begin{bmatrix} X(0) \\ X(1) \\ X(2) \\ X(3) \end{bmatrix} = \begin{bmatrix} 6 \\ -1-j \\ 0 \\ -1+j \end{bmatrix}$，求离散时间信号 $x[n]$。

解 $x[n] = \dfrac{1}{4} \displaystyle\sum_{k=0}^{3} X(k) e^{j\frac{2\pi}{4}nk}$

$$= \frac{1}{4} \left[X(0) + X(1) e^{j\frac{2\pi}{4}\cdot 1n} + X(2) e^{j\frac{2\pi}{4}\cdot 2n} + X(3) e^{j\frac{2\pi}{4}\cdot 3n} \right], \quad n = 0,1,2,3$$

得 $\qquad\qquad x[0]=1, \quad x[1]=2, \quad x[2]=2, \quad x[3]=1$

用矩阵形式计算：

$$W^{-1} = e^{j\frac{2\pi}{4}} = j$$

$$\begin{bmatrix} x[0] \\ x[1] \\ x[2] \\ x[3] \end{bmatrix} = \frac{1}{N} \begin{bmatrix} W^{-0} & W^{-0} & W^{-0} & W^{-0} \\ W^{-0} & W^{-1} & W^{-2} & W^{-3} \\ W^{-0} & W^{-2} & W^{-4} & W^{-6} \\ W^{-0} & W^{-3} & W^{-6} & W^{-9} \end{bmatrix} \begin{bmatrix} X[0] \\ X[1] \\ X[2] \\ X[3] \end{bmatrix}$$

$$= \frac{1}{4} \begin{bmatrix} 1 & 1 & 1 & 1 \\ 1 & j & -1 & -j \\ 1 & -1 & 1 & -1 \\ 1 & -j & -1 & j \end{bmatrix} \begin{bmatrix} 6 \\ -1-j \\ 0 \\ -1+j \end{bmatrix} = \begin{bmatrix} 1 \\ 2 \\ 2 \\ 1 \end{bmatrix}$$

3. 由 $X(k)$ 计算 $x[n]$ 的正弦表示

由 IDFT 计算公式，可将 $x[n]$ 表示为正弦信号形式。

若 N 为奇数，则

$$x[n] = \frac{1}{N} X_0 + \frac{2}{N} \sum_{k=1}^{(N-1)/2} \left[R_k \cos\left(\frac{2\pi kn}{N}\right) - I_k \sin\left(\frac{2\pi kn}{N}\right) \right], \quad n = 0,1,2,\cdots,N-1$$

$$(5.37)$$

式中：$X_k = X(k) = R_k + jI_k$；$X_0 = \displaystyle\sum_{n=0}^{N-1} x[n]$；$\dfrac{1}{N}X_0$ 为信号的平均值；$\dfrac{2\pi}{N}$ 为信号的一次

谐波频率；$\dfrac{(N-1)\pi}{N}$ 为信号可能的最高频率。

证 由 IDFT，有

$$x[n] = \frac{1}{N} \sum_{k=0}^{N-1} X(k) e^{j\frac{2\pi}{N}nk} = \frac{1}{N} X(0) + \frac{1}{N} \sum_{k=1}^{N-1} X(k) e^{j\frac{2\pi}{N}nk}$$

$$= \frac{1}{N} X(0) + \frac{1}{N} \sum_{k=1}^{(N-1)/2} X(k) e^{j\frac{2\pi}{N}nk} + \frac{1}{N} \sum_{k=(N+1)/2}^{N-1} X(k) e^{j\frac{2\pi}{N}nk}, \quad n = 0,1,2,\cdots,N-1$$

由对称性，有

$$\frac{1}{N}\sum_{k=(N+1)/2}^{N-1}X(k)\mathrm{e}^{\mathrm{j}\frac{2\pi}{N}nk}=\frac{1}{N}\sum_{k=1}^{(N-1)/2}X^*(k)\mathrm{e}^{-\mathrm{j}\frac{2\pi}{N}nk}$$

故有

$$x[n]=\frac{1}{N}X(0)+\frac{1}{N}\sum_{k=1}^{(N-1)/2}\left[X(k)\mathrm{e}^{\mathrm{j}\frac{2\pi}{N}nk}+X^*(k)\mathrm{e}^{-\mathrm{j}\frac{2\pi}{N}nk}\right],\quad n=0,1,2,\cdots,N-1$$

而

$$X(k)\mathrm{e}^{\mathrm{j}\frac{2\pi}{N}nk}+X^*(k)\mathrm{e}^{-\mathrm{j}\frac{2\pi}{N}nk}=2\mathrm{Re}\left[X(k)\mathrm{e}^{\mathrm{j}\frac{2\pi}{N}nk}\right]=2\mathrm{Re}\left\{(R_k+\mathrm{j}I_k)\left[\cos\left(\frac{2\pi}{N}nk\right)+\mathrm{j}\sin\left(\frac{2\pi}{N}nk\right)\right]\right\}$$

$$=2\left[R_k\cos\left(\frac{2\pi}{N}nk\right)-I_k\sin\left(\frac{2\pi}{N}nk\right)\right]$$

故

$$x[n]=\frac{1}{N}X_0+\frac{2}{N}\sum_{k=1}^{(N-1)/2}\left[R_k\cos\left(\frac{2\pi kn}{N}\right)-I_k\sin\left(\frac{2\pi kn}{N}\right)\right],\quad n=0,1,2,\cdots,N-1$$

若 N 为偶数，同理可证

$$x[n]=\frac{1}{N}X_0+\frac{2}{N}\sum_{k=1}^{(N-1)/2}\left[R_k\cos\left(\frac{2\pi kn}{N}\right)-I_k\sin\left(\frac{2\pi kn}{N}\right)\right]+\frac{1}{N}R_{N/2}\cos(\pi n)$$

$$(5.38)$$

若 $R_{N/2}\neq0$，则信号 $x[n]$ 的最高频率分量为 π。

【例 5-7】 若 $X(k)=\begin{cases}6,&k=0\\-1-\mathrm{j},&k=1\\0,&k=2\\-1+\mathrm{j},&k=3\end{cases}$，求其反变换 $x[n]$，并表示成正弦函数形式。

解 因为 $N=4$ 为偶数，故 $x[n]$ 可表示为

$$x[n]=\frac{1}{N}X_0+\frac{2}{N}\sum_{k=1}^{(N-1)/2}\left[R_k\cos\left(\frac{2\pi kn}{N}\right)-I_k\sin\left(\frac{2\pi kn}{N}\right)\right]+\frac{1}{N}R_{N/2}\cos(\pi n)$$

即

$$x[n]=\frac{6}{4}+\frac{2}{4}\left[R_1\cos\left(\frac{2\pi n}{4}\right)-I_1\sin\left(\frac{2\pi n}{4}\right)\right]+\frac{1}{4}R_2\cos(\pi n)$$

$$=1.5-0.5\cos\left(\frac{\pi n}{2}\right)+0.5\sin\left(\frac{2\pi n}{4}\right)$$

5.3.3 DFT 与 DTFT 的关系

对于长度为 N 的离散时间信号 $x[n]$（$n<0$ 及 $n>N-1$ 时，$x[n]=0$），其离散时间傅里叶变换为

$$X(\Omega)=\sum_{n=0}^{N-1}x[n]\mathrm{e}^{-\mathrm{j}\Omega n}$$

若对频率抽样，即令 $\Omega=\frac{2\pi}{N}k$，$k=0,1,2,\cdots,N-1$，则

$$X(\Omega)\big|_{\Omega=\frac{2\pi k}{N}}=X\left(\frac{2\pi k}{N}\right)=\sum_{n=0}^{N-1}x[n]\mathrm{e}^{-\mathrm{j}\frac{2\pi k}{N}n}\qquad(5.39)$$

对比离散傅里叶变换计算公式,显然有

$$X(k)=X(\Omega)\Big|_{\Omega=\frac{2\pi k}{N}} \tag{5.40}$$

这说明离散傅里叶变换可由离散时间傅里叶变换通过频率抽样获得。

【例 5-8】 已知信号 $x[n]=\begin{cases}1,& n=0,1,2\cdots,2q\\0,& \text{其他}\end{cases}$,求其 DFT。

解 对于沿纵轴对称的矩形脉冲信号 $p[n]$,由式(5.19),其 DTFT 为

$$P(\Omega)=\frac{\sin\left[\left(q+\frac{1}{2}\right)\Omega\right]}{\sin(\Omega/2)} \tag{5.41}$$

由于 $x[n]=p[n-q]$,故其 DTFT 为

$$X(\Omega)=\frac{\sin\left[\left(q+\frac{1}{2}\right)\Omega\right]}{\sin(\Omega/2)}e^{-jq\Omega} \tag{5.42}$$

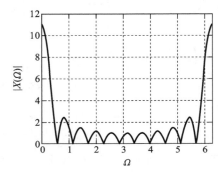

所以

$$|X(\Omega)|=\frac{\left|\sin\left[\left(q+\frac{1}{2}\right)\Omega\right]\right|}{|\sin(\Omega/2)|} \tag{5.43}$$

若取 $q=5$,则 $X(\Omega)$ 在 $0\sim2\pi$ 的幅度谱如图 5.5 所示。

$x[n]$ 的 DFT 为

$$X(k)=X(\Omega)\Big|_{\Omega=\frac{2\pi k}{N}}=X\left(\frac{2\pi k}{N}\right)$$

图 5.5 信号 $x[n]$ 的 DTFT 幅度谱 故有

$$|X(k)|=\left|X\left(\frac{2\pi k}{N}\right)\right|=\frac{\left|\sin\left[\left(q+\frac{1}{2}\right)(2\pi k/N)\right]\right|}{|\sin(\pi k/N)|},\quad k=0,1,2,\cdots,2q \tag{5.44}$$

令 $N=2q+1$,有

$$|X(k)|=\left|X\left(\frac{2\pi k}{2q+1}\right)\right|=\frac{\left|\sin\left[\left(\frac{2q+1}{2}\right)(2\pi k/(2q+1))\right]\right|}{|\sin[\pi k/(2q+1)]|},\quad k=0,1,2,\cdots,2q \tag{5.45}$$

整理得

$$|X(k)|=\frac{|\sin(\pi k)|}{|\sin[\pi k/(2q+1)]|},\quad k=0,1,2,\cdots,2q \tag{5.46}$$

当 $k=0$ 时,由罗比塔法则求得 $|X(k)|=2q+1$,故有

$$|X(k)|=\begin{cases}2q+1,& k=0\\0,& k=1,2,\cdots,2q\end{cases} \tag{5.47}$$

若取 $q=5,N=11$,则

$$|X(k)|=\begin{cases}11,& k=0\\0,& k=1,2,\cdots,10\end{cases} \tag{5.48}$$

其 DFT 幅度谱如图 5.6 所示。

若 $N=2(2q+1)=22$,则信号的 DFT 幅度谱如图 5.7 所示。

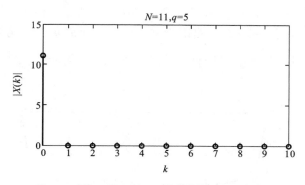

图 5.6 取 $q=5$、$N=11$ 时信号的 DFT **幅度谱**

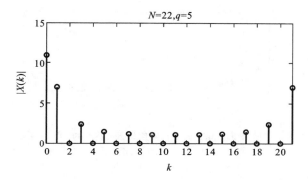

图 5.7 取 $q=5$、$N=22$ 时信号的 DFT **幅度谱**

若 $N=8(2q+1)=88$，则信号的 DFT 幅度谱如图 5.8 所示。

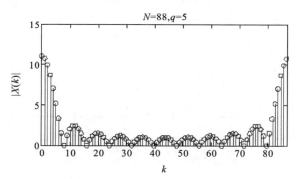

图 5.8 取 $q=5$、$N=88$ 时信号的 DFT **幅度谱**

显然，$|X(k)|$ 的包络接近于 $|X(\Omega)|$。N 越大，抽样角度 $2\pi k/N$ 越小，则 $X[k]$ 的谱线越密，越接近 $X(\Omega)$。由图 5.6 看不出 $|X(k)|$ 具有 $|X(\Omega)|$ 的包络形状，是因为 $k=1,2,\cdots,10$ 时的频率抽样点正好处于 $|X(\Omega)|=0$ 处。

5.3.4 截断信号的 DFT

一个离散时间信号，如果将其截断，其频谱有何变化？

设有单边指数信号 $x[n]=(0.9)^n u[n]$，其 DTFT 为

$$X(\Omega)=\frac{1}{1-0.9\mathrm{e}^{-j\Omega}}$$

信号的 DTFT 幅度谱及 21 点的 DFT 幅度谱如图 5.9 所示。由图 5.9 可见,二者的幅度谱包络较为相近,但存在误差,这是因为 $x[n]=(0.9)^n u[n]$ 为无穷长时间序列,而计算 $N=21$ 点 DFT 相当于对信号做了截断,即取 $x_N[n]=(0.9)^n p\left[n-\frac{N-1}{2}\right]=(0.9)^n p[n-10]$。

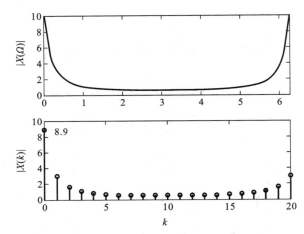

图 5.9 信号 $x[n]$ 的 DTFT 幅度谱及 21 点的 DFT 幅度谱

若将信号 $x[n]$ 进一步截短,取 $N=11$,即 $x_N[n]=(0.9)^n p\left[n-\frac{N-1}{2}\right]=(0.9)^n p[n-5]$,波形如图 5.10 所示,则截断信号的 DFT 如图 5.11 所示。由频谱可见,截断信号的频谱出现了波动,说明信号截断导致高频成分增大。由此可见,信号的截断,势必会导致信号频谱的变化。

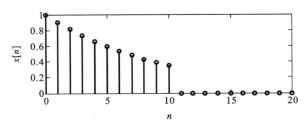

图 5.10 截断信号 $x_N[n](N=11)$ 波形

【例 5-9】 设有余弦信号 $x[n]=\cos(\Omega_0 n)$,$-\infty<n<\infty$,求其 DFT。

解 $x[n]$ 的 DTFT 为

$$X(\Omega)=\sum_{i=-\infty}^{\infty}\pi[\delta(\Omega+\Omega_0-2\pi i)+\delta(\Omega-\Omega_0-2\pi i)]$$

将余弦信号截断成

$$x_N[n]=\cos(\Omega_0 n)p\left[n-\frac{N-1}{2}\right]$$

其中,$p\left[n-\frac{N-1}{2}\right]$ 为 $n=0\sim N-1$ 取值为 1 的矩形脉冲信号,其 DTFT 为

$$P(\Omega)=\frac{\sin(N\Omega/2)}{\sin(\Omega/2)}\mathrm{e}^{-\mathrm{j}(N-1)\Omega/2}$$

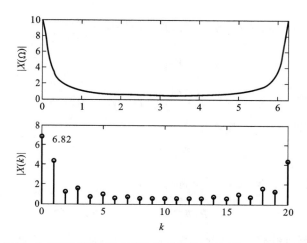

图 5.11 信号 $x[n]$ 的 DTFT 幅度谱及截断信号 $x_N[n]$($N=11$)的 DFT 幅度谱

令 N 是奇数，且 $N\geqslant 3$，有

$$x_N[n]=x[n]p\left[n-\frac{N-1}{2}\right]=\begin{cases}\cos(\Omega_0 n), & n=0,1,2,\cdots,N-1\\ 0, & \text{其他}\end{cases}$$

$x_N[n]$ 的 DTFT 为

$$X_N(\Omega)=\frac{1}{2\pi}\int_{-\pi}^{\pi}P(\Omega-\lambda)\pi[\delta(\lambda+\Omega_0)+\delta(\lambda-\Omega_0)]\mathrm{d}\lambda$$

得

$$X_N(\Omega)=\frac{1}{2}[P(\Omega+\Omega_0)+P(\Omega-\Omega_0)]$$

对其进行频率抽样，得 $x_N[n]$ 的 DFT 为

$$X_N(k)=X_N\left(\frac{2\pi k}{N}\right)=\frac{1}{2}\left[P\left(\frac{2\pi k}{N}+\Omega_0\right)+P\left(\frac{2\pi k}{N}-\Omega_0\right)\right],\quad k=0,1,2,\cdots,N-1$$

式中：

$$P\left(\frac{2\pi k}{N}\pm\Omega_0\right)=\frac{\sin\left[N\left(\frac{2\pi k}{N}\pm\Omega_0\right)\Big/2\right]}{\sin\left[\left(\frac{2\pi k}{N}\pm\Omega_0\right)\Big/2\right]}\mathrm{e}^{-\mathrm{j}(N-1)\left(\frac{2\pi k}{N}\pm\Omega_0\right)/2}$$

假设 $\Omega_0=\frac{2\pi r}{N}$，$r$ 为整数，且 $0<r\leqslant N-1$，则

$$P\left(\frac{2\pi k}{N}\pm\Omega_0\right)=\frac{\sin\left[N\left(\frac{2\pi k\pm 2\pi r}{N}\right)\Big/2\right]}{\sin\left(\frac{\pi k\pm\pi r}{N}\right)}\mathrm{e}^{-\mathrm{j}(N-1)\left(\frac{2\pi k\pm 2\pi r}{N}\right)/2}$$

因此，

$$P\left(\frac{2\pi k}{N}-\Omega_0\right)=\begin{cases}N, & k=r\\ 0, & k=0,1,\cdots,r-1,r+1,\cdots,N-1\end{cases}$$

$$P\left(\frac{2\pi k}{N}+\Omega_0\right)=\begin{cases}N, & k=N-r\\ 0, & k=0,1,\cdots,N-r-1,N-r+1,\cdots,N-1\end{cases}$$

故

$$X_N(k)=\begin{cases}\dfrac{N}{2}, & k=r\\[2mm]\dfrac{N}{2}, & k=N-r\\[2mm]0, & 0\leqslant k\leqslant N-1 \text{ 范围内其他 } k\end{cases}\tag{5.49}$$

$k=r$ 对应 $\Omega_0=\dfrac{2\pi r}{N}$ 频率点。若 $r=1$,则 $x[n]=\cos\left(\dfrac{2\pi}{N}n\right)$,$\dfrac{2\pi}{N}$ 为基波频率;若 $r=k$,

则 $x[n]=\cos\left(\dfrac{2\pi k}{N}n\right)$,$\dfrac{2\pi k}{N}$ 为 k 次谐波频率。

【**例 5-10**】 $x[n]=\cos(\Omega_0 n)=\cos\left(\dfrac{10\pi}{21}n\right)$,$-\infty<n<\infty$,且为整数,求其 DFT。

解 $x[n]$ 为周期信号,且周期为 21。

$$\Omega_0=\frac{10\pi}{21}=\frac{2\pi}{21}\times 5,\quad r=5$$

对信号进行截断,取长度 $N=21$(一个周期),有

$$x_N[n]=x[n]p\left[n-\frac{N-1}{2}\right]=x[n]p[n-10]$$

由式(5.49),得截断信号的 DFT 为

$$X_N(k)=\begin{cases}10.5, & k=5\\ 10.5, & k=16\\ 0, & 0\leqslant k\leqslant 20\ \text{范围其他}\ k\end{cases}$$

信号的 DFT 幅度谱如图 5.12 所示。

若信号为

$$x[n]=\cos\left(\frac{2\pi}{21}n\right)+\cos\left(\frac{10\pi}{21}n\right),\quad -\infty<n<\infty,\text{且为整数}$$

则其 DTF 幅度谱如图 5.13 所示,表明信号由基波和 5 次谐波构成。

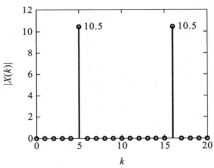

图 5.12 信号 $x[n]=\cos\left(\dfrac{10\pi}{21}n\right)$ 及其 DFT 幅度谱

图 5.13 信号 $x[n]=\cos\left(\dfrac{2\pi}{21}n\right)+\cos\left(\dfrac{10\pi}{21}n\right)$ 的幅度谱

若信号 $x[n]=\cos\left(\dfrac{2\pi}{21}n\right)+\cos\left(\dfrac{6\pi}{21}n\right)+\cos\left(\dfrac{10\pi}{21}n\right)$,$-\infty<n<\infty$,且为整数,其 DFT 幅度谱如图 5.14 所示,表明信号由基波、3 次谐波和 5 次谐波构成。

若信号 $x[n]=\cos(\Omega_0 n)=\cos\left(\dfrac{9.5\pi}{21}n\right)$,$-\infty<n<\infty$,且为整数,频谱如何?

假设对于任意整数 r,$\Omega_0\neq\dfrac{2\pi}{N}r$,令 β 是使 $\left|\Omega_0-\dfrac{2\pi\beta}{N}\right|$ 最小的整数,其截断信号

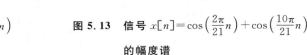

$x_N[n]=\cos(\Omega_0 n)p\left[n-\dfrac{N-1}{2}\right]$ 的 DFT 在 $k=\beta$ 附近存在非零值,该现象称为频谱泄

漏,即集中在 Ω_0 的频谱被散布在 $2\pi\beta/N$ 附近。若 $N=21,\Omega_0=\dfrac{9.5\pi}{21}=\dfrac{2\pi}{21}\times4.5$,截断信号 $x_N[n]=\cos(\Omega_0 n)p[n-10],\beta=5$,其 DFT 的幅度谱如图 5.15 所示。

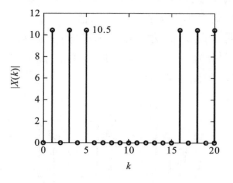
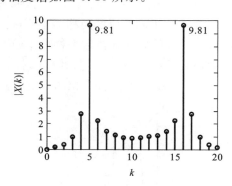

图 5.14　信号 $x[n]=\cos\left(\dfrac{2\pi}{21}n\right)+\cos\left(\dfrac{6\pi}{21}\right)+\cos\left(\dfrac{10\pi}{21}n\right)$ 的幅度谱

图 5.15　信号 $x[n]=\cos\left(\dfrac{9.5}{21}n\right)$ 的幅度谱

　　显然,在 $k=5$ 附近存在幅度非零频谱分量,这种现象称为频谱泄漏(spectral leakage)。产生频谱泄漏的原因是:在一个周期($N=21$ 个点的时间区间)信号没有完整地变化 5 次。

　　上述分析表明,为了防止频谱泄漏,必须按周期或整数倍周期对信号进行截断取样。

5.4　DFT 的性质

1. 线性
设两序列长度均为 N,且

$$x_1[n]\leftrightarrow X_1(k),x_2[n]\leftrightarrow X_2(k)$$

则有

$$ax_1[n]+bx_2[n]\leftrightarrow aX_1(k)+bX_2(k) \tag{5.50}$$

　　若 $x_1[n]$ 和 $x_2[n]$ 的长度 N_1 和 N_2 不等时,选择 $N=\max[N_1,N_2]$ 为变换长度,将短者进行补零达到 N 点。

2. 圆周移位信号及其 DFT
　　序列的圆周移位(circular shift)(简称圆移),意即序列在圆周上移位,它与平行移位(简称平移)不同。圆移有两种表示方法。

1)由平移表示圆移
　　将一个长度为 N 的离散时间序列 $x[n]$ 进行周期延拓,可以表示为

$$\widetilde{x}[n]=x_p[n]=x((n))_N=\sum_{i=-\infty}^{\infty}x[n+iN] \tag{5.51}$$

　　令 $\widetilde{x}[n]$ 在时间轴上平移 q 位,得 $\widetilde{x}[n\pm q]=x((n\pm q))_N$,其中"$+$"为左移,"$-$"为右移。

　　对平移信号 $\widetilde{x}[n-q]$ 取主值序列,即取 $n=0\sim N-1$ 的 N 个值,即得圆周移位序

列。取主值序列可以认为是信号与 $G_N[n]$ 相乘,即

$$x_q[n] = \tilde{x}[n-q]G_N[n] = x((n\pm q))_N G_N[n] \tag{5.52}$$

其中,$G_N[n]$ 是在 $n=0\sim N-1$ 区间取值为 1,其他时间点取值为 0 的矩形脉冲信号。$n=0\sim N-1$ 的取值区间称为主值区间,该区间的取值序列称为主值序列。

信号的周期延拓与平移可作如下说明。设 $x[n]$ 为 4 点的离散时间序列,$\tilde{x}[n]$ 为其周期延拓信号,$\tilde{x}[n-1]$、$\tilde{x}[n-2]$、$\tilde{x}[n-3]$ 分别为 $\tilde{x}[n]$ 右移 $1\sim 3$ 位的离散时间信号,$\tilde{x}[n+1]$ 为 $\tilde{x}[n]$ 左移 1 位的离散时间信号,如图 5.16 所示。

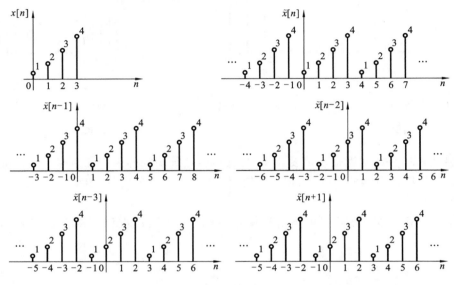

图 5.16　信号的周期延拓与平移

取 $n=0\sim 3$ 主值,得 $G_4[n]$ 和圆周移位序列,如图 5.17 所示。

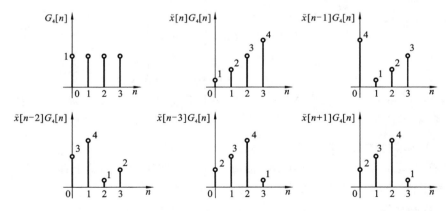

图 5.17　单位矩形脉冲信号与圆周移位信号

圆周移位信号亦可表示为

$$x((n))_4 G_4[n] = \begin{cases} 1, & n=0 \\ 2, & n=1 \\ 3, & n=2 \\ 4, & n=3 \end{cases}, \quad x((n-1))_4 G_4[n] = \begin{cases} 4, & n=0 \\ 1, & n=1 \\ 2, & n=2 \\ 3, & n=3 \end{cases}$$

$$x((n-2))_4 G_4[n] = \begin{cases} 3, & n=0 \\ 4, & n=1 \\ 1, & n=2 \\ 2, & n=3 \end{cases}, \quad x((n-3))_4 G_4[n] = \begin{cases} 2, & n=0 \\ 3, & n=1 \\ 4, & n=2 \\ 1, & n=3 \end{cases}$$

$$x((n+1))_4 G_4[n] = \begin{cases} 2, & n=0 \\ 3, & n=1 \\ 4, & n=2 \\ 1, & n=3 \end{cases}$$

2）直接圆周移位

如果把 $x[n]$ 的 N 个离散时间数值按逆时针方向排列在一个 N 等分的圆周上,取圆周最底端序列的序号 $n=0$,序列的移位就相当于 $x[n]$ 在圆周上旋转,移位时序号 n 的位置固定不变,但同一序号所对应的数值发生了变化,故称为圆周移位(circular time shift),表示为

$$x[n \pm q, \mathrm{mod} N]$$

式中:N 为序列的点数;q 为圆移位数;"一"表示逆时针移位;"十"表示顺时针移位。

设 $x[n]$ 为 4 点的离散时间信号,圆周移位及序列 $x[n-q, \mathrm{mod}4]$ 如图 5.18 所示。其中,图 5.18(a)所示的为序列 $x[n]$,图 5.18(b)、(c)、(d)所示的分别为 $x[n]$ 按逆时针方向圆移 1~3 位所得序列。

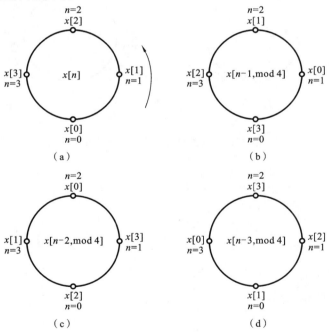

图 5.18　圆周移位序列 $x[n-q, \mathrm{mod}4]$

设 $x[n]$ 的 4 个离散时间值同前,则圆周移位序列为

$$x[n, \mathrm{mod}4] = \begin{cases} x[0], & n=0 \\ x[1], & n=1 \\ x[2], & n=2 \\ x[3], & n=3 \end{cases}, \quad x[n-1, \mathrm{mod}4] = \begin{cases} x[3], & n=0 \\ x[0], & n=1 \\ x[1], & n=2 \\ x[2], & n=3 \end{cases}$$

$$x[n-2,\mathrm{mod}4]=\begin{cases}x[2], & n=0\\x[3], & n=1\\x[0], & n=2\\x[1], & n=3\end{cases}, \quad x[n-3,\mathrm{mod}4]=\begin{cases}x[1], & n=0\\x[2], & n=1\\x[3], & n=2\\x[0], & n=3\end{cases}$$

其中,$x[0]=1,x[1]=2,x[2]=3,x[3]=4$。显然,两种方法获得的结果相同。

图 5.19(a)所示的为圆周移位序列 $x[n+q,\mathrm{mod}4]$,图 5.19(b)、(c)、(d)分别为 $x[n]$ 按顺时针方向圆移 1~3 位所得序列。

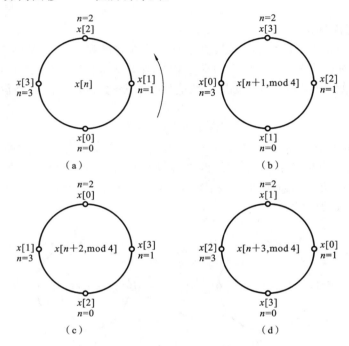

图 5.19 圆周移位序列 $x[n+q,\mathrm{mod}4]$

显然有,

$$x[n,\mathrm{mod}4]=\begin{cases}x[0], & n=0\\x[1], & n=1\\x[2], & n=2\\x[3], & n=3\end{cases}, \quad x[n+1,\mathrm{mod}4]=\begin{cases}x[1], & n=0\\x[2], & n=1\\x[3], & n=2\\x[0], & n=3\end{cases}$$

$$x[n+2,\mathrm{mod}4]=\begin{cases}x[2], & n=0\\x[3], & n=1\\x[0], & n=2\\x[1], & n=3\end{cases}, \quad x[n+3,\mathrm{mod}4]=\begin{cases}x[3], & n=0\\x[0], & n=1\\x[1], & n=2\\x[2], & n=3\end{cases}$$

可以证明下列关系。

若 $\mathrm{DFT}[x[n]]=X(k)$,则

$$\mathrm{DFT}[x[n-q,\mathrm{mod}N]]=W^{qk}X(k) \tag{5.53}$$

即圆周移位 q 位序列的 DFT 为原信号的 DFT 乘以复因子 W^{qk},其中 $W=\mathrm{e}^{-\mathrm{j}\frac{2\pi}{N}}$。

证 $\mathrm{DFT}[x[n-q,\mathrm{mod}N]]=\displaystyle\sum_{n=0}^{N-1}x((n-q))_N G_N[n]W^{nk}=\sum_{n=0}^{N-1}x((n-q))_N W^{nk}$

令 $i=n-q$,有

$$\mathrm{DFT}[x[n-q,\mathrm{mod}N]] = \sum_{i=-q}^{N-1-q} x\,((i))_N W^{(i+q)k}$$

因为 $x\,((i))_N$ 和 W^{ki} 均以 N 为周期,故

$$\mathrm{DFT}[x[n-q,\mathrm{mod}N]] = \sum_{i=0}^{N-1} x[i]W^{ki}W^{qk} = X(k)W^{qk}$$

3. 圆周反褶序列的 DFT

圆周反褶(circular reversal)序列为将 $x[n]$ 的离散时间序列按顺时针方向沿圆周排列所得序列,表示为 $x[-n,\mathrm{mod}N]$。

仍以上述 4 点离散时间序列 $x[n]$ 为例,其圆周反褶及圆移序列如图 5.20 所示。

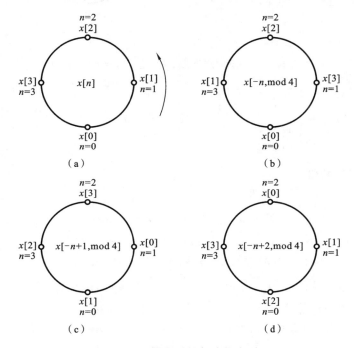

图 5.20 圆周反褶与移位序列

$$x[-n,\mathrm{mod}4]=\begin{cases} x[0], & n=0 \\ x[3], & n=1 \\ x[2], & n=2 \\ x[1], & n=3 \end{cases}, \quad x[-n+1,\mathrm{mod}4]=\begin{cases} x[1], & n=0 \\ x[0], & n=1 \\ x[3], & n=2 \\ x[2], & n=3 \end{cases}$$

$$x[-n+2,\mathrm{mod}4]=\begin{cases} x[2], & n=0 \\ x[1], & n=1 \\ x[0], & n=2 \\ x[3], & n=3 \end{cases}$$

可以证明,若 $\mathrm{DFT}[x(n)]=X(k)$,则

$$\mathrm{DFT}[x[-n,\mathrm{mod}N]]=\begin{cases} X(0), & k=0 \\ X(N-k), & 0<k\leqslant N-1 \end{cases} \tag{5.54}$$

即圆周反褶信号的 DFT 为原信号 DFT 的圆周反褶。

DFT 的圆周反褶 $X[-k,\mathrm{mod}N]$ 与信号的圆周反褶 $x[-n,\mathrm{mod}N]$ 类似,如图 5.21 所示,图 5.21(a)所示的为 $x[n]$ 的 DFT,图 5.21(b)所示的为圆周反褶信号 $x[-n,\mathrm{mod}N]$ 的 DFT。DFT 的圆周反褶移位 $X[-k+q,\mathrm{mod}N]$ 与信号的圆周反褶移位 $x[-n+q,\mathrm{mod}N]$ 也类似。

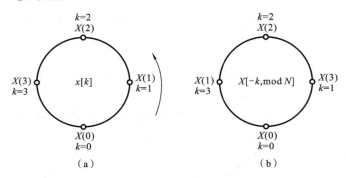

图 5.21 $x[n]$ 及圆周反褶信号 $x[-n,\mathrm{mod}N]$ 的 DFT

$$\mathrm{DFT}[x[n]]=\begin{cases}X(0), & k=0\\X(1), & k=1\\X(2), & k=2\\X(3), & k=3\end{cases},\quad \mathrm{DFT}[x[-n,\mathrm{mod}N]]=\begin{cases}X(0), & k=0\\X(3), & k=1\\X(2), & k=2\\X(1), & k=3\end{cases}$$

4. 圆周频移特性

若 $\mathrm{DFT}[x(n)]=X(k)$,则

$$\mathrm{DFT}[x[n]\mathrm{e}^{\mathrm{j}\frac{2\pi}{N}qn}]=X[k-q,\mathrm{mod}N] \tag{5.55}$$

或

$$\mathrm{IDFT}[X[k-q,\mathrm{mod}N]]=x[n]\mathrm{e}^{\mathrm{j}\frac{2\pi}{N}qn} \tag{5.56}$$

表明时域信号 $x[n]$ 乘以复因子 $\mathrm{e}^{\mathrm{j}\frac{2\pi}{N}qn}=W^{-qn}$ 所得信号的 DFT 为原信号 DFT 圆周移位 q 位。DFT 的圆周移位 $X[k-q,\mathrm{mod}N]$ 与信号的圆周移位 $x[n-q,\mathrm{mod}N]$ 类似。式 (5.56)中 IDFT 表示 DFT 的反变换(inverse discrete Fourier transform)。

5.5 圆周卷积

1. 时域圆周卷积(循环卷积)

设 $x[n]$ 和 $v[n]$ 均为长度为 N 的有限长离散时间序列,则圆周卷积(circular convolution)定义为

$$x[n]\circledast v[n]=\sum_{i=0}^{N-1}x[i]v[n-i,\mathrm{mod}N] \tag{5.57}$$

或

$$x[n]\circledast v[n]=\sum_{i=0}^{N-1}x[i]v((n-i))_{N}G_{N}[i] \tag{5.58}$$

若 $x[n]$ 和 $v[n]$ 长度不等,则将短序列补零,使二者相等。

圆周卷积的符号用⊛或Ⓝ表示。

圆周卷积具有交换律,即

$$x[n] \circledast v[n] = \sum_{i=0}^{N-1} x[i]v[n-i, \bmod N] = \sum_{i=0}^{N-1} v[i]x[n-i, \bmod N] \quad (5.59)$$

圆周卷积的计算步骤如下：

（1）变量置换：$x[n] \rightarrow x[i]$，$v[n] \rightarrow v[i]$；

（2）圆周反褶：$v[i] \rightarrow v[-i, \bmod N]$，或 $v[-i] \rightarrow v((-i))_N G_N[i]$；

（3）圆周移位：$v[-i, \bmod N] \rightarrow v[n-i, \bmod N]$，或 $v((-i))_N G_N[i] \rightarrow v((n-i))_N G_N[i]$；

（4）相乘：$x[i]v[n-i, \bmod N]$ 或 $x[i]v((n-i))_N G_N[i]$；

（5）求和：$\sum_{i=0}^{N-1} x[i]v[n-i, \bmod N]$ 或 $\sum_{i=0}^{N-1} x[i]v((n-i))_N G_N[i]$。

其中，$v((n-i))_N$ 按圆周反褶移位获得，或按平移方式获得，即将信号 $v[i]$ 反褶，然后周期延拓，再平移，最后取主值序列。

图 5.22 所示的为 4 点圆周卷积图解计算过程。其中，图 5.22(a)、(b) 所示的为变量置换；图 5.22(c) 所示的为圆周反褶；图 5.22(d)、(e)、(f) 所示的为圆周移位。

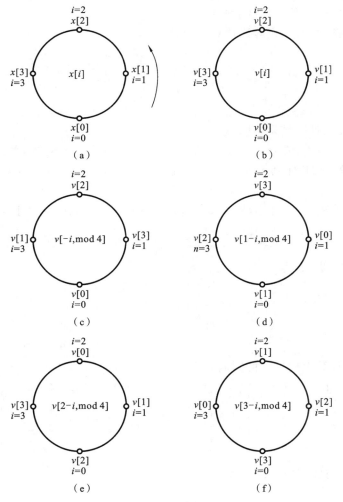

图 5.22　圆周卷积的计算过程

圆周卷积计算结果如下：

$$y[0] = \sum_{i=0}^{3} x[i]v[-i, \mathrm{mod}N] = x[0]v[0] + x[1]v[3] + x[2]v[2] + x[3]v[1]$$

$$y[1] = \sum_{i=0}^{3} x[i]v[1-i, \mathrm{mod}N] = x[0]v[1] + x[1]v[0] + x[2]v[3] + x[3]v[2]$$

$$y[2] = \sum_{i=0}^{3} x[i]v[2-i, \mathrm{mod}N] = x[0]v[2] + x[1]v[1] + x[2]v[0] + x[3]v[3]$$

$$y[3] = \sum_{i=0}^{3} x[i]v[3-i, \mathrm{mod}N] = x[0]v[3] + x[1]v[2] + x[2]v[1] + x[3]v[0]$$

上述卷积的计算方法较为繁杂，可采用较为简洁的矩阵法计算圆周卷积。方法如下：

（1）将两序列中的任一序列构成 $N \times N$ 矩阵。矩阵的第一列为序列的 N 个元素；第二列的第一个元素为第一列的最后一个元素，其后的元素为第一列其余各元素，并按顺序排列；第三列的第一个元素为第二列的最后一个元素，其后的元素为第二列其余各元素，并按顺序排列。按此方法得第 N 列各元素。

（2）将两序列中的另一序列构成 $N \times 1$ 的列矩阵。

（3）两矩阵相乘即得圆周卷积。

对于上述两序列，用矩阵法计算圆周卷积：

$$\begin{bmatrix} y[0] \\ y[1] \\ y[2] \\ y[3] \end{bmatrix} = \begin{bmatrix} x[0] & x[3] & x[2] & x[1] \\ x[1] & x[0] & x[3] & x[2] \\ x[2] & x[1] & x[0] & x[3] \\ x[3] & x[2] & x[1] & x[0] \end{bmatrix} \begin{bmatrix} v[0] \\ v[1] \\ v[2] \\ v[3] \end{bmatrix}$$

显然，与前述方法计算结果相同。

以上是将 $x[n]$ 构成 $N \times N$ 矩阵，也可将 $v[n]$ 构成 $N \times N$ 矩阵，计算结果相同。

【例 5-11】 已知序列 $x[n] = \delta[n] + \delta[n-1] + \delta[n-2]$，$v[n] = (n+1)G_4[n]$，计算圆周卷积。

解 将短序列 $x[n]$ 补零，即 $x[3]=0$，使两序列长度相等，均等于 4，有

$$y[n] = x[n] \circledast v[n] = \sum_{i=0}^{3} x[i]v[n-i, \mathrm{mod}N]$$

按前述计算步骤，得

$$y[0] = 1 \times 1 + 1 \times 4 + 1 \times 3 + 0 \times 1 = 8$$
$$y[1] = 1 \times 2 + 1 \times 1 + 1 \times 4 + 0 \times 3 = 7$$
$$y[2] = 1 \times 3 + 1 \times 2 + 1 \times 1 + 0 \times 4 = 6$$
$$y[3] = 1 \times 4 + 1 \times 3 + 1 \times 2 + 0 \times 1 = 9$$

用矩阵法计算上述序列的圆周卷积：

$$\begin{bmatrix} y[0] \\ y[1] \\ y[2] \\ y[3] \end{bmatrix} = \begin{bmatrix} 1 & 0 & 1 & 1 \\ 1 & 1 & 0 & 1 \\ 1 & 1 & 1 & 0 \\ 0 & 1 & 1 & 1 \end{bmatrix} \begin{bmatrix} 1 \\ 2 \\ 3 \\ 4 \end{bmatrix} = \begin{bmatrix} 8 \\ 7 \\ 6 \\ 9 \end{bmatrix}, \quad 或 \quad \begin{bmatrix} y[0] \\ y[1] \\ y[2] \\ y[3] \end{bmatrix} = \begin{bmatrix} 1 & 4 & 3 & 2 \\ 2 & 1 & 4 & 3 \\ 3 & 2 & 1 & 4 \\ 4 & 3 & 2 & 1 \end{bmatrix} \begin{bmatrix} 1 \\ 1 \\ 1 \\ 0 \end{bmatrix} = \begin{bmatrix} 8 \\ 7 \\ 6 \\ 9 \end{bmatrix}$$

2. 线卷积与圆周卷积的关系

1）线卷积

设 $x[n]$ 的长度为 $N(0 \leqslant n \leqslant N)$，$v[n]$ 的长度为 $M(0 \leqslant n \leqslant M)$，则线卷积（linear convolution)为

$$y[n] = \sum_{i=-\infty}^{\infty} x[i]v[n-i] \tag{5.60}$$

从 $x[i]$ 看,非零值区为:$0 \leqslant i \leqslant N-1$;

从 $v[n-i]$ 看,非零值区为:$0 \leqslant n-i \leqslant M-1$;

将二不等相加,得到 $y[n]$ 的非零值区间:$0 \leqslant n \leqslant M+N-2$。

在此区间之外,不是 $x[i]=0$,就是 $v[n-i]=0$,因此 $y[n]=0$,故卷积所得序列的长度 $L=M+N-1$。

一般来说,圆周卷积不等于线卷积,但是当两序列的长度足够长,且满足 $L \geqslant M+N-1$ 时,线卷积等于圆周卷积。

2)用圆周卷积计算线卷积

可以证明,圆周卷积是线卷积的周期延拓序列的主值序列。设 $x[n]$ 的长度为 N,$v[n]$ 的长度为 M,先构造长度均为 $L(L \geqslant M+N-1)$ 的序列,即将 $x[n]$、$v[n]$ 补零点,然后再对它们进行周期延拓,即 $x((n))_L, v((n))_L$,得到周期卷积:

$$\tilde{y}[n] = \sum_{i=0}^{L-1} x((i))_L v((n-i))_L = \sum_{r=-\infty}^{+\infty} y[n+rL], r \text{ 为整数} \tag{5.61}$$

可见,周期卷积为线卷积的周期延拓,其周期为 L。由于 y_L 有 $M+N-1$ 个非零值,所以周期 L 必须满足 $L \geqslant M+N-1$。又由于圆周卷积是周期卷积的主值序列,所以圆周卷积是线卷积的周期延拓序列的主值序列,因此可以用圆卷积计算线卷积。

3. 时域圆周卷积定理

若 $\mathrm{DFT}[x(n)]=X(k), \mathrm{DFT}[v(n)]=V(k)$,则

$$\mathrm{DFT}[x(n) * v(n)] = \mathrm{DFT}\Big[\sum_{i=0}^{N-1} x[i]v((n-i))_N G_N[i]\Big] = X(k)V(k) \tag{5.62}$$

证　$\mathrm{DFT}[x(n) \circledast v(n)] = \mathrm{DFT}\Big[\sum_{i=0}^{N-1} x[i]v[n-i, \mathrm{mod}N]\Big]$

$$= \sum_{n=0}^{N-1} \sum_{i=0}^{N-1} x[i]v[n-i, \mathrm{mod}N]W^{nk}$$

$$= \sum_{i=0}^{N-1} x[i] \sum_{n=0}^{N-1} v[n-i, \mathrm{mod}N]W^{nk}$$

$$= \sum_{i=0}^{N-1} x[i]V(k)W^{ik} = V(k)\sum_{i=0}^{N-1} x[i]W^{ik}$$

$$= V(k)X(k)$$

4. 频域圆周卷积定理

若 $\mathrm{DFT}[x[n]]=X(k), \mathrm{DFT}[v[n]]=V(k)$,则

$$\mathrm{DFT}[x(n)v(n)] = \frac{1}{N}X[k] \circledast V[k] \tag{5.63}$$

其中

$$X[k] \circledast V[k] = \sum_{i=0}^{N-1} X(i)V(k-i, \mathrm{mod}N) \tag{5.64}$$

5. 帕斯瓦尔定理(Parseval's theorem)

若 $\mathrm{DFT}[x[n]]=X(k),\mathrm{DFT}[v[n]]=V(k)$,则

$$\sum_{n=0}^{N-1} x[n]v[n] = \frac{1}{N}\sum_{i=0}^{N-1} X_i V^*(i) \tag{5.65}$$

其中 $V^*(k)$ 为 $V(k)$ 的共轭。

如果 $x[n]=v[n]$,则有

$$\sum_{n=0}^{N-1} |x(n)|^2 = \frac{1}{N}\sum_{k=0}^{N-1} |X(k)|^2 \tag{5.66}$$

它表明信号的时域能量等于频域能量,即能量守恒。

5.6 DFT 计算误差

用 DFT 计算连续时间信号的傅里叶变换可能造成的误差原因主要有以下几方面。

1. 频谱混叠

为避免频谱混叠,由抽样定理可知,抽样频率 f_s 必须是信号最高频率 f_m 的 2 倍及以上,即 $f_s \geqslant 2f_m$,或者抽样间隔 $T_s=1/f_s \leqslant 1/2f_m$;否则抽样信号无法反映实际的连续时间信号。在实际中,很多信号具有频谱无穷宽且幅度随频率的增大而衰减的特点,因此可以选取合适信号的最高频率作为近似计算。

2. 频谱泄漏

在实际应用中,通常将所观测的信号 $x[n]$ 限定在一定的时间间隔内,也就是说,在时域对信号进行截断操作,即用时间窗函数乘以信号(称为加时间窗),由卷积定理可知,时域相乘,频域为卷积,由于窗函数具有无穷宽频谱,这就造成拖尾现象,即频谱泄漏。最基本的窗函数为矩形窗,由于矩形窗的频谱从低频到高频衰减较慢,所造成的频谱泄漏在有些情况下满足不了要求。有些改进的窗函数,如三角形窗、升余弦窗(Hanning 窗)、改进的升余弦窗(Hamming 窗),由于它们频谱的高频成分衰减较快,可使泄漏情况得到改善。

需要指出,如果对周期信号按整数倍周期取样(截断),则可避免频谱泄漏问题。

3. 栅栏效应

用 DFT 计算频谱时,只能求出基波及整数倍频率处的频谱($f_1=1/T$ 为基波频率,T 为信号截断的时间长度,或窗函数宽度),在两个谱线之间的频谱就不能求出,这相当通过一个栅栏观察景象一样,故称为栅栏效应(picket fence effect)。补零点,加大截断信号时间宽度(周期),可使 $f_1=1/T$ 变小来提高分辨率,减少栅栏效应。

利用 DFT 计算频谱时,应根据实际情况考虑对混叠、泄漏、频率分辨率等要求确定信号的抽样频率 f_s、所截取的信号时间长度 T 及截断时间内的离散点数 N 等参数,其中 $f_s=1/T_s$,T_s 为抽样间隔,$T=NT_s$。

由于时限信号具有无穷宽频谱,因此信号抽样后不可避免地造成频谱混叠,只能选择合适的抽样频率来减少由于频谱混叠造成的误差。

计算 DFT 时,基波频率 $f_1=1/T$ 为频率的最小间隔,称为频率分辨率,f_1 越小则分辨率越高。频率分辨率 f_1 与信号截断的宽度 T 成反比,分辨率越高,则信号截取的

时间宽度越长,若抽样间隔 T_s 一定,则计算点数 N 增加;若 N 不变,则需增大 T_s(降低抽样频率 f_s),但这样使频谱混叠趋于严重。因此,要选取合适的频率分辨率。

5.7 快速傅里叶变换

5.7.1 DFT 算法特点

离散傅里叶变换(DFT)的计算公式为

$$X(k) = \sum_{n=0}^{N-1} x[n]W_N^{nk}, \quad k = 0,1,2,\cdots,N-1$$

式中:$W_N = e^{-j\frac{2\pi}{N}}$;$N$ 为离散序列点数。N 点的 DFT 运算需要做 N^2 次复数乘法运算和 $N(N-1)$ 次加法运算。当离散点数较多时,DFT 计算量大。若 $N=1024$,则需要做 $N^2=1048576$ 次复数乘法运算和 $N(N-1)$ 次加法运算。

同样,傅里叶反变换(IDFT)的计算公式为

$$x[n] = \frac{1}{N}\sum_{k=0}^{N-1} X(k)W_N^{-nk}, \quad n = 0,1,2,\cdots,N-1$$

N 点的 IDFT 运算也需要做 N^2 次复数乘法运算和 $N(N-1)$ 次加法运算。

显然,当点数较多时,DFT 和 IDFT 运算量大,耗时多,计算实时性差,因此需要有 DFT 的快速算法,即快速傅里叶变换(fast Fourier transform,FFT)。

快速傅里叶变换利用了 W_N^{nk} 具有对称性和周期性特点,避免重复计算,减少了计算工作量,提高运算速度,节省了计算时间。

(1)对称性。

由于 $W_N^{N/2} = e^{-j\frac{2\pi}{N}\cdot\frac{N}{2}} = -1$,所以

$$W_N^{(k+N/2)} = e^{-j\frac{2\pi}{N}\left(k+\frac{N}{2}\right)} = -e^{-j\frac{2\pi}{N}k} = -W_N^k \tag{5.67}$$

若 $N=4$,则 $W_4^2 = -W_4^0, W_4^3 = -W_4^1$。

由于 $(W_N^{nk})^* = e^{j\frac{2\pi}{N}nk} = W_N^{-nk}$,故有

$$W_N^{n(N-k)} = W_N^{nN-nk} = W_N^{-nk} = (W_N^{nk})^* \tag{5.68}$$

$$W_N^{(N-n)k} = W_N^{Nk-nk} = W_N^{-nk} = (W_N^{nk})^* \tag{5.69}$$

(2)周期性。

$$W_N^{nk} = W_N^{(n+N)k} = W_N^{n(k+N)} \tag{5.70}$$

证 $W_N^{(n+N)k} = e^{-j\frac{2\pi}{N}(n+N)k} = e^{-j\frac{2\pi}{N}nk}\cdot e^{-j2\pi k} = e^{-j\frac{2\pi}{N}nk} = W_N^{nk}$

$$W_N^{n(k+N)} = e^{-j\frac{2\pi}{N}n(k+N)} = e^{-j\frac{2\pi}{N}nk}\cdot e^{-j2\pi n} = e^{-j\frac{2\pi}{N}nk} = W_N^{nk}$$

N 及其整数倍为周期数。若 $N=4$,则 $W_4^6 = W_4^2, W_4^9 = W_4^1$。

利用 W_N^{nk} 的周期性和对称性,4 点的 W 矩阵可简化为

$$\begin{bmatrix} W^0 & W^0 & W^0 & W^0 \\ W^0 & W^1 & W^2 & W^3 \\ W^0 & W^2 & W^4 & W^6 \\ W^0 & W^3 & W^6 & W^9 \end{bmatrix} = \begin{bmatrix} W^0 & W^0 & W^0 & W^0 \\ W^0 & W^1 & -W^0 & -W^1 \\ W^0 & -W^0 & W^0 & -W^0 \\ W^0 & -W^1 & -W^0 & W^1 \end{bmatrix}$$

1965 年，库利(Cooley)和图基(Tukey)首先提出 FFT 算法，对于 N 点 DFT，仅需 $\dfrac{N}{2}\log_2 N$ 次复数乘法运算，而原先需要 N^2 次复数乘法运算。例如，$N=1024=2^{10}$ 时，$N^2=1048576$，而 $\dfrac{1024}{2}\log_2 1024=5120$ 次。$5012/1048576=0.478\%$，运算量只有原来的约 5%，计算速度提高约 200 余倍。

5.7.2　FFT 算法

设离散数据点数为 2^L，L 为整数，将序列分为奇序列和偶序列，再分别求 DFT，重复该过程，直至由最基本的离散数据计算 DFT。

1. $N/2$ 点 DFT

首先将 $x[n]$ 按 n 的奇偶分为两组求 DFT，设 $N=2^L$，不足时，补零。这样有

$$
\begin{aligned}
X(k) &= \sum_{r=0}^{\frac{N}{2}-1} x[2r]W_N^{2rk} + \sum_{r=0}^{\frac{N}{2}-1} x[2r+1]W_N^{(2r+1)k}\\
&= \sum_{r=0}^{\frac{N}{2}-1} x_1[r](W_N^2)^{rk} + W_N^k \sum_{r=0}^{\frac{N}{2}-1} x_2[r](W_N^2)^{rk}
\end{aligned}
\tag{5.71}
$$

由于 $W_N^2 = e^{-j\frac{2\pi}{N}\times 2} = e^{-j2\pi/(\frac{N}{2})} = W_{\frac{N}{2}}$，所以上式可表示为

$$X(k)=G(k)+W_N^k H(k) \tag{5.72}$$

式中：

$$G(k) = \sum_{r=0}^{\frac{N}{2}-1} x_1[r]W_{\frac{N}{2}}^{rk} = \sum_{r=0}^{\frac{N}{2}-1} x[2r]W_{\frac{N}{2}}^{rk} \tag{5.73}$$

$$H(k) = \sum_{r=0}^{\frac{N}{2}-1} x_2[r]W_{\frac{N}{2}}^{rk} = \sum_{r=0}^{\frac{N}{2}-1} x[2r+1]W_{\frac{N}{2}}^{rk} \tag{5.74}$$

这里 $G(k)$、$H(k)$ 均为 $N/2$ 点 DFT。

由于 $W_{\frac{N}{2}}^{r(k+\frac{N}{2})}=W_{\frac{N}{2}}^{rk}$，所以

$$G\left(\frac{N}{2}+k\right) = \sum_{r=0}^{\frac{N}{2}-1} x_1[r]W_{\frac{N}{2}}^{r(\frac{N}{2}+k)} = \sum_{r=0}^{\frac{N}{2}-1} x_1[r]W_{\frac{N}{2}}^{rk} = G(k) \tag{5.75}$$

同理，

$$H\left(\frac{N}{2}+k\right)=H(k) \tag{5.76}$$

上面两式说明，$G(k)$、$H(k)$ 的后一半 $G\left(\frac{N}{2}+k\right)$、$H\left(\frac{N}{2}+k\right)$ 值分别等于其前一半的值，因此只需计算前一半的值，后一半的值可由前面的计算结果直接写出。又由于 $W_N^{(\frac{N}{2}+k)}=W_N^{\frac{N}{2}}W_N^k=-W_N^k$，所以

$$X\left(k+\frac{N}{2}\right)=G\left(k+\frac{N}{2}\right)+W_N^{k+\frac{N}{2}}H\left(k+\frac{N}{2}\right)$$

即

$$X\left(k+\frac{N}{2}\right)=G(k)-W_N^k H(k),\quad k=0,1,\cdots,\frac{N}{2}-1 \tag{5.77}$$

可见,$X(k)$的后一半,也完全可由$G(k)$、$H(k)$的前一半所确定。

因此,N 点的 DFT 可由两个 $N/2$ 点的 DFT 来计算。

由 $G(k)$、$H(k)$计算 $X(k)$的运算可用图 5.23 表示,由于该图像蝴蝶一样,故称蝶形图(butterfly graph),其运算称为蝶形运算(butterfly operation)。运算规则如下:左侧为输入,右侧为输出,箭头上的数字或字母为增益(未标明表示增益为 1),运算方向从左至右,输出交叉点为求和运算。由此得

$$X(k)=G(k)+W_N^k H(k)$$

$$X\left(k+\frac{N}{2}\right)=G(k)-W_N^k H(k)$$

上述计算共有 $N/2$ 个蝶形运算。

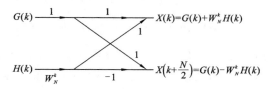

图 5.23   蝶形运算

2. $N/4$ **点 DFT**

由于 $N=2^L$,所以 $N/2$ 仍为偶数,可以进一步把每个 $N/2$ 点的序列再按奇偶部分分解为两个 $N/4$ 的子序列。

$$X(k)=G(k)+W_N^k H(k)$$

式中:

$$
\begin{aligned}
G(k) &= \sum_{r=0}^{\frac{N}{2}-1} x[2r]W_{\frac{N}{2}}^{rk} = \sum_{r=2l} x[2r]W_{\frac{N}{2}}^{rk} + \sum_{r=2l+1} x[2r]W_{\frac{N}{2}}^{rk} \\
&= \sum_{l=0}^{\frac{N}{4}-1} x[4l]W_{\frac{N}{2}}^{2lk} + \sum_{l=0}^{\frac{N}{4}-1} x[4l+2]W_{\frac{N}{2}}^{(2l+1)k} \\
&= \sum_{l=0}^{\frac{N}{4}-1} x[4l]W_{\frac{N}{4}}^{lk} + W_{\frac{N}{2}}^{k} \sum_{l=0}^{\frac{N}{4}-1} x[4l+2]W_{\frac{N}{4}}^{lk} \\
&= A(k)+W_N^{2k}B(k)
\end{aligned}
$$

$$
\begin{aligned}
H(k) &= \sum_{l=0}^{\frac{N}{4}-1} x[4l+1]W_{\frac{N}{2}}^{2lk} + \sum_{l=0}^{\frac{N}{4}-1} x[4l+3]W_{\frac{N}{2}}^{(2l+1)k} \\
&= \sum_{l=0}^{\frac{N}{4}-1} x[4l+1]W_{\frac{N}{4}}^{lk} + W_{\frac{N}{2}}^{k} \sum_{l=0}^{\frac{N}{4}-1} x[4l+3]W_{\frac{N}{4}}^{lk} \\
&= C(k)+W_N^{2k}D(k)
\end{aligned}
$$

其中,$A(k) = \sum_{l=0}^{\frac{N}{4}-1} x[4l]W_{\frac{N}{4}}^{lk}$,$B(k) = \sum_{l=0}^{\frac{N}{4}-1} x[4l+2]W_{\frac{N}{4}}^{lk}$,$C(k) = \sum_{l=0}^{\frac{N}{4}-1} x[4l+1]W_{\frac{N}{4}}^{lk}$,$D(k)$

$= \sum_{l=0}^{\frac{N}{4}-1} x[4l+3]W_{\frac{N}{4}}^{lk}$ 均为 $N/4$ 点的 DFT。

同理可推得

$$G(k) = A(k) + W_N^{2k}B(k), \quad G\left(k + \frac{N}{4}\right) = A(k) - W_N^{2k}B(k)$$

及

$$H(k) = C(k) + W_N^{2k}D(k), \quad H\left(k + \frac{N}{4}\right) = C(k) - W_N^{2k}D(k)$$

$A(k)$、$B(k)$、$C(k)$、$D(k)$ 可进一步由两个 $N/8$ 点 DFT 求得,此过程持续进行即可由最基本的离散数据求得 DTF。

例如,$N=8$,以 8 点的离散序列说明计算过程。

$$X(k) = \sum_{n=0}^{N-1} x[n]W_N^{nk}, \quad k = 0,1,2,\cdots,N-1$$

$$X(k) = G(k) + W_N^k H(k)$$

上述运算可表示为下列左侧各式,由于 $X\left(k + \frac{N}{2}\right) = G(k) - W_N^k H(k)$,故可得右侧各式

$$
\begin{cases}
X(0) = G(0) + W_N^0 H(0) \\
X(1) = G(1) + W_N^1 H(1) \\
X(2) = G(2) + W_N^2 H(2) \\
X(3) = G(3) + W_N^3 H(3) \\
X(4) = G(4) + W_N^4 H(4) \\
X(5) = G(5) + W_N^5 H(5) \\
X(6) = G(6) + W_N^6 H(6) \\
X(7) = G(7) + W_N^7 H(7)
\end{cases}
\Rightarrow
\begin{cases}
X(0) = G(0) + W_N^0 H(0) \\
X(1) = G(1) + W_N^1 H(1) \\
X(2) = G(2) + W_N^2 H(2) \\
X(3) = G(3) + W_N^3 H(3) \\
X(4) = G(1) - W_N^0 H(1) \\
X(5) = G(2) - W_N^1 H(2) \\
X(6) = G(3) - W_N^2 H(3) \\
X(7) = G(4) - W_N^3 H(4)
\end{cases}
$$

$G(k)$、$H(k)$ 是 4 点的 DFT。

由 $G(k) = A(k) + W_N^{2k}B(k)$,可得

$$
\begin{cases}
G(0) = A(0) + W_N^0 B(0) \\
G(1) = A(1) + W_N^2 B(1) \\
G(2) = A(0) - W_N^0 B(0) \\
G(3) = A(1) - W_N^2 B(1)
\end{cases}
$$

由 $H(k) = C(k) + W_N^{2k}D(k)$,可得

$$
\begin{cases}
H(0) = C(0) + W_N^0 D(0) \\
H(1) = C(1) + W_N^2 D(1) \\
H(2) = C(0) - W_N^0 D(0) \\
H(3) = C(1) - W_N^2 D(1)
\end{cases}
$$

求 $G(k)$、$H(k)$ 的蝶形运算分别如图 5.24(a)、(b)所示。

$A(k)$、$B(k)$、$C(k)$、$D(k)$ 均为 2 点的 DFT,由最基本的离散数据计算而得。

$$A(0) = x[0] + W_N^0 x[4], A(1) = x[0] - W_N^0 x[4]$$

$$B(0) = x[2] + W_N^0 x[6], B(1) = x[2] - W_N^0 x[6]$$

$$C(0) = x[1] + W_N^0 x[5], C(1) = x[1] - W_N^0 x[5]$$

$$D(0) = x[3] + W_N^0 x[7], D(1) = x[3] - W_N^0 x[7]$$

求 $A(k)$、$B(k)$、$C(k)$、$D(k)$ 的蝶形运算如图 5.25 所示。

综合起来,可得 8 点的 DFT 蝶形运算如图 5.26 所示。

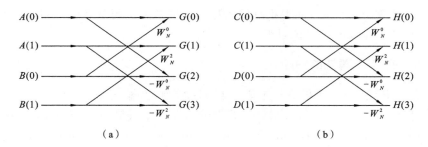

图 5.24　求 $G(k)$、$H(k)$ 的蝶形运算

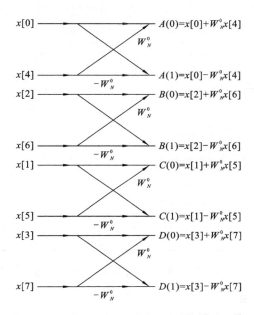

图 5.25　$A(k)$、$B(k)$、$C(k)$、$D(k)$ 的蝶形运算

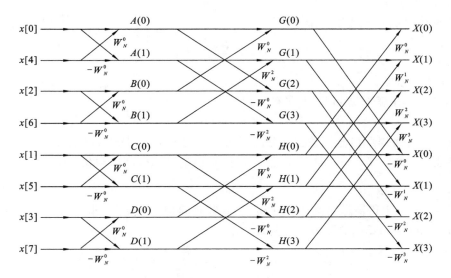

图 5.26　8 点的 DFT 蝶形运算

这种 FFT 算法,是在时间上根据输入序列奇偶数来进行分解的,所以称为按时间抽取的算法(decimation-in-time,DIT)。

5.7.3 DIT 的 FFT 算法的特点

由蝶形运算图可知,输出 $X(k)$ 按正常顺序排列,而输入是按 $x[0]$,$x[4]$,$x[2]$,$x[6]$,$x[1]$,$x[5]$,$x[3]$,$x[7]$ 顺序排列,若把输入顺序十进制数(decimal number)0,1,2,3,4,5,6,7 对应的二进制数(binary number)倒位排序(reversed-bit word),则倒位后的二进制数所对应的十进制数就是 0,4,2,6,1,5,3,7,这正是输入的序号。产生该现象的原因是由奇偶分组造成的。以 $N=8$ 为例说明倒位规律,如表 5.2 所示。

表 5.2 $N=8$ 倒位顺序

自然顺序	二进制	倒位序二进制	倒位顺序
0	0 0 0	0 0 0	0
1	0 0 1	1 0 0	4
2	0 1 0	0 1 0	2
3	0 1 1	1 1 0	6
4	1 0 0	0 0 1	1
5	1 0 1	1 0 1	5
6	1 1 0	0 1 1	3
7	1 1 1	1 1 1	7

所以,在进行 FFT 运算时要将输入的离散时间序列进行码位倒序处理。

5.7.4 FFT 算法的应用

1. 谐波分析

周期信号展开成复级数形式

$$x(t) = \sum_{k=-\infty}^{\infty} c_k e^{jk\omega_0 t}$$

式中:c_k 为复系数。

由离散傅里叶级数和 DFT 可得下列关系:

$$X(k) = Nc_k \tag{5.78}$$

式中:$X(k)$ 为将周期信号按整周期截断后所得序列 $x[n]$ 的 DFT;N 为离散点数。

因此,由式(5.78)可计算复系数 c_k,由此可得信号的幅度谱和相位谱。

2. IFFT 算法

由 $X(k)$ 可求得离散时间序列 $x[n]$。离散时间信号的 DFT 和 IDFT(inverse discrete Fourier transform)可由下列两式求出:

$$X(k) = \mathrm{DFT}[x(n)] = \sum_{n=0}^{N-1} x[n] W_N^{nk}$$

$$x[n] = \mathrm{IDFT}[X(k)] = \frac{1}{N} \sum_{k=0}^{N-1} X(k) W_N^{-nk}$$

比较两式可知,只要 DFT 的每个系数 W_N^{nk} 换成 W_N^{-nk},再乘以常数 $1/N$ 就可以得到 IDFT 的快速算法——IFFT(inverse fast Fourier transform)。

另外,可以将常数 $1/N$ 分配到每级运算中,因为 $\dfrac{1}{N}=\dfrac{1}{2^L}=\left(\dfrac{1}{2}\right)^L$,即每级蝶形运算均乘以 $1/2$。

3. 线卷积的 FFT 算法

设一离散线性时不变系统的单位脉冲响应为 $h[n]$,输入信号为 $x[n]$,输出为 $y[n]$,并且 $x[n]$ 的长度为 M,$h[n]$ 的长度为 N,则

$$y[n]=x[n]*h[n]=\sum_{i=0}^{L-1}x[i]h[n-i]$$

$y[n]$ 的长度为 $M+N-1$。

当两序列的长度满足 $L\geqslant M+N-1$ 时(补零至满足长度要求),圆周卷积等于线卷积,此时可用 FFT 计算线卷积。

用 FFT 计算线卷积 $y[n]$ 的步骤如下:

(1) 将 $x[n]$、$h[n]$ 补零,使序列长度满足 $L\geqslant M+N-1$;
(2) 求 $h[n]$ 的 FFT,$H(k)=\text{FFT}[h[n]]$;
(3) 求 $x[n]$ 的 FFT,$X(k)=\text{FFT}[x[n]]$;
(4) 求 $y[n]$ 的 FFT,$Y(k)=X(k)H(k)$;
(5) 求 $y[n]$,$y[n]=\text{IFFT}[Y(k)]$。

计算过程如图 5.27 所示。

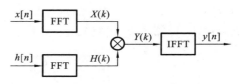

4. 用 FFT 计算连续时间傅里叶变换

设信号 $x(t)$ 满足条件:$t<0,x(t)=0$,则

图 5.27 用 FFT 计算线卷积

其连续时间傅里叶变换(CTFT)为

$$X(\omega)=\int_0^\infty x(t)\mathrm{e}^{-\mathrm{j}\omega t}\,\mathrm{d}t$$

上述积分可认为是各小段区间积分之和,即

$$X(\omega)=\sum_{n=0}^\infty\int_{nT}^{nT+T}x(t)\mathrm{e}^{-\mathrm{j}\omega t}\,\mathrm{d}t$$

式中:T 为区间间隔时间。

假设 T 足够小,则可认为 $x(nT)$ 在区间 $nT\sim nT+T$ 为常数,故

$$X(\omega)=\sum_{n=0}^\infty\left(\int_{nT}^{nT+T}\mathrm{e}^{-\mathrm{j}\omega t}\,\mathrm{d}t\right)x(nT)=\frac{1-\mathrm{e}^{-\mathrm{j}\omega T}}{\mathrm{j}\omega}\sum_{n=0}^\infty\mathrm{e}^{-\mathrm{j}\omega nT}x(nT)$$

假设当 N 足够大时,$x(nT)$ 足够小,则近似有

$$X(\omega)=\frac{1-\mathrm{e}^{-\mathrm{j}\omega T}}{\mathrm{j}\omega}\sum_{n=0}^{N-1}\mathrm{e}^{-\mathrm{j}\omega nT}x(nT)$$

令 $\omega=\dfrac{2\pi k}{NT}$,则

$$X\left(\frac{2\pi k}{NT}\right)=\frac{1-\mathrm{e}^{-\mathrm{j}2\pi k/N}}{\mathrm{j}2\pi k/(NT)}\sum_{n=0}^{N-1}\mathrm{e}^{-\mathrm{j}2\pi kn/N}x(nT)$$

上式中求和运算即为对 $x[n]$ 求 DFT,故有

$$X\left(\frac{2\pi k}{NT}\right)=\frac{1-\mathrm{e}^{-\mathrm{j}2\pi k/N}}{\mathrm{j}2\pi k/(NT)}X(k)$$

令 $\Gamma=2\pi/(NT)$，$\omega=k\Gamma$，$k=0,1,2,\cdots,N-1$，则

$$X(k\Gamma)=\frac{1-\mathrm{e}^{-\mathrm{j}k\Gamma T}}{\mathrm{j}k\Gamma}X(k)，\quad k=0,1,2,\cdots,N-1$$

因此，

$$X(k\Gamma)\approx X(\omega)$$

显然，T 越小，点数 N 越多，$X(\omega)$ 计算越精确。

【**例 5-12**】 一连续时间信号 $x(t)$ 如图 5.28 所示，试利用 FFT 计算 $X(\omega)$。

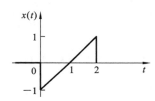

解 设 $x_1(t)=tp_2(t)$，则

$$x(t)=x_1(t-1)$$

$$X_1(\omega)=\mathrm{j}2\,\frac{\omega\cos\omega-\sin\omega}{\omega^2}$$

由移位特性，得

图 5.28 连续时间信号 $x(t)$

$$X(\omega)=\mathrm{j}2\,\frac{\omega\cos\omega-\sin\omega}{\omega^2}\mathrm{e}^{-\mathrm{j}\omega}$$

图 5.29 所示的为取 $N=2^7$，$T=0.1$，$\Gamma=2\pi/(NT)=0.4909$ 的计算结果，其中实线曲线为 $|X(\omega)|$ 的精确解，"∘"构成的曲线为由 FFT 算得的近似解。图 5.30 所示的为取 $N=2^9$，$T=0.05$，$\Gamma=2\pi/(NT)=0.2454$ 所得结果。显然，点数 N 越多，离散时间间隔越小，计算结果越精确。

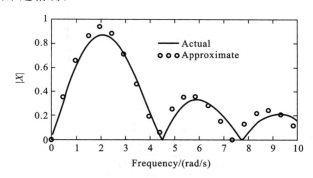

图 5.29 $x(t)$ 的频谱（$N=128$，$T=0.1$）

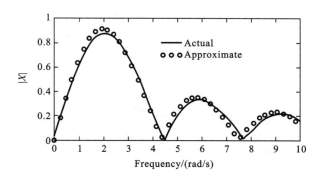

图 5.30 $x(t)$ 的频谱（$N=512$，$T=0.05$）

习题 5

1. 计算下列离散时间信号的 DTFT：

(1) $x[n]=2\delta[n]+2\delta[n-1]+2\delta[n-2]+2\delta[n-3]+2\delta[n-4]-2\delta[n-5]-2\delta[n-6]-2\delta[n-7]$；

(2) $x[n]=2\delta[n+2]+2\delta[n+1]+2\delta[n]+2\delta[n-1]+2\delta[n-2]+3\delta[n-3]+3\delta[n-4]+3\delta[n-5]$。

2. 计算下列离散时间信号的 DTFT：

(1) $x[n]=(0.8)^{n}u[n]$；

(2) $x[n]=(0.5)^{n}\cos(4n)\cdot u[n]$；

(3) $x[n]=n(0.5)^{n}u[n]$；

(4) $x[n]=n(0.5)^{n}\cos(4n)\cdot u[n]$；

(5) $x[n]=5(0.8)^{n}\cos(2n)\cdot u[n]$；

(6) $x[n]=(0.5)^{|n|}$，$-\infty<n<\infty$。

3. 一离散时间信号 $x[n]$ 的 DTFT 为

$$X(\Omega)=\frac{1}{e^{j\Omega}+b}$$

式中：b 为常数。求下列离散时间信号的 DTFT $V(\Omega)$：

(1) $v[n]=x[n-5]$；

(2) $v[n]=x[-n]$；

(3) $v[n]=nx[n]$；

(4) $v[n]=x[n]-x[n-1]$；

(5) $v[n]=x[n]*x[n]$；

(6) $v[n]=x[n]\cos(3n)$。

4. 求下列 DTFT 所对应的离散时间信号 $x[n]$：

(1) $X(\Omega)=\sin\Omega$；

(2) $X(\Omega)=\cos\Omega$；

(3) $X(\Omega)=\cos^{2}\Omega$；

(4) $X(\Omega)=\sin\Omega\cos\Omega$。

5. 离散时间信号 $x[n]$ 的自相关函数定义为

$$R_{x}[n]=\sum_{i=-\infty}^{\infty}x[i]x[n+i]$$

令 $P_{x}(\Omega)$ 为 $R_{x}[n]$ 的 DTFT，

(1) 用 $X(\Omega)$ 导出 $P_{x}(\Omega)$；

(2) 用 $R_{x}[n]$ 导出 $R_{x}[-n]$；

(3) 用 $x[n]$ 表示 $P_{x}(0)$。

6. 求下列信号的 DFT：

(1) $x[0]=1,x[1]=0,x[2]=1,x[3]=0$；

(2) $x[0]=1,x[1]=0,x[2]=-1,x[3]=0$；

（3）$x[0]=1,x[1]=1,x[2]=-1,x[3]=-1$；

（4）$x[0]=-1,x[1]=1,x[2]=1,x[3]=1$。

7. 将下列各信号表示为正弦形式。

（1）$x[0]=1,x[1]=0,x[2]=1,x[3]=0$；

（2）$x[0]=1,x[1]=0,x[2]=-1,x[3]=0$；

（3）$x[0]=1,x[1]=1,x[2]=-1,x[3]=-1$；

（4）$x[0]=-1,x[1]=1,x[2]=1,x[3]=1$。

8. 计算下列信号的圆卷积 $y[n]=x[n] \circledast v[n]$。

（1）$x[0]=1,x[1]=0,x[2]=1,x[3]=0,v[0]=1,v[1]=0,v[2]=-1,v[3]=0$；

（2）$x[0]=1,x[1]=0,x[2]=1,x[3]=0,v[0]=-1,v[1]=1,v[2]=-1,v[3]=1$；

（3）$x[0]=-1,x[1]=0,x[2]=1,x[3]=2,v[0]=-1,v[1]=0,v[2]=1,v[3]=2$；

（4）$x[0]=1,x[1]=1,x[2]=-1,x[3]=-1,v[0]=-1,v[1]=0,v[2]=1,v[3]=2$。

9. 已知 $x[n]$、$v[n]$，求 $y[n]=x[n] \circledast v[n]$ 的 DFT。

（1）$x[0]=1,x[1]=0,x[2]=1,x[3]=0,v[0]=1,v[1]=0,v[2]=-1,v[3]=0$；

（2）$x[0]=1,x[1]=0,x[2]=1,x[3]=0,v[0]=-1,v[1]=1,v[2]=-1,v[3]=1$。

10. 已知序列 $x[n]$，求 $x[n-2,\text{mod}4]$ 的 DFT。

（1）$x[0]=1,x[1]=0,x[2]=1,x[3]=0$；

（2）$x[0]=1,x[1]=0,x[2]=-1,x[3]=0$；

（3）$x[0]=1,x[1]=1,x[2]=-1,x[3]=-1$；

（4）$x[0]=-1,x[1]=1,x[2]=1,x[3]=1$。

6

离散时间系统的傅里叶分析

6.1　离散时间系统的频率响应函数

对于线性时不变系统,任意输入的零状态响应为

$$y[n]=x[n]*h[n] \tag{6.1}$$

若系统的单位脉冲响应绝对可和(此为系统的稳定条件,将在后面章节详述),即

$$\sum_{n=-\infty}^{\infty}|h[n]|<\infty \tag{6.2}$$

则系统的频率响应函数(frequency response function)定义为单位脉冲响应的傅里叶变换,即

$$H(\Omega)=\sum_{n=-\infty}^{\infty}h[n]\mathrm{e}^{-j\Omega n} \tag{6.3}$$

对式(6.1)两边求离散时间傅里叶变换,得

$$Y(\Omega)=H(\Omega)X(\Omega) \tag{6.4}$$

则

$$H(\Omega)=\frac{Y(\Omega)}{X(\Omega)} \tag{6.5}$$

式(6.5)表明,系统的频率响应函数也可定义为系统输出的傅里叶变换与输入傅里叶变换之比。

对式(6.4)两边求模,有

$$|Y(\Omega)|=|H(\Omega)||X(\Omega)| \tag{6.6}$$

$$\angle Y(\Omega)=\angle H(\Omega)+\angle X(\Omega) \tag{6.7}$$

其中,$|H(\Omega)|$-Ω 为系统的幅频特性(magnitude frequency characteristic),或幅频响应(magnitude frequency response);$\angle H(\Omega)$-Ω 为系统的相频特性(phase frequency characteristic),或相频响应(phase frequency response)。它们体现系统对不同频率信号幅度和相位的影响。

6.2　系统对正弦输入信号的响应

设输入信号

$$x[n] = A\cos(\Omega_0 n + \theta), \quad n = 0, \pm 1, \pm 2, \cdots \tag{6.8}$$

式中：$\Omega_0 \geqslant 0$。信号的傅里叶变换为

$$X(\Omega) = \sum_{k=-\infty}^{\infty} A\pi [\mathrm{e}^{-\mathrm{j}\theta}\delta(\Omega + \Omega_0 - 2\pi k) + \mathrm{e}^{\mathrm{j}\theta}\delta(\Omega - \Omega_0 - 2\pi k)] \tag{6.9}$$

输出的傅里叶变换为

$$Y(\Omega) = H(\Omega)X(\Omega) \tag{6.10}$$

即

$$Y(\Omega) = \sum_{k=-\infty}^{\infty} A\pi H(\Omega)[\mathrm{e}^{-\mathrm{j}\theta}\delta(\Omega + \Omega_0 - 2\pi k) + \mathrm{e}^{\mathrm{j}\theta}\delta(\Omega - \Omega_0 - 2\pi k)] \tag{6.11}$$

由于 $H(\Omega) = |H(\Omega_0)|\mathrm{e}^{-\mathrm{j}\angle H(\Omega_0)}$，故

$$Y(\Omega) = \sum_{k=-\infty}^{\infty} A\pi |H(\Omega_0)|[\mathrm{e}^{-\mathrm{j}(\angle H(\Omega_0)+\theta)}\delta(\Omega + \Omega_0 - 2\pi k) + \mathrm{e}^{\mathrm{j}(\angle H(\Omega_0)+\theta)}\delta(\Omega - \Omega_0 - 2\pi k)]$$

求反变换，得输出信号为

$$y[n] = A|H(\Omega_0)|\cos(\Omega_0 n + \theta + \angle H(\Omega_0)), \quad n = 0, \pm 1, \pm 2, \cdots \tag{6.12}$$

比较式（6.8）和式（6.12），说明正弦信号（或余弦信号）通过系统后仍为同频率的正弦信号，但信号的幅度放大（或缩小）了 $|H(\Omega_0)|$ 倍，相位产生了 $\angle H(\Omega_0)$ 的相移。

【例 6-1】 设系统的频率响应函数为

$$H(\Omega) = 1 + \mathrm{e}^{-\mathrm{j}\Omega}$$

若激励 $x[n] = 2 + 2\cos\left(\dfrac{\pi}{2}n\right)$，求信号通过系统的响应 $y[n]$。

解 输入由直流分量和交变分量两部分组成，总响应为两部分响应的叠加，即

$$x_1[n] + x_2[n] \rightarrow y_1[n] + y_2[n]$$
$$y_1[n] = 2|H(0)|\cos(0 \cdot n + \angle H(0))$$
$$y_2[n] = 2\left|H\left(\frac{\pi}{2}\right)\right|\cos\left(\frac{\pi}{2}n + \angle H\left(\frac{\pi}{2}\right)\right)$$

由系统的频率响应函数有

$$H(0) = 2, \quad H\left(\frac{\pi}{2}\right) = 1 + \mathrm{e}^{-\mathrm{j}\frac{\pi}{2}} = \sqrt{2}\mathrm{e}^{-\mathrm{j}\frac{\pi}{4}}$$

所以

$$y_1[n] = 2 \times 2 = 4$$
$$y_2[n] = 2\sqrt{2}\cos\left(\frac{\pi}{2}n - \frac{\pi}{4}\right)$$

故

$$y[n] = 4 + 2\sqrt{2}\cos\left(\frac{\pi}{2}n - \frac{\pi}{4}\right)$$

【例 6-2】 滑动平均滤波器可由下列差分方程描述

$$y[n] = \frac{1}{N}(x[n] + x[n-1] + x[n-2] + \cdots + x[n-N+1])$$

求系统的频率响应函数。

解 将差分方程两边求 DTFT，有

$$Y(\Omega) = \frac{1}{N}[X(\Omega) + X(\Omega)\mathrm{e}^{-\mathrm{j}\Omega} + X(\Omega)\mathrm{e}^{-\mathrm{j}2\Omega} + \cdots + X(\Omega)\mathrm{e}^{-\mathrm{j}(N-1)\Omega}]$$

$$= \frac{1}{N}[1 + e^{-j\Omega} + e^{-j2\Omega} + \cdots + e^{-j(N-1)\Omega}]X(\Omega)$$

故系统的频率响应函数为

$$H(\Omega) = \frac{Y(\Omega)}{X(\Omega)} = \frac{1}{N}[1 + e^{-j\Omega} + e^{-j2\Omega} + \cdots + e^{-j(N-1)\Omega}] \tag{6.13}$$

即

$$H(\Omega) = \frac{\sin(N\Omega/2)}{N\sin(\Omega/2)} e^{-j(N-1)\Omega/2} \tag{6.14}$$

由此可得系统的幅频特性

$$|H(\Omega)| = \left| \frac{\sin(N\Omega/2)}{N\sin(\Omega/2)} \right| \tag{6.15}$$

当 $0 \leqslant \frac{N\Omega}{2} < \pi$，即 $0 \leqslant \Omega < \frac{2\pi}{N}$ 时，$\sin(N\Omega/2) > 0$，故系统的相频特性为

$$\angle H(\Omega) = -\frac{N-1}{2}\Omega, \quad 0 \leqslant \Omega < \frac{2\pi}{N} \tag{6.16}$$

由式(6.14)可见，滑动平均滤波器为线性相位滤波器。当 $0 \leqslant \Omega_0 < \frac{2\pi}{N}$ 时，N 点的滑动平均滤波器的输出延时 $(N-1)/2$ 个时间单位。

设输入信号为

$$x[n] = A\cos(\Omega_0 n + \theta), n = 0, \pm 1, \pm 2, \cdots \tag{6.17}$$

则信号经滑动平均滤波器后的输出信号为

$$y[n] = A|H(\Omega_0)|\cos(\Omega_0 n + \theta + \angle H(\Omega_0))$$

$$y[n] = A|H(\Omega_0)|\cos\left(\Omega_0 n + \theta - \frac{N-1}{2}\Omega_0\right)$$

即

$$y[n] = A|H(\Omega_0)|\cos\left[\left(n - \frac{N-1}{2}\right)\Omega_0 + \theta\right] \tag{6.18}$$

由式(6.17)、式(6.18)可见，输出波形是输入波形的延时，延时时间为 $(N-1)/2$ 个时间单位。输出信号的幅度放大(或缩小)了 $|H(\Omega_0)|$ 倍。

若取 $N = 2$，则

$$H(\Omega) = \frac{\sin(N\Omega/2)}{N\sin(\Omega/2)} e^{-j(N-1)\Omega/2} = \frac{\sin(2\Omega/2)}{2\sin(\Omega/2)} e^{-j(2-1)\Omega/2} = \frac{\sin\Omega}{2\sin(\Omega/2)} e^{-j\Omega/2}$$

相位函数

$$\angle H(\Omega) = -\frac{N-1}{2}\Omega = -\frac{1}{2}\Omega$$

当 $\Omega = \pi$ 时，$\angle H(\Omega) = -\frac{\pi}{2}$。

系统的幅频特性和相频特性如图 6.1 所示，其中横坐标为归一化频率，即 Ω/π，其变化范围为 0~1。

2 点的滑动平均滤波器为线性相位滤波器，输出延时输入信号 1/2 时间单位。

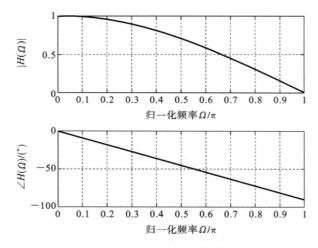

图 6.1   系统的幅频特性和相频特性(归一化)

6.3   数字滤波器的应用

信号往往与噪声混杂在一起,若用示波器观察,表现为信号上叠加了很多毛刺。噪声的存在会影响信号的恢复,降低仪器的测量精度,因此必须对噪声进行抑制。噪声的抑制方法有两种:一种是采用模拟滤波器,即用具体的电路系统实现滤波;另一种是采用数字滤波器,即采用某些算法实现滤波。这里我们采用数字滤波。

一般来说,噪声具有极宽的频谱,如白噪声为无穷宽频谱,而信号的频谱多在低频范围,故可通过低通滤波器来抑制噪声。

设有连续时间信号 $x(t)=s(t)+e(t)$,其中 $s(t)$ 为所需要检测的真正信号,$e(t)$ 为噪声信号。对信号进行采样,得离散时间信号

$$x[n]=s[n]+e[n]$$

对 $x[n]$ 求 DTFT,得

$$X(\Omega)=S(\Omega)+E(\Omega)$$

若用数字低通滤波器,如频率响应函数为 $H(\Omega)$ 的滑动平均滤波器(MA filter)进行滤波,则滤波器的输出为

$$Y(\Omega)=X(\Omega)H(\Omega)=[S(\Omega)+E(\Omega)]H(\Omega)=S(\Omega)H(\Omega)+E(\Omega)H(\Omega)$$

其中,$E(\Omega)H(\Omega)$ 的反变换为噪声通过系统所产生的响应。由于滤波器具有低通特性,噪声能得到较好地抑制,从而能较好地获得被测信号 $s(t)$。

6.4   理想低通数字滤波器

设理想低通数字滤波器的频率响应函数为

$$H(\Omega) = \sum_{k=-\infty}^{\infty} P_{2B}(\Omega + 2\pi k)$$

如图 6.2 所示。

设输入信号

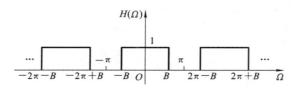

图 6.2 理想低通数字滤波器

$$x[n] = A\cos(\Omega_0 n), \quad n = 0, \pm 1, \pm 2, \cdots$$

当 $0 \leqslant \Omega_0 < B$ 时，$H(\Omega) = 1$，

$$y[n] = A\cos(\Omega_0 n), \quad n = 0, \pm 1, \pm 2, \cdots$$

故有

$$y[n] = x[n]$$

当 $B < \Omega_0 < \pi$ 时，$H(\Omega) = 0$，故有

$$y[n] = 0, \quad n = 0, \pm 1, \pm 2, \cdots$$

所以

$$y[n] = \begin{cases} A\cos(\Omega_0 n), & 0 \leqslant \Omega_0 < B \\ 0, & B < \Omega_0 < \pi \end{cases}$$

由于 $H(\Omega)$ 以 2π 为周期，故滤波器的输出为

$$y[n] = \begin{cases} A\cos(\Omega_0 n), & 2\pi k - B \leqslant \Omega_0 < 2\pi k + B, \quad k = 0, 1, 2, \cdots \\ 0, & \text{其他} \end{cases}$$

6.4.1 理想模拟滤波器可通过数字滤波实现

模拟信号 $x(t)$ 通过频率响应函数为 $H(\omega)$ 的理想模拟滤波器获得输出信号 $y(t)$，如图 6.3 所示。

现希望能用频率响应函数为 $H(\Omega)$ 的理想数字滤波器来实现理想模拟滤波器，即实现 $x[n] = x(t)|_{t=nT}$，$y[n] = y(t)|_{t=nT}$，如图 6.4 所示。

设理想模拟低通滤波器频率响应函数为

$$H(\omega) = P_{2B}(\omega)$$

频率响应曲线如图 6.5 所示。

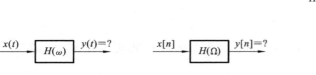

图 6.3 模拟滤波器　　**图 6.4 数字滤波器**　　**图 6.5 理想模拟低通滤波器**

当输入为

$$x(t) = A\cos\omega_0 t, \quad -\infty < t < \infty$$

时，理想低通滤波器的输出为

$$y(t) = \begin{cases} A\cos\omega_0 t, & \omega_0 \leqslant B \\ 0, & \omega_0 > B \end{cases}$$

只要 $\omega_0 \leqslant B$，就有 $y(t) = x(t)$。

如何用数字滤波实现上述模拟滤波呢？

若构造一理想数字低通滤波器,其频率响应函数为

$$H(\Omega) = \sum_{k=-\infty}^{\infty} P_{2B}(\Omega + 2\pi k)$$

频率响应曲线如图 6.6 所示。

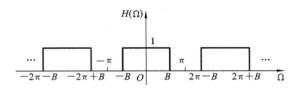

图 6.6 理想数字低通滤波器

将上述连续时间信号抽样,得输入离散时间信号

$$x[n] = x(t)\big|_{t=nT} = A\cos(\Omega_0 n)$$

式中:$\Omega_0 = \omega_0 T$,T 为抽样间隔。

显然,信号经过理想数字滤波器的输出为

$$y[n] = \begin{cases} A\cos(\Omega_0 n), & 0 \leqslant \Omega_0 < B \\ 0, & B < \Omega_0 < \pi \end{cases}$$

只要 $\Omega_0 < \pi$ 或 $\omega_0 < \pi/T$,就有

$$y[n] = x[n]$$

由此可见,可用理想数字低通滤波器实现理想模拟低通滤波器,即当数字滤波器的输入为 $x[n] = x(t)\big|_{t=nT}$ 时,数字滤波器的输出为 $y[n] = y(t)\big|_{t=nT}$。

6.4.2 理想低通滤波器的单位脉冲响应

系统的单位脉冲响应与系统的频率响应函数互为 DTFT 变换对,即

$$h[n] \leftrightarrow H(\Omega)$$

对于理想低通滤波器,有

$$\frac{B}{\pi} \text{sinc}\left(\frac{B}{\pi} n\right) \leftrightarrow \sum_{k=-\infty}^{\infty} P_{2B}(\Omega + 2\pi k)$$

即系统的单位脉冲响应为

$$h[n] = \frac{B}{\pi} \text{sinc}\left(\frac{B}{\pi} n\right)$$

显然,当 $n < 0$ 时,$h[n] \neq 0$,说明系统为非因果系统,即理想低通滤波器为非因果系统,在物理上是不可实现的。

6.5 因果低通数字滤波器

因果滤波器指物理上或算法上实际可实现的滤波器,如由具体的硬件电路实现滤波功能的滤波器就是模拟因果滤波器,而由算法实现滤波功能的滤波器就是因果数字滤波器。前面所述的滑动平均滤波器就是因果低通数字滤波器。

滑动平均滤波器由下列差分方程描述:

$$y[n] = \frac{1}{N}(x[n] + x[n-1] + x[n-2] + \cdots + x[n-N+1])$$

其单位脉冲响应为

$$h[n] = \frac{1}{N}(\delta[n] + \delta[n-1] + \delta[n-2] + \cdots + \delta[n-N+1])$$

显然，$n < 0$ 时，$h[n] = 0$，因此系统是因果的。

滑动平均滤波器的频率响应函数为

$$H(\Omega) = \frac{Y(\Omega)}{X(\Omega)} = \frac{1}{N}[1 + e^{-j\Omega} + e^{-j2\Omega} + \cdots + e^{-j(N-1)\Omega}]$$

即

$$H(\Omega) = \frac{\sin(N\Omega/2)}{N\sin(\Omega/2)}e^{-j(N-1)\Omega/2}$$

其幅频响应和相频响应分别为

$$|H(\Omega)| = \left|\frac{\sin(N\Omega/2)}{N\sin(\Omega/2)}\right|$$

$$\angle H(\Omega) = -\frac{N-1}{2}\Omega, \quad 0 \leqslant \Omega < \frac{2\pi}{N}$$

1. 2 点滑动平均滤波器

2 点滑动平均滤波器(2-point moving average filter)的差分方程为

$$y[n] = \frac{1}{2}(x[n] + x[n-1])$$

其频率响应函数为

$$H(\Omega) = \frac{\sin(N\Omega/2)}{N\sin(\Omega/2)}e^{-j(N-1)\Omega/2} = \frac{\sin\Omega}{2\sin(\Omega/2)}e^{-j\Omega/2}$$

幅频特性和相频特性分别为

$$|H(\Omega)| = \left|\frac{\sin\Omega}{2\sin(\Omega/2)}\right|$$

$$\angle H(\Omega) = -\frac{N-1}{2}\Omega = -\frac{1}{2}\Omega$$

以归一化频率 Ω/π 为横坐标，所得曲线如图 6.7 所示。由图 6.7 可见，系统为线性相位低通滤波器，但从带通过渡到带阻不够陡峭。

2. 3 点滑动平均滤波器

3 点滑动平均滤波器(3-point moving average filter)的差分方程为

$$y[n] = \frac{1}{3}(x[n] + x[n-1] + x[n-2])$$

频率响应函数为

$$H(\Omega) = \frac{\sin(N\Omega/2)}{N\sin(\Omega/2)}e^{-j(N-1)\Omega/2} = \frac{\sin(3\Omega/2)}{3\sin(\Omega/2)}e^{-j(3-1)\Omega/2}$$

由此可得系统的幅频特性和相频特性，如图 6.8 所示。由图 6.8 可知，幅频特性在全频率范围(Ω 范围为 $0 \sim \pi$，归一化频率范围为 $0 \sim 1$)并非单调下降，在频率为 $\frac{2}{3}\pi$ 处 $|H(\Omega)|$ 为零，接着又出现反弹，出现了旁瓣(sidelobe)。旁瓣的出现会降低滤波器的滤波效果，有较多的高频成分未得到抑制，这是我们不希望的。相频特性按线性规律变

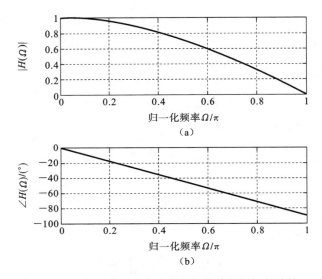

图 6.7　2 点滑动平均滤波器的幅频特性和相频特性

化,但在 $\dfrac{2}{3}\pi$ 频率处又出现了跳跃,随后的频率段按另外一条直线变化。显然,3 点滑动平均滤波器存在缺点。

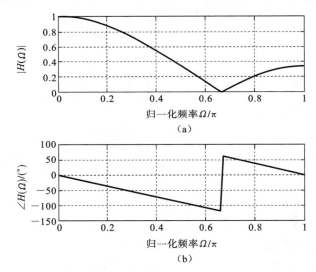

图 6.8　3 点滑动平均滤波器的幅频特性和相频特性

3. 3 点加权滑动平均滤波器

3 点加权滑动平均滤波器(weighted moving average,WMA)的差分方程为

$$y[n]=cx[n]+dx[n-1]+fx[n-2]$$

式中:c、d、f 为常数,且满足

$$c+d+f=1 \qquad\qquad (6.19)$$

对差分方程两边求 DTFT,得系统函数

$$H(\Omega)=c+de^{-j\Omega}+fe^{-j2\Omega}$$

所构成的低通滤波器希望在全频率范围幅频特性单调下降,无旁瓣,即在 $\Omega=\pi$ 处

$|H(\Omega)|=0$。

令

$$H(\pi)=c+de^{-j\pi}+fe^{-j2\pi}=0$$

即

$$H(\pi)=c-d+f=0 \tag{6.20}$$

由式(6.19)、式(6.20)得,$2d=1$,所以 $d=0.5$。

令 $\Omega=\pi/2$,有

$$H\left(\frac{\pi}{2}\right)=c+de^{-j\pi/2}+fe^{-j2\pi/2}$$

即

$$H\left(\frac{\pi}{2}\right)=c-jd-f$$

其模

$$\left|H\left(\frac{\pi}{2}\right)\right|=\sqrt{(c-f)^2+d^2}$$

由于希望获得从带通到带阻较陡峭的幅频特性,因此希望 $\left|H\left(\frac{\pi}{2}\right)\right|$ 尽可能小,所以有 $c-f=0$,则

$$c=f \tag{6.21}$$

联立上述代数方程,求得 $c=f=0.25$,故得 3 点加权滑动平均滤波器的差分方程为

$$y[n]=0.25x[n]+0.5x[n-1]+0.25x[n-2]$$

其频率响应函数为

$$H(\Omega)=0.25+0.5e^{-j\Omega}+0.25e^{-j2\Omega}=(0.25e^{j\Omega}+0.5+0.25e^{-j\Omega})e^{-j\Omega}$$

即

$$H(\Omega)=0.5(\cos\Omega+1)e^{-j\Omega}, \quad 0\leqslant\Omega<\pi$$

由于 $0.5(\cos\Omega+1)\geqslant0$,故滤波器的相位函数为

$$\angle H(\Omega)=-\Omega$$

显然,该滤波器为线性相位滤波器。信号通过系统后延时 1 个时间单位。

系统的幅频特性为

$$|H(\Omega)|=0.5(\cos\Omega+1), \quad 0\leqslant\Omega<\pi$$

图 6.9 展示了 2 点滑动平均滤波器及 3 点加权滑动平均滤波器的幅频响应曲线,分别如图中虚线和实线所示。显然,加权滑动平均滤波器的幅频特性从带通过渡到带阻更加陡峭,

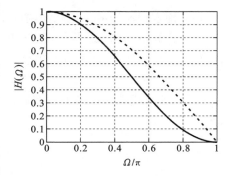

图 6.9 2 点滑动平均滤波器及 3 点加权滑动平均滤波器的幅频响应比较

且没有旁瓣,因此具有更好的滤波效果。不过,3 点加权滑动平均滤波器的输出信号具有更大的时间延时。

为了获得更加陡峭的幅频特性,可以将多级滤波器级联。例如,二级级联加权滑动平均滤波器系统框图如图 6.10 所示。

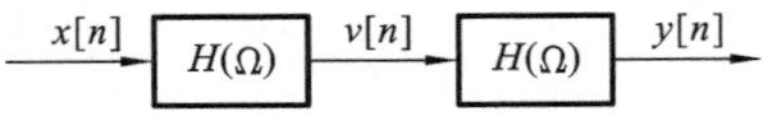

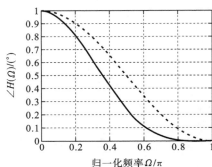

$x[n] \to \boxed{H(\Omega)} \to v[n] \to \boxed{H(\Omega)} \to y[n]$

图 6.10　二级级联加权滑动平均
滤波器系统框图

由图 6.10 可知,从时域来看,有

$$v[n] = x[n] * h[n]$$
$$y[n] = v[n] * h[n]$$

将上述二式求 DTFT,得

$$V(\Omega) = X(\Omega)H(\Omega)$$
$$Y(\Omega) = V(\Omega)H(\Omega)$$

故有

$$Y(\Omega) = X(\Omega)H^2(\Omega)$$

因此,级联系统的频率响应函数为

$$H^2(\Omega) = 0.25(\cos\Omega + 1)^2 e^{-j2\Omega}$$

图 6.11 展示了一级 3 点滑动平均滤波器
和二级级联 3 点加权滑动平均滤波器的幅频响
应曲线,分别如图中虚线和实线曲线所示。显
然,二级级联加权滑动平均滤波器的幅频特性
更加陡峭,能获得更好的滤波效果。但时间延
时前者为 1 个单位时间,后者为 2 个单位时间。
通常来说,滤波器级联越多,滤波效果越好,但
信号的延时越大。

图 6.11　一级 3 点滑动平均滤波器和二级
级联 3 点加权滑动平均滤波器的
幅频响应比较

习 题 6

1. 一理想低通数字滤波器具有如下频率响应函数:

$$H(\Omega) = \begin{cases} 1, & 0 \leqslant |\Omega| \leqslant \dfrac{\pi}{4} \\ 0, & \dfrac{\pi}{4} < |\Omega| \leqslant \pi \end{cases}$$

(1) 确定滤波器的单位脉冲响应 $h[n]$;

(2) 计算下列输入 $x[n]$ 下的输出 $y[n]$:

(a) $x[n] = \cos(\pi n/8), n = 0, \pm 1, \pm 2, \cdots$;

(b) $x[n] = \cos(3\pi n/4) + \cos(\pi n/16), n = 0, \pm 1, \pm 2, \cdots$。

2. 一理想线性相位高通滤波器具有频率响应函数 $H(\Omega)$,其在一个周期里的表达
式为

$$H(\Omega) = \begin{cases} e^{-j3\Omega}, & \dfrac{\pi}{2} \leqslant |\Omega| \leqslant \pi \\ 0, & 0 \leqslant |\Omega| < \dfrac{\pi}{2} \end{cases}$$

(1) 求滤波器的单位脉冲响应 $h[n]$;

(2) 求系统在下列激励下的响应:

(a) $x[n] = \cos(\pi n/4), n = 0, \pm 1, \pm 2, \cdots$;

(b) $x[n] = \cos(3\pi n/4), n = 0, \pm 1, \pm 2, \cdots$;

(c) $x[n] = \mathrm{sinc}(n/2), n = 0, \pm 1, \pm 2, \cdots$。

3. 连续时间信号 $x(t)$ 经抽样得到 $x[n]$，再作用于频率响应函数为 $H(\Omega)$ 的线性时不变系统，试确定最小的抽样间隔 T，并确定 $H(\Omega)$，使得

$$y[n]=\begin{cases} x[n], & x(t)=A\cos(\omega_0 t),\ 100\leqslant\omega_0<1000 \\ 0, & x(t)=A\cos(\omega_0 t),\ 0\leqslant\omega_0<100 \end{cases}$$

求 $H(\Omega)$ 的解析解。

4. 某滑动平均滤波器（WMA）在 $\Omega=0$ 时的频率响应函数 $H(\Omega)=1$。

（1）设计一 4 点 WMA 数字滤波器，使得频率响应函数 $H(\Omega)$ 满足 $H(\pi/2)=0.2-\mathrm{j}0.2$，$H(\pi)=0$，给出滤波器的输入/输出关系；

（2）给出系统的差分方程。

5. 一离散时间系统的差分方程为

$$y[n]=x[n]+x[n-1]$$

（1）求系统的频率响应函数 $H(\Omega)$；

（2）求系统的单位脉冲响应 $h[n]$；

（3）画出系统的幅频响应 $|H(\Omega)|$ 和相频响应 $\angle H(\Omega)$；

（4）确定系统的 3 dB 带宽。

6. 设 $h_{\mathrm{LPF}}[n]$ 为离散时间低通滤波器的脉冲响应，频率响应为 $H_{\mathrm{LPF}}(\Omega)$。证明：

$$h[n]=(-1)^n h_{\mathrm{LPF}}[n]$$

的系统是一个高通滤波器，其频率响应函数为

$$H(\Omega)=H_{\mathrm{LPF}}(\Omega-\pi)$$

7

拉普拉斯变换和连续
时间系统复频域分析

由微分方程描述的连续时间系统通过求拉普拉斯变换将时域微分方程转化为复频域代数方程,解代数方程,再求反变换即可得系统的响应,利用拉普拉斯变换求系统的响应较经典法解微分方程容易得多。利用拉普拉斯变换可确定系统函数,判断系统的稳定性,研究系统的频率响应,求任意输入的系统响应等。本章将就上述问题进行阐述。

7.1 连续时间信号拉普拉斯变换

信号 $x(t)$ 的傅里叶变换定义为

$$X(\omega) = \int_{-\infty}^{\infty} x(t) e^{-j\omega t} dt \qquad (7.1)$$

其存在的条件是信号满足绝对可积条件,即 $\int_{-\infty}^{\infty} |x(t)| dt < \infty$。有些信号如单位阶跃信号、正指数信号 $e^{at} u(t) (a > 0)$ 等不满足该条件,因此没有通常意义的傅里叶变换。但是如果在被积函数中乘以一个衰减指数 $e^{-\sigma t}$,当 σ 为一足够大的正实数时,其傅里叶变换存在。例如,对于正指数信号 $e^{at} u(t) (a > 0)$,当 $\sigma > a$ 时,其傅里叶变换为

$$\mathscr{F}[x(t) e^{-\sigma t}] = \int_{-\infty}^{\infty} x(t) e^{-\sigma t} \cdot e^{-j\omega t} dt = \int_{0}^{\infty} e^{at} \cdot e^{-(\sigma + j\omega)t} dt = \frac{1}{\sigma - a + j\omega}$$

对于单位阶跃信号 $x(t) = u(t)$,当 $\sigma > 0$ 时,有

$$\int_{-\infty}^{\infty} x(t) e^{-\sigma t} \cdot e^{-j\omega t} dt = \int_{0}^{\infty} e^{-(\sigma + j\omega)t} dt = \frac{1}{\sigma + j\omega}$$

令 $\sigma + j\omega = s$,则信号 $x(t) e^{-\sigma t}$ 的傅里叶变换为

$$\mathscr{F}[x(t) e^{-\sigma t}] = \int_{-\infty}^{\infty} x(t) e^{-\sigma t} \cdot e^{-j\omega t} dt = \int_{-\infty}^{\infty} x(t) e^{-st} dt \qquad (7.2)$$

定义

$$X(s) = \int_{-\infty}^{\infty} x(t) e^{-(\sigma + j\omega)t} dt = \int_{-\infty}^{\infty} x(t) e^{-st} dt \qquad (7.3)$$

为信号的拉普拉斯变换(Laplace transform)。$X(s)$ 称为 $x(t)$ 的象函数,$x(t)$ 称为原函数。

拉普拉斯变换是将信号从时域到复频域的变换,有些信号的傅里叶变换不存在,但

拉普拉斯变换却存在,因此在傅里叶变换无法应用的地方有可能应用拉普拉斯变换。

7.1.1 拉普拉斯变换

1. 双边拉氏变换

双边拉氏变换(bilateral Laplace transform)定义为

$$X(s) = \mathscr{L}[x(t)] = \int_{-\infty}^{\infty} x(t)\mathrm{e}^{-st}\,\mathrm{d}t \tag{7.4}$$

其反变换可由傅里叶反变换导出。由式(7.2)有

$$\mathrm{e}^{-\sigma t}x(t) = \frac{1}{2\pi}\int_{-\infty}^{\infty} X(\omega)\mathrm{e}^{\mathrm{j}\omega t}\,\mathrm{d}\omega \tag{7.5}$$

上式两边同乘 $\mathrm{e}^{\sigma t}$,得

$$x(t) = \frac{1}{2\pi}\int_{-\infty}^{\infty} X(\omega)\mathrm{e}^{\sigma t}\,\mathrm{e}^{\mathrm{j}\omega t}\,\mathrm{d}\omega \tag{7.6}$$

因为 $s = \sigma + \mathrm{j}\omega$,$\sigma$ 为实常数,故 $\mathrm{d}s = \mathrm{j}\mathrm{d}\omega$,当 $\omega \rightarrow \pm\infty$ 时,$s \rightarrow \sigma \pm \mathrm{j}\infty$,故式(7.6)变为

$$x(t) = \mathscr{L}^{-1}[X(s)] = \frac{1}{2\pi\mathrm{j}}\int_{\sigma-\mathrm{j}\infty}^{\sigma+\mathrm{j}\infty} X(s)\mathrm{e}^{st}\,\mathrm{d}s \tag{7.7}$$

式(7.3)、式(7.6)为双边拉普拉斯变换对,记作 $x(t) \leftrightarrow X(s)$。

2. 单边拉氏变换

若 $x(t)$ 为单边信号,即当 $t < 0$ 时,$x(t) = 0$,则式(7.3)变为单边拉氏变换(unilateral Laplace transform):

$$X(s) = \int_{0}^{\infty} x(t)\mathrm{e}^{-st}\,\mathrm{d}t \tag{7.8}$$

其反变换变为

$$x(t) = \left[\frac{1}{2\pi\mathrm{j}}\int_{\sigma-\mathrm{j}\infty}^{\sigma+\mathrm{j}\infty} X(s)\mathrm{e}^{st}\,\mathrm{d}s\right]u(t) \tag{7.9}$$

3. 拉氏变换的收敛域

使得拉普拉斯变换存在的所有 s 取值范围,称为收敛域(region of convergence,ROC)。

【例 7-1】 已知 $x(t) = \mathrm{e}^{at}u(t)$,$a > 0$,求信号拉氏变换的收敛域。

$$X(s) = \int_{-\infty}^{\infty} x(t)\mathrm{e}^{-st}\,\mathrm{d}t = \int_{0}^{\infty} \mathrm{e}^{at}\,\mathrm{e}^{-(\sigma+\mathrm{j}\omega)t}\,\mathrm{d}t = \frac{1}{\sigma+\mathrm{j}\omega-a} = \frac{1}{s-a}, \quad \sigma > a$$

这里 $\sigma = \mathrm{Re}(s) > a$ 即为收敛域(简记为 $\sigma > a$),是使拉普拉斯变换存在的所有 s 的取值范围,如图 7.1 所示的阴影区域。$\mathrm{Re}(s)$ 表示取 s 的实部(real part)。

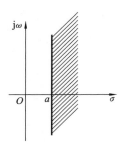
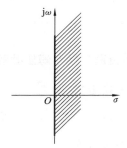

图 7.1　正指数信号 $\mathrm{e}^{at}u(t)$ 的收敛域　　　图 7.2　单位阶跃信号 $u(t)$ 的收敛域

显然,单位阶跃信号的收敛域为 $\sigma>0$,如图 7.2 所示的右半平面区域。

【例 7-2】 已知 $x(t)=\mathrm{e}^{bt}u(t)+\mathrm{e}^{at}u(-t),a>0,b>0$,求信号拉氏变换的收敛域。

解 $X(s)=\displaystyle\int_{-\infty}^{\infty}x(t)\mathrm{e}^{-st}\,\mathrm{d}t=\int_{0}^{\infty}\mathrm{e}^{bt}u(t)\mathrm{e}^{-st}\,\mathrm{d}t+\int_{-\infty}^{0}\mathrm{e}^{at}u(-t)\mathrm{e}^{-st}\,\mathrm{d}t$

$\qquad\qquad =X_1(s)+X_2(s)$

欲使 $X_1(s)=\displaystyle\int_{0}^{\infty}\mathrm{e}^{bt}u(t)\mathrm{e}^{-st}\,\mathrm{d}t$ 存在,必须 $\sigma>b$;欲使 $X_2(s)=\displaystyle\int_{-\infty}^{0}\mathrm{e}^{at}u(-t)\mathrm{e}^{-st}\,\mathrm{d}t$ 存在,必须 $\sigma<a$;若 $a>b$,则双边拉氏变换存在,且 $X(s)=X_1(s)+X_2(s)$;若 $a\leqslant b$,$X_1(s)$、$X_2(s)$ 均存在,但由于没有公共的收敛域,因此双边拉氏变换 $X(s)$ 不存在。

由于双边拉氏变换的收敛域存在上述限制,使得反变换求解困难,且在实际中多为因果信号与系统的分析,故单边拉氏变换应用更为广泛。

7.1.2 典型信号的拉普拉斯变换

(1) 单边指数信号 $x(t)=\mathrm{e}^{-at}u(t),a>0$。

$$X(s)=\int_{-\infty}^{\infty}x(t)\mathrm{e}^{-st}\,\mathrm{d}t=\int_{-\infty}^{\infty}\mathrm{e}^{-at}u(t)\mathrm{e}^{-st}\,\mathrm{d}t=\int_{0}^{\infty}\mathrm{e}^{-(s+a)t}\,\mathrm{d}t$$

$$X(s)=\frac{-1}{s+a}\mathrm{e}^{-(s+a)t}\Big|_{0}^{\infty}$$

若 $\sigma+a>0$,即 $\sigma>-a$,$\displaystyle\lim_{t\to\infty}\mathrm{e}^{-(s+a)t}=\lim_{t\to\infty}\mathrm{e}^{-(\sigma+\mathrm{j}\omega+a)t}=0$,故

$$X(s)=\mathscr{L}[\mathrm{e}^{-at}u(t)]=\frac{1}{s+a} \tag{7.10}$$

收敛域为 $\sigma=\mathrm{Re}(s)>-a$。

(2) 单位阶跃信号 $x(t)=u(t)$。

若单边指数信号中 $a=0$,则有 $x(t)=u(t)$,故

$$X(s)=\mathscr{L}[u(t)]=\frac{1}{s} \tag{7.11}$$

(3) 单位冲激信号 $x(t)=\delta(t)$。

$$X(s)=\mathscr{L}[\delta(t)]=\int_{-\infty}^{\infty}\delta(t)\mathrm{e}^{-st}\,\mathrm{d}t=1 \tag{7.12}$$

(4) 单边余弦信号 $x(t)=\cos(\omega_0 t)u(t)$。

$$X(s)=\int_{0}^{\infty}\cos(\omega_0 t)\mathrm{e}^{-st}\,\mathrm{d}t=\int_{0}^{\infty}\frac{1}{2}(\mathrm{e}^{\mathrm{j}\omega_0 t}+\mathrm{e}^{-\mathrm{j}\omega_0 t})\mathrm{e}^{-st}\,\mathrm{d}t=\frac{s}{s^2+\omega_0^2} \tag{7.13}$$

(5) 单边正弦信号 $x(t)=\sin\omega_0 t\cdot u(t)$。

$$X(s)=\int_{0}^{\infty}\sin(\omega_0 t)\mathrm{e}^{-st}\,\mathrm{d}t=\int_{0}^{\infty}\frac{1}{2\mathrm{j}}(\mathrm{e}^{\mathrm{j}\omega_0 t}-\mathrm{e}^{-\mathrm{j}\omega_0 t})\mathrm{e}^{-st}\,\mathrm{d}t=\frac{\omega_0}{s^2+\omega_0^2} \tag{7.14}$$

7.1.3 拉普拉斯变换与傅里叶变换之间关系

傅里叶变换定义为

$$X(\omega)=\int_{-\infty}^{\infty}x(t)\mathrm{e}^{-\mathrm{j}\omega t}\,\mathrm{d}t$$

拉普拉斯变换定义为

$$X(s)=\int_{-\infty}^{\infty}x(t)\mathrm{e}^{-st}\,\mathrm{d}t,\quad s=\sigma+\mathrm{j}\omega,\quad \mathrm{Re}(s)>\sigma_0$$

显然有，

$$X(\mathrm{j}\omega) = X(s)\big|_{s=\mathrm{j}\omega} \tag{7.15}$$

为简便起见，常把 $X(\mathrm{j}\omega)$ 表示成 $X(\omega)$。式(7.15)表明，当拉氏变换只在 $\mathrm{j}\omega$ 轴取值时就是傅里叶变换，因此可得如下结论：

（1）当 $\mathrm{Re}(s)=\sigma_0>0$ 时，$x(t)$ 的拉氏变换 $X(s)$ 存在，但由于收敛域不包含 $\mathrm{j}\omega$ 轴，故傅里叶变换 $X(\omega)$ 不存在；

（2）当 $\mathrm{Re}(s)=\sigma_0<0$ 时，$x(t)$ 的拉氏变换 $X(s)$ 存在，且收敛域包含 $\mathrm{j}\omega$ 轴，故傅里叶变换 $X(\omega)$ 亦存在，有

$$X(\mathrm{j}\omega) = X(s)\big|_{s=\mathrm{j}\omega}$$

因此，可以根据拉氏变换求傅里叶变换。

【例 7-3】 已知信号 $x(t)=\mathrm{e}^{-at}u(t)$，$a>0$ 的拉氏变换为 $X(s)=\dfrac{1}{s+a}$，求信号的傅里叶变换。

解 拉氏变换的收敛域 $\mathrm{Re}(s)=-a<0$ 包含虚轴，故有

$$X(\mathrm{j}\omega) = X(s)\big|_{s=\mathrm{j}\omega} = \frac{1}{\mathrm{j}\omega+a}$$

（3）当 $\sigma_0=0$ 时，收敛边界为虚轴，信号 $x(t)$ 的傅里叶变换与拉氏变换均存在，但二者之间的关系变得更复杂。

为简单起见，设 $X(s)$ 在 $\mathrm{j}\omega$ 轴上有 N 个单极点 $\mathrm{j}\omega_i(i=1,2,\cdots,N)$，其余极点均位于 s 左半平面。$X(s)$ 可表示为

$$X(s) = \mathscr{L}\big[x(t)\big] = X_a(s) + \sum_{i=1}^{N}\frac{c_i}{s-\mathrm{j}\omega_i} \tag{7.16}$$

其中，$X_a(s)$ 对应 s 左半平面极点的拉氏变换，$\displaystyle\sum_{i=1}^{N}\frac{c_i}{s-\mathrm{j}\omega_i}$ 对应 $\mathrm{j}\omega$ 轴极点拉氏变换。设 $\mathscr{L}^{-1}\big[X_a(s)\big] = x_a(t)u(t)$，则式(7.16)的拉氏反变换为

$$x(t) = x_a(t)u(t) + \sum_{i=1}^{N}c_i\mathrm{e}^{\mathrm{j}\omega_i t}u(t) \tag{7.17}$$

其傅里叶变换为

$$
\begin{aligned}
\mathscr{F}\big[x(t)\big] &= X_a(\mathrm{j}\omega) + \sum_{i=1}^{N}c_i\left[\pi\delta(\omega-\omega_i) + \frac{1}{\mathrm{j}(\omega-\omega_i)}\right] \\
&= X_a(s)\big|_{s=\mathrm{j}\omega} + \left(\sum_{i=1}^{N}\frac{c_i}{s-\mathrm{j}\omega_i}\right)\Big|_{s=\mathrm{j}\omega} + \pi\sum_{i=1}^{N}c_i\delta(\omega-\omega_i) \\
&= X(s)\big|_{s=\mathrm{j}\omega} + \pi\sum_{i=1}^{N}c_i\delta(\omega-\omega_i)
\end{aligned} \tag{7.18}
$$

式(7.18)表明，当 $X(s)$ 在 $\mathrm{j}\omega$ 轴仅有单极点时，其相应的傅里叶变换由两部分组成：一部分直接由 $s=\mathrm{j}\omega$ 代入 $X(s)$ 而得；另一部分由虚轴上的每个极点 $\mathrm{j}\omega_i$ 所对应的冲激项 $\pi c_i\delta(\omega-\omega_i)$ 组成，其中 c_i 是相应拉氏变换部分分式展开的系数。

【例 7-4】 已知 $X(s)=\mathscr{L}\big[x(t)\big]=\dfrac{s}{s^2+\omega_0^2}$，求信号的傅里叶变换。

解

$$\frac{s}{s^2+\omega_0^2} = \frac{1/2}{s+\mathrm{j}\omega_0} + \frac{1/2}{s-\mathrm{j}\omega_0}$$

显然在虚轴上有两个极点 $\pm\mathrm{j}\omega$，由式(7.18)得

$$\mathscr{F}\left[x(t)\right]=\frac{j\omega}{(j\omega)^2+\omega_0^2}+\frac{\pi}{2}\delta(\omega+\omega_0)+\frac{\pi}{2}\delta(\omega-\omega_0)$$

若 $X(s)$ 在 $j\omega$ 轴具有 m 重极点 $j\omega_0$，则 $X(s)$ 可写成

$$\mathscr{L}\left[x(t)\right]=X_a(s)+\frac{c_{1m}}{(s-j\omega_0)^m}+\cdots+\frac{c_{12}}{(s-j\omega_0)^2}+\frac{c_{11}}{s-j\omega_0}$$

式中：$X_a(s)$ 是由 $X(s)$ 中 s 左半平面极点对应的部分分式组成，其余各项为含重极点 $j\omega_0$ 的各部分分式。

$X(s)$ 的拉氏反变换为

$$x(t)=x_a(t)u(t)+\frac{k_{1m}t^{m-1}}{(m-1)!}e^{j\omega_0 t}u(t)+\cdots+k_{12}te^{j\omega_0 t}u(t)+k_{11}e^{j\omega_0 t}u(t)$$

$x(t)$ 的傅里叶变换为

$$\mathscr{F}\left[x(t)\right]=X_a(j\omega)+\frac{k_{1m}\pi j^{m-1}}{(m-1)!}\delta^{(m-1)}(\omega-\omega_0)+\frac{k_{1m}}{(j\omega-j\omega_0)^m}+\cdots$$
$$+\frac{k_{12}\pi j}{1!}\delta'(\omega-\omega_0)+\frac{k_{12}}{(j\omega-j\omega_0)^2}+k_{11}\pi\delta(\omega-\omega_0)+\frac{k_{11}}{j\omega-j\omega_0}$$

即

$$\mathscr{F}\left[x(t)\right]=X(s)\big|_{s=j\omega}+\frac{k_{1m}\pi j^{m-1}}{(m-1)!}\delta^{(m-1)}(\omega-\omega_0)+\cdots+\frac{k_{12}\pi j}{1!}\delta'(\omega-\omega_0)+k_{11}\pi\delta(\omega-\omega_0)$$

$$(7.19)$$

式中：$\delta^{(m-1)}(\omega-\omega_0),\delta^{(m-2)}(\omega-\omega_0),\cdots,\delta'(\omega-\omega_0)$ 为 $\omega=\omega_0$ 处出现的冲激函数的 $(m-1),(m-2),\cdots,1$ 阶导数。

【例 7-5】 已知 $X(s)=\dfrac{1}{s^2}$，求原函数的傅里叶变换。

解 $X(s)$ 在虚轴上 $\omega_0=0$ 处有一个二阶极点，由式(7.19)得

$$\mathscr{F}\left[x(t)\right]=X(s)\big|_{s=j\omega}+\frac{k_{12}\pi j^{2-1}}{(2-1)!}\delta^{(2-1)}(\omega-\omega_0)+k_{11}\pi\delta(\omega-\omega_0)=\frac{1}{(j\omega)^2}+j\pi\delta'(\omega)$$

7.2 拉普拉斯变换的性质

1. 线性(linearity)

若 $x_1(t)\leftrightarrow X_1(s),x_2(t)\leftrightarrow X_2(s)$，则

$$c_1x_1(t)+c_2x_2(t)\leftrightarrow c_1X_1(s)+c_2X_2(s) \qquad (7.20)$$

式中：c_1、c_2 为任意常数。

【例 7-6】 $x(t)=\cos(\omega_0 t)u(t)$，求 $X(s)$。

解 $$x(t)=\frac{1}{2}(e^{j\omega_0 t}+e^{-j\omega_0 t})u(t)$$

由 $e^{-at}u(t)\leftrightarrow\dfrac{1}{s+a}$，得

$$X(s)=\frac{1}{2}\left(\frac{1}{s-j\omega_0}+\frac{1}{s+j\omega_0}\right)=\frac{s}{s^2+\omega_0^2}$$

同样

$$x(t)=\sin(\omega_0 t)u(t)=\frac{1}{2j}(e^{j\omega_0 t}-e^{-j\omega_0 t})u(t)$$

$$X(s) = \frac{1}{2\mathrm{j}}\left(\frac{1}{s-\mathrm{j}\omega_0} - \frac{1}{s+\mathrm{j}\omega_0}\right) = \frac{\omega_0}{s^2+\omega_0^2}$$

2. 尺度特性(time scaling)

若 $x(t) \leftrightarrow X(s)$,则

$$x(at) \leftrightarrow \frac{1}{|a|}X\left(\frac{s}{a}\right) \tag{7.21}$$

式中:a 为任意常数。

证
$$\mathscr{L}[x(at)] = \int_{-\infty}^{\infty} x(at)\mathrm{e}^{-st}\,\mathrm{d}t$$

令 $t'=at$,当 $a>0$ 时,有

$$\mathscr{L}[x(at)] = \int_{-\infty}^{\infty} x(at)\mathrm{e}^{-st}\,\mathrm{d}t = \int_{-\infty}^{\infty} x(t')\mathrm{e}^{-s\left(\frac{t'}{a}\right)}\,\mathrm{d}\left(\frac{t'}{a}\right)$$

$$= \frac{1}{a}\int_{-\infty}^{\infty} x(t')\mathrm{e}^{-\mathrm{j}\left(\frac{s}{a}\right)t'}\,\mathrm{d}t' = \frac{1}{a}X\left(\frac{s}{a}\right)$$

当 $a<0$ 时,有

$$\mathscr{L}[x(at)] = \int_{-\infty}^{\infty} x(at)\mathrm{e}^{-st}\,\mathrm{d}t = \int_{\infty}^{-\infty} x(t')\mathrm{e}^{-s\left(\frac{t'}{a}\right)}\,\mathrm{d}\left(\frac{t'}{a}\right)$$

$$= -\frac{1}{a}\int_{-\infty}^{\infty} x(t')\mathrm{e}^{-\frac{s}{a}t'}\,\mathrm{d}t' = -\frac{1}{a}X\left(\frac{s}{a}\right)$$

故

$$x(at) \leftrightarrow \frac{1}{|a|}X\left(\frac{s}{a}\right)$$

【例 7-7】 已知 $x(t) = u(at)$,求信号的傅里叶变换。

解 设 $a>0$,则

$$u(at) \leftrightarrow \frac{1}{|a|}\cdot\frac{1}{\frac{s}{a}} = \frac{1}{s}$$

对于任意 $a>0$,$u(at) = u(t)$。

3. 时移性(time shifting)

若 $x(t)u(t) \leftrightarrow X(s)$,则

$$x(t-c)u(t-c) \leftrightarrow X(s)\mathrm{e}^{-cs} \tag{7.22}$$

式中:c 为任意正实数。

证
$$\mathscr{L}[x(t-c)u(t-c)] = \int_0^{\infty} x(t-c)u(t-c)\mathrm{e}^{-st}\,\mathrm{d}t$$

令 $t'=t-c$,则

$$\mathscr{L}[x(t-c)u(t-c)] = \int_{-c}^{\infty} x(t')u(t')\mathrm{e}^{-s(t'+c)}\,\mathrm{d}t' = \int_0^{\infty} x(t')\mathrm{e}^{-s(t'+c)}\,\mathrm{d}t' = \mathrm{e}^{-cs}X(s)$$

若信号同时具有时移和尺度,可证明下列关系:

$$x(at-b) \leftrightarrow \frac{1}{|a|}X\left(\frac{s}{a}\right)\mathrm{e}^{-\frac{b}{a}s} \tag{7.23}$$

【例 7-8】 $x(t) = u(t) - u(t-c)$,求 $X(s)$。

解
$$X(s) = \frac{1}{s} - \frac{1}{s}\mathrm{e}^{-cs} = \frac{1}{s}(1-\mathrm{e}^{-cs})$$

【例 7-9】 $x(t) = e^{-t}u(t-2)$，求 $X(s)$。

解
$$x(t) = e^{-t}u(t-2) = e^{-2}e^{-(t-2)}u(t-2)$$

$$X(s) = \frac{e^{-2}}{s+1}e^{-2s}$$

【例 7-10】 已知图 7.3 所示信号中，$x(t) = tu(t) \leftrightarrow \dfrac{1}{s^2}$，求 $x_1(t)$、$x_2(t)$ 的拉普拉斯变换。

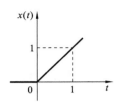 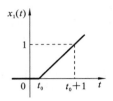 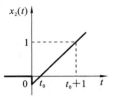

图 7.3 例 7-10 信号

解 已知

$$x(t) = tu(t) \leftrightarrow \frac{1}{s^2} \quad （证明见后）$$

$$x_1(t) = (t-t_0)u(t-t_0) \leftrightarrow \frac{1}{s^2}e^{-st_0}$$

$$x_2(t) = (t-t_0)u(t) \leftrightarrow \frac{1}{s^2} - t_0\frac{1}{s}$$

【例 7-11】 求图 7.4 所示信号的拉普拉斯变换。

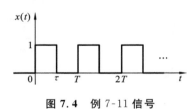

图 7.4 例 7-11 信号

解
$$x_1(t) = [u(t) - u(t-\tau)]$$
$$x(t) = x_1(t) + x_1(t-T) + x_1(t-2T) + \cdots$$
$$X(s) = X_1(s) + X_1(s)e^{-sT} + X_1(s)e^{-2sT} + \cdots$$
$$= X_1(s)(1 + e^{-sT} + e^{-2sT} + \cdots)$$
$$= X_1(s)\frac{1}{1-e^{-sT}}, \quad |e^{-sT}| < 1$$

因为 $x_1(t) = u(t) - u(t-\tau)$，$X_1(s) = \dfrac{1}{s}(1-e^{-s\tau})$，所以

$$X(s) = \frac{1}{s} \cdot \frac{1-e^{-s\tau}}{1-e^{-sT}}$$

【例 7-12】 已知 $\delta_T(t) = \displaystyle\sum_{n=0}^{\infty}\delta(t-nT)$，求信号的拉普拉斯变换。

解
$$\mathscr{L}[\delta_T(t)] = 1 + e^{-sT} + e^{-2sT} + \cdots = \frac{1}{1-e^{-sT}}, \quad |e^{-sT}| < 1$$

【例 7-13】 已知 $x_s(t) = \displaystyle\sum_{n=0}^{\infty}x(nT)\delta(t-nT)$，求信号的拉普拉斯变换。

解
$$X_s(s) = \mathscr{L}[x_s(t)] = \sum_{n=0}^{\infty}x(nT)e^{-nsT}$$

4. 频移性(shifting in the s-domain)

若 $x(t) \leftrightarrow X(s)$，则对于任意实数或复数 s_0，有

$$\mathscr{L}[x(t)\mathrm{e}^{\pm s_0 t}]=X(s\mp s_0) \tag{7.24}$$

证

$$\int_{-\infty}^{\infty}[x(t)\mathrm{e}^{\pm s_0 t}]\mathrm{e}^{-st}\,\mathrm{d}t=\int_{-\infty}^{\infty}x(t)\mathrm{e}^{-(s\mp s_0)t}\,\mathrm{d}t=X(s\mp s_0)$$

若 $s=\mathrm{j}\omega$，则

$$\mathscr{L}[x(t)\mathrm{e}^{\pm \mathrm{j}\omega_0 t}]=X(s\mp \mathrm{j}\omega_0) \tag{7.25}$$

【例 7-14】 已知 $v(t)=[u(t)-u(t-c)]\mathrm{e}^{at}$，求 $V(s)$。

解 设 $x(t)=u(t)-u(t-c)$，则

$$X(s)=\frac{1}{s}-\frac{1}{s}\mathrm{e}^{-cs}=\frac{1}{s}(1-\mathrm{e}^{-cs})$$

$$v(t)=[u(t)-u(t-c)]\mathrm{e}^{at}=x(t)\mathrm{e}^{at}$$

故有 $V(s)=X(s-a)$，即

$$V(s)=\frac{1}{s-a}[1-\mathrm{e}^{-c(s-a)}]$$

根据欧拉公式及频移特性，可证明下列关系：

$$\mathscr{L}[x(t)\cos(\omega_0 t)]=\frac{1}{2}[X(s+\mathrm{j}\omega_0)+X(s-\mathrm{j}\omega_0)] \tag{7.26}$$

$$\mathscr{L}[x(t)\sin(\omega_0 t)]=\frac{\mathrm{j}}{2}[X(s+\mathrm{j}\omega_0)-X(s-\mathrm{j}\omega_0)] \tag{7.27}$$

对于单边正弦信号和余弦信号，因为

$$x(t)=\sin(\omega_0 t)u(t)=\frac{1}{2\mathrm{j}}(\mathrm{e}^{\mathrm{j}\omega_0 t}-\mathrm{e}^{-\mathrm{j}\omega_0 t})u(t)$$

$$x(t)=\cos(\omega_0 t)u(t)=\frac{1}{2}(\mathrm{e}^{\mathrm{j}\omega_0 t}+\mathrm{e}^{-\mathrm{j}\omega_0 t})u(t)$$

故有

$$\mathscr{L}[\sin(\omega_0 t)u(t)]=\frac{\mathrm{j}}{2}\left[\frac{1}{s+\mathrm{j}\omega_0}-\frac{1}{s-\mathrm{j}\omega_0}\right]=\frac{\omega_0}{s^2+\omega_0^2} \tag{7.28}$$

$$\mathscr{L}[\cos(\omega_0 t)u(t)]=\frac{1}{2}\left[\frac{1}{s+\mathrm{j}\omega_0}+\frac{1}{s-\mathrm{j}\omega_0}\right]=\frac{s}{s^2+\omega_0^2} \tag{7.29}$$

【例 7-15】 已知 $x(t)=\mathrm{e}^{-at}\cos(\omega_0 t)u(t)$，求 $X(s)$。

解 由 $u(t)\cos\omega_0 t \leftrightarrow \dfrac{s}{s^2+\omega_0^2}$，有

$$\mathscr{L}[\mathrm{e}^{-at}\cos(\omega_0 t)u(t)]=\frac{s+\alpha}{(s+\alpha)^2+\omega_0^2} \tag{7.30}$$

类似地，可得

$$\mathscr{L}[\mathrm{e}^{-at}\sin(\omega_0 t)u(t)]=\frac{\omega_0}{(s+\alpha)^2+\omega_0^2} \tag{7.31}$$

【例 7-16】 已知 $x(t)=u(t)\sin(\omega_0 t)\sin(\omega_0 t)$，求 $X(s)$。

解 $\mathscr{L}[u(t)\sin(\omega_0 t)\sin(\omega_0 t)]=\dfrac{\mathrm{j}}{2}\left[\dfrac{\omega_0}{(s+\mathrm{j}\omega_0)^2+\omega_0^2}-\dfrac{\omega_0}{(s-\mathrm{j}\omega_0)^2+\omega_0^2}\right]$

5. 时域微分性(differentiation in the time domain)

若 $x(t)\leftrightarrow X(s)$，则

$$\mathscr{L}\left[\frac{\mathrm{d}x(t)}{\mathrm{d}t}\right]=sX(s)-x(0^-) \tag{7.32}$$

若 $t<0$ 时 $x(t)=0$，则 $x(0^-)=0$，有

$$\mathscr{L}\left[\frac{\mathrm{d}x(t)}{\mathrm{d}t}\right]=sX(s) \tag{7.33}$$

证　$\mathscr{L}\left[\dfrac{\mathrm{d}x(t)}{\mathrm{d}t}\right]=\displaystyle\int_{0^-}^{\infty}\dfrac{\mathrm{d}}{\mathrm{d}t}x(t)\mathrm{e}^{-st}\,\mathrm{d}t=x(t)\mathrm{e}^{-st}\Big|_{0^-}^{\infty}-\displaystyle\int_{0^-}^{\infty}x(t)(-s)\mathrm{e}^{-st}\,\mathrm{d}t$

$\qquad\qquad =sX(s)-x(0^-)$

$\mathscr{L}\left[\dfrac{\mathrm{d}^2x(t)}{\mathrm{d}t^2}\right]=s\left\{\mathscr{L}\left[\dfrac{\mathrm{d}}{\mathrm{d}t}x(t)\right]\right\}-\left[\dfrac{\mathrm{d}}{\mathrm{d}t}x(t)\right]\Big|_{t=0^-}=s^2X(s)-sx(0^-)-x'(0^-)$

重复上述过程可推得

$$\mathscr{L}\left[\frac{\mathrm{d}^nx(t)}{\mathrm{d}t^n}\right]=s^nX(s)-\sum_{m=0}^{n-1}s^{n-1-m}x^{(m)}(0^-) \tag{7.34}$$

【例 7-17】　$x(t)=\delta(t)$，求 $X(s)$。

解　$\qquad\qquad x(t)=\delta(t)=\dfrac{\mathrm{d}}{\mathrm{d}t}u(t)\leftrightarrow s\,\dfrac{1}{s}-u(0^-)=1-0=1$

【例 7-18】　求图 7.5 所示信号 $x(t)$ 的拉普拉斯变换。

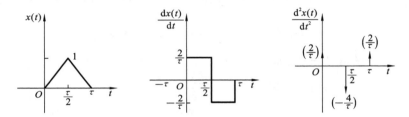

图 7.5　例 7-18 的信号及其一阶、二阶导数波形

解　将信号 $x(t)$ 求导，其一阶、二阶导数波形如图 7.5 所示，有

$$x''(t)=\frac{2}{\tau}\delta(t)-\frac{4}{\tau}\delta\left(t-\frac{\tau}{2}\right)+\frac{2}{\tau}\delta(t-\tau)$$

$$\mathscr{L}\left[x''(t)\right]=s^2X(s)=\frac{2}{\tau}-\frac{4}{\tau}\mathrm{e}^{-s\tau/2}+\frac{2}{\tau}\mathrm{e}^{-s\tau}$$

$$X(s)=\frac{2}{\tau s^2}(1-2\mathrm{e}^{-s\tau/2}+\mathrm{e}^{-s\tau})=\frac{2}{\tau s^2}(1-\mathrm{e}^{-s\tau/2})^2$$

6. 时域积分性(integration in the time domain)

若 $x(t)\leftrightarrow X(s)$，则

$$\mathscr{L}\left[\int_{-\infty}^{t}x(\lambda)\mathrm{d}\lambda\right]=\frac{1}{s}X(s)+\frac{1}{s}x^{-1}(0^-) \tag{7.35}$$

式中：$x^{-1}(0^-)=\displaystyle\int_{-\infty}^{0^-}x(\lambda)\mathrm{d}\lambda$。

若 $t<0$ 时 $x(t)=0,x^{-1}(0^-)=0$，则

$$\mathscr{L}\left[\int_{-\infty}^{t}x(\lambda)\mathrm{d}\lambda\right]=\frac{1}{s}X(s) \tag{7.36}$$

【例 7-19】　已知 $x(t)=tu(t)$，求 $X(s)$。

解　$\qquad\qquad tu(t)=\displaystyle\int_{-\infty}^{t}u(\lambda)\mathrm{d}\lambda\leftrightarrow\dfrac{1}{s}\cdot\dfrac{1}{s}=\dfrac{1}{s^2}$

7. s 域微分性(differentiation in the s-domain)
若 $x(t) \leftrightarrow X(s)$,则

$$tx(t) \leftrightarrow -\frac{\mathrm{d}X(s)}{\mathrm{d}s} \tag{7.37}$$

证
$$X(s) = \int_{-\infty}^{\infty} x(t)\mathrm{e}^{-st}\,\mathrm{d}t$$

$$\frac{\mathrm{d}X(s)}{\mathrm{d}s} = \int_{-\infty}^{\infty} (-t)x(t)\mathrm{e}^{-st}\,\mathrm{d}t$$

故有

$$tx(t) \leftrightarrow -\frac{\mathrm{d}X(s)}{\mathrm{d}s}$$

同理可得

$$t^n x(t) \leftrightarrow (-1)^n \frac{\mathrm{d}^n X(s)}{\mathrm{d}s^n} \tag{7.38}$$

由该性质很容易求得

$$tu(t) \leftrightarrow -\frac{\mathrm{d}}{\mathrm{d}s}\left(\frac{1}{s}\right) = \frac{1}{s^2} \tag{7.39}$$

$$t^n u(t) \leftrightarrow \frac{n!}{s^{n+1}} \tag{7.40}$$

$$t\mathrm{e}^{-bt}u(t) \leftrightarrow -\frac{\mathrm{d}}{\mathrm{d}s}\left(\frac{1}{s+b}\right) = \frac{1}{(s+b)^2} \tag{7.41}$$

$$t^n \mathrm{e}^{-bt}u(t) \leftrightarrow \frac{n!}{(s+b)^{n+1}} \tag{7.42}$$

8. s 域积分性
若 $x(t) \leftrightarrow X(s)$,则

$$\frac{1}{t}x(t) \leftrightarrow \int_s^{\infty} X(\lambda)\mathrm{d}\lambda \tag{7.43}$$

9. 时域卷积定理(convolution theorem in the time domain)
若 $x_1(t) \leftrightarrow X_1(s), x_2(t) \leftrightarrow X_2(s)$,则
$$x_1(t) * x_2(t) \leftrightarrow X_1(s)X_2(s) \tag{7.44}$$

证
$$\mathscr{L}[x_1(t) * x_2(t)] = \int_{-\infty}^{\infty}\left[\int_{-\infty}^{\infty} x_1(\lambda)x_2(t-\lambda)\mathrm{d}\lambda\right]\mathrm{e}^{-st}\,\mathrm{d}t$$
$$= \int_{-\infty}^{\infty} x_1(\lambda)\left[x_2(t-\lambda)\mathrm{e}^{-st}\,\mathrm{d}t\right]\mathrm{d}\lambda$$

令 $t'=t-\lambda$,则

$$\mathscr{L}[x_1(t) * x_2(t)] = \int_{-\infty}^{\infty} x_1(\lambda)\mathrm{e}^{-s\lambda}\left[\int_{-\infty}^{\infty} x_2(t')\mathrm{e}^{-st'}\,\mathrm{d}t'\right]\mathrm{d}\lambda$$
$$= X_1(s)X_2(s)$$

【**例 7-20**】 已知 $x(t)=u(t)-u(t-1)$,求卷积 $x(t) * x(t)$。
解

$$x(t) \leftrightarrow X(s) = \frac{1}{s} - \frac{1}{s}\mathrm{e}^{-s} = \frac{1}{s}(1-\mathrm{e}^{-s})$$

$$X^2(s) = \frac{1}{s^2}(1-\mathrm{e}^{-s})^2 = \frac{1-2\mathrm{e}^{-s}+\mathrm{e}^{-2s}}{s^2}$$

求 $X^2(s)$ 的反变换,得

$$x(t) * x(t) = tu(t) - 2(t-1)u(t-1) + (t-2)u(t-2)$$

10. s 域卷积定理(convolution theorem in the s-domain)

若 $x_1(t) \leftrightarrow X_1(s)$, $x_2(t) \leftrightarrow X_2(s)$,则

$$x_1(t)x_2(t) \leftrightarrow \frac{1}{2\pi j} X_1(s) * X_2(s) \tag{7.45}$$

式中: $X_1(s) * X_2(s) = \int_{\sigma-j\infty}^{\sigma+j\infty} X_1(\lambda)X_2(s-\lambda)d\lambda$。

11. 初值定理(initial value theorem)

若 $t<0$ 时 $x(t)=0$,且 $x(t)$ 在 $t=0$ 不含有冲激或高阶奇异点,$x(t) \leftrightarrow X(s)$,则

$$x(0^+) = \lim_{s\to\infty} sX(s) \tag{7.46}$$

$$x'(0^+) = \lim_{s\to\infty}[s^2 X(s) - sx(0^+)] \tag{7.47}$$

$$x^{(n)}(0^+) = \lim_{s\to\infty}[s^{n+1} X(s) - s^n x(0^+) - s^{n-1} x'(0^+) - \cdots - sx^{n-1}(0^+)] \tag{7.48}$$

证 由

$$\mathscr{L}\left[\frac{dx(t)}{dt}\right] = sX(s) - x(0^-) \tag{7.49}$$

上式左边

$$\mathscr{L}\left[\frac{dx(t)}{dt}\right] = \int_{0^-}^{\infty} \frac{dx(t)}{dt}e^{-st}dt = \int_{0^-}^{0^+} \frac{dx(t)}{dt}e^{-st}dt + \int_{0^+}^{\infty} \frac{dx(t)}{dt}e^{-st}dt$$

$$= x(t)\Big|_{0^-}^{0^+} + \int_{0^+}^{\infty} \frac{dx(t)}{dt}e^{-st}dt = x(0^+) - x(0^-) + \int_{0^+}^{\infty} \frac{dx(t)}{dt}e^{-st}dt \tag{7.50}$$

比较上述两式左右两边,显然

$$sX(s) - x(0^-) = x(0^+) - x(0^-) + \int_{0^+}^{\infty} \frac{dx(t)}{dt}e^{-st}dt \tag{7.51}$$

两边取 $s\to\infty$ 的极限,有 $\lim_{s\to\infty}\int_{0^+}^{\infty} \frac{dx(t)}{dt}e^{-st}dt = 0$,故

$$x(0^+) = \lim_{s\to\infty} sX(s)$$

其他关系读者自行证明。

【例 7-21】 已知 $X(s) = \frac{-3s^2+2}{s^3+s^2+3s+2}$,求初值 $x(0^+)$。

解 $\quad x(0^+) = \lim_{s\to\infty} sX(s) = \lim_{s\to\infty} \frac{-3s^3+2}{s^3+s^2+3s+2} = \frac{-3}{1} = -3$

12. 终值定理(final value theorem)

若 $t<0$ 时 $x(t)=0$,且 $x(t)$ 及其导数 $\frac{dx(t)}{dt}$ 的拉氏变换存在,$x(t) \leftrightarrow X(s)$。若函数 $x(t)$ 的终值存在,则

$$x(\infty) = \lim_{s\to0} sX(s) \tag{7.52}$$

证 由式(7.51)有

$$sX(s) = x(0^+) + \int_{0^+}^{\infty} \frac{\mathrm{d}x(t)}{\mathrm{d}t} \mathrm{e}^{-st} \mathrm{d}t$$

两边求 $s \to 0$ 的极限,有

$$\lim_{s \to 0} sX(s) = x(0^+) + \lim_{s \to 0} \int_{0^+}^{\infty} \frac{\mathrm{d}x(t)}{\mathrm{d}t} \mathrm{e}^{-st} \mathrm{d}t = x(0^+) + x(t)\Big|_{0^+}^{\infty} = \lim_{t \to \infty} x(t)$$

终值存在的条件是 $X(s)$ 在 s 右半平面和 $\mathrm{j}\omega$ 轴上无极点。如果信号 $x(t)$ 随时间增加越来越大,或等幅振荡,此时就没有终值。

【**例 7-22**】 $X(s) = \dfrac{2s^2 - 3s + 4}{s^3 + 3s^2 + 2s}$,求信号的终值。

解 极点:$0, -1, -2$。除一个极点为 $s = 0$ 外,其余极点均在左半平面,故有

$$\lim_{t \to \infty} x(t) = \left[sX(s) \right]\big|_{s=0} = \frac{2s^2 - 3s + 4}{s^2 + 3s + 2}\bigg|_{s=0} = \frac{4}{2} = 2$$

拉普拉斯变换的性质如表 7.1 所示。

表 7.1 拉普拉斯变换的性质

序号	性质	公式
1	线性性	$c_1 x_1(t) + c_2 x_2(t) \leftrightarrow c_1 X_1(s) + c_2 X_2(s)$
2	尺度特性	$x(at) \leftrightarrow \dfrac{1}{|a|} X\left(\dfrac{s}{a}\right)$
3	时移性	$x(t-c)u(t-c) \leftrightarrow X(s)\mathrm{e}^{-cs}$
4	频移性	$x(t)\mathrm{e}^{\pm s_0 t} \leftrightarrow X(s \mp s_0)$,$s_0$ 为任意实数或复数
5	时域微分性	$\dfrac{\mathrm{d}x(t)}{\mathrm{d}t} \leftrightarrow sX(s) - x(0^-)$ $\dfrac{\mathrm{d}^n x(t)}{\mathrm{d}t^n} \leftrightarrow s^n X(s) - \displaystyle\sum_{m=0}^{n-1} s^{n-1-m} x^{(m)}(0^-)$
6	时域积分性	$\displaystyle\int_{-\infty}^{t} x(\lambda)\mathrm{d}\lambda \leftrightarrow \dfrac{1}{s}X(s) + \dfrac{1}{s}x^{-1}(0^-)$ 其中,$x^{-1}(0^-) = \displaystyle\int_{-\infty}^{0^-} x(\lambda)\mathrm{d}\lambda$
7	s 域微分性	$t^n x(t) \leftrightarrow (-1)^n \dfrac{\mathrm{d}^n X(s)}{\mathrm{d}s^n}$
8	s 域积分性	$\dfrac{1}{t}x(t) \leftrightarrow \displaystyle\int_{s}^{\infty} X(\lambda)\mathrm{d}\lambda$
9	时域卷积定理	$x_1(t) * x_2(t) \leftrightarrow X_1(s)X_2(s)$
10	s 域卷积定理	$x_1(t)x_2(t) \leftrightarrow \dfrac{1}{2\pi\mathrm{j}} X_1(s) * X_1(s)$
11	初值定理	$x(0^+) = \lim\limits_{s \to \infty} sX(s)$
12	终值定理	若终值存在,$x(\infty) = \lim\limits_{s \to 0} sX(s)$

典型信号傅里叶变换对如表 7.2 所示。

表 7.2 典型信号傅里叶变换对

序号	$x(t)$	$X(s)$
1	$\delta(t)$	1
2	$u(t)$	$\dfrac{1}{s}$
3	$t^n u(t)$	$\dfrac{n!}{s^{n+1}}$
4	$e^{-at} u(t)$	$\dfrac{1}{s+a}$
5	$\cos\omega_0 t \cdot u(t)$	$\dfrac{s}{s^2+\omega_0^2}$
6	$\sin\omega_0 t \cdot u(t)$	$\dfrac{\omega_0}{s^2+\omega_0^2}$
7	$t^n e^{-at} u(t)$	$\dfrac{n!}{(s+\alpha)^{n+1}}$
8	$e^{-at}\cos\omega_0 t \cdot u(t)$	$\dfrac{s+\alpha}{(s+\alpha)^2+\omega_0^2}$
9	$e^{-at}\sin\omega_0 t \cdot u(t)$	$\dfrac{\omega_0}{(s+\alpha)^2+\omega_0^2}$

7.3 拉普拉斯反变换

求拉普拉斯反变换就是由象函数 $X(s)$ 求原函数 $x(t)$。求反变换方法主要有：① 部分分式法；② 留数法。

7.3.1 部分分式法

设 $X(s)=\dfrac{B(s)}{A(s)}$，其中，$A(s)$、$B(s)$ 均为多项式，即

$$B(s)=b_M s^M+b_{M-1}s^{M-1}+\cdots+b_1 s+b_0$$
$$A(s)=a_N s^N+a_{N-1}s^{N-1}+\cdots+a_1 s+a_0$$

称 $X(s)$ 为 s 的有理函数（rational function）。如果 $M<N$，则称 $X(s)$ 为有理真分式（rational proper fraction）。对于有理真分式，$X(s)$ 可表示为部分分式形式，利用简单的变换对即可求出反变换 $x(t)$。

$x(t)$ 的形式与 $X(s)$ 的极点（poles）有关。

（1）单极点。

若 $A(s)=0$ 的根均为单根，即 $p_1 \neq p_2 \neq \cdots \neq p_N$，则 $X(s)$ 可展开成

$$X(s)=\frac{B(s)}{A(s)}=\frac{c_1}{s-p_1}+\frac{c_2}{s-p_2}+\cdots+\frac{c_i}{s-p_i}+\cdots+\frac{c_N}{s-p_N} \tag{7.53}$$

将上式两边同时乘以 $s-p_i$，并求 $s=p_i$ 时的值，可得

$$c_i=\left[(s-p_i)X(s)\right]\big|_{s=p_i}\quad i=1,2,\cdots,N \tag{7.54}$$

则 $X(s)$ 对应的时域信号为

$$x(t)=(c_1\mathrm{e}^{p_1t}+c_2\mathrm{e}^{p_2t}+\cdots+c_N\mathrm{e}^{p_Nt})u(t) \tag{7.55}$$

【例 7-23】 已知 $X(s)=\dfrac{s+2}{s^3+4s^2+3s}$，求 $x(t)$。

解　$A(s)=s^3+4s^2+3s=s(s+1)(s+3)=0$，求得三个单极点 $p_1=0,p_2=-1,p_3=-3$，故 $X(s)$ 可展开成如下部分分式

$$X(s)=\frac{c_1}{s-p_1}+\frac{c_2}{s-p_2}+\frac{c_3}{s-p_3}=\frac{c_1}{s-0}+\frac{c_2}{s+1}+\frac{c_3}{s+3}$$

$$c_1=\left[(s-p_1)X(s)\right]\big|_{s=p_1}=\frac{s+2}{(s+1)(s+3)}\bigg|_{s=0}=\frac{2}{3}$$

$$c_2=\left[(s-p_2)X(s)\right]\big|_{s=p_2}=\frac{s+2}{s(s+3)}\bigg|_{s=-1}=-\frac{1}{2}$$

$$c_3=\left[(s-p_3)X(s)\right]\big|_{s=p_3}=\frac{s+2}{s(s+1)}\bigg|_{s=-3}=-\frac{1}{6}$$

$$X(s)=\frac{2/3}{s-0}+\frac{-1/2}{s+1}+\frac{-1/6}{s+3}$$

所以

$$x(t)=\left(\frac{2}{3}-\frac{1}{2}\mathrm{e}^{-t}-\frac{1}{6}\mathrm{e}^{-3t}\right)u(t)$$

（2）单共轭复根。

假设分母多项式有一对共轭复根，其余均为单根，则

$$X(s)=\frac{B(s)}{A(s)}=\frac{c_1}{s-p_1}+\frac{c_1^*}{s-p_1^*}+\frac{c_3}{s-p_3}+\cdots+\frac{c_N}{s-p_N} \tag{7.56}$$

式中：$p_1=\sigma+\mathrm{j}\omega$；$p_1^*=\sigma-\mathrm{j}\omega$；$c_i=\left[(s-p_i)X(s)\right]\big|_{s=p_i}$，$i=1,2,\cdots,N$。

$$x(t)=(c_1\mathrm{e}^{p_1t}+c_1^*\mathrm{e}^{p_1^*t}+c_3\mathrm{e}^{p_3t}+\cdots+c_N\mathrm{e}^{p_Nt})u(t) \tag{7.57}$$

由于

$$\begin{aligned}c_1\mathrm{e}^{p_1t}+c_1^*\mathrm{e}^{p_1^*t}&=|c_1|\mathrm{e}^{\mathrm{j}\angle c_1}\mathrm{e}^{(\sigma+\mathrm{j}\omega)t}+|c_1|\mathrm{e}^{-\mathrm{j}\angle c_1}\mathrm{e}^{(\sigma-\mathrm{j}\omega)t}\\&=|c_1|\mathrm{e}^{\sigma t}\left[\mathrm{e}^{\mathrm{j}(\omega t+\angle c_1)}+\mathrm{e}^{-\mathrm{j}(\omega t+\angle c_1)}\right]\\&=2|c_1|\mathrm{e}^{\sigma t}\cos(\omega t+\angle c_1)\end{aligned}$$

故有

$$x(t)=\left[2|c_1|\mathrm{e}^{\sigma t}\cos(\omega t+\angle c_1)+c_3\mathrm{e}^{p_3t}+\cdots+c_N\mathrm{e}^{p_Nt}\right]u(t) \tag{7.58}$$

【例 7-24】 已知 $X(s)=\dfrac{s^2-2s+1}{s^3+3s^2+4s+2}$，求 $x(t)$。

解　$A(s)=s^3+3s^2+4s+2=(s+1-\mathrm{j})(s+1+\mathrm{j})(s+1)$

$$p_1=-1+\mathrm{j},\quad p_2=-1-\mathrm{j},\quad p_3=-1$$

$$X(s)=\frac{c_1}{s-p_1}+\frac{c_2}{s-p_2}+\frac{c_3}{s-p_3}=\frac{c_1}{s-(-1+\mathrm{j})}+\frac{c_1^*}{s-(-1-\mathrm{j})}+\frac{c_3}{s+1}$$

$$c_1=\left[(s-p_1)X(s)\right]\big|_{s=p_1}=\frac{s^2-2s+1}{(s+1+\mathrm{j})(s+1)}\bigg|_{s=-1+\mathrm{j}}=\frac{-3}{2}+\mathrm{j}2$$

$$c_3=\left[(s-p_3)X(s)\right]\big|_{s=p_3}=\frac{s^2-2s+1}{s^2+2s+2}\bigg|_{s=-1}=4$$

$$|c_1| = \sqrt{\left(\frac{-3}{2}\right)^2 + 2^2} = \frac{5}{2}$$

$$\angle c_1 = 180° + \arctan\frac{-4}{3} = 126.87° \quad （因为 c_1 在第二象限）$$

所以

$$x(t) = [5e^{-t}\cos(\omega t + 126.87°) + 4e^{-t}]u(t)$$

当 $X(s)$ 具有共轭复根时，可以采用配方法。设

$$X(s) = \frac{b_1 s + b_0}{s^2 + a_1 s + a_0}$$

可配方表示成

$$X(s) = \frac{b_1 s + b_0}{\left(s + \frac{a_1}{2}\right)^2 + \omega^2} = \frac{b_1\left(s + \frac{a_1}{2}\right) + \left(b_0 - b_1 \cdot \frac{a_1}{2}\right)}{\left(s + \frac{a_1}{2}\right)^2 + \omega^2}$$

其中，$\omega = \sqrt{a_0 - \frac{a_1^2}{4}}$

再利用常用变换对求出反变换。

【例 7-25】 $X(s) = \frac{3s+2}{s^2+2s+10}$，求 $x(t)$。

解 $X(s) = \frac{3s+2}{s^2+2s+10} = \frac{3(s+1)-1}{(s+1)^2+9} = \frac{3(s+1)}{(s+1)^2+9} - \frac{1}{3}\frac{3}{(s+1)^2+9}$

所以

$$x(t) = \left[3e^{-t}\cos(3t) - \frac{1}{3}e^{-t}\sin(3t)\right]u(t)$$

或

$$x(t) = 3.018e^{-t}\cos(3t + 83.7°)u(t)$$

假设 $X(s)$ 有一对共轭复根及若干单根，则可展开为

$$X(s) = \frac{B(s)}{[(s-\sigma)^2+\omega^2](s-p_3)(s-p_4)\cdots(s-p_N)}$$

$$= \frac{b_1 s + b_0}{\left(s + \frac{a_1}{2}\right)^2 + \omega^2} + \frac{c_3}{s-p_3} + \frac{c_4}{s-p_4} + \cdots + \frac{c_N}{s-p_N}$$

利用常用变换对很容易求出反变换。

【例 7-26】 $X(s) = \frac{s^2-2s+1}{s^3+3s^2+4s+2}$，求 $x(t)$。

解 $A(s) = s^3+3s^2+4s+2 = (s^2+2s+2)(s+1) = [(s+1)^2+1](s+1)$

$$X(s) = \frac{b_1 s + b_0}{(s+1)^2+1} + \frac{c_3}{s+1}$$

$$c_3 = [(s-p_3)X(s)]\big|_{s=p_3} = \frac{s^2-2s+1}{s^2+2s+2}\bigg|_{s=-1} = 4$$

$$X(s) = \frac{(b_1 s + b_0)(s+1) + 4[(s+1)^2+1]}{[(s+1)^2+1](s+1)}$$

比较系数，可求得 $b_0 = -7, b_1 = -3$。

$$X(s)=\frac{-3s-7}{(s+1)^2+1}+\frac{4}{s+1}=\frac{-3(s+1)}{(s+1)^2+1}-4\frac{1}{(s+1)^2+1}+\frac{4}{s+1}$$

所以

$$x(t)=(-3\mathrm{e}^{-t}\cos t-4\mathrm{e}^{-t}\sin t+4\mathrm{e}^{-t})u(t)$$

【例 7-27】 已知 $X(s)=\dfrac{s\mathrm{e}^{-2s}}{s^2+2s+5}$，求 $x(t)$。

解
$$X(s)=\frac{s\mathrm{e}^{-2s}}{s^2+2s+5}=X_1(s)\mathrm{e}^{-2s}$$

$$X_1(s)=\frac{s}{(s+1)^2+4}=\frac{s+1}{(s+1)^2+4}+\frac{-1}{(s+1)^2+4}$$

$$x_1(t)=\left[\mathrm{e}^{-t}\cos(2t)-\frac{1}{2}\mathrm{e}^{-t}\sin(2t)\right]u(t)=\frac{1}{2}\mathrm{e}^{-t}[2\cos(2t)-\sin(2t)]u(t)$$

所以

$$x(t)=\mathscr{L}^{-1}[X_1(s)\mathrm{e}^{-2s}]=\frac{1}{2}\mathrm{e}^{-(t-2)}[2\cos(2(t-2))-\sin(2(t-2))]u(t-2)$$

（3）重极点。

当 $X(s)$ 具有 r 重极点及若干单极点时，可展开成

$$X(s)=\frac{B(s)}{A(s)}=\frac{c_1}{s-p_1}+\frac{c_2}{(s-p_1)^2}+\cdots+\frac{c_r}{(s-p_1)^r}+\frac{c_{r+1}}{s-p_{r+1}}+\cdots+\frac{c_N}{s-p_N} \quad (7.59)$$

对于单极点，

$$c_i=[(s-p_i)X(s)]|_{s=p_i}, \quad i=r+1,r+2,\cdots,N$$

对于重极点，

$$c_r=[(s-p_1)^rX(s)]|_{s=p_1} \quad (7.60)$$

$$c_{r-i}=\frac{1}{i!}\left[\frac{\mathrm{d}^i}{\mathrm{d}s^i}(s-p_1)^rX(s)\right]\bigg|_{s=p_1}, \quad i=1,2,\cdots,r-1 \quad (7.61)$$

利用下列变换对：$\dfrac{t^{n-1}}{(n-1)!}\mathrm{e}^{-at}\leftrightarrow\dfrac{1}{(s+\alpha)^n}$，即可求出时域信号 $x(t)$。

【例 7-28】 已知 $X(s)=\dfrac{5s-1}{s^3-3s-2}$，求 $x(t)$。

解
$$X(s)=\frac{c_1}{s+1}+\frac{c_2}{(s+1)^2}+\frac{c_3}{s-2}$$

$$c_1=\left[\frac{\mathrm{d}^{2-1}}{\mathrm{d}s^{2-1}}(s+1)^2X(s)\right]\bigg|_{s=-1}=\left[\frac{\mathrm{d}}{\mathrm{d}s}\frac{5s-1}{s-2}\right]\bigg|_{s=-1}=-1$$

$$c_2=[(s+1)^2X(s)]|_{s=-1}=\frac{5s-1}{s-2}\bigg|_{s=-1}=2$$

$$c_3=[(s-2)X(s)]|_{s=2}=\frac{5s-1}{(s+1)^2}\bigg|_{s=2}=1$$

所以

$$x(t)=(-\mathrm{e}^{-t}+2t\mathrm{e}^{-t}+\mathrm{e}^{2t})u(t)$$

若 $X(s)$ 为假分式（improper fraction），即 $M\geqslant N$ 时，则应先做长除法（long division），将 $X(s)$ 变成商与真分式之和的形式，即

$$X(s)=\frac{B(s)}{A(s)}=Q(s)+\frac{R(s)}{A(s)} \quad (7.62)$$

式中：$Q(s)$为商(quotient)，$R(s)$为余数(remainder)。

$Q(s)$为多项式形式，对应的反变换为冲激函数 $\delta(t)$ 及有关阶导数之和。

【例 7-29】 $X(s)=\dfrac{s^3+2s-4}{s^2+4s+3}$，求 $x(t)$。

解

$$X(s)=s-4+\frac{15s+8}{s^2+4s+3}$$

$$x(t)=\frac{\mathrm{d}}{\mathrm{d}t}\delta(t)-4\delta(t)+v(t)$$

$$V(s)=\frac{15s+8}{s^2+4s+3}=\frac{-7/2}{s+1}+\frac{37/2}{s+3}$$

$$v(t)=\left(-\frac{7}{2}+\frac{37}{2}\mathrm{e}^{-3t}\right)u(t)$$

所以

$$x(t)=\frac{\mathrm{d}}{\mathrm{d}t}\delta(t)-4\delta(t)+\left(-\frac{7}{2}+\frac{37}{2}\mathrm{e}^{-3t}\right)u(t)$$

7.3.2　留数法

由象函数 $X(s)$ 求原函数 $x(t)$ 的方法除部分分式法外还可由回线积分求得。由拉普拉斯反变换公式，有

$$x(t)=\mathscr{L}^{-1}\big[X(s)\big]=\frac{1}{2\pi\mathrm{j}}\int_{\sigma-\mathrm{j}\infty}^{\sigma+\mathrm{j}\infty}X(s)\mathrm{e}^{st}\,\mathrm{d}s \tag{7.63}$$

求上面积分通常很困难，利用留数定理可回避求积分的问题。若函数 $X(s)$ 在闭合回路 C 内除有限个奇点外处处解析，则

$$\frac{1}{2\pi\mathrm{j}}\oint_C X(s)\mathrm{e}^{st}\,\mathrm{d}s=\sum_{i=1}^{n}\mathrm{Res}\big[X(s)\mathrm{e}^{st}\big] \tag{7.64}$$

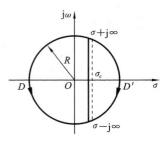

图 7.6 s 平面上无限大圆弧 D 与 D'

式(7.64)表明，回线积分的结果等于被积函数 $X(s)\mathrm{e}^{st}$ 在闭合路径 C 内所有极点留数之和。但比较式(7.63)与式(7.64)可以发现，两个积分的表达式并不完全相同，欲利用留数定理，还需将式(7.63)中的积分线补上一条积分路径 D，使其与原有的积分线一起构成一条围线 C，如图 7.6 所示。如果所补选路径 D 能使 $\int_D X(s)\mathrm{e}^{st}\,\mathrm{d}s$ 为零，那么就可直接应用留数定理求 $x(t)$。

复变函数中的约当引理指出：若满足条件

$$\lim_{|s|=R\to\infty}X(s)=0 \tag{7.65}$$

则有

$$\begin{cases}\displaystyle\lim_{R\to\infty}\int_D X(s)\mathrm{e}^{st}\,\mathrm{d}s=0,&t>0\\[2mm]\displaystyle\lim_{R\to\infty}\int_{D'}X(s)\mathrm{e}^{st}\,\mathrm{d}s=0,&t<0\end{cases} \tag{7.66}$$

式中：D 是 s 左半平面上半径为 R 的无限大圆弧；D' 是 s 右半平面上半径为 R 的无限大

圆弧,如图 7.6 所示。

约当引理表明:若象函数 $X(s)$ 满足式(7.64),则 $X(s)\mathrm{e}^{st}$ 在 $t>0$ 时沿左半 s 平面无限大圆弧 D 上的积分为零;在 $t<0$ 时沿右半 s 平面无限大圆弧 D' 上的积分为零。

通常大部分 $x(t)$ 的象函数 $X(s)=\dfrac{B(s)}{A(s)}$ 中分母多项式 s 的阶次都高于分子多项式的阶次,都能满足式(7.66)使式(7.64)成立,于是拉氏反变换可按下述步骤进行。

当 $t>0$ 时,取无限大圆弧 D 与式(7.63)的积分路线构成闭合路径 C,即 $(\sigma-\mathrm{j}\infty)\rightarrow(\sigma+\mathrm{j}\infty)\rightarrow D\rightarrow(\sigma-\mathrm{j}\infty)$,式(7.63)即可写成

$$x(t)=\frac{1}{2\pi\mathrm{j}}\int_{\sigma-\mathrm{j}\infty}^{\sigma+\mathrm{j}\infty}X(s)\mathrm{e}^{st}\mathrm{d}s=\frac{1}{2\pi\mathrm{j}}\int_{\sigma-\mathrm{j}\infty}^{\sigma+\mathrm{j}\infty}X(s)\mathrm{e}^{st}\mathrm{d}s+\frac{1}{2\pi\mathrm{j}}\int_{D}X(s)\mathrm{e}^{st}\mathrm{d}s$$

$$=\frac{1}{2\pi\mathrm{j}}\oint_{C}X(s)\mathrm{e}^{st}\mathrm{d}s=\sum\mathrm{Res}_{1}[X(s)\mathrm{e}^{st}]$$

当 $t<0$ 时,取闭合路径 C' 为 $(\sigma-\mathrm{j}\infty)\rightarrow(\sigma+\mathrm{j}\infty)\rightarrow D'\rightarrow(\sigma-\mathrm{j}\infty)$,则

$$x(t)=\frac{1}{2\pi\mathrm{j}}\int_{\sigma-\mathrm{j}\infty}^{\sigma+\mathrm{j}\infty}X(s)\mathrm{e}^{st}\mathrm{d}s=\frac{1}{2\pi\mathrm{j}}\int_{\sigma-\mathrm{j}\infty}^{\sigma+\mathrm{j}\infty}X(s)\mathrm{e}^{st}\mathrm{d}s+\frac{1}{2\pi j}\int_{D'}X(s)\mathrm{e}^{st}\mathrm{d}s$$

$$=\frac{1}{2\pi\mathrm{j}}\oint_{C'}X(s)\mathrm{e}^{st}\mathrm{d}s=\sum\mathrm{Res}_{2}[X(s)\mathrm{e}^{st}]$$

$X(s)\mathrm{e}^{st}$ 在闭合路径 C' 内无极点,其留数为零,亦即当 $t<0$ 时 $x(t)=0$,故只需计算出 $t>0$ 的情况即可。故有

$$x(t)=\mathscr{L}^{-1}[X(s)]=\frac{1}{2\pi\mathrm{j}}\oint_{C}X(s)\mathrm{e}^{st}\mathrm{d}s=\sum_{i=1}^{n}\mathrm{Res}[X(s)\mathrm{e}^{st}]$$

其中,C 为包含 $X(s)\mathrm{e}^{st}$ 所有极点的闭合曲线,如图 7.7 所示。因此,求积分的问题变成求留数的问题。

若 p_i 为 $X(s)$ 的一阶极点,则

$$\mathrm{Res}[X(s)\mathrm{e}^{st}]\big|_{s=p_i}=[(s-p_i)X(s)\mathrm{e}^{st}]\big|_{s=p_i} \quad (7.67)$$

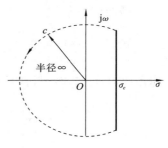

图 7.7　围线积分路径

若 p_i 为 $X(s)$ 的 k 重极点,则

$$\mathrm{Res}[X(s)\mathrm{e}^{st}]\big|_{s=p_i}=\frac{1}{(k-1)!}\left[\frac{\mathrm{d}^{k-1}}{\mathrm{d}s^{k-1}}(s-p_i)^k X(s)\mathrm{e}^{st}\right]\bigg|_{s=p_i} \quad (7.68)$$

【例 7-30】 $X(s)=\dfrac{s}{(s+1)^2(s+3)}$,求 $x(t)$。

解　$s=-1$ 为二重极点,$s=-3$ 为单极点。

$$x(t)=\sum_{i=1}^{n}\mathrm{Res}[X(s)\mathrm{e}^{st}]$$

$$\mathrm{Res}[X(s)\mathrm{e}^{st}]\big|_{s=-3}=[(s+3)X(s)\mathrm{e}^{st}]\big|_{s=-3}=\frac{s\mathrm{e}^{st}}{(s+1)^2}\bigg|_{s=-3}=-\frac{3}{4}\mathrm{e}^{-3t}$$

$$\mathrm{Res}[X(s)\mathrm{e}^{st}]\big|_{s=-1}=\frac{1}{(2-1)!}\left[\frac{\mathrm{d}}{\mathrm{d}s}(s-p_i)^2 X(s)\mathrm{e}^{st}\right]\bigg|_{s=-1}=\frac{3}{4}\mathrm{e}^{-t}-\frac{1}{2}t\mathrm{e}^{-t}$$

所以

$$x(t)=-\frac{3}{4}\mathrm{e}^{-3t}+\frac{3}{4}\mathrm{e}^{-t}-\frac{1}{2}t\mathrm{e}^{-t},\quad t\geqslant 0$$

【例 7-31】 $X(s)=\dfrac{s^2-4}{(s^2+4)^2}$,求 $x(t)$。

解
$$X(s)=\frac{s^2-4}{(s+j2)^2\,(s-j2)^2}$$

$$s_1=s_2=-j2,\quad s_3=s_4=j2$$

$$\text{Res}\big[X(s)e^{st}\big]\big|_{s=-j2}=\frac{\text{d}}{\text{d}s}\left[\frac{s^2-4}{(s-j2)^2}e^{st}\right]\bigg|_{s=-j2}=\frac{t}{2}e^{-j2t}$$

$$\text{Res}\big[X(s)e^{st}\big]\big|_{s=j2}=\frac{\text{d}}{\text{d}s}\left[\frac{s^2-4}{(s+j2)^2}e^{st}\right]\bigg|_{s=j2}=\frac{t}{2}e^{j2t}$$

$$x(t)=\text{Res}\big[X(s)e^{st}\big]\big|_{s=-j2}+\text{Res}\big[X(s)e^{st}\big]\big|_{s=j2}=t\cos(2t)\cdot u(t)$$

7.3.3　含有指数的拉普拉斯变换对

若 $X(s)$ 具有如下形式：

$$X(s)=\frac{B_0(s)}{A_0(s)}+\frac{B_1(s)}{A_1(s)}e^{-h_1 s}+\cdots+\frac{B_q(s)}{A_q(s)}e^{-h_q s} \tag{7.69}$$

其中，$\frac{B_0(s)}{A_0(s)}$ 为有理函数形式，$\frac{B_1(s)}{A_1(s)}e^{-h_1 s}+\cdots+\frac{B_q(s)}{A_q(s)}e^{-h_q s}$ 为无理函数形式，则 $x(t)$ 可展开成分段连续函数形式。

例如，$X(s)=\frac{1}{s}-\frac{1}{s}e^{-cs}$，其对应的时域信号为 $x(t)=u(t)-u(t-c)$。

式(7.69)中，如果 $\frac{B_i(s)}{A_i(s)}$ 是 s 的有理函数，且分子阶数小于分母阶数，即 $\deg B_i(s)<\deg A_i(s)$，$i=1,2,\cdots,q$，每个有理函数 $\frac{B_i(s)}{A_i(s)}$ 可按部分分式展开，则

$$x(t)=x_0(t)+\sum_{i=1}^{q}x_i(t-h_i)u(t-h_i),\quad t\geqslant 0 \tag{7.70}$$

【例 7-32】 已知 $X(s)=\frac{s+1}{s^2+1}-\frac{1}{s+1}e^{-s}+\frac{s+2}{s^2+1}e^{-1.5s}$，求对应的时域信号。

解
$$(\cos t+\sin t)u(t)\leftrightarrow\frac{s+1}{s^2+1}$$

$$(\cos t+2\sin t)u(t)\leftrightarrow\frac{s+2}{s^2+1}$$

所以
$$x(t)=\cos t+\sin t-\exp[-(t-1)]u(t-1)$$
$$+[\cos(t-1.5)+2\sin(t-1.5)]u(t-1.5),\quad t\geqslant 0$$

7.4　系统函数

对于连续时间系统，若系统的微分方程为

$$\frac{\text{d}^2 y(t)}{\text{d}t^2}+a_1\frac{\text{d}y(t)}{\text{d}t}+a_0 y(t)=b_1\frac{\text{d}x(t)}{\text{d}t}+b_0 x(t) \tag{7.71}$$

设 $x(0^-)=0$，对上式两边求拉氏变换

$$s^2 Y(s)-y(0^-)s-y'(0^-)+a_1[sY(s)-y(0^-)]+a_0 Y(s)=b_1 sX(s)+b_0 X(s)$$

整理得

$$Y(s) = \frac{y(0^-)s + y'(0^-) + a_1 y(0^-)}{s^2 + a_1 s + a_0} + \frac{b_1 s + b_0}{s^2 + a_1 s + a_0} X(s) \tag{7.72}$$

式(7.72)为代数方程,$y(0^-)$、$y'(0^-)$为初始条件,$X(s)$为输入的拉氏变换。解代数方程,再求拉普拉斯反变换即可求得微分方程的解 $y(t)$,即系统的输出或响应。

若系统的初始条件为零,则

$$Y(s) = \frac{b_1 s + b_0}{s^2 + a_1 s + a_0} X(s)$$

定义

$$H(s) = \frac{Y(s)}{X(s)} = \frac{b_1 s + b_0}{s^2 + a_1 s + a_0} \tag{7.73}$$

为二阶系统的系统函数(system function)或传递函数(transfer function)。

对于 N 阶微分方程描述的系统

$$\frac{\mathrm{d}^N y(t)}{\mathrm{d}t^N} + \sum_{i=1}^{N-1} a_i \frac{\mathrm{d}^i y(t)}{\mathrm{d}t^i} = \sum_{i=1}^{M} b_i \frac{\mathrm{d}^i x(t)}{\mathrm{d}t^i} \tag{7.74}$$

两边求拉氏变换可得

$$Y(s) = \frac{C(s)}{A(s)} + \frac{B(s)}{A(s)} X(s) \tag{7.75}$$

式中:$A(s) = s^N + a_{N-1} s^{N-1} + \cdots + a_1 s + a_0$；$B(s) = b_M s^M + b_{M-1} s^{M-1} + \cdots + b_1 s + b_0$；$C(s)$ 为 s 的多项式(polynomial),其系数为 $y(0^-)$ 及其各阶导数。

式(7.75)中第一项由初始条件引起,对应于系统的零输入响应(zero-input response),第二项由激励引起,对应于系统的零状态响应(zero-state response),两项之和对应于全响应(complete response),求反变换即得系统的时域响应。

若系统的所有初始条件均为零,则有

$$Y(s) = \frac{B(s)}{A(s)} X(s) = \frac{b_M s^M + \cdots + b_1 s + b_0}{s^N + a_{N-1} s^{N-1} + \cdots + a_1 s + a_0} X(s)$$

系统的系统函数定义为输出的拉氏变换与输入的拉氏变换之比,即

$$H(s) = \frac{Y(s)}{X(s)} = \frac{B(s)}{A(s)} = \frac{b_M s^M + \cdots + b_1 s + b_0}{s^N + a_{N-1} s^{N-1} + \cdots + a_1 s + a_0} \tag{7.76}$$

由于 $Y(s) = H(s)X(s)$ 是由线性时不变连续时间系统的常系数微分方程变换而来,因此系统函数也是描述线性时不变系统的一种方式。

上述系统函数均为有理函数(rational function)形式,只有线性时不变系统(对应于常系数微分方程)才能得到这种形式。

若系统的系统函数能表示成有理函数形式,则系统是有限维系统(finite-dimensional system)。系统函数中分母多项式的阶数 N 称为系统的阶数。

有限维系统的输入/输出微分方程为常系数微分方程,其系统函数为有理函数形式。微分方程和系统函数之间可以互相转换。

由传递函数可得

$$(a_N s^N + a_{N-1} s^{N-1} + \cdots + a_1 s + a_0) Y(s) = (b_M s^M + b_{M-1} s^{M-1} + \cdots + b_1 s + b_0) X(s)$$

求拉氏反变换,即得系统的微分方程

$$a_N y^{(N)}(t) + a_{N-1} y^{(N-1)}(t) + \cdots + a_1 y'(t) + a_0 y(t)$$
$$= b_M x^{(M)}(t) + b_{M-1} x^{(M-1)}(t) + \cdots + b_1 x'(t) + b_0 x(t)$$

【例 7-33】 某系统的系统函数为

$$H(s) = \frac{4s+4}{s^2+5s+6}$$

求系统的微分方程。

解 由系统函数

$$H(s) = \frac{Y(s)}{X(s)} = \frac{4s+4}{s^2+5s+6}$$

有

$$(s^2+5s+6)Y(s) = (4s+4)X(s)$$

故系统的微分方程

$$\frac{d^2 y(t)}{dt^2} + 5\frac{dy(t)}{dt} + 6y(t) = 4\frac{dx(t)}{dt} + 4x(t)$$

7.5 系统输出的计算

线性时不变系统由微分方程描述,而微分方程的时域求解往往较复杂。利用拉氏

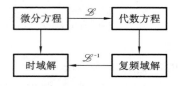

图 7.8 用拉氏变换求解线性系统过程

变换将时域微分方程变成复频域代数方程,解代数方程,再求反变换即得时域解,这种方法较为简单。计算过程如图 7.8 所示。

利用拉氏变换可以解微分方程,因此可以求系统的冲激响应、零输入响应、零状态响应和全响应。

1. 求系统的单位冲激响应

对于线性时不变系统,系统函数与单位冲激响应互为拉氏变换对,因此,求系统函数的反变换即可求得系统的单位冲激响应

$$h(t) = \mathscr{L}^{-1}[H(s)] \tag{7.77}$$

【例 7-34】 设某系统的系统函数为

$$H(s) = \frac{1}{s(s^2+5s+4)}$$

求系统的单位冲激响应。

解 $$H(s) = \frac{1}{s(s+1)(s+4)} = \frac{1/4}{s} + \frac{-1/3}{s+1} + \frac{1/12}{s+4}$$

故系统的单位冲激响应为

$$h(t) = \mathscr{L}^{-1}[H(s)] = \left(\frac{1}{4} - \frac{1}{3}e^{-t} + \frac{1}{12}e^{-4t}\right)u(t)$$

2. 求系统的响应

对于线性时不变系统,任意激励的零状态响应等于激励与单位冲激响应之卷积,即

$$y(t) = x(t) * h(t)$$

根据卷积定理,有

$$Y(s) = X(s)H(s)$$

求反变换即得系统的零状态响应

$$y_{zs}(t) = \mathscr{L}^{-1}[X(s)H(s)]$$

系统函数也可用于求系统的零输入响应。由系统函数 $H(s)=\dfrac{B(s)}{A(s)}$，可得系统的特征方程 $A(s)=0$，根据特征根可确定零输入响应的形式，结合初始条件可确定系统的零输入响应。

【**例 7-35**】　某系统的系统函数为

$$H(s)=\frac{4s+4}{s^2+5s+6}$$

求系统的单位阶跃响应。若初始条件 $y(0)=0,y'(0)=1$，求系统的零输入响应。

解
$$y(t)=u(t)*h(t)$$

$$Y(s)=\mathscr{L}[u(t)]H(s)=\frac{1}{s}\cdot\frac{4s+4}{s^2+5s+6}=\frac{2}{3s}+\frac{2}{s+2}-\frac{8}{3}\frac{1}{s+3}$$

故系统的单位阶跃响应为

$$y(t)=\left(\frac{2}{3}+2\mathrm{e}^{-2t}-\frac{8}{3}\mathrm{e}^{-3t}\right)u(t)$$

由系统的系统函数，得系统的特征方程 $A(s)=s^2+5s+6=0$，其根 $p_1=-1,p_1=-5$，因此系统的零输入响应为

$$y(t)=c_1\mathrm{e}^{-t}+c_2\mathrm{e}^{-5t},\quad t\geqslant0$$

其一阶导数

$$y'(t)=-c_1\mathrm{e}^{-t}-5c_2\mathrm{e}^{-5t}$$

由初始条件有

$$\begin{cases}c_1+c_2=0\\-c_1-5c_2=1\end{cases}$$

求得 $c_1=1/4,c_2=-1/4$。

故零输入响应为

$$y(t)=\frac{1}{4}(\mathrm{e}^{-t}-\mathrm{e}^{-5t})u(t)$$

【**例 7-36**】　已知线性时不变系统的微分方程为

$$\frac{\mathrm{d}^2y(t)}{\mathrm{d}t^2}+3\frac{\mathrm{d}y(t)}{\mathrm{d}t}+2y(t)=2\frac{\mathrm{d}x(t)}{\mathrm{d}t}+6x(t)$$

$x(t)=u(t),y(0^-)=2,y'(0^-)=1$。求系统的：(1) 零输入响应 $y_{zi}(t)$；(2) 零状态响应 $y_{zs}(t)$；(3) 全响应 $y(t)$。

解　(1) 零输入响应 $y_{zi}(t)$，由初始条件引起，对应于齐次微分方程的解。

对齐次微分方程两边求拉氏变换

$$[s^2-sy(0^-)-y'(0^-)]Y_{zi}(s)+3sY_{zi}(s)-3y(0^-)+2Y_{zi}(s)=0$$

代入初始条件，整理得

$$Y_{zi}(s)=\frac{2s+7}{s^2+3s+2}$$

求反变换，得

$$y_{zi}(t)=(5\mathrm{e}^{-t}-3\mathrm{e}^{-2t})u(t)$$

(2) 零状态响应 $y_{zs}(t)$，由激励引起，对应于初始条件为零的非齐次微分方程的解。

对非齐次微分方程两边求拉氏变换，有

$$(s^2+3s+2)Y_{zs}(s)=(2s+6)X(s)$$

将 $X(s)=\mathscr{L}[u(t)]=\dfrac{1}{s}$ 代入上式,有

$$Y_{zs}(s)=\frac{2s+6}{s(s^2+3s+2)}$$

求反变换,得

$$y_{zs}(t)=(3-4e^{-t}+e^{-2t})u(t)$$

(3)全响应。

$$y(t)=y_{zi}(t)+y_{zs}(t)=(3+e^{-t}-2e^{-2t})u(t)$$

【例 7-37】 已知系统的系统函数 $H(s)=\dfrac{s^2+2s+16}{s^3+4s^2+8s}$,激励为 $x(t)=e^{-2t}u(t)$,求系统的响应。

解
$$X(s)=\frac{1}{s+2}$$

$$Y(s)=H(s)X(s)=\frac{s^2+2s+16}{(s^3+4s^2+8s)(s+2)}=\frac{s^2+2s+16}{[(s+2)^2+4]s(s+2)}$$

$$Y(s)=\frac{cs+d}{(s+2)^2+4}+\frac{c_3}{s}+\frac{c_4}{s+2}$$

$$c_3=[sY(s)]|_{s=0}=\frac{16}{2\times8}=1$$

$$c_4=[(s+2)Y(s)]|_{s=-2}=\frac{(-2)^2-2\times2+16}{-2\times4}=-2$$

$$s^2+2s+16=(cs+d)s(s+2)+c_3[(s+2)^2+4](s+2)+c_4[(s+2)^2+4]s$$

$$s^3-2s^3+cs^3=0$$

$$6s^2-8s^2+(d+2c)s^2=s^2$$

$$c=d=1$$

$$Y(s)=\frac{s+1}{(s+2)^2+4}+\frac{1}{s}+\frac{-2}{s+2}$$

$$Y(s)=\frac{s+2}{(s+2)^2+4}+\frac{-1}{(s+2)^2+4}+\frac{1}{s}+\frac{-2}{s+2}$$

$$y(t)=e^{-2t}\cos(2t)-\frac{1}{2}e^{-2t}\sin(2t)+1-2e^{-2t},\quad t\geqslant0$$

$$y(t)=\frac{\sqrt{5}}{2}e^{-2t}\cos(2t+26.565°)+1-2e^{-2t},\quad t\geqslant0$$

【例 7-38】 某系统的微分方程为

$$\frac{d^2y(t)}{dt^2}+2\frac{dy(t)}{dt}+5y(t)=5x(t)$$

求(1)系统的系统函数;(2)系统的冲激响应。

解 (1)对方程两边求拉氏变换,得

$$s^2Y(s)+2sY(s)+5Y(s)=5X(s)$$

系统的系统函数

$$H(s)=\frac{Y(s)}{X(s)}=\frac{5}{s^2+2s+5}$$

（2）将微分方程中激励和响应分别用 $\delta(t)$ 和 $h(t)$ 表示，即

$$\frac{\mathrm{d}^2 h(t)}{\mathrm{d}t^2} + 2\frac{\mathrm{d}h(t)}{\mathrm{d}t} + 5h(t) = 5\delta(t)$$

两边求拉氏变换，得

$$(s^2 + 2s + 5)H(s) = 5$$

故系统的系统函数为

$$H(s) = \frac{5}{s^2 + 2s + 5}$$

特征方程为

$$s^2 + 2s + 5 = 0$$

求得特征根：$p_{1,2} = -1 \pm \mathrm{j}2$。

$$H(s) = \frac{5}{s^2 + 2s + 5} = \frac{c_1}{s - p_1} + \frac{c_1^*}{s - p_1^*} \leftrightarrow h(t) = 2|c_1|\mathrm{e}^{\sigma t}\cos(\omega t + \angle c_1)$$

$$c_1 = (s - p_1)H(s)\big|_{s=p_1} = \frac{5}{s - p_1^*}\bigg|_{s=p_1} = \frac{5}{4\mathrm{j}} = \frac{5}{4}\angle -90°$$

故

$$h(t) = 2 \times \frac{5}{4}\mathrm{e}^{-t}\cos(2t - 90°) = \frac{5}{2}\mathrm{e}^{-t}\cos(2t - 90°) = \frac{5}{2}\mathrm{e}^{-t}\sin 2t, \quad t \geqslant 0$$

或

$$H(s) = \frac{5}{s^2 + 2s + 5} = \frac{5}{2} \cdot \frac{2}{(s+1)^2 + 2^2}$$

$$h(t) = \frac{5}{2}\mathrm{e}^{-t}\sin 2t \cdot u(t)$$

7.6 系统函数的零极点分析

1. 系统函数的零点与极点

系统函数可表示为

$$H(s) = \frac{A(s)}{B(s)} = K\frac{(s-z_1)(s-z_2)\cdots(s-z_i)\cdots(s-z_M)}{(s-p_1)(s-p_2)\cdots(s-p_i)\cdots(s-p_N)} \tag{7.78}$$

式中：z_i 为零点（zeros）；p_i 为极点（poles）。

研究系统函数的零极点具有重要意义：① 可确定系统的时域特性；② 可确定系统的系统函数；③ 可描述系统的频率响应特性；④ 可说明系统正弦稳态特性；⑤ 可研究系统的稳定性。

2. 系统函数的零极图

在 s 平面表示系统函数零点和极点的图形称为系统函数的零极图（pole-zero diagram）。其中，零点用"。"表示，极点用"×"表示，如图 7.9 所示。

3. 零极点分布与系统的时域特性

系统的系统函数 $H(s)$ 的反变换对应于单位冲激响应 $h(t)$。表 7.3 列出了极点位置与单位冲激响应波形

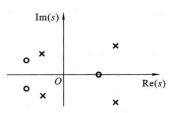

图 7.9 系统的零极图

之间的关系。

表 7.3　极点位置与冲激响应的对应关系

极点在 s 平面的位置	冲激响应形式	波形特点
$H(s)$极点位于 s 左半平面		
单实极点：$p_i = -\alpha_i$	$c_i e^{-\alpha_i t}$	按指数衰减
共轭极点：$p_i = -\alpha_i \pm j\beta_i$	$c_i e^{-\alpha_i t}\cos(\beta_i t + \varphi_i)$	按指数振荡衰减
重实极点：$p_i = p_{i+1} = -\alpha_i$	$(c_i + c_{i+1}t)e^{-\alpha_i t}$	衰减
重共轭极点：$p_i = -\alpha_i \pm j\beta_i$	$c_i e^{\alpha_i t}\cos(\beta_i t + \varphi_i) + c_{i+1}te^{\alpha_i t}\cos(\beta_i t + \varphi_{i+1})$	振荡衰减
$H(s)$极点位于 s 右半平面		
单实极点：$p_i = \alpha_i$	$c_i e^{\alpha_i t}$	按指数增大
共轭极点：$p_i = \alpha_i \pm j\beta_i$	$c_i e^{\alpha_i t}\cos(\beta_i t + \varphi_i)$	按指数振荡增大
重实极点：$p_i = p_{i+1} = \alpha_i$	$(c_i + c_{i+1}t)e^{\alpha_i t}$	随时间增大
重共轭极点：$p_i = \alpha_i \pm j\beta_i$	$c_i e^{\alpha_i t}\cos(\beta_i t + \varphi_i) + c_{i+1}te^{\alpha_i t}\cos(\beta_i t + \varphi_{i+1})$	随时间振荡增大
$H(s)$极点位于 $j\omega$ 轴		
单实极点：$p_i = 0$	$c_i u(t)$	恒定常数
共轭极点：$p_i = \pm j\beta_i$	$c_i \cos(\beta_i t + \varphi_i)$	等幅振荡
重实极点：$p_i = p_{i+1} = 0$	$(c_i + c_{i+1}t)u(t)$	随时间越来越大
重共轭极点：$p_i = \pm j\beta_i$	$c_i \cos(\beta_i t + \varphi_i) + c_{i+1}t\cos(\beta_i t + \varphi_{i+1})$	随时间振荡增大

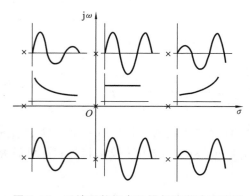

图 7.10　系统函数极点位置与冲激响应波形

图 7.10 所示的为系统函数极点位置与冲激响应波形，这里的极点均为单极点或共轭极点。

由以上分析可得出如下结论。

（1）冲激响应 $h(t)$ 随时间的变化规律取决于系统函数 $H(s)$ 的极点分布：左半平面极点对应随时间衰减（或振荡衰减）的响应；右半平面极点对应随时间越来越大的响应；$j\omega$ 轴单极点对应等幅振荡响应；$j\omega$ 轴重极点对应随时间越来越大的响应；位于原点的单极点对应恒定不变的响应；位于原点的二重极点对应随时间越来越大的响应。

（2）系统函数 $H(s)$ 的所有极点位于 s 左半平面，此时 $\lim\limits_{t \to \infty} h(t) = 0$，系统稳定。

（3）只要有一个极点位于右半平面则系统不稳定，此时 $\lim\limits_{t \to \infty} h(t) \to \infty$。

（4）若 $H(s)$ 的极点是位于虚轴的一阶极点，则 $h(t)$ 为等幅振荡（对应 $s = \pm j\omega$）或为恒定常数（对应 $s = 0$），对应的系统为临界稳定系统；但虚轴上的高阶极点所对应的系统是不稳定系统。

系统函数的零点影响冲激响应的幅度和相位。例如,系统的系统函数为 $H_1(s)=\dfrac{s+1}{(s+1)^2+1}$,其零点为 $z=-1$,极点为 $p_{1,2}=-1\pm j$,冲激响应为 $h_1(t)=e^{-t}\cos t \cdot u(t)$。若系统函数改为 $H_2(s)=\dfrac{s+2}{(s+1)^2+1}$,其零点为 $z=-2$,极点未变,但冲激响应为 $h_2(t)=\sqrt{2}e^{-t}\cos(t-45°)u(t)$。

显然,零点变化会影响 $h(t)$ 的幅度与相位。但因极点不变,冲激响应为衰减振荡的形状不变。

7.7　系统的频率响应

系统函数中 s 在虚轴取值即得系统的频率响应函数,即

$$H(j\omega)=H(s)\big|_{s=j\omega}=\frac{Y(s)}{X(s)}\bigg|_{s=j\omega}=|H(j\omega)|e^{j\angle H(j\omega)} \tag{7.79}$$

其中,$|H(j\omega)|$-ω 称为系统的幅频特性(magnitude frequency characteristic),或幅频响应(magnitude frequency response),$\angle H(j\omega)$-ω 称为系统的相频特性(phase frequency characteristic),或相频响应(phase frequency response)。$H(j\omega)$ 常简写为 $H(\omega)$。

【例 7-39】 RC 低通滤波器电路如图 7.11 所示,求以电容电压 $u_c(t)$ 为输出时电路的频率响应。

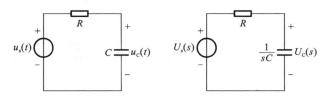

图 7.11　RC 低通滤波器

解　系统的系统函数为

$$H(s)=\frac{U_C(s)}{U_s(s)}=\frac{\dfrac{1}{sC}}{R+\dfrac{1}{sC}}=\frac{\dfrac{1}{RC}}{s+\dfrac{1}{RC}}$$

$$H(j\omega)=H(s)\big|_{s=j\omega}=\frac{1/RC}{j\omega+1/RC}=|H(j\omega)|\angle H(j\omega)$$

幅频特性为

$$|H(j\omega)|=\frac{1/(RC)}{\sqrt{\omega^2+[1/(RC)]^2}}$$

相频特性为

$$\angle H(j\omega)=-\arctan\omega RC$$

滤波器的幅频特性和相频特性如图 7.12 所示。

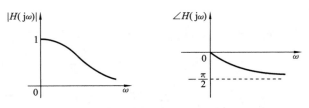

图 7.12　RC 低通滤波器的幅频特性和相频特性

7.8　系统的正弦稳态响应

线性时不变系统在正弦信号

$$x(t) = A_m \cos(\omega_0 t), \quad t \geqslant 0$$

激励下所产生的响应如何？

因为

$$X(s) = \frac{A_m s}{s^2 + \omega_0^2} = \frac{A_m s}{(s + j\omega_0)(s - j\omega_0)}$$

故

$$Y(s) = X(s)H(s) = \frac{A_m s B(s)}{A(s)(s + j\omega_0)(s - j\omega_0)}$$

将其部分分式展开为

$$Y(s) = \frac{\gamma(s)}{A(s)} + \frac{c}{s + j\omega_0} + \frac{c^*}{s - j\omega_0}$$

其中，

$$c = \left[(s - j\omega_0)Y(s)\right]\Big|_{s = j\omega_0} = \left[\frac{A_m s B(s)}{A(s)(s + j\omega_0)}\right]\Big|_{s = j\omega_0} = \frac{j A_m \omega_0 B(j\omega_0)}{A(j\omega_0)(2j\omega_0)} = \frac{A_m}{2} H(j\omega_0)$$

所以

$$Y(s) = \frac{\gamma(s)}{A(s)} + \frac{(A_m/2)H(j\omega_0)}{s + j\omega_0} + \frac{(A_m/2)H^*(j\omega_0)}{s - j\omega_0}$$

其反变换为

$$y(t) = y_1(t) + \frac{A_m}{2}\left[H(j\omega_0)e^{j\omega_0 t} + H^*(j\omega_0)e^{-j\omega_0 t}\right] \qquad (7.80)$$

由于

$$H(j\omega_0)e^{j\omega_0 t} + H^*(j\omega_0)e^{-j\omega_0 t} = 2|H(j\omega_0)|\cos(\omega_0 t + \angle H(j\omega_0))$$

所以

$$y(t) = y_1(t) + A_m|H(j\omega_0)|\cos(\omega_0 t + \angle H(j\omega_0))$$

式中：$y_1(t)$ 为响应的暂态部分，如果系统稳定，则 $\lim\limits_{t \to \infty} y_1(t) = 0$，所以

$$y(t) = A_m|H(j\omega_0)|\cos(\omega_0 t + \angle H(j\omega_0)), \quad t \geqslant 0$$

上式表明，正弦信号通过线性时不变系统后仍为同频率正弦信号，但由于系统存在幅频特性和相频特性，输出信号的幅度和相位发生了变化。因此，若已知系统的系统函数，求任意频率的正弦响应就十分简单。

7.9 系统的稳定性分析

1. 系统的稳定性

一个系统受到扰动,若扰动消除后系统能恢复到原来的状态,则系统是稳定的,否则系统不稳定。

另外一种稳定是 BIBO 稳定。系统在有界输入(激励)作用下产生有界的输出(响应),则该系统是 BIBO(bounded input and bounded output)稳定。数学描述为:若 $|x(t)|<\infty$,则 $|y(t)|<\infty$,该系统 BIBO 稳定。

例如,设系统的输入/输出关系为 $y(t)=x(t)\cos\omega t$,由于 $|x(t)|<\infty$ 时,$|y(t)|\leqslant|x(t)|<\infty$,故该系统 BIBO 稳定。

由于系统的稳定性取决于系统本身的固有特性(系统本身的结构和参数),与激励信号无关,因此可以通过冲激响应、系统函数、极点的位置等判断系统的稳定性。

2. 稳定性判断

若系统的单位冲激响应绝对可积,即

$$\int_{-\infty}^{\infty}|h(t)|\,\mathrm{d}t<\infty \tag{7.81}$$

则系统稳定(充要条件)。

可以证明,若 $\lim\limits_{t\to\infty}h(t)=0$,则系统是稳定的(stable)。

如果冲激响应有界,即对于所有的 t,$|h(t)|\leqslant c$(c 为常数),则系统是临界稳定的(marginally stable)。

如果冲激响应无界,即当 $t\to\infty$ 时,$|h(t)|\to\infty$,则系统是不稳定的(unstable)。

由于冲激响应的拉氏变换为系统函数,因此也可以根据系统函数极点在 s 平面的位置判断系统的稳定性。结论如下:

(1) 若 $H(s)$ 极点全部位于 s 左半平面,则系统稳定;

(2) 若 $H(s)$ 含有 $j\omega$ 轴单极点,其余位于 s 左半平面(所有单极点 $\mathrm{Re}(p_i)\leqslant0$,重极点 $\mathrm{Re}(p_i)<0$),则系统临界稳定;

(3) 若 $H(s)$ 含有 s 右半平面极点或 $j\omega$ 轴重极点,则系统不稳定。

【例 7-40】 某线性时不变系统用微分方程描述如下:

$$\frac{\mathrm{d}^2y(t)}{\mathrm{d}t^2}+3\frac{\mathrm{d}y(t)}{\mathrm{d}t}+2y(t)=x(t)$$

试判断系统的稳定性。

解 对微分方程两边求拉氏变换,得

$$s^2Y(s)+3sY(s)+2Y(s)=X(s)$$

系统的系统函数为

$$H(s)=\frac{1}{s^2+3s+2}=\frac{1}{s+1}-\frac{1}{s+2}$$

其冲激响应为

$$h(t)=(\mathrm{e}^{-t}-\mathrm{e}^{-2t})u(t)$$

判断方法 1:

由于 $\int_{-\infty}^{\infty}|h(t)|\mathrm{d}t=\int_{0}^{\infty}|\mathrm{e}^{-t}-\mathrm{e}^{-2t}|\mathrm{d}t=\int_{0}^{\infty}(\mathrm{e}^{-t}-\mathrm{e}^{-2t})\mathrm{d}t=\dfrac{1}{2}<\infty$，满足冲激响应绝对可积条件，故系统稳定。

判断方法 2：

因为 $\lim\limits_{t\to\infty}h(t)=\lim\limits_{t\to\infty}(\mathrm{e}^{-t}-\mathrm{e}^{-2t})=0$，故系统稳定。

判断方法 3：

系统函数 $H(s)$ 的极点 -1、-2 均为单极点，且位于 s 左半平面，故系统稳定。

此外，还可以用罗斯判据判断系统的稳定性。

3. 罗斯判据

当系统阶数较高时，求 $H(s)$ 的极点往往比较困难，为了回避这一问题，可以根据多项式的系数构成罗斯阵列，根据阵列中第一列元素符号的变化情况判断系统的稳定性。

首先介绍赫尔维茨（Hurwitz）多项式。

$$A(s)=a_{n}s^{n}+a_{n-1}s^{n-1}+\cdots+a_{1}s+a_{0} \tag{7.82}$$

若：① 式（7.82）中系数无缺项，② $a_i>0$，$i=0,1,\cdots,n$，则 $A(s)$ 称为赫尔维茨多项式。系统稳定的必要（但不充分）条件是 $A(s)$ 为赫尔维茨多项式。

罗斯稳定性判断法（Routh-Hurwitz stability test）：

（1）$A(s)$ 为赫尔维茨多项式。

（2）构造罗斯阵列，排列规则如下：

s^n 第一行	a_n	a_{n-2}	a_{n-4}	$\cdots$
s^{n-1} 第二行	a_{n-1}	a_{n-3}	a_{n-5}	$\cdots$
s^{n-2} 第三行	b_{n-2}	b_{n-4}	b_{n-6}	$\cdots$
s^{n-3} 第四行	c_{n-3}	c_{n-5}	c_{n-7}	$\cdots$
$\vdots$	$\vdots$	$\vdots$	$\vdots$	$\vdots$
s^2	d_2	d_0	0	$\cdots$
s^1	e_1	0	0	$\cdots$
s^0	f_0	0	0	$\cdots$

阵列中，第一行元素由 $A(s)$ 的第一、三、五等项的系数逐次排列而成；第二行元素由 $A(s)$ 的第二、四、六等项的系数逐次排列而成；第三行之后的系数按以下规律计算：

$$b_{n-2}=-\frac{1}{a_{n-1}}\begin{vmatrix} a_n & a_{n-2} \\ a_{n-1} & a_{n-3} \end{vmatrix}$$

$$b_{n-4}=-\frac{1}{a_{n-1}}\begin{vmatrix} a_n & a_{n-4} \\ a_{n-1} & a_{n-5} \end{vmatrix}$$

$$\vdots$$

$$c_{n-3}=-\frac{1}{b_{n-2}}\begin{vmatrix} a_{n-1} & a_{n-3} \\ b_{n-2} & b_{n-4} \end{vmatrix}$$

$$c_{n-5}=-\frac{1}{b_{n-2}}\begin{vmatrix} a_{n-1} & a_{n-5} \\ b_{n-2} & b_{n-6} \end{vmatrix}$$

$$\vdots$$

依此类推,直至算出全部元素。对于 n 阶方程,罗斯阵列共有 $n+1$ 行,最后两行都只剩一个元素。

（3）判断系统的稳定性。

若阵列中首列元素无符号变化,则 $A(s)=0$ 的根全部位于 s 左半平面,系统稳定;否则系统不稳定。若阵列中首列元素有符号改变,则含有 s 右半平面根,且根的个数为符号的改变次数。该判据称为罗斯判据。其证明可参考其他书籍。

【例 7-41】 已知系统的特征多项式为

$$A(s)=s^4+s^3+3s^2+s+6$$

试判断系统的稳定性。

解 特征多项式的系数均为正数,且无缺项,其罗斯阵列如下:

第一行	1	3	6
第二行	1	1	0
第三行	$-\dfrac{1}{1}\begin{vmatrix} 1 & 3 \\ 1 & 1 \end{vmatrix}=2$	$-\dfrac{1}{1}\begin{vmatrix} 1 & 6 \\ 1 & 0 \end{vmatrix}=6$	
第四行	$-\dfrac{1}{2}\begin{vmatrix} 1 & 1 \\ 2 & 6 \end{vmatrix}=-2$	$-\dfrac{1}{2}\begin{vmatrix} 1 & 0 \\ 2 & 0 \end{vmatrix}=0$	
第五行	$-\dfrac{1}{-2}\begin{vmatrix} 2 & 6 \\ -2 & 0 \end{vmatrix}=6$	0	

阵列中,第一列元素两次改变符号,说明系统不稳定,且有两个特征根位于 s 右半平面。

【例 7-42】 前例中,系统的微分方程为

$$\frac{\mathrm{d}^2 y(t)}{\mathrm{d}t^2}+3\frac{\mathrm{d}y(t)}{\mathrm{d}t}+2y(t)=x(t)$$

试用罗斯稳定性判断法判断系统的稳定性。

解 系统的系统函数为

$$H(s)=\frac{1}{s^2+3s+2}$$

系统的特征多项式为

$$A(s)=s^2+3s+2$$

所有的系数均为正数,且无缺项。罗斯阵列如下:

第一行	1	2	
第二行	3	0	
第三行	$-\dfrac{1}{3}\begin{vmatrix} 1 & 2 \\ 3 & 0 \end{vmatrix}=2$	0	

阵列中,第一列元素无符号变化,故系统稳定。

7.10 系统函数的计算

一个连续时间系统可能由加、减、比例、微分、积分等运算环节构成,该系统可用时

域运算框图表示,由拉氏变换可得其在 s 域运算框图。求输出的拉氏变换与输入的拉氏变换之比就得系统函数,又称传递函数。

表 7.4 列出了系统的时域和 s 域基本运算环节。

表 7.4 系统的时域和 s 域运算

	时域运算	s 域运算	s 域运算符号
加	$y(t) = x_1(t) + x_2(t)$	$Y(s) = X_1(s) + X_2(s)$	
减	$y(t) = x_1(t) - x_2(t)$	$Y(s) = X_1(s) - X_2(s)$	
比例	$y(t) = Ax(t)$	$Y(s) = AX(s)$	
微分	$y(t) = \dfrac{\mathrm{d}x(t)}{\mathrm{d}t}$	$Y(s) = sX(s) - x(0^-)$	
积分	$y(t) = \displaystyle\int_{-\infty}^{t} x(\tau)\mathrm{d}\tau$	$Y(s) = \dfrac{X(s)}{s}$	

【例 7-43】 一连续时间系统运算框图如图 7.13 所示,试求该系统的系统函数。

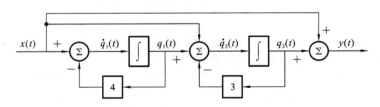

图 7.13 系统时域运算框图

解 由系统时域运算框图可得如图 7.14 所示的 s 域运算框图。

由加法器,有如下关系:

$$sQ_1(s) = -4Q_1(s) + X(s)$$
$$sQ_2(s) = Q_1(s) - 3Q_2(s) + X(s)$$
$$Y(s) = Q_2(s) + X(s)$$

可得

$$H(s) = \frac{Y(s)}{X(s)} = \frac{s^2 + 8s + 17}{(s+3)(s+4)}$$

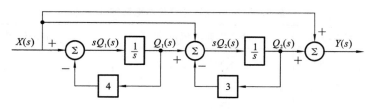

图 7.14　系统 s 域运算框图

7.11　电路系统的复频域分析

　　一个电路系统由若干电阻、电感、电容和电源等元件按一定的方式连接而成,根据元件电压和电流之间的关系及基本电路定律可建立系统的微分方程,将系统的微分方程求拉氏变换得到复频域的代数方程,解代数方程,再求反变换即可得系统的时域响应。表 7.5 列出了基本电路元件电流电压在时域和复频域的关系。

表 7.5　基本元件电流电压在时域和复频域的关系

	元件电流电压时域关系	元件电流电压 s 域关系
电阻元件	$u(t)=i(t)R$	$U(s)=I(s)R$
电感元件	$u(t)=L\dfrac{\mathrm{d}i(t)}{\mathrm{d}t}$	$U(s)=L[sI(s)-i(0^-)]$ 或 $I(s)=\dfrac{U(s)}{Ls}+\dfrac{i(0^-)}{s}$
电容元件	$i(t)=C\dfrac{\mathrm{d}u(t)}{\mathrm{d}t}$	$I(s)=C[sU(s)-u(0^-)]$ 或 $U(s)=\dfrac{I(s)}{Cs}+\dfrac{u(0^-)}{s}$

　　表 7.6 列出了时域和复频域基尔霍夫电流定律(Kirchhoff's current law,KCL)、基尔霍夫电压定律(Kirchhoff's voltage law,KVL)及欧姆定律(Ohm's law)。复频域回路法、节点法等均可应用于复频域电路求解。

表 7.6 时域和复频域基本电路定律

基本电路定律	基本电路时域定律	基本电路复频域定律
KCL 定律	$\sum_{k=1}^{n} i_k(t) = 0$	$\sum_{k=1}^{n} I_k(s) = 0$
KVL 定律	$\sum_{k=1}^{m} u_k(t) = 0$	$\sum_{k=1}^{m} U_k(s) = 0$
欧姆定律	$u(t) = i(t)R$	$U(s) = I(s)Z(s)$

电路 s 域求解基本步骤如下:

(1) 画 $t=0^-$ 等效电路,求初始状态;

(2) 画 s 域等效电路(亦称运算电路);

(3) 列 s 域电路方程(代数方程);

(4) 解 s 域方程,求出 s 域响应;

(5) 反变换求时域响应。

【例 7-44】 如图 7.15 所示电路原处于稳态,$u_C(0^-) = 100$ V,$t=0$ 时开关 K 闭合,求流过电感的电流 $i_L(t)$ 及电感两端的电压 $u_L(t)$。

解 处于稳态的直流电路,电容相当于开路,电感相当于短路,求得初始条件:

$$u_C(0^-) = 100 \text{ V}, \quad i_L(0^-) = 5 \text{ A}$$

其运算电路如图 7.16 所示,其中 $sL = 0.1$ s,$\dfrac{1}{sC} = \dfrac{1}{s \times 1000 \times 10^{-6}} = \dfrac{1000}{s}$。

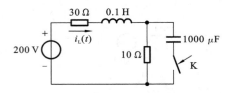

图 7.15 例 7-42 电路

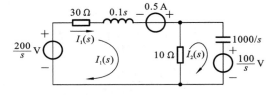

图 7.16 运算电路

按图示网孔建立回路方程:

$$\begin{cases} I_1(s)(40 + 0.1s) - 10I_2(s) = \dfrac{200}{s} + 0.5 \\ -10I_1(s) + \left(10 + \dfrac{1000}{s}\right)I_2(s) = \dfrac{100}{s} \end{cases}$$

解得

$$I_1(s) = \frac{5(s^2 + 700s + 40000)}{s(s+200)^2}$$

系统特征 $A(s) = s(s+200)^2 = 0$ 有三个根,即 $p_1 = 0$,$p_2 = p_3 = -200$,

$$I_1(s) = \frac{c_1}{s} + \frac{c_{21}}{s+200} + \frac{c_{22}}{(s+200)^2}$$

其中,

$$c_1 = sI_1(s)\Big|_{s=0} = \frac{5(s^2 + 700s + 40000)}{s^2 + 400s + 200^2}\Big|_{s=0} = 5$$

$$c_{22} = (s+200)^2 I_1(s)\Big|_{s=-200} = 1500$$

$$c_{21}=\frac{\mathrm{d}}{\mathrm{d}s}\big[(s+200)^2 I_1(s)\big]\big|_{s=-200}=0$$

所以

$$I_1(s)=\frac{5}{s}+\frac{0}{(s+200)}+\frac{1500}{(s+200)^2}$$

故

$$i_1(t)=i_L(t)=5+1500t\mathrm{e}^{-200t}\,(\mathrm{A})$$

$$U_L(s)=I_1(s)sL-0.5=\frac{150}{s+200}+\frac{-30000}{(s+200)^2}$$

$$u_L(t)=150\mathrm{e}^{-200t}-30000t\mathrm{e}^{-200t}\,(\mathrm{V})$$

【例 7-45】 一电路如图 7.17 所示，$t<0$ 时开关 K 闭合且电路处于稳定状态，试求开关打开后电感两端的电压和流经电感的电流。

解 当 $t<0$ 时，电路处于稳定状态，电容相当于开路，电感相当于短路，求得初始条件：

$$u_C(0^-)=2\,\mathrm{V},i_L(0^-)=0.5\,\mathrm{A}$$

当 $t>0$ 时，开关打开，其 s 域电路如图 7.18 所示，求得

$$I_L(s)=\frac{\dfrac{u_C(0^-)}{s}+Li_L(0^-)}{2+2+2+\dfrac{5}{s}+s}=\frac{0.5s+2}{(s+1)(s+5)}=\frac{3/8}{s+1}+\frac{1/8}{s+5}$$

$$i_L(t)=\left(\frac{3}{8}\mathrm{e}^{-t}+\frac{1}{8}\mathrm{e}^{-5t}\right)u(t)\,\mathrm{A}$$

$$U_L(s)=I_L(s)\cdot s-Li_L(0^-)$$

$$u_L(t)=\left(-\frac{3}{8}\mathrm{e}^{-t}-\frac{5}{8}\mathrm{e}^{-5t}\right)u(t)\,\mathrm{V}$$

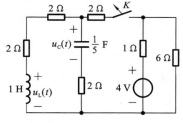

图 7.17 例 7-43 电路

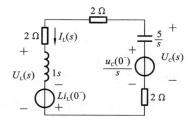

图 7.18 例 7-43 s 域电路

【例 7-46】 如图 7.19 所示的电路，$i_s(t)=\delta(t)$，$u_C(0^-)=0$，求电路的单位冲激响应。

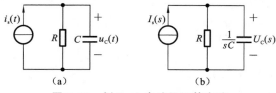

图 7.19 例 7-44 电路及运算电路

解 系统的运算电路如图 7.19(b)所示，有如下电路方程：

$$U_C(s)=\frac{R}{R+1/sC}I_s(s)\frac{1}{sC}=\frac{\dfrac{1}{C}}{s+\dfrac{1}{RC}}$$

$$I_C(s) = U_C(s) \Big/ \frac{1}{sC} = \frac{RsC}{RsC+1} = 1 - \frac{1/RC}{s + \frac{1}{RC}}$$

求反变换,得

$$u_C(t) = \frac{1}{C} e^{-t/(RC)} u(t)$$

$$i_C(t) = \delta(t) - \frac{1}{RC} e^{-t/(RC)} u(t)$$

习 题 7

1. 求下列信号的拉普拉斯变换。

(1) $e^{-10t} \cos(3t) u(t)$;

(2) $e^{-10t} \cos(3t-1) u(t)$;

(3) $[t - 1 + e^{-10t} \cos(3t - \pi/3)] u(t)$;

(4) $x(t) = (\sin t + 2\cos t) u(t)$;

(5) $x(t) = t e^{-2t} u(t)$;

(6) $x(t) = \sin(2t) u(t-1)$;

(7) $x(t) = (t-1)[u(t-1) - u(t-2)]$。

2. 一连续时间信号的拉普拉斯变换为

$$X(s) = \frac{s+1}{s^2 + 5s + 7}$$

求下列信号的拉普拉斯变换。

(1) $v(t) = x(3t - 4) u(3t - 4)$;

(2) $v(t) = tx(t)$;

(3) $v(t) = \int_0^t x(\lambda) d\lambda$。

3. $x(t) = e^{-\frac{t}{a}} f\left(\frac{t}{a}\right)$,$a > 0$,已知 $f(t) \leftrightarrow F(s)$,求 $X(s)$。

4. 已知信号的拉氏变换,求信号的终值和初值。

(1) $X(s) = \frac{4}{s^2 + s}$;

(2) $X(s) = \frac{3s + 4}{s^2 + s}$;

(3) $X(s) = \frac{s + 6}{(s+2)(s+5)}$;

(4) $X(s) = \frac{s + 3}{(s+1)^2 (s+2)}$。

5. 求卷积 $x(t) * v(t)$。

(1) $x(t) = u(t)$,$v(t) = \sin t u(t)$;

(2) $x(t) = \cos t \cdot u(t)$,$v(t) = \sin t u(t)$。

6. 求下列逆拉普拉斯变换。

(1) $X(s) = \frac{s + 2}{s^2 + 7s + 12}$;

(2) $X(s) = \dfrac{s+1}{s^3+5s^2+7s}$;

(3) $X(s) = \dfrac{3s^2+2s+1}{s^3+5s^2+8s+4}$;

(4) $X(s) = \dfrac{s^2+1}{s^5+18s^3+81s} = \dfrac{s^2+1}{(s^2+9)^2 s}$;

(5) $X(s) = \dfrac{1}{(s+2)(s+4)}$;

(6) $X(s) = \dfrac{2s+4}{s(s^2+2s+5)}$;

(7) $X(s) = \dfrac{1}{s^2(s+1)} e^{-4s}$;

(8) $X(s) = \dfrac{1}{s^2+1} + 1$。

7. 利用拉普拉斯变换解下列微分方程：

(1) $\dfrac{dy(t)}{dt} - 2y(t) = u(t), y(0) = 1$;

(2) $\dfrac{dy(t)}{dt} + 10y(t) = 4\sin(2t)u(t), y(0) = 1$;

(3) $\dfrac{d^2y(t)}{dt^2} + 6\dfrac{dy(t)}{dt} + 8y = u(t), y(0)=0, y'(0)=1$。

8. 一连续时间系统微分方程如下：

$$\dfrac{d^2y(t)}{dt^2} + 4\dfrac{dy(t)}{dt} + 3y = 2\dfrac{d^2x(t)}{dt^2} - 4\dfrac{dx(t)}{dt} - x(t)$$

求下列情况下系统的响应 $y(t), t \geq 0$。

(1) $y(0^-) = -2, y'(0^-) = 1, t \geq 0^-$ 时 $x(t) = 0$;

(2) $y(0^-) = 0, y'(0^-) = 0, x(t) = \delta(t)$;

(3) $y(0^-) = 2, y'(0^-) = 1, x(t) = u(t+1)$。

9. 设有微分方程组

$$\begin{cases} y_1'(t) + 2y_1(t) - y_2(t) = 0 \\ y_2'(t) - y_1(t) + 2y_2(t) = 0 \end{cases}$$

若初始条件 $y_1(0_-) = 0, y_2(0_-) = 1$，求 $y_1(t)$、$y_2(t)$。

10. 一连续时间系统微分方程如下：

$$\dfrac{d^2y(t)}{dt^2} + 2\dfrac{dy(t)}{dt} + 3y(t) = \dfrac{dx(t)}{dt} + x(t-2)$$

(1) 求系统的传递函数 $H(s)$;

(2) 求系统的单位冲激响应 $h(t)$。

11. 系统的微分方程如下，求系统函数 $H(s)$。若无传递函数，说明为什么。

(1) $\dfrac{dy(t)}{dt} + e^{-t}y(t) = x(t)$;

(2) $\dfrac{dy(t)}{dt} + v(t) * y(t) = x(t), v(t) = \sin t \cdot u(t)$;

(3) $\dfrac{d^2y(t)}{dt^2} + \int_0^t y(\lambda)d\lambda = \dfrac{dx(t)}{dt} - x(t)$;

（4）$\dfrac{\mathrm{d}y(t)}{\mathrm{d}t}-2y(t)=tx(t)$。

12. 一线性时不变系统的系统函数为

$$H(s)=\frac{s+7}{s^2+4}$$

系统的初始条件为 $y(0^-)$、$y'(0^-)$，输入为 $x(t)$，求系统输出 $g(t)$。

13. 一线性时不变连续时间系统的单位冲激响应为

$$h(t)=\big[\cos(2t)+4\sin(2t)\big]u(t)$$

（1）确定系统的系统函数；

（2）若输入 $x(t)=\dfrac{5}{7}\mathrm{e}^{-t}-\dfrac{12}{7}\mathrm{e}^{-8t}$，$t\geqslant0$，$t=0$ 时刻的初始条件为零，求响应 $y(t)$。

14. 一线性时不变连续时间系统的冲激响应为

$$h(t)=\mathrm{e}^{-t}\cos(2t-45°)u(t)-tu(t)$$

试确定系统的输入/输出微分方程。

15. 设线性时不变系统，当激励为 $x(t)=\mathrm{e}^{-t}u(t)$，零状态响应为 $y(t)=\Big[\dfrac{1}{2}\mathrm{e}^{-t}-\mathrm{e}^{-2t}+2\mathrm{e}^{3t}\Big]u(t)$，求系统的单位冲激响应 $h(t)$。

16. 设线性时不变系统的单位阶跃响应为 $g(t)=(1-\mathrm{e}^{-2t})u(t)$，如欲使系统的响应为 $y(t)=(1-\mathrm{e}^{-2t}-t\mathrm{e}^{-2t})u(t)$，求激励 $x(t)$。

17. 电路如图 7.20 所示，求网络的系统函数 $H(s)$ 和频率响应函数 $H(\mathrm{j}\omega)$。

18. 如图 7.21 所示电路为 RC 选频网络，求网络的系统函数 $H(s)$ 和频率响应函数 $H(\mathrm{j}\omega)$。

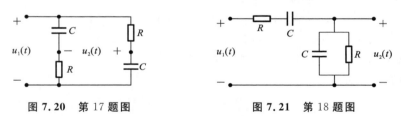

图 7.20　第 17 题图　　　　图 7.21　第 18 题图

19. 如图 7.22 所示的为有源滤波器电路，求系统的频率响应函数 $H(\mathrm{j}\omega)$。

20. 电路如图 7.23 所示，开关动作前电路为稳态。$t=0$ 时合上开关，试用拉普拉斯变换求 $t\geqslant0$ 时的电压 $u_\mathrm{L}(t)$。

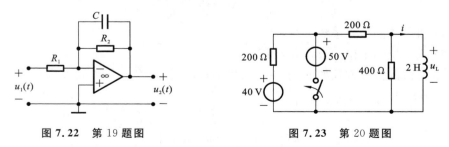

图 7.22　第 19 题图　　　　图 7.23　第 20 题图

21. 电路如图 7.24 所示，开关动作前电路为稳态。$t=0$ 时打开开关，在 $t=0$ 时：
（1）求电流 $i(t)$ 的象函数 $I(s)$；（2）求电流 $i(t)$。

22. 电路如图 7.25 所示,开关动作前电路为稳态。$t=0$ 时闭合开关,试用拉普拉斯变换求 $t \geqslant 0$ 时的电压 $u_2(t)$ 和电流 $i_2(t)$。

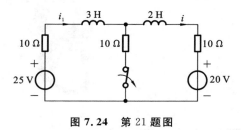 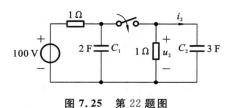

图 7.24　第 21 题图　　　　　图 7.25　第 22 题图

8

离散时间信号与系统 z 域分析

z 变换是分析离散时间系统的重要工具,其地位相当于连续时间系统分析中的拉普拉斯变换。

离散时间系统由差分方程描述,通过 z 变换可以将时域差分方程变成 z 域(复频域)代数方程,通过解代数方程求出系统的 z 域解,然后求反变换可得时域解,这种求解差分方程的方法较前面章节所述的递推法、经典法更加简单高效。

系统函数是离散时间系统的重要内容,通过研究系统函数,可求解任意激励下系统的响应,可分析系统的频率特性。通过研究系统函数的极点或单位脉冲响应可判断系统的稳定性。

8.1 离散时间信号 z 变换

8.1.1 z 变换的定义

对连续时间信号 $x(t)$ 进行周期冲激抽样,然后对抽样信号 $x_s(t)$ 求拉普拉斯变换即得 z 变换,其过程如图 8.1 所示。

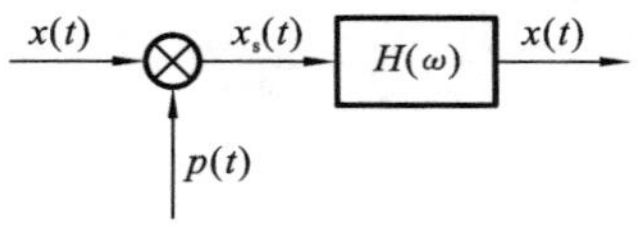

图 8.1　连续时间信号脉冲抽样

图 8.1 中, $p(t) = \sum\limits_{n=-\infty}^{\infty} \delta(t-nT)$ 为周期冲激信号, T 为抽样间隔。抽样信号为

$$x_s(t) = x(t)p(t) = x(t)\sum_{n=-\infty}^{\infty}\delta(t-nT)$$

$$= \sum_{n=-\infty}^{\infty} x(nT)\delta(t-nT) \tag{8.1}$$

对抽样信号 $x_s(t)$ 求拉普拉斯变换,得

$$X_s(s) = \mathscr{L}\left[x_s(nT)\right] = \mathscr{L}\left[\sum_{n=-\infty}^{\infty} x(nT)\delta(t-nT)\right] = \sum_{n=-\infty}^{\infty} x(nT)\mathscr{L}\left[\delta(t-nT)\right]$$

所以

$$X_s(s) = \sum_{n=-\infty}^{\infty} x(nT)\mathrm{e}^{-nsT} \tag{8.2}$$

令 $z = \mathrm{e}^{sT}$，$s = \sigma + \mathrm{j}\omega$，$T = 1$，则 $z = \mathrm{e}^s$，$s = \ln z$。故

$$X_s(s)\big|_{s=\ln z} = X(z) = \sum_{n=-\infty}^{\infty} x[n]z^{-n} \tag{8.3}$$

或

$$X(z)\big|_{z=\mathrm{e}^s} = X_s(s) \tag{8.4}$$

上列各式中，s、z 均为复数，且属于不同的复平面，表明 s、z 在两复平面之间具有映射关系，由拉普拉斯变换可求得 z 变换，由 z 变换也可求得拉普拉斯变换。

对于任意离散时间信号（或称离散序列）$x[n]$，定义

$$X(z) = \sum_{n=-\infty}^{\infty} x[n]z^{-n} \tag{8.5}$$

为该离散时间信号的 z 变换（z transform），表示为 $X(z) = \mathscr{Z}[x[n]]$ 或 $x[n] \leftrightarrow X(z)$。

上式可展开成幂级数的形式：

$$X(z) = \cdots + x[-2]z^2 + x[-1]z + x[0] + x[1]z^{-1} + x[2]z^{-2} + \cdots \tag{8.6}$$

显然，幂级数的系数构成离散时间序列。

离散时间序列 $x[n]$ 可分为左边序列、右边序列和双边序列：

（1）若 $-\infty < n < 0$，则 $x[n]$ 为左边序列，用 $x[n]u[-n]$ 表示；

（2）若 $0 \leqslant n < +\infty$，则 $x[n]$ 为右边序列，用 $x[n]u[n]$ 表示；

（3）若 $-\infty < n < +\infty$，则 $x[n]$ 为双边序列，用 $x[n]u[-n] + x[n]u[n]$ 表示。

z 变换分为双边 z 变换和单边 z 变换。

（1）双边 z 变换（bilateral z transform）：

$$X(z) = \sum_{n=-\infty}^{\infty} x[n]z^{-n} \tag{8.7}$$

（2）单边 z 变换（unilateral z transform）：

$$X(z) = \sum_{n=0}^{\infty} x[n]z^{-n} \tag{8.8}$$

8.1.2 z 变换的收敛域

对于任意给定的离散时间序列 $x[n]$，能使 $X(z) = \sum\limits_{n=-\infty}^{\infty} x[n]z^{-n}$ 可和的所有 z 值的取值范围称为 z 变换的收敛域。

z 变换存在的充分必要条件为

$$X(z) = \sum_{n=-\infty}^{\infty} |x[n]z^{-n}| < \infty \tag{8.9}$$

可以证明，z 变换的收敛域具有如下特点。

（1）右边序列的收敛域为半径 R_1 的圆外，即 $|z| > R_1$，如图 8.2(a) 所示。

证 对于 $n \geqslant 0$，若可以找到 M 和 R_1 两个正数，使得

$$|x[n]| \leqslant MR_1^n$$

则

$$\sum_{n=0}^{\infty} |x[n]z^{-n}| = \sum_{n=0}^{\infty} |x[n]| \, |z|^{-n} \leqslant \sum_{n=0}^{\infty} MR_1^n \, |z|^{-n}$$

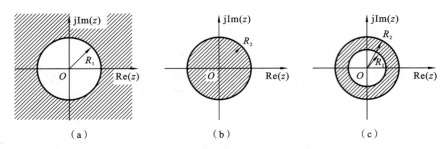

图 8.2　序列的收敛域

上述不等式的右边为无穷等比数列之和。若 $R_1/|z|<1$，即 $|z|>R_1$，则 $\sum\limits_{n=0}^{\infty}MR_1^n|z|^{-n}<\infty$，故有 $\sum\limits_{n=0}^{\infty}|x[n]z^{-n}|<\infty$，因此右边序列的收敛域为 $|z|>R_1$。

（2）左边序列的收敛域为半径 R_2 的圆内，即 $|z|<R_2$，如图 8.2(b)所示。

证　左边序列在 $n<0$ 时，若能找到 M 和 R_2 两个正数，使得

$$|x[n]|\leqslant MR_2^n$$

则

$$\sum_{n=-\infty}^{-1}|x[n]z^{-n}|=\sum_{n=-\infty}^{-1}|x[n]||z|^{-n}\leqslant\sum_{n=-\infty}^{-1}MR_2^n|z|^{-n}$$

令 $-n=k$，则有

$$\sum_{n=-\infty}^{-1}MR_2^n|z|^{-n}=\sum_{k=1}^{\infty}MR_2^{-k}|z|^{k}$$

欲使上述无穷等比数列可和，需 $|z|/R_2<1$，即 $|z|<R_2$，故左边序列的收敛域为 $|z|<R_2$。

（3）双边序列的收敛域为 $R_1<|z|<R_2$，即半径为 R_1 和 R_2 的圆环内，如图 8.2(c) 所示。

证　双边序列可分解为左边序列和右边序列之和，即

$$X(z)=\sum_{-\infty}^{\infty}x[n]z^{-n}=\sum_{n=-\infty}^{-1}x[n]z^{-n}+\sum_{n=0}^{\infty}x[n]z^{-n}$$

左边序列的收敛域为 $|z|<R_2$，右边序列的收敛域为 $|z|>R_1$。若 $R_2>R_1$，则 $X(z)$ 的收敛域为 $R_1<|z|<R_2$，即环形收敛域。若 $R_2\leqslant R_1$，则收敛域不存在。

可证：右边有限长序列收敛域 $|z|>0$；左边有限长序列收敛域 $|z|<\infty$；双边有限长序列收敛域 $0<|z|<\infty$。

【例 8-1】　$x[n]=a^nu[n]$，求序列的 z 变换。

解　$$X(z)=\sum_{n=-\infty}^{\infty}x[n]z^{-n}=\sum_{n=0}^{\infty}a^nz^{-n}=\sum_{n=0}^{\infty}(az^{-1})^n$$

上式为无穷等比数列之和，当 $|az^{-1}|<1$ 时，即 $|z|>|a|$ 时

$$X(z)=\frac{z}{z-a} \tag{8.10}$$

$|z|>|a|$ 为 z 变换的收敛域。若 $a>0$，则收敛域为 $|z|>a$。

显然，如果 $x[n]=u[n]$，则

$$X(z)=\frac{z}{z-1},\quad|z|>1 \tag{8.11}$$

【例 8-2】　$x[n]=-a^nu[-n-1]$，求序列的 z 变换。

解
$$X(z) = \sum_{n=-\infty}^{-1} (-a^n) z^{-n} = 1 - \sum_{n=0}^{\infty} (a^{-1}z)^n$$

$$X(z) = \frac{z}{z-a}, \quad |z| < |a| \tag{8.12}$$

若 $a > 0$，则 $|z| < a$。

上述两例题中，$x[n] = a^n u[n]$ 为右边序列，$x[n] = -a^n u[-n-1]$ 为左边序列，它们的 z 变换相同，均为 $X(z) = \frac{z}{z-a}$，但收敛域不同，表明相同的 z 变换，由于收敛域不同，对应于不同的序列，故在确定 z 变换时，必须指明收敛域。

【例 8-3】　$x[n] = \begin{cases} a^n, & n \geq 0 \\ -b^n, & n < 0 \end{cases}$ $(a < b)$，求序列的 z 变换。

解　$x[n]$ 为双边序列，则
$$X(z) = \sum_{n=-\infty}^{-1} (-b^n) z^{-n} + \sum_{n=0}^{\infty} (a^n) z^{-n}$$

$$X(z) = \frac{z}{z-a} + \frac{z}{z-b}, \quad |a| < |z| < |b|$$

若 $|a| \geq |b|$，则 z 变换不存在。

【例 8-4】　$x[n] = \begin{cases} 3^n, & -2 \leq n < 5 \\ 0, & n < -2, n \geq 5 \end{cases}$，求序列的 z 变换。

解　$x[n]$ 为有限长序列，则
$$X(z) = \sum_{n=-\infty}^{\infty} x[n] z^{-n} = \sum_{n=-2}^{4} 3^n z^{-n} = \frac{1}{9} z^2 + \frac{1}{3} z + 1 + 3z^{-1} + 9z^{-2} + 27z^{-3} + 81z^{-4}$$

收敛域为：$0 < |z| < \infty$。

【例 8-5】　$x[n] = \delta[n]$，求序列的 z 变换。

解　$X(z) = \sum_{n=-\infty}^{\infty} x[n] z^{-n} = \sum_{n=-\infty}^{\infty} \delta[n] z^{-n} = \delta[0] = 1$

【例 8-6】　$x[n] = \delta[n-q]$，求序列的 z 变换。

解　$X(z) = \sum_{n=-\infty}^{\infty} x[n] z^{-n} = \sum_{n=-\infty}^{\infty} \delta[n-q] z^{-n} = z^{-q}$

8.1.3　z 变换与 DTFT 的关系

离散时间傅里叶变换（DTFT）定义为
$$X(\Omega) = \sum_{n=-\infty}^{\infty} x[n] e^{-jn\Omega}$$

而 z 变换定义为
$$X(z) = \sum_{n=-\infty}^{\infty} x[n] z^{-n}$$

显然，
$$X(z) \big|_{z=e^{j\Omega}} = \sum_{n=-\infty}^{\infty} x[n] (e^{j\Omega})^{-n} \tag{8.13}$$

若 z 的取值范围在单位圆上，则 z 变换就是离散时间傅里叶变换。

8.2 z 变换的基本性质

1. 线性

若 $x[n] \leftrightarrow X(z)$,　　　　　　　ROC$=R_1$

$v[n] \leftrightarrow V(z)$,　　　　　　　ROC$=R_2$

则　　　　　　$ax[n] + bv[n] \leftrightarrow aX(z) + bV(z)$,　ROC$=R_1 \bigcap R_2$ 　　(8.14)

式中：a、b 是任意常数。

【例 8-7】 $x[n] = u[n] - u[n-q]$，求 $X(z)$。

解　　　　　$$X(z) = \frac{z}{z-1} - z^{-q}\frac{z}{z-1} = \frac{z^q - 1}{z^{q-1}(z-1)}$$

【例 8-8】 $x[n] = u[n] - u[n-3]$，求 $X(z)$。

解　　　　　$$x[n] = \delta[n] + \delta[n-1] + \delta[n-2]$$
$$X(z) = 1 + z^{-1} + z^{-2}$$

或　　　　$$X(z) = \frac{z}{z-1} - z^{-3}\frac{z}{z-1} = \frac{z^3 - 1}{z^2(z-1)} = 1 + z^{-1} + z^{-2}$$

2. 尺度特性

若 $x[n] \leftrightarrow X(z)$，ROC$=R$，则

$$a^n x[n] \leftrightarrow X\left(\frac{z}{a}\right), \quad \text{ROC} = \frac{R}{|a|} \tag{8.15}$$

证　　$$\sum_{n=-\infty}^{\infty} a^n x[n]z^{-n} = \sum_{n=-\infty}^{\infty} x[n](a^{-1}z)^{-n} = X\left(\frac{z}{a}\right)$$

同理可证

$$a^{-n}x[n] \leftrightarrow X(az) \tag{8.16}$$

3. 调制特性

由式(8.15)，有

$$e^{j\Omega n}x[n] \leftrightarrow X\left(\frac{z}{e^{j\Omega}}\right) = X(e^{-j\Omega}z)$$

又由欧拉公式可得

$$\cos(\Omega n)x[n] \leftrightarrow \frac{1}{2}[X(e^{j\Omega}z) + X(e^{-j\Omega}z)] \tag{8.17}$$

$$\sin(\Omega n)x[n] \leftrightarrow \frac{j}{2}[X(e^{j\Omega}z) - X(e^{-j\Omega}z)] \tag{8.18}$$

式(8.17)、式(8.18)称为调制特性。

若 $x[n] = u[n]$，则

$$\cos(\Omega n)u[n] \leftrightarrow \frac{1}{2}\left(\frac{e^{j\Omega}z}{e^{j\Omega}z - 1} + \frac{e^{-j\Omega}z}{e^{-j\Omega}z - 1}\right) = \frac{z^2 - (\cos\Omega)z}{z^2 - (2\cos\Omega)z + 1} \tag{8.19}$$

$$\sin(\Omega n)u[n] \leftrightarrow \frac{j}{2}\left(\frac{e^{j\Omega}z}{e^{j\Omega}z - 1} - \frac{e^{-j\Omega}z}{e^{-j\Omega}z - 1}\right) = \frac{(\sin\Omega)z}{z^2 - (2\cos\Omega)z + 1} \tag{8.20}$$

【例 8-9】 $x[n] = a^n \sin(n\Omega_0)u[n]$，求 $X(z)$。

解　　　　　$$\sin(n\Omega_0)u[n] \leftrightarrow \frac{z\sin\Omega_0}{z^2 - 2z\cos\Omega_0 + 1}$$

$$[a^n \sin(n\Omega_0)u[n]] \xleftarrow{\quad z \to \frac{z}{a} \quad} \frac{az\sin\Omega_0}{z^2 - 2az\cos\Omega_0 + a^2}, \quad |z| > |a| \tag{8.21}$$

类似地,

$$[a^n \cos(n\Omega_0)u[n]] \xleftarrow{\quad z \to \frac{z}{a} \quad} \frac{z^2 - az\cos\Omega_0}{z^2 - 2az\cos\Omega_0 + a^2}, \quad |z| > |a| \tag{8.22}$$

【例 8-10】 已知 $p[n] = u[n] - u[n-q]$,求 $x[n] = a^n p[n]$ 的 z 变换。

解 因为 $p[n] = u[n] - u[n-q] \leftrightarrow \dfrac{z}{z-1} - \dfrac{z}{z-1}z^{-q} = \dfrac{z(1-z^{-q})}{z-1}$,故

$$x[n] = a^n p[n] \leftrightarrow \frac{(z/a)[1 - (z/a)^{-q}]}{(z/a) - 1}$$

4. 时间反褶

若 $x[n] \leftrightarrow X(z)$,$\mathrm{ROC} = R$,则

$$x[-n] \leftrightarrow X(z^{-1}), \quad \mathrm{ROC} = 1/R \tag{8.23}$$

证 $\displaystyle\sum_{n=-\infty}^{\infty} x[-n]z^{-n} = \sum_{n=-\infty}^{\infty} x[n]z^n = \sum_{n=-\infty}^{\infty} x[n](z^{-1})^{-n} = X(z^{-1})$

5. 时移特性

(1) 双边 z 变换。

若 $x[n] \leftrightarrow X(z)$,$\mathrm{ROC} = R$,则

$$x[n \pm q] \leftrightarrow z^{\pm q} X(z) \tag{8.24}$$

式中:q 为任意正整数。

证 $X(z) = \displaystyle\sum_{n=-\infty}^{\infty} x[n-q]z^{-n} \xrightarrow{k=n-q} \sum_{k=-\infty}^{\infty} x[k]z^{-k-q} = z^{-q}X(z)$

同理可证

$$X(z) = \sum_{n=-\infty}^{\infty} x[n+q]z^{-n} = z^q X(z)$$

(2) 单边 z 变换。

若 $x[n]$ 为双边序列,且其单边序列 $x[n]u[n]$ 的 z 变换为 $X(z)$,则有

$$x[n-q]u[n-q] \leftrightarrow z^{-q}X(z) \tag{8.25}$$

证 $X(z) = \displaystyle\sum_{n=-\infty}^{\infty} x[n-q]u[n-q]z^{-n} = \sum_{n=q}^{\infty} x[n-q]z^{-n} \xrightarrow{k=n-q}$

$$= \sum_{k=0}^{\infty} x[k]z^{-k-q} = z^{-q}X(z)$$

同理可证

$$x[n+q]u[n+q] \leftrightarrow z^q X(z)$$

此外,还可证下列关系:

$$x[n-q]u[n] \leftrightarrow z^{-q}\left[X(z) + \sum_{k=-q}^{-1} x[k]z^{-k}\right] \tag{8.26}$$

证 $X(z) = \displaystyle\sum_{n=-\infty}^{\infty} x[n-q]u[n]z^{-n} = \sum_{n=0}^{\infty} x[n-q]z^{-n} \xrightarrow{k=n-q} = \sum_{k=-q}^{\infty} x[k]z^{-k-q}$

$$= z^{-q}\left[\sum_{k=-q}^{-1} x[k]z^{-k} + \sum_{k=0}^{\infty} x[k]z^{-k}\right] = z^{-q}\left[\sum_{k=-q}^{-1} x[k]z^{-k} + X(z)\right]$$

或表示为
$$x[n-q]u[n]\leftrightarrow z^{-q}X[z]+x[-q]+z^{-1}x[-q+1]+\cdots+z^{-q+1}x[-1] \quad (8.27)$$
同理可证
$$x[n+q]u[n]\leftrightarrow z^q\Big[X(z)-\sum_{k=0}^{q-1}x[k]z^{-k}\Big]$$
$$=z^qX[z]-x[0]z^q-x[1]z^{q-1}-\cdots-x[q-1]z \quad (8.28)$$

【例 8-11】 $x[n]=u[n+1]u[n]$,求 $X(z)$。

解
$$x[n]=u[n+1]u[n]=u[n]$$

故
$$X(z)=\frac{z}{z-1}$$

或利用移位特性,有
$$X(z)=zU(z)-u[0]z=z\cdot\frac{z}{z-1}-z=\frac{z}{z-1}$$

【例 8-12】 $x[n]=a^{-n}u[-n-1]$,求 $X(z)$。

解 由 $a^nu[n]\leftrightarrow\dfrac{z}{z-a}$,$|z|>|a|$,有
$$a^{-n}u[-n]\leftrightarrow\frac{z^{-1}}{z^{-1}-a},\quad |z^{-1}|>|a|$$
$$a^{-n-1}u[-n-1]\leftrightarrow z\cdot\frac{z^{-1}}{z^{-1}-a},\quad |z^{-1}|>|a|$$

即
$$\frac{1}{a}a^{-n}u[-n-1]\leftrightarrow\frac{1}{z^{-1}-a}=\frac{z}{1-az}$$

故
$$X(z)=\frac{az}{1-az}=-\frac{z}{z-\dfrac{1}{a}},\quad |z|<\frac{1}{|a|}$$

6. 微分特性

若 $x[n]\leftrightarrow X(z)$,ROC $=R$,则
$$nx[n]\leftrightarrow(-z)\frac{\mathrm{d}X(z)}{\mathrm{d}z},\quad \mathrm{ROC}=R \quad (8.29)$$

证 $X(z)=\sum\limits_{n=-\infty}^{\infty}x[n]z^{-n}$,两边对 z 求导,有
$$\frac{\mathrm{d}X(z)}{\mathrm{d}z}=\sum_{n=-\infty}^{\infty}-nx[n]z^{-n-1}$$
$$-z\frac{\mathrm{d}X(z)}{\mathrm{d}z}=\sum_{n=-\infty}^{\infty}nx[n]z^{-n}$$

故有
$$nx[n]\leftrightarrow(-z)\frac{\mathrm{d}X(z)}{\mathrm{d}z}$$

按同样的方法,对 z 求 k 阶导数,可证得
$$n^kx[n]\leftrightarrow\Big[-z\frac{\mathrm{d}}{\mathrm{d}z}\Big]^kX(z) \quad (8.30)$$

其中,$\Big[-z\dfrac{\mathrm{d}}{\mathrm{d}z}\Big]^kX(z)$ 表示 k 重嵌套求导,即 $-z\dfrac{\mathrm{d}}{\mathrm{d}z}\Big[-z\dfrac{\mathrm{d}}{\mathrm{d}z}\cdots\Big(-z\dfrac{\mathrm{d}}{\mathrm{d}z}X(z)\Big)\Big]$。

【例 8-13】　$x[n]=na^nu[n]$，求 $X(z)$。

解
$$X(z)=-z\frac{\mathrm{d}}{\mathrm{d}z}\Big(\frac{z}{z-a}\Big)=\frac{az}{(z-a)^2}$$

若 $a=1$，$x[n]=nu[n]$，则

$$nu[n]\leftrightarrow\frac{z}{(z-1)^2} \tag{8.31}$$

若 $x[n]=n^2a^nu[n]$，则

$$X(z)=-z\frac{\mathrm{d}}{\mathrm{d}z}\Big[-z\frac{\mathrm{d}}{\mathrm{d}z}\Big(\frac{z}{z-a}\Big)\Big]=\frac{az(z+a)}{(z-a)^3}$$

若 $a=1$，则

$$n^2u[n]\leftrightarrow\frac{z(z+1)}{(z-1)^3}$$

【例 8-14】　$x[n]=nu[n-1]$，求 $X(z)$。

解
$$x[n]=(n-1)u[n-1]+u[n-1]$$

因为 $nu[n]\leftrightarrow-z\dfrac{\mathrm{d}}{\mathrm{d}z}\Big(\dfrac{z}{z-1}\Big)=\dfrac{z}{(z-1)^2}$，所以

$$X(z)=\frac{z}{(z-1)^2}\cdot z^{-1}+\frac{z}{z-1}\cdot z^{-1}=\frac{1}{(z-1)^2}+\frac{1}{z-1}$$

7. 时域部分和

设 $x[n]$ 为右边序列（$x[n]=0,n=-1,-2,\cdots$），且 $x[n]\leftrightarrow X(z)$，令

$$y[n]=\sum_{i=0}^{n}x[i]$$

由于 $y[n]=\sum\limits_{i=0}^{n-1}x[i]+x[n]=y[n-1]+x[n]$，两边求 z 变换，即

$$Y(z)=z^{-1}Y(z)+X(z)$$

所以，$Y(z)=\dfrac{z}{z-1}X(z)$，即有下列变换对

$$\sum_{i=0}^{n}x[i]\leftrightarrow\frac{z}{z-1}X(z) \tag{8.32}$$

【例 8-15】　$y[n]=\sum\limits_{i=0}^{n}a^iu[i]$，求 $Y(z)$。

解
$$Y(z)=\frac{z}{z-1}\cdot\frac{z}{z-a}=\frac{z^2}{(z-1)(z-a)}$$

【例 8-16】　$x[n]=(n+1)u[n]$，求 $X(z)$。

解
$$x[n]=\sum_{i=0}^{n}u[i]$$
$$X(z)=\frac{z}{z-1}\cdot\frac{z}{z-1}$$

或
$$x[n]=nu[n]+u[n]$$
$$X(z)=\frac{z}{(z-1)^2}+\frac{z}{z-1}$$

8. 时域卷积定理

设 $x[n] \leftrightarrow X(z), \text{ROC} = R_1, v[n] \leftrightarrow V(z), \text{ROC} = R_2$,则

$$x[n] * v[n] \leftrightarrow X(z)V(z), \quad \text{ROC} = R_1 \bigcap R_2 \tag{8.33}$$

证

$$\sum_{n=-\infty}^{\infty} (x[n] * v[n])z^{-n} = \sum_{n=-\infty}^{\infty} \sum_{i=-\infty}^{\infty} x[i]v[n-i]z^{-n} = \sum_{i=-\infty}^{\infty} x[i] \sum_{n=-\infty}^{\infty} v[n-i]z^{-n}$$

$$= \sum_{i=-\infty}^{\infty} x[i]z^{-i}V(z) = X(z)V(z)$$

【例 8-17】 已知 $x[n] = 2^n u[n], v[n] = u[n]$,求 $y[n] = x[n] * v[n]$。

解

$$X(z) = \frac{z}{z-2}, \quad V(z) = \frac{z}{z-1}$$

$$Y(z) = X(z)V(z) = \frac{z}{z-2} \cdot \frac{z}{z-1}$$

$$\frac{Y(z)}{z} = \frac{2}{z-2} - \frac{1}{z-1}$$

$$Y(z) = \frac{2z}{z-2} - \frac{z}{z-1}$$

故

$$y[n] = [2(2)^n - 1]u[n]$$

9. 初值定理

若 $x[n]$ 是右边序列 $(x[n] = 0, n = -1, -2, \cdots)$,则

$$x[0] = \lim_{z \to \infty} X(z) \tag{8.34}$$

$$x[1] = \lim_{z \to \infty} [zX(z) - zx[0]] \tag{8.35}$$

$$\vdots$$

$$x[q] = \lim_{z \to \infty} z^q \left[X(z) - \sum_{i=0}^{m-1} x[i]z^{-i} \right] \tag{8.36}$$

证

$$X(z) = \sum_{n=0}^{\infty} x[n]z^{-n} = x[0] + x[1]z^{-1} + x[2]z^{-2} + \cdots$$

对上式两边求 $z \to \infty$ 时的极限,得 $x[0]$。

将上式两边同乘 z 或 z^q,再求 $z \to \infty$ 时的极限,得 $x[1]$ 或 $x[q]$。

10. 终值定理

若 $x[n]$ 是右边序列,且 $x[n] \leftrightarrow X(z)$,则

$$x[\infty] = \lim_{n \to \infty} x[n] = \lim_{z \to 1} (z-1)X(z) \tag{8.37}$$

其中,$X(z) = \dfrac{B(z)}{A(z)}$ 是 z 的有理函数。

证 $\quad \mathscr{Z}[x[n+1] - x[n]] = zX(z) - zx[0] - X(z) = (z-1)X(z) - zx[0]$

故

$$(z-1)X(z) = \mathscr{Z}[x[n+1] - x[n]] + zx[0]$$

上式两边求 $z \to 1$ 的极限,则有

$$\lim_{z \to 1} (z-1)X(z) = x[0] + \lim_{z \to 1} \sum_{n=0}^{\infty} [x[n+1] - x[n]]z^{-n}$$

$$= x[0] + (x[1] - x[0]) + (x[2] - x[1])$$

$$+(x[3]-x[2])+\cdots=z[\infty]$$

终值存在的条件：$X(z)$ 除一个极点等于 1，其余所有极点均在单位圆内，或 $(z-1)X(z)$ 的所有极点均在单位圆内。

【例 8-18】　$X(z)=\dfrac{3z^2-2z+4}{z^3-2z^2+1.5z-0.5}$，$x[n]$ 为右边序列，求 $\lim\limits_{n\to\infty}x[n]$。

解　　　　$X(z)=\dfrac{3z^2-2z+4}{z^3-2z^2+1.5z-0.5}=\dfrac{3z^2-2z+4}{(z-1)(z^2-z+0.5)}$

$X(z)$ 有一个极点 $z=1$ 及一对单位圆内的共轭极点 $z=0.5\pm0.5\mathrm{j}$。因此，$x[n]$ 的终值存在，即

$$\lim_{n\to\infty}x[n]=[(z-1)X(z)]_{z=1}=\frac{5}{0.5}=10$$

【例 8-19】　$X(z)=\dfrac{z^2+2z}{z^3+0.5z^2-z+7}$，求 $x[0]$、$x[1]$。

解　　　　　　　　$x[0]=\lim_{z\to\infty}X(z)=0$

$$x[1]=\lim_{z\to\infty}z[X(z)-x[0]]=\lim_{z\to\infty}\frac{1+\dfrac{2}{z}}{1+0.5\,\dfrac{1}{z}-\dfrac{1}{z^2}+\dfrac{7}{z^3}}=1$$

z 变换的性质如表 8.1 所示。

表 8.1　z 变换的性质

	性质	变换对/性质
1	线性	$ax[n]+bv[n]\leftrightarrow aX(z)+bV(z)$
2	时移特性	$x[n\pm q]\leftrightarrow z^{\pm q}X(z),x[n]\leftrightarrow X(z)$，双边序列时移特性
		$x[n-q]u[n-q]\leftrightarrow z^{-q}X(z),x[n]u[n]\leftrightarrow X(z)$
		$x[n-q]u[n]\leftrightarrow z^{-q}\left[X(z)+\sum_{k=-q}^{-1}x[k]z^{-k}\right],x[n]u[n]\leftrightarrow X(z)$
		$x[n+q]u[n]\leftrightarrow z^{q}\left[X(z)-\sum_{k=0}^{q-1}x[k]z^{-k}\right],x[n]u[n]\leftrightarrow X(z)$
3	时间反褶	$x[-n]\leftrightarrow X(z^{-1})$
4	尺度特性	$a^nx[n]\leftrightarrow X\left(\dfrac{z}{a}\right)$
5	调制特性	$\cos\Omega n\cdot x[n]\leftrightarrow\dfrac{1}{2}[X(\mathrm{e}^{\mathrm{j}\Omega}z)+X(\mathrm{e}^{-\mathrm{j}\Omega}z)]$
		$\sin\Omega n\cdot x[n]\leftrightarrow\dfrac{\mathrm{j}}{2}[X(\mathrm{e}^{\mathrm{j}\Omega}z)-X(\mathrm{e}^{-\mathrm{j}\Omega}z)]$
6	微分特性	$nx[n]\leftrightarrow(-z)\dfrac{\mathrm{d}X(z)}{\mathrm{d}z},n^kx[n]\leftrightarrow\left[-z\dfrac{\mathrm{d}}{\mathrm{d}z}\right]^k X(z)$
7	时域部分和	$\sum_{i=0}^{n}x[i]\leftrightarrow\dfrac{z}{z-1}X(z)$
8	时域卷积定理	$x[n]*v[n]\leftrightarrow X(z)V(z)$

续表

	性质	变换对/性质
9	初值定理	$x[0]=\lim_{z\to\infty}X(z)$ $x[1]=\lim_{z\to\infty}[zX(z)-zx[0]]$ ⋮ $x[q]=\lim_{z\to\infty}z^q\Big[X(z)-\sum_{i=0}^{m-1}x[i]z^{-i}\Big]$
10	终值定理	$\lim_{n\to\infty}x[n]=\lim_{z\to1}(z-1)X(z)$，$X(z)$是$z$的有理函数，除一个极点等于1， 其余所有极点均在单位圆内

常用信号的z变换如表 8.2 所示。

表 8.2　常用信号的z变换

离散时间信号	z变换	收敛域
$\delta[n]$	1	整个z平面
$\delta[n-q]$	z^{-q}	$q>0$时$z\neq0$，$q<0$时$z\neq\infty$
$u[n]$	$\dfrac{z}{z-1}$	$\lvert z\rvert>1$
$a^n u[n]$	$\dfrac{z}{z-a}$	$\lvert z\rvert>\lvert a\rvert$
$-a^n u[-n-1]$	$\dfrac{z}{z-a}$	$\lvert z\rvert<\lvert a\rvert$
$na^n u[n]$	$\dfrac{az}{(z-a)^2}$	$\lvert z\rvert>\lvert a\rvert$
$\cos(\Omega n)u[n]$	$\dfrac{z^2-(\cos\Omega)z}{z^2-(2\cos\Omega)z+1}$	$\lvert z\rvert>1$
$\sin(\Omega n)u[n]$	$\dfrac{(\sin\Omega)z}{z^2-(2\cos\Omega)z+1}$	$\lvert z\rvert>1$
$a^n\sin(n\Omega_0)u[n]$	$\dfrac{az\sin\Omega_0}{z^2-2az\cos\Omega_0+a^2}$	$\lvert z\rvert>\lvert a\rvert$
$a^n\cos(n\Omega_0)u[n]$	$\dfrac{z^2-az\cos\Omega_0}{z^2-2az\cos\Omega_0+a^2}$	$\lvert z\rvert>\lvert a\rvert$

8.3　逆z变换

由$X(z)$求所对应的离散时间序列$x[n]$即为逆z变换，表示为
$$x[n]=\mathscr{Z}^{-1}[X(z)]$$

求逆z变换的方法主要有：① 幂级数展开法；② 长除法；③ 部分分式展开法；④ 围线积分法——留数法。

8.3.1　幂级数展开法

由 z 变换公式

$$X(z) = \sum_{n=-\infty}^{\infty} x[n]z^{-n} = \cdots + x[-2]z^2 + x[-1]z^1 + x[0]z^0$$
$$+ x[1]z^{-1} + x[2]z^{-2} + \cdots$$

可知，$X(z)$ 是 z 的幂级数，级数的系数就是离散时间序列 $x[n]$。

z 变换一般是 z 的有理函数，幂级数的系数可由长除法（long division）获得。

【例 8-20】　已知 $X(z) = \dfrac{z}{z^2 - 2z + 1}$，$|z| > 1$，求 $x[n]$。

解　因为收敛域 $|z| > 1$，所以 $x[n]$ 为右边序列，$X(z)$ 以 z 的降幂排列。做长除法如下：

$$
\begin{array}{r}
z^{-1} + 2z^{-2} + 3z^{-3} + 4z^{-4} + \cdots \\
z^2 - 2z + 1 \overline{)\ z } \\
\underline{z\ -2 +\ z^{-1}} \\
2 +\ z^{-1} \\
\underline{2 - 4z^{-1} + 2z^{-2}} \\
3z^{-1} - 2z^{-2} \\
\underline{3z^{-1} - 6z^{-2} + 3z^{-3}} \\
4z^{-2} - 3z^{-3} \\
\underline{4z^{-2} - 8z^{-3} + 4z^{-4}} \\
5z^{-3} - 4z^{-4} \\
\vdots
\end{array}
$$

即

$$X(z) = \frac{z}{z^2 - 2z + 1} = z^{-1} + 2z^{-2} + 3z^{-3} + 4z^{-4} + \cdots$$

上式中商的各次幂系数构成 $x[n]$ 的序列，故

$$x[0] = 0, x[1] = 1, x[2] = 2, x[3] = 3, x[4] = 4, \cdots$$

即

$$x[n] = nu[n]$$

【例 8-21】　$X(z) = \dfrac{z}{z^2 - 2z + 1}$，$|z| < 1$，求 $x[n]$。

解　收敛域 $|z| < 1$，序列为左边序列，$X(z)$ 以 z 的升幂排列。做长除法如下：

$$
\begin{array}{r}
z + 2z^2 + 3z^3 + 4z^4 + \cdots \\
1 - 2z + z^2 \overline{)\ z } \\
\underline{z - 2z^2 +\ z^3} \\
2z^2 -\ z^3 \\
\underline{2z^2 - 4z^3 + 2z^4} \\
3z^3 - 2z^4 \\
\underline{3z^3 - 6z^4 + 3z^5} \\
4z^4 - 3z^5 \\
\underline{4z^4 - 8z^5 + 4z^6} \\
5z^5 - 4z^6 \\
\vdots
\end{array}
$$

即
$$X(z) = \frac{z}{z^2 - 2z + 1} = z + 2z^2 + 3z^3 + 4z^4 + \cdots$$

所得商的各次幂系数构成 $x[n]$ 的序列,故
$$x[-1] = 1, x[-2] = 2, x[-3] = 3, x[-4] = 4, \cdots$$

即
$$x[n] = -nu[-n]$$

由上述两例可以看出,$X(z)$ 相同,但求右边序列时除数须按降幂排列,求左边序列时除数须按升幂排列。

利用长除法求逆变换简单、直观,但有些情况下不易写出解析表达式。

长除法可用于计算序列的初值。只有 $X(z) = B(z)/A(z)$ 中分子、分母同阶数时才有非零初值。

【例 8-22】 $X(z) = \dfrac{z^2 - 1}{z^3 + 2z + 4}$,求 $x[n]$。

解
$$X(z) = z^{-1} - 3z^{-3} - 4z^{-4} - \cdots$$
$$X(z) = x[0] + x[1]z^{-1} + x[2]z^{-2} + x[3]z^{-3} + \cdots$$
$$x[0] = 0, x[1] = 1, x[2] = 0, x[3] = -3, x[4] = -4, \cdots$$

8.3.3 部分分式展开法

若 $X(z) = \dfrac{B(z)}{A(z)}$ 为有理真分式($M < N$,M、N 分别为分子多项式和分母多项式的阶数),则可用部分方式(partial fraction)求逆 z 变换。

若分子、分母同阶数($M = N$),此时不能直接应用部分分式展开,可以采用下列两种方法处理。

(1) 方法 1:先做长除法,将 $X(z)$ 变成商与真分式之和的形式,即
$$X(z) = x[0] + \frac{R(z)}{A(z)} \tag{8.38}$$

再对 $\dfrac{R(z)}{A(z)}$ 应用部分分式展开。上式中,$x[0]$ 为商(quotient),实际上为序列的初值;$R(z)$ 为余数(remainder)。

例如,$X(z) = \dfrac{2z^2 + z + 1}{z^2 + 3z + 2}$ 可表示为
$$X(z) = \frac{2z^2 + z + 1}{z^2 + 3z + 2} = 2 + \frac{-5z - 3}{z^2 + 3z + 2}$$

其中,第一项 $x[0] = 2$ 为商;第二项为真分式,可按部分分式展开。

(2) 方法 2:将 $X(z)$ 除以 z,即
$$\frac{X(z)}{z} = \frac{B(z)}{zA(z)} \tag{8.39}$$

上式右边分式中,分子多项式的阶数较分母多项式的阶数低一阶,因此可以应用部分分式展开。

若 $X(z) = \dfrac{B(z)}{A(z)}$ 为有理假分式($M > N$),则先用长除法将假分式变成商与真分式之和的形式,再对其中的真分式用部分方式求逆 z 变换。

右边序列的 z 变换以 z 的降幂排列,所以一般有 $M \leqslant N$。

部分分式形式取决于极点情况。

（1）单极点(distinct poles)。

假设 $X(z) = \dfrac{B(z)}{A(z)}$ 为有理真分式，且所有极点均不相同，即 $p_1 \neq p_2 \neq \cdots \neq p_N$，则 $\dfrac{X(z)}{z}$ 可展开成

$$\frac{X(z)}{z} = \frac{c_1}{z-p_1} + \frac{c_2}{z-p_2} + \cdots + \frac{c_N}{z-p_N} \tag{8.40}$$

其中，

$$c_i = \left[(z-p_i) \frac{X(z)}{z} \right]\bigg|_{z=p_i}, \quad i = 1,2,\cdots,N \tag{8.41}$$

则

$$X(z) = \frac{c_1 z}{z-p_1} + \frac{c_2 z}{z-p_2} + \cdots + \frac{c_N z}{z-p_N} \tag{8.42}$$

根据典型信号 z 变换对即可得时域信号。设信号为右边序列，则

$$x[n] = c_1 p_1^n + c_2 p_2^n + \cdots + c_N p_N^n, \quad n = 0,1,2,\cdots$$

若 $X(z)$ 分子和分母同阶数，且所有极点均不相同，则 $\dfrac{X(z)}{z}$ 可展开成

$$\frac{X(z)}{z} = \frac{c_0}{z} + \frac{c_1}{z-p_1} + \frac{c_2}{z-p_2} + \cdots + \frac{c_N}{z-p_N} \tag{8.43}$$

其中，$c_0 = \left[z \dfrac{X(z)}{z} \right]\bigg|_{z=0} = X(0)$，其余各系数同式(8.41)，则

$$X(z) = c_0 + \frac{c_1 z}{z-p_1} + \frac{c_2 z}{z-p_2} + \cdots + \frac{c_N z}{z-p_N} \tag{8.44}$$

对于右边序列，有

$$x[n] = c_0 \delta[n] + c_1 p_1^n + c_2 p_2^n + \cdots + c_N p_N^n, \quad n = 0,1,2,\cdots$$

（2）含一对共轭极点(conjugate poles)。

假设 $X(z) = \dfrac{B(z)}{A(z)}$ 为有理真分式，且含有一对共轭复极点：

$$p_1 = a + jb = |p_1| \mathrm{e}^{j\angle p_1}, \quad p_1^* = a - jb = |p_1| \mathrm{e}^{-j\angle p_1}$$

则其对应的逆变换为

$$c_1 p_1^n + c_1^* (p_1^*)^n$$

其中，c_1^* 为 c_1 的共轭，p_1^* 为 p_1 的共轭。

由欧拉公式可得

$$c_1 p_1^n + c_1^* (p_1^*)^n = 2|c_1| \sigma^n \cos(\Omega n + \angle c_1) \tag{8.45}$$

其中，$\sigma = |p_1|$，$\Omega = \angle p_1$。故

$$x[n] = 2|c_1| \sigma^n \cos(\Omega n + \angle c_1) + c_3 p_3^n + \cdots + c_N p_N^n, \quad n = 0,1,2,\cdots$$

【例 8-23】 $X(z) = \dfrac{z^3 + 1}{z^3 - z^2 - z - 2}$，求 $x[n]$（设为右边序列）。

解
$$A(z) = z^3 - z^2 - z - 2$$
$$p_1 = 2, \quad p_2 = -0.5 + j0.866, \quad p_2^* = -0.5 - j0.866$$
$$\frac{X(z)}{z} = \frac{c_0}{z} + \frac{c_1}{z-2} + \frac{c_2}{z+0.5+j0.866} + \frac{c_2^*}{z+0.5-j0.866}$$

$$c_0 = \left[z \frac{X(z)}{z} \right]\Bigg|_{z=0} = X(0) = \frac{1}{-2} = -0.5$$

$$c_1 = \left[(z-2) \frac{X(z)}{z} \right]\Bigg|_{z=2} = 0.643$$

$$c_2 = \left[(z+0.5+\mathrm{j}0.866) \frac{X(z)}{z} \right]\Bigg|_{z=-0.5-\mathrm{j}0.866} = 0.429+\mathrm{j}0.0825$$

$$\sigma = |p_2| = \sqrt{0.5^2+0.866^2} = 1$$

$$\Omega = \angle p_2 = \pi + \arctan\frac{0.866}{0.5} = \frac{4\pi}{3} \text{ rad}$$

$$|c_2| = \sqrt{0.429^2+0.825^2} = 0.437$$

$$\angle c_2 = \arctan\frac{0.0825}{0.5} = 10.89°$$

$$x[n] = -0.5\delta[n] + 0.874\cos\left(\frac{4\pi}{3}n + 10.89°\right) + 0.643(2)^n, \quad n=0,1,2,\cdots$$

（3）重极点(repeated poles)。

假设 $X(z) = \dfrac{B(z)}{A(z)}$ 为有理真分式，p_1 为 r 重极点，则

$$\frac{X(z)}{z} = \frac{c_1}{z-p_1} + \frac{c_2}{(z-p_1)^2} + \cdots + \frac{c_r}{(z-p_1)^r} + \frac{c_{r+1}}{z-p_{r+1}} + \cdots + \frac{c_N}{z-p_N} \quad (8.46)$$

对应上述重极点展开的各系数为

$$c_r = \left[(z-p_1)^r \frac{X(z)}{z} \right]\Bigg|_{z=p_1}$$

$$c_{r-1} = \left[\frac{\mathrm{d}}{\mathrm{d}z}(z-p_1)^r \frac{X(z)}{z} \right]\Bigg|_{z=p_1}$$

$$c_{r-2} = \frac{1}{2!}\left[\frac{\mathrm{d}^2}{\mathrm{d}z^2}(z-p_1)^r \frac{X(z)}{z} \right]\Bigg|_{z=p_1}$$

$$\vdots$$

$$c_{r-i} = \frac{1}{i!}\left[\frac{\mathrm{d}^i}{\mathrm{d}z^i}(z-p_1)^r \frac{X(z)}{z} \right]\Bigg|_{z=p_1}$$

所以

$$X(z) = \frac{c_1 z}{z-p_1} + \frac{c_2 z}{(z-p_1)^2} + \cdots + \frac{c_r z}{(z-p_1)^r} + \frac{c_{r+1} z}{z-p_{r+1}} + \cdots + \frac{c_N z}{z-p_N} \quad (8.47)$$

设 $x[n]$ 为右边序列，由下列变换对可求出时域信号。

$$\frac{z}{z-p_1} \leftrightarrow (p_1)^n u[n]$$

$$\frac{z}{(z-p_1)^2} \leftrightarrow n(p_1)^{n-1} u[n]$$

$$\frac{z}{(z-p_1)^3} \leftrightarrow \frac{1}{2}n(n-1)(p_1)^{n-2} u[n-1]$$

$$\frac{z}{(z-p_1)^i} \leftrightarrow \frac{1}{(i-1)!}n(n-1)\cdots(n-i+2)(p_1)^{n-i-1} u[n-i+2], \quad i=4,5,\cdots$$

【**例 8-24**】 $X(z) = \dfrac{6z^3+2z^2-z}{z^3-z^2-z-2}$，求 $x[n]$（设为右边序列）。

解 $$\frac{X(z)}{z}=\frac{6z^2+2z-1}{z^3-z^2-z-2}=\frac{6z^2+2z-1}{(z-1)^2(z+1)}$$

$$\frac{X(z)}{z}=\frac{c_1}{z-1}+\frac{c_2}{(z-1)^2}+\frac{c_3}{z+1}$$

$$c_2=\left[(z-1)^2\frac{X(z)}{z}\right]\bigg|_{z=1}=\frac{6+2-1}{2}=3.5$$

$$c_1=\left[\frac{\mathrm{d}}{\mathrm{d}z}(z-1)^2\frac{X(z)}{z}\right]\bigg|_{z=1}=\left[\frac{\mathrm{d}(6z^2+2z-1)}{\mathrm{d}(z+1)}\right]\bigg|_{z=1}=\frac{2\times14-7}{4}=5.25$$

$$c_3=\left[(z+1)\frac{X(z)}{z}\right]\bigg|_{z=1}=\frac{6-2-1}{(-2)^2}=0.75$$

$$X(z)=\frac{5.25z}{z-1}+\frac{3.5z}{(z-1)^2}+\frac{0.75z}{z+1}$$

$$x[n]=5.25(1)^n+3.5n(1)^{n-1}+0.75(-1)^n$$
$$=5.25+3.5n+0.75(-1)^n,\quad n=0,1,2,\cdots$$

8.3.4 围线积分法——留数法

右边离散时间序列 $x[n]$ 的 z 变换为

$$X(z)=\sum_{n=0}^{\infty}x[n]z^{-n}$$

其收敛域为 $|z|>R_1$ 的圆外。其逆变换可由复变函数中的柯西积分定理求得。将上式两边同乘以 z^{n-1}，并在收敛域内选择一条包含坐标原点的逆时针方向闭合回路 c 作积分路径，如图 8.3 所示，有

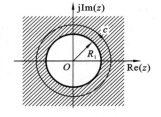

图 8.3 积分路径 c

$$x[n]=\frac{1}{2\pi\mathrm{j}}\oint_c X(z)z^{k-1}\mathrm{d}z=\frac{1}{2\pi\mathrm{j}}\oint_c\sum_{n=0}^{\infty}x[n]z^{-n+k-1}\mathrm{d}z$$

交换上式右边求和与积分的顺序，则上式可写为

$$x[n]=\frac{1}{2\pi\mathrm{j}}\oint_c X(z)z^{k-1}\mathrm{d}z=\sum_{n=0}^{\infty}x[n]\frac{1}{2\pi\mathrm{j}}\oint_c z^{-n+k-1}\mathrm{d}z$$

由柯西积分定理知

$$\frac{1}{2\pi\mathrm{j}}\oint_c z^{-n+k-1}\mathrm{d}z=\begin{cases}1,&k=n\\0,&k\neq n\end{cases}$$

故有 $$x[n]=\frac{1}{2\pi\mathrm{j}}\oint_c X(z)z^{n-1}\mathrm{d}z \tag{8.48}$$

由留数定理(residue theorem)可知，上述围线积分等于围线所包含的 $X(z)z^{n-1}$ 的所有极点的留数之和，即

$$x[n]=\sum_m \mathrm{Res}[X(z)z^{n-1}]\big|_{z=p_i} \tag{8.49}$$

式中：$z=p_i$ 是围线内 $X(z)z^{n-1}$ 的极点；m 为极点的个数；$\mathrm{Res}[X(z)z^{n-1}]\big|_{z=p_i}$ 为极点 $z=p_i$ 的留数(residue)。

留数与极点有关：

(1) 单极点(distinct poles)

$$\mathrm{Res}[X(z)z^{n-1}]\big|_{z=p_i}=[(z-p_i)X(z)z^{n-1}]\big|_{z=p_i} \tag{8.50}$$

（2）r 重极点（repeated poles）

$$\text{Res}\left[X(z)z^{n-1}\right]\Big|_{z=p_i}=\frac{1}{(r-1)!}\left[\frac{\mathrm{d}^{r-1}}{\mathrm{d}z^{r-1}}(z-z_m)^r X(z)z^{n-1}\right]\Big|_{z=p_i} \qquad (8.51)$$

【例 8-25】 $X(z)=\dfrac{12}{(z+1)(z-2)(z-3)}$，$|z|>3$，求 $x[n]$。

解 收敛域 $|z|>3$，故 $x[n]$ 为右边序列。

$$X(z)z^{n-1}=\frac{12z^{n-1}}{(z+1)(z-2)(z-3)}$$

当 $n=0$ 时，$X(z)z^{n-1}$ 有 4 个极点：$p_1=0$，$p_2=-1$，$p_3=2$，$p_4=3$，它们的留数分别为

$$\text{Res}\left[X(z)z^{-1}\right]\Big|_{z=0}=\left[z\cdot\frac{12}{z(z+1)(z-2)(z-3)}\right]\Big|_{z=0}=2$$

$$\text{Res}\left[X(z)z^{-1}\right]\Big|_{z=-1}=\left[(z+1)\cdot\frac{12}{z(z+1)(z-2)(z-3)}\right]\Big|_{z=-1}=-1$$

$$\text{Res}\left[X(z)z^{-1}\right]\Big|_{z=2}=\left[(z-2)\cdot\frac{12}{z(z+1)(z-2)(z-3)}\right]\Big|_{z=2}=-2$$

$$\text{Res}\left[X(z)z^{-1}\right]\Big|_{z=3}=\left[(z-3)\cdot\frac{12}{z(z+1)(z-2)(z-3)}\right]\Big|_{z=2}=1$$

所以，$x[0]=2-1-2+1=0$。

当 $n>0$ 时，$X(z)z^{n-1}$ 有 3 个极点：$p_1=-1$，$p_2=2$，$p_3=3$，它们的留数分别为

$$\text{Res}\left[X(z)z^{n-1}\right]\Big|_{z=-1}=\left[(z+1)\cdot\frac{12z^{n-1}}{(z+1)(z-2)(z-3)}\right]\Big|_{z=-1}=(-1)^{n-1}$$

$$\text{Res}\left[X(z)z^{n-1}\right]\Big|_{z=2}=\left[(z-2)\cdot\frac{12z^{n-1}}{(z+1)(z-2)(z-3)}\right]\Big|_{z=2}=-4\times 2^{n-1}$$

$$\text{Res}\left[X(z)z^{n-1}\right]\Big|_{z=3}=\left[(z-3)\cdot\frac{12z^{n-1}}{(z+1)(z-2)(z-3)}\right]\Big|_{z=3}=3\times 3^{n-1}$$

所以

$$x[n]=\left[(-1)^{n-1}-4\times 2^{n-1}+3\times 3^{n-1}\right]u[n-1]$$

【例 8-26】 $X(z)=\dfrac{1}{(z-1)^2}$，$|z|>1$，求 $x[n]$。

解 收敛域 $|z|>1$，故 $x[n]$ 为右边序列。

当 $n=0$ 时，$X(z)z^{n-1}$ 有一个单极点 $p_1=0$ 及一个重极点，$p_2=1$ 它们的留数分别为

$$\text{Res}\left[\frac{1}{z\ (z-1)^2}\right]\Big|_{z=0}=1$$

$$\text{Res}\left[\frac{1}{z\ (z-1)^2}\right]\Big|_{z=1}=\frac{\mathrm{d}}{\mathrm{d}z}\left[(z-1)^2\cdot\frac{1}{z\ (z-1)^2}\right]\Big|_{z=1}=-1$$

所以，$x[0]=1+(-1)=0$。

当 $n>0$ 时，$X(z)z^{n-1}$ 有一个重极点：$p_1=p_2=1$，它们的留数为

$$\text{Res}\left[X(z)z^{n-1}\right]\Big|_{z=1}=\frac{1}{(2-1)!}\frac{\mathrm{d}}{\mathrm{d}z}\left[(z-1)^2\frac{1}{(z-1)^2}z^{n-1}\right]\Big|_{z=1}=n-1$$

所以，$x[n]=(n-1)u[n-1]$。

【例 8-27】 求 $X(z)=\dfrac{-5z}{3z^2-7z+2}$ 的逆 z 变换，其收敛域分别为 $|z|>2$，$\dfrac{1}{3}<$

$|z|<2,|z|<\dfrac{1}{3}$。

解　$x(z)=\dfrac{-5z}{3z^2-7z+2}=\dfrac{-\dfrac{5}{3}z}{\left(z-\dfrac{1}{3}\right)(z-2)}$

（1）收敛域为 $|z|>2$，$x[n]$ 为右边序列。

当 $n\geqslant0$ 时，

$$x[n]=\sum_m \operatorname{Res}[X(z)z^{n-1}]|_{z=p_i}=\sum_m \operatorname{Res}\left[\dfrac{-\dfrac{5}{3}z^n}{\left(z-\dfrac{1}{3}\right)(z-2)}\right]\Bigg|_{z=p_i}$$

在围线 c 内有两个一阶极点 $z=1/3$ 及 $z=2$，如图 8.4(a)所示，故

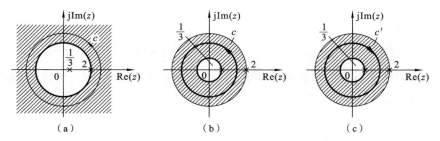

图 8.4　例 8-27 中收敛域与积分路径

$$x[n]=\left[\left(z-\dfrac{1}{3}\right)\dfrac{-\dfrac{5}{3}z^n}{\left(z-\dfrac{1}{3}\right)(z-2)}\right]\Bigg|_{z=\frac{1}{3}}+\left[(z-2)\dfrac{-\dfrac{5}{3}z^n}{\left(z-\dfrac{1}{3}\right)(z-2)}\right]\Bigg|_{z=2}$$

$$=\left(\dfrac{1}{3}\right)^n-2^n,\quad n\geqslant0$$

（2）收敛域 $\dfrac{1}{3}<|z|<2$，$x[n]$ 为双边序列。

$$x[n]=\sum_m \operatorname{Res}[X(z)z^{n-1}]|_{z=p_i}=\sum_m \operatorname{Res}\left[\dfrac{-\dfrac{5}{3}z^n}{\left(z-\dfrac{1}{3}\right)(z-2)}\right]\Bigg|_{z=p_i}$$

当 $n<0$ 时，围线 c 内除一阶极点 $z=1/3$ 外还有极点 $z=0$，且其阶数随 n 而变，如图 8.4(b)所示。

若 $n=-1$，$z=0$ 为一阶极点，则

$$x[n]=\operatorname{Res}\left[\dfrac{-\dfrac{5}{3}z^{-1}}{\left(z-\dfrac{1}{3}\right)(z-2)}\right]\Bigg|_{z=\frac{1}{3}}+\operatorname{Res}\left[\dfrac{-\dfrac{5}{3}z^{-1}}{\left(z-\dfrac{1}{3}\right)(z-2)}\right]\Bigg|_{z=0}$$

$$=\left[\left(z-\dfrac{1}{3}\right)\cdot\dfrac{-\dfrac{5}{3}z^{-1}}{\left(z-\dfrac{1}{3}\right)(z-2)}\right]\Bigg|_{z=\frac{1}{3}}+\left[z\cdot\dfrac{-\dfrac{5}{3}z^{-1}}{\left(z-\dfrac{1}{3}\right)(z-2)}\right]\Bigg|_{z=0}=\dfrac{1}{2}$$

若 $n=-2$，$z=0$ 为二阶极点，则

$$x[n] = \left[\left(z - \frac{1}{3}\right) \cdot \frac{-\frac{5}{3}z^{-2}}{\left(z - \frac{1}{3}\right)(z - 2)}\right]\Bigg|_{z=\frac{1}{3}} + \frac{1}{(2-1)!}\frac{d}{dz}\left[z^2 \cdot \frac{-\frac{5}{3}z^{-2}}{\left(z - \frac{1}{3}\right)(z - 2)}\right]\Bigg|_{z=0}$$

$$= \left(\frac{1}{2}\right)^2$$

若 $n = -3, z = 0$ 为三阶极点,则

$$x[n] = \left[\left(z - \frac{1}{3}\right) \cdot \frac{-\frac{5}{3}z^{-3}}{\left(z - \frac{1}{3}\right)(z - 2)}\right]\Bigg|_{z=\frac{1}{3}} + \frac{1}{(3-1)!}\frac{d^2}{dz^2}\left[z^3 \cdot \frac{-\frac{5}{3}z^{-3}}{\left(z - \frac{1}{3}\right)(z - 2)}\right]\Bigg|_{z=0}$$

$$= \left(\frac{1}{2}\right)^3$$

...

综上可得

$$x[n] = \left(\frac{1}{3}\right)^n u[n] + 2^n u[-n-1] = \left(\frac{1}{3}\right)^n u[n-1] + 2^n u[-n]$$

为了避免取 n 为不同负值时逐一求 $z = 0$ 处的留数,根据复变函数理论,将积分路径改为顺时针方向,如图 8.4(c)中 c',此时

$$x[n] = \frac{-1}{2\pi j}\oint_{c'} X(z)z^{n-1}dz = -\sum_m \text{Res}[X(z)z^{n-1}]|_{z=p_i}$$

式中:$z = p_i$ 为围线 c' 左侧(顺着 c' 的方向看)的极点。这里,$z = 2$ 为极点,除此极点之外,通常还应考虑 $z = \infty$ 是否为其极点。当 $n < 0$ 时,$z = \infty$ 不是极点,故

$$x[n] = -\text{Res}\left[\frac{-\frac{5}{3}z^n}{\left(z - \frac{1}{3}\right)(z - 2)}\right]\Bigg|_{z=2} = -\left[(z - 2) \cdot \frac{-\frac{5}{3}z^n}{\left(z - \frac{1}{3}\right)(z - 2)}\right]\Bigg|_{z=2} = 2^n, \quad n < 0$$

计算结果与前相同。

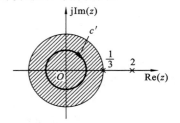

图 8.5 积分路径改为 c'

若收敛域为 $|z| < \frac{1}{3}$,则 $x[n]$ 为左边序列。

$$x[n] = \sum_m \text{Res}[X(z)z^{n-1}]|_{z=p_i}$$

$$= \sum_m \text{Res}\left[\frac{-\frac{5}{3}z^n}{\left(z - \frac{1}{3}\right)(z - 2)}\right]\Bigg|_{z=p_i}$$

由于 $n < 0$,$X(z)z^{n-1}$ 的极点为 $z_1 = 0, z_2 = \frac{1}{3}, z_3 = 2$。对于不同的 n,$z_1 = 0$ 的阶数不同,为了避免在 n 为不同负值时逐一求 $z = 0$ 处的留数,改变积分路径为顺时针方向,如图 8.5 所示,则

$$x[n] = -\sum_m \text{Res}[X(z)z^{n-1}]|_{z=p_i}$$

此时,积分路径左侧有两个单极点,故

$$x[n] = -\text{Res}\left[\frac{-\frac{5}{3}z^n}{\left(z - \frac{1}{3}\right)(z - 2)}\right]\Bigg|_{z=\frac{1}{3}} - \text{Res}\left[\frac{-\frac{5}{3}z^n}{\left(z - \frac{1}{3}\right)(z - 2)}\right]\Bigg|_{z=2}$$

$$=-\left[\left(z-\frac{1}{3}\right)\cdot\frac{-\frac{5}{3}z^n}{\left(z-\frac{1}{3}\right)(z-2)}\right]\Bigg|_{z=\frac{1}{3}}-\left[(z-2)\cdot\frac{-\frac{5}{3}z^n}{\left(z-\frac{1}{3}\right)(z-2)}\right]\Bigg|_{z=2}$$

$$=-\left(\frac{1}{3}\right)^n+2^n, \quad n<0$$

此题可以用观察法计算。

因为

$$X(z)=\frac{-5z}{3z^2-7z+2}=\frac{-5z}{(3z-1)(z-2)}=\frac{-5}{3}\cdot\frac{z}{\left(z-\frac{1}{3}\right)(z-2)}=\frac{z}{z-\frac{1}{3}}-\frac{z}{z-2}$$

由

$$a^nu[n]\leftrightarrow\frac{z}{z-a}, \quad |z|>|a|$$

$$-a^nu[-n-1]\leftrightarrow\frac{z}{z-a}, \quad |z|<|a|$$

可直接写出逆变换。

当 $|z|>2$ 时，$x[n]$ 为右边序列。

$$\frac{z}{z-\frac{1}{3}}\leftrightarrow\left(\frac{1}{3}\right)^nu[n], \quad \frac{z}{z-2}\leftrightarrow(2)^nu[n]$$

故

$$x[n]=\left[\left(\frac{1}{3}\right)^n-2^n\right]u[n]$$

当 $\frac{1}{3}<|z|<2$ 时，$x[n]$ 为双边序列。

$$\frac{z}{z-\frac{1}{3}}\leftrightarrow\left(\frac{1}{3}\right)^nu[n], \quad \frac{z}{z-2}\leftrightarrow-(2)^nu[-n-1]$$

故

$$x[n]=\left(\frac{1}{3}\right)^nu[n]+2^nu[-n-1]$$

当 $|z|<\frac{1}{3}$ 时，$x[n]$ 为左边序列。

$$\frac{z}{z-\frac{1}{3}}\leftrightarrow-\left(\frac{1}{3}\right)^nu[-n-1],\frac{z}{z-2}\leftrightarrow-(2)^nu[-n-1]$$

故

$$x[n]=\left(\frac{1}{3}\right)^nu[-n-1]+2^nu[-n-1]$$

8.4 差分方程的 z 域求解

连续时间系统的微分方程可由拉普拉斯变换法求解，类似地，离散时间系统的差分方程可由 z 变换法求解。

设系统的差分方程为

$$y[n]+\sum_{i=1}^{N}a_iy[n-i]=\sum_{i=0}^{M}b_ix[n-i]$$

对其两边求 z 变换，解代数方程求出 z 域解，再求反变换即得时域解。

【例 8-28】 系统的差分方程为 $y[n]+0.5y[n-1]=x[n]$, 初始条件 $y[-1]=1$, $x[n]=\delta[n]$, 求系统的零输入响应 $y_{zi}[n]$、零状态响应 $y_{zs}[n]$ 及全响应 $y[n]$。

解 将差分方程两边求 z 变换, 得

$$Y(z)+0.5z^{-1}[Y(z)+y[-1]z]=X(z)$$

即

$$Y(z)=\frac{0.5y[-1]}{1+0.5z^{-1}}+\frac{1}{1+0.5z^{-1}}X(z)$$

上式第一项由初始条件引起, 对应于零输入响应, 即

$$Y_{zi}(z)=\frac{0.5y[-1]}{1+0.5z^{-1}}=\frac{0.5}{1+0.5z^{-1}}=\frac{0.5z}{z+0.5}$$

故

$$y_{zi}[n]=0.5\,(-0.5)^n u[n]$$

第二项由激励引起, 对应于零状态响应, 即

$$Y_{zs}(z)=\frac{1}{1+0.5z^{-1}}X(z)=\frac{1}{1+0.5z^{-1}}=\frac{z}{z+0.5}$$

故

$$y_{zs}[n]=(-0.5)^n u[n]$$

系统的全响应为

$$y[n]=y_{zi}[n]+y_{zs}[n]=[0.5\,(-0.5)^n+(-0.5)^n]u[n]=1.5\,(-0.5)^n u[n]$$

对于高阶差分方程可按同样的方法求解。

【例 8-29】 $y[n]+1.5y[n-1]+0.5y[n-2]=x[n]-x[n-1]$, 初始条件 $y[-1]=2$, $y[-2]=1$, 激励 $x[n]=u[n]$, 求响应 $y[n]$。

解 对差分方程两边求 z 变换, 有

$$Y(z)+1.5z^{-1}[Y(z)+y[-1]z]+0.5z^{-2}\left[Y(z)+\sum_{k=-2}^{-1}y[k]z^{-k}\right]=X(z)-z^{-1}X(z)$$

整理得

$$Y(z)=\frac{-(1.5y[-1]+0.5y[-2])z^2-0.5y[-1]z}{z^2+1.5z+0.5}+\frac{z^2-z}{z^2+1.5z+0.5}X(z)$$

上式第一项由初始条件引起, 对应于零输入响应 $Y_{zi}(z)$, 即

$$Y_{zi}(z)=\frac{-(1.5y[-1]+0.5y[-2])z^2-0.5y[-1]z}{z^2+1.5z+0.5}$$

$$=\frac{-(1.5\times2+0.5\times1)z^2-0.5\times2z}{z^2+1.5z+0.5}=\frac{-3.5z^2-z}{(z+1)(z+0.5)}$$

$$\frac{Y_{zi}(z)}{z}=\frac{-3.5z-1}{(z+1)(z+0.5)}$$

$$Y_{zi}(z)=\frac{-5z}{z+1}+\frac{1.5z}{z+0.5}$$

故

$$y_{zi}[n]=[-5\,(-1)^n+1.5\,(-0.5)^n]u[n]$$

第二项由激励引起, 对应于零状态响应 $Y_{zs}(z)$, 即

$$Y_{zs}(z)=\frac{z^2-z}{z^2+1.5z+0.5}X(z)=\frac{z^2-z}{z^2+1.5z+0.5}\cdot\frac{z}{z-1}$$

$$Y_{zs}(z)=\frac{2z}{z+1}-\frac{z}{z+0.5}$$

故

$$y_{zs}[n]=[2\,(-1)^n-(-0.5)^n]u[n]$$

系统的全响应为

$$y[n] = y_{zi}[n] + y_{zs}[n] = [0.5(-0.5)^n - 3(-1)^n]u[n]$$

8.5 系统函数

设二阶线性时不变离散时间系统的差分方程为

$$y[n] + a_1 y[n-1] + a_2 y[n-2] = b_0 x[n] + b_1 x[n-1]$$

两边求 z 变换,得

$$Y(z) + a_1[z^{-1}Y(z) + y[-1]] + a_2[z^{-2}Y(z) + z^{-1}y[-1] + y[-2]]$$
$$= b_0 X(z) + b_1 z^{-1} X(z)$$

$$Y(z) = \frac{-a_2 y[-2] - a_1 y[-1] - a_2 y[-1]z^{-1}}{1 + a_1 z^{-1} + a_2 z^{-2}} + \frac{b_0 + b_1 z^{-1}}{1 + a_1 z^{-1} + a_2 z^{-2}} X(z)$$

$$= \frac{-(a_2 y[-2] + a_1 y[-1])z^2 - a_2 y[-1]z}{z^2 + a_1 z + a_2} + \frac{b_0 z^2 + b_1 z}{z^2 + a_1 z + a_2} X(z)$$

若初始条件均为零,则

$$Y(z) = \frac{b_0 z^2 + b_1 z}{z^2 + a_1 z + a_2} X(z)$$

定义 $H(z) = \dfrac{Y(z)}{X(z)} = \dfrac{b_0 z^2 + b_1 z}{z^2 + a_1 z + a_2}$ 为二阶系统的系统函数。

设 N 阶线性时不变离散时间系统的差分方程为

$$y[n] + \sum_{i=1}^{N} a_i y[n-i] = \sum_{i=0}^{M} b_i x[n-i]$$

求 z 变换可得

$$Y(z) = \frac{C(z)}{A(z)} + \frac{B(z)}{A(z)} X(z)$$

式中:

$$B(z) = b_0 z^N + b_1 z^{N-1} + \cdots + b_M z^{N-M}$$
$$A(z) = z^N + a_1 z^{N-1} + \cdots + a_{N-1} z + a_N$$

$C(z)$ 为 z 的多项式,初始条件 $y[-1], y[-2], \cdots, y[-N]$ 决定多项式的各系数。

若初始条件为零,则

$$Y(z) = \frac{B(z)}{A(z)} X(z)$$

定义输出的 z 变换与输入的 z 变换之比为系统函数(system function),亦称传递函数(transfer function),即

$$H(z) = \frac{Y(z)}{X(z)} = \frac{B(z)}{A(z)} = \frac{b_0 z^N + b_1 z^{N-1} + \cdots + b_M z^{N-M}}{z^N + a_1 z^{N-1} + \cdots + a_{N-1} z + a_N} \tag{8.52}$$

系统函数在系统分析中具有非常广泛的应用,主要应用包括:① 求系统的单位脉冲响应;② 求系统的零状态响应;③ 求系统的频率特性;④ 求系统正弦稳态响应;⑤ 系统零极点分析;⑥ 判断系统的稳定性等。

8.6 系统输出响应的计算

1. 系统的单位脉冲响应
系统函数 $H(z)$ 与单位脉冲响应 $h[n]$ 互为 z 变换对,即系统函数为单位脉冲响应

的 z 变换,单位脉冲响应为系统函数的反变换,表示为 $h[n] \leftrightarrow H(z)$,故可以由系统函数求得系统的单位脉冲响应 $h[n]$。

【例 8-30】 设某离散时间系统的差分方程为 $y[n]+0.5y[n-1]=x[n]$,求系统函数与单位脉冲响应。

解 对差分方程两边求 z 变换,有

$$Y(z)+0.5z^{-1}Y(z)=X(z)$$

即

$$Y(z)=\frac{1}{1+0.5z^{-1}}X(z)$$

系统函数为

$$H(z)=\frac{Y(z)}{X(z)}=\frac{1}{1+0.5z^{-1}}=\frac{z}{z+0.5}$$

单位脉冲响应为系统函数的逆变换,即

$$h[n]=(-0.5)^n u[n]$$

2. 系统的零状态响应

对于线性时不变系统,其零状态响应为

$$y[n]=x[n]*h[n]=\sum_{i=-\infty}^{\infty} h[i]x[n-i]$$

若系统是因果的,则

$$y[n]=x[n]*h[n]=\sum_{i=0}^{n} h[i]x[n-i], \quad n=0,1,2,\cdots$$

根据卷积定理,有

$$Y(z)=X(z)H(z)$$

求反变换即可求得零状态响应 $y_{zs}[n]$。

【例 8-31】 设系统的差分方程为 $y[n]+1.5y[n-1]+0.5y[n-2]=x[n]-x[n-1]$,激励 $x[n]=u[n]$,求系统函数与零状态响应。

解 (1)系统函数。

将差分方程两边求 z 变换,得

$$Y(z)+1.5z^{-1}Y(z)+0.5z^{-2}Y(z)=X(z)-z^{-1}X(z)$$

所以

$$Y(z)=\frac{z^2-z}{z^2+1.5z+0.5}X(z)$$

则系统函数为

$$H(z)=\frac{Y(z)}{X(z)}=\frac{z^2-z}{z^2+1.5z+0.5}$$

(2)零状态响应。

$$Y(z)=H(z)X(z)=\frac{z^2-z}{z^2+1.5z+0.5} \cdot \frac{z}{z-1}=\frac{z^2}{z^2+1.5z+0.5}$$

$$\frac{Y(z)}{z}=\frac{z}{(z+0.5)(z+1)}=\frac{c_1}{z+0.5}+\frac{c_2}{z+1}$$

$$Y(z)=\frac{-z}{z+0.5}+\frac{2z}{z+1}$$

故零状态响应为

$$y_{zs}[n]=[2\,(-1)^n-(-0.5)^n]u[n]$$

【例 8-32】 已知系统的单位脉冲响应 $h[n]=3(2^{-n})\cos\left(\dfrac{\pi n}{6}+\dfrac{\pi}{12}\right)$，$n=0,1,2,\cdots$，求 $H(z)$。若 $x[n]=u[n]$，求 $y[n]$。

解
$$H(z)=\frac{2.898z^2-1.449z}{z^2-0.866z+0.25}$$

$$Y(z)=X(z)H(z)=\frac{2.898z^2-1.449z}{z^2-0.866z+0.25}\cdot\frac{z}{z-1}$$

$$\frac{Y(z)}{z}=\frac{cz+d}{z^2-0.866z+0.25}+\frac{c_3}{z-1}$$

$$c_3=\left[(z-1)\frac{Y(z)}{z}\right]\Bigg|_{z=1}=\frac{2.898-1.449}{1-0.866+0.25}=3.773$$

$$Y(z)=\frac{cz^2+dz}{z^2-0.866z+0.25}+\frac{3.773z}{z-1}c+3.773=2.898$$

$$d-c-0.866\times3.773=-1.449$$

$$c=-0.875,\quad d=0.943$$

$$z^2-0.866z+0.25=z^2-(2a\cos\Omega)z+a^2$$

$$a=\sqrt{0.25}=0.5$$

$$\Omega=\arccos\frac{0.866}{2a}=\frac{\pi}{6}\text{ rad}$$

$$\frac{cz^2+dz}{z^2-0.866z+0.25}=\frac{-0.875z^2+0.943z}{z^2-(\cos\pi/6)z+0.25}$$

将上式的右边表示为

$$\frac{\alpha[z^2-0.5(\cos\pi/6)z]}{z^2-(\cos\pi/6)z+0.25}+\frac{\beta(\sin\pi/6)z}{z^2-(\cos\pi/6)z+0.25}\alpha=-0.875$$

$$-0.5\alpha\cos\frac{\pi}{6}+\beta\sin\frac{\pi}{6}=0.943$$

$$\beta=1.128$$

$$Y(z)=\frac{-0.875[z^2-0.5(\cos\pi/6)z]}{z^2-(\cos\pi/6)z+0.25}+\frac{1.128(\sin\pi/6)z}{z^2-(\cos\pi/6)z+0.25}+\frac{3.773z}{z-1}$$

$$y[n]=-0.875\left(\frac{1}{2}\right)^n\cos\frac{\pi n}{6}+2.26\left(\frac{1}{2}\right)^n\sin\frac{\pi n}{6}+3.773,\quad n=0,1,2,\cdots$$

$(z-1)Y(z)$ 的极点 $p=0.433\pm j0.5$ 在单位圆内，故有

$$\lim_{n\to\infty}y[n]=[(z-1)Y(z)]|_{z=1}=\left[\frac{2.898z^3-1.449z^2}{z^2-0.866z+0.25}\right]\Bigg|_{z=1}=\frac{1.449}{0.384}=3.773$$

3. 系统的零输入响应

线性时不变系统的系统函数 $H(z)=\dfrac{B(z)}{A(z)}$，其特征根的形式决定了零输入响应的形式，结合初始条件即可求出零输入响应 $y_{zi}[n]$。

【例 8-33】 系统的差分方程为 $y[n]+1.5y[n-1]+0.5y[n-2]=x[n]-x[n-1]$，初始条件 $y[-1]=2$，$y[-2]=1$，求系统的零输入响应。

解 由上例可知，系统函数为

$$H(z) = \frac{Y(z)}{X(z)} = \frac{z^2 - z}{z^2 + 1.5z + 0.5}$$

系统的特征根 $p_1 = -1$，$p_2 = -0.5$ 为两单根，故

$$y_{zi}[n] = c_1 (-1)^n + c_2 (-0.5)^n, \quad n = 0, 1, \cdots$$

由初始条件 $y[-1] = 2$，$y[-2] = 1$ 推得，$y[0] = -2.5$，$y[1] = -4.75$。

据此求得，$c_1 = -5$，$c_2 = \frac{3}{2}$。故

$$y_{zi}[n] = \left[-5(-1)^n + \frac{3}{2}(-0.5)^n \right] u[n]$$

8.7 系统的频率响应

设系统函数为

$$H(z) = \frac{B(z)}{A(z)}, \quad M \leqslant N$$

当系统函数 $H(z)$ 在单位圆上取值时得系统的频率响应函数，即

$$H(z) \big|_{z = e^{j\Omega}} = H(e^{j\Omega}) \tag{8.53}$$

其中，$|H(\Omega)| - \Omega$ 为幅频特性，$\angle H(\Omega) - \Omega$ 为相频特性。由于 $H(\Omega)$ 以 2π 为周期，且 $|H(\Omega)| - \Omega$ 具有偶对称，$\angle H(\Omega) - \Omega$ 具有奇对称特点，故通常考虑频率 $\Omega: 0 \to \pi$。

式(8.53)可写成下列形式：

$$H(e^{j\Omega}) = H(z) \big|_{z = e^{j\Omega}} = K \frac{\prod\limits_{i=1}^{M} (z - z_i)}{\prod\limits_{i=1}^{N} (z - p_i)} \Bigg|_{z = e^{j\Omega}} = K \frac{\prod\limits_{i=1}^{M} (e^{j\Omega} - z_i)}{\prod\limits_{i=1}^{N} (e^{j\Omega} - p_i)} \tag{8.54}$$

式中：$e^{j\Omega}$ 为单位圆上取值的复数；$e^{j\Omega} - z_i$，$e^{j\Omega} - p_i$ 为复数减法运算，可看作是矢量运算，其中 $e^{j\Omega}$ 表示原点到单位圆上的矢量，z_i 表示原点到零点的矢量，p_i 表示原点到极点的矢量。

矢量的差可表示成极坐标形式：

$$e^{j\Omega} - z_i = N_i e^{j\varphi_i}, \quad e^{j\Omega} - p_i = D_i e^{j\theta_i}$$

则式(8.54)可写成

$$H(e^{j\Omega}) = K \frac{\prod\limits_{i=1}^{M} (e^{j\Omega} - z_i)}{\prod\limits_{i=1}^{N} (e^{j\Omega} - p_i)} = K \frac{\prod\limits_{i=1}^{M} N_i e^{j\varphi_i}}{\prod\limits_{i=1}^{N} D_i e^{j\theta_i}} \tag{8.55}$$

故系统的幅频特性为

$$|H(e^{j\Omega})| = |K| \frac{\prod\limits_{i=1}^{M} |N_i|}{\prod\limits_{i=1}^{N} |D_i|} \tag{8.56}$$

相频特性为

$$\angle H(e^{j\Omega}) = \sum_{i=1}^{M} \varphi_i - \sum_{i=1}^{N} \theta_i \tag{8.57}$$

【例 8-34】　设某系统的系统函数为 $H(z)=\dfrac{z(z+1)}{(z-0.6)(z+0.6)}$，求系统的频率响应。

解　$H(z)$ 有两个极点 $p_1=0.4,p_2=-0.6$，两个零点 $z_1=0,z_2=-1$。
系统的频率响应为

$$H(e^{j\Omega})=\frac{e^{j\Omega}(e^{j\Omega}+1)}{(e^{j\Omega}-0.6)(e^{j\Omega}+0.6)}$$

幅频特性为

$$|H(e^{j\Omega})|=\frac{|e^{j\Omega}|\,|(e^{j\Omega}+1)|}{|(e^{j\Omega}-0.6)|\,|(e^{j\Omega}+0.6)|}$$

$$=\frac{1\times\sqrt{(1+\cos\Omega)^2+\sin^2\Omega}}{\sqrt{(\cos\Omega-0.6)^2+\sin^2\Omega}\times\sqrt{(\cos\Omega+0.6)^2+\sin^2\Omega}}$$

相频特性为

$$\angle H(e^{j\Omega})=\left(\Omega+\arctan\frac{\sin\Omega}{1+\cos\Omega}\right)-\left(\arctan\frac{\sin\Omega}{\cos\Omega-0.6}-\arctan\frac{\sin\Omega}{\cos\Omega+0.6}\right)$$

8.8　系统的正弦稳态响应

设系统稳定，初始条件为零，且系统函数为

$$H(z)=\frac{B(z)}{A(z)}=\frac{b_M z^M+b_{M-1}z^{M-1}+\cdots+b_0}{a_N z^N+a_{N-1}z^{N-1}+\cdots+a_0}$$

系统的激励为

$$x[n]=C\cos(\Omega_0 n),\quad n=0,1,2,\cdots \tag{8.58}$$

由于

$$x[n]=C\cos(\Omega_0 n)u[n]\leftrightarrow\frac{C[z^2-(\cos\Omega_0)z]}{z^2-(2\cos\Omega_0)z+1}$$

故有

$$Y(z)=X(z)H(z)=\frac{CB(z)[z^2-(\cos\Omega_0)z]}{A(z)[z^2-(2\cos\Omega_0)z+1]}$$

因为

$$z^2-(2\cos\Omega_0)z+1=(z-\cos\Omega_0-j\sin\Omega_0)(z-\cos\Omega_0+j\sin\Omega_0)$$
$$=(z-e^{j\Omega_0})(z-e^{-j\Omega_0})$$

所以

$$Y(z)=\frac{CB(z)[z^2-(\cos\Omega_0)z]}{A(z)(z-e^{j\Omega_0})(z-e^{-j\Omega_0})}$$

$$\frac{Y(z)}{z}=\frac{CB(z)(z-\cos\Omega_0)}{A(z)(z-e^{j\Omega_0})(z-e^{-j\Omega_0})}=\frac{\eta(z)}{A(z)}+\frac{c}{z-e^{j\Omega_0}}+\frac{c^*}{z-e^{-j\Omega_0}}$$

$$c=\left[(z-e^{j\Omega_0})\frac{Y(z)}{z}\right]\Bigg|_{z=e^{j\Omega_0}}=\left[\frac{CB(z)(z-\cos\Omega_0)}{A(z)(z-e^{-j\Omega_0})}\right]\Bigg|_{z=e^{j\Omega_0}}$$

$$=\frac{CB(e^{j\Omega_0})(e^{j\Omega_0}-\cos\Omega_0)}{A(e^{j\Omega_0})(e^{j\Omega_0}-e^{-j\Omega_0})}=\frac{CB(e^{j\Omega_0})(j\sin\Omega_0)}{A(e^{j\Omega_0})(j2\sin\Omega_0)}$$

$$=\frac{CB(e^{j\Omega_0})}{2A(e^{j\Omega_0})}=\frac{C}{2}H(e^{j\Omega_0})$$

即

$$Y(z) = \frac{z\eta(z)}{A(z)} + \frac{(C/2)H(e^{j\Omega_0})z}{z - e^{j\Omega_0}} + \frac{(C/2)H^*(e^{j\Omega_0})z}{z - e^{-j\Omega_0}}$$

上式第一项对应系统的暂态响应 $y_{tr}[n]$，显然有 $\lim\limits_{n\to\infty} y_{tr}[n] \to 0$；后两项对应系统的稳态响应 $y_{ss}[n]$，有

$$y_{ss}[n] = C|H(e^{j\Omega_0})|\cos(\Omega_0 n + \angle H(e^{j\Omega_0})), \quad n = 0,1,2,\cdots \tag{8.59}$$

比较式(8.58)、式(8.59)，表明正弦信号经过系统后的稳态输出仍然为同频率的正弦信号，只是信号的幅度变为原信号的 $|H(\Omega_0)|$ 倍，相位改变了 $\angle H(\Omega_0)$。根据系统的幅频特性和相频特性可直接求出系统的正弦稳态响应。

在 DTFT 中，正弦信号通过系统的稳态响应为

$$y[n] = C|H(\Omega_0)|\cos(\Omega_0 n + \angle H(\Omega_0)), \quad n = 0,1,2,\cdots \tag{8.60}$$

比较式(8.59)、式(8.60)，有

$$H(\Omega_0) = H(e^{j\Omega_0}) = \sum_{n=0}^{\infty} h[n]e^{-j\Omega_0 n} \tag{8.61}$$

$$|H(e^{j\Omega_0})| = |H(\Omega)|\big|_{\Omega = \Omega_0} \tag{8.62}$$

$$\angle H(e^{j\Omega_0}) = \angle H(\Omega)\big|_{\Omega = \Omega_0} \tag{8.63}$$

$$H(\Omega) = H(z)\big|_{z = e^{j\Omega}} \tag{8.64}$$

说明，系统函数 $H(z)$ 在单位圆上取值即得系统的频率响应函数，也等于系统单位脉冲响应的 DTFT。

8.9　系统函数的计算

离散时间信号在时域里可做加、减、比例、延时等运算，由此可得 z 域的相应运算，如表 8.3 所示。

表 8.3　时域运算与 z 域运算

	时域运算	z 域运算	z 域运算框图
加法	$y[n] = x[n] + v[n]$	$Y(z) = X(z) + V(z)$	
减法	$y[n] = x[n] - v[n]$	$Y(z) = X(z) - V(z)$	
比例	$y[n] = Ax[n]$	$Y(z) = AX(z)$	
延迟	$y[n] = x[n-1]$	$Y(z) = z^{-1}X(z)$	

【例 8-35】 设离散时间系统的运算关系如图 8.6 所示，求系统的系统函数。

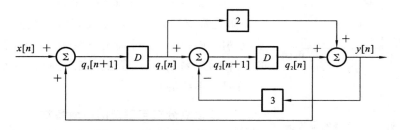

图 8.6 例 8-35 系统时域框图

解 根据系统的时域运算图可得如图 8.7 所示的 z 域运算图，且有

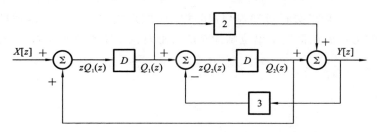

图 8.7 例 8-35 系统 z 域运算图

$$zQ_1(z) = Q_2(z) + X(z)$$
$$zQ_2(z) = Q_1(z) - 3Y(z)$$
$$Y(z) = 2Q_1(z) + Q_2(z)$$

求得

$$Y(z) = \frac{2z+1}{z^2+3z+5}X(z)$$

因此，系统函数为

$$H(z) = \frac{Y(z)}{X(z)} = \frac{2z+1}{z^2+3z+5}$$

8.10 系统函数的零极点分析

1. 系统函数的零点与极点

系统函数可表示为

$$H(z) = \frac{B(z)}{A(z)} = K \frac{(z-z_1)(z-z_2)\cdots(z-z_i)\cdots(z-z_M)}{(z-p_1)(z-p_2)\cdots(z-p_i)\cdots(z-p_N)}$$

其中，z_i 为零点（zeros），p_i 为极点（poles）。

在 z 平面表示系统函数零点和极点的图形称为零极图（pole-zero diagram）。其中，零点用"。"表示，极点用"×"表示。

【例 8-36】 系统函数 $H(z) = \dfrac{z(z-1+\mathrm{j}1)(z-1-\mathrm{j}1)}{(z+1)^2(z+\mathrm{j}2)(z-\mathrm{j}2)}$，试求系统的零极点，并画出零极图。

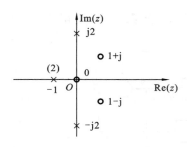

图 8.8　例 8-36 系统的零极图

解　零点：$z_1=0,z_2=1-j,z_3=1+j$；

极点：$p_1=p_2=-1,p_3=-j2,p_4=j2$。

研究系统函数的零极点具有重要意义：① 可确定系统的时域特性；② 可确定系统函数；③ 可描述系统的频率响应特性；④ 可说明系统的正弦稳态特性；⑤ 可研究系统的稳定性。

2. 零极点分布与系统的时域特性

假设系统为线性时不变因果系统，且系统函数为

$$H(z)=\frac{B(z)}{A(z)}=\frac{b_M z^M+b_{M-1}z^{M-1}+\cdots+b_0}{a_N z^N+a_{N-1}z^{N-1}+\cdots+a_0}$$

其中，$M\leqslant N$。由前面的分析可知，单位脉冲响应的形式取决于系统函数的极点位置，图 8.9 所示的为单极点情况下单位脉冲响应波形与系统函数极点位置的对应关系。

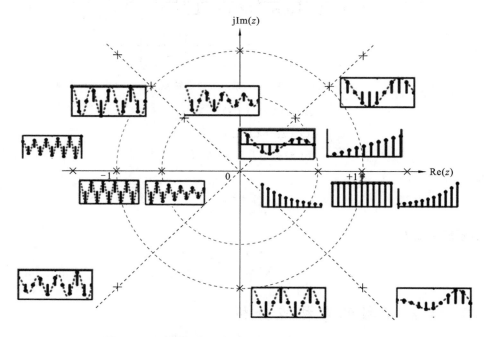

图 8.9　系统函数的极点位置决定单位脉冲响应的形式

可得如下结论：

（1）$h[n]$ 随时间变化的规律取决于 $H(z)$ 的极点分布。

位于单位圆内极点（$|p_i|<1$）：对应暂态分量，信号随时间衰减或振荡衰减至零；

位于单位圆外极点（$|p_i|>1$）：对应不稳定分量，信号随时间越来越大或振荡增大；

位于单位圆上的单极点（$|p_i|=1$）：对应临界稳态分量，信号随时间等幅振荡。

位于单位圆上的重极点（$|p_i|=1$）：对应不稳定分量，信号随时间越来越大。

（2）$h[n]$ 幅值大小、相位等取决于 $H(z)$ 的零点、极点。

（3）稳定系统应满足：$\lim\limits_{n\to\infty}h[n]=0$，或系统所有极点位于单位圆内，即 $|p_i|<1$。

8.11 系统的稳定性分析

稳定系统的特征是当施加到系统的扰动消除后系统能恢复到原来的状态。由于单位脉冲信号只在 $n=0$ 激励为 1,其他时间点激励为 0,故可以用系统的单位脉冲响应来判断系统的稳定性。

由于单位脉冲响应与系统函数互为 z 变换对,故也可根据系统函数来判断系统的稳定性。

假设系统为因果线性时不变系统,且系统函数为

$$H(z) = \frac{B(z)}{A(z)} = \frac{b_M z^M + b_{M-1} z^{M-1} + \cdots + b_0}{a_N z^N + a_{N-1} z^{N-1} + \cdots + a_0}$$

其中,$M \leqslant N$。

系统稳定的充分必要条件是:系统的单位脉冲响应必须绝对可和,即 $\sum\limits_{i=0}^{\infty} |h[i]| < \infty$,或 $\lim\limits_{n \to \infty} h[n] \to 0$。

由于单位脉冲响应与系统函数的极点在复平面的位置有关,因此可以根据极点来判断系统的稳定性。

当且仅当系统函数的所有极点均在单位圆内,即 $|p_i| < 1, i = 1, 2, \cdots, N$,有 $\lim\limits_{n \to \infty} h[n] \to 0$,则系统稳定(stable)。此时,系统的单位脉冲响应随着时间增大而衰减(或振荡衰减)至零。

若单位脉冲响应有界,即

$$|h[n]| < c, \quad n = 1, 2, \cdots, c \text{ 为一有限的正常数}$$

则系统临界稳定(marginally stable)。

此时,要求:① 所有的单极点均在单位圆内或圆上,即 $|p_i| \leqslant 1$;② 所有的重极点均在单位圆以内,即 $|p_i| < 1$。临界稳定系统的单位脉冲响应趋近于一个常数。

若 $\lim\limits_{n \to \infty} h[n] \to \infty$ 或 $\sum\limits_{n=0}^{\infty} |h[n]| \to \infty$,则系统不稳定(unstable)。此时,系统的单位脉冲响应随时间越来越大,表明系统在扰动消除后无法恢复到原来的状态,即系统不稳定。

另外一种稳定称为 BIBO(bounded input and bounded output)稳定。

若输入有界(即对于所有 n,恒有 $|x[n]| < \infty$),导致输出有界(即恒有 $|y[n]| < \infty$),则系统称为 BIBO 稳定。

【例 8-37】 设某系统的系统函数为 $H(z) = \dfrac{z(z+2)}{(z-0.4)(z+0.6)}$,试判断系统的稳定性。

解 $p_1 = 0.4, p_2 = -0.6$,两极点均在单位圆内,故系统稳定。

【例 8-38】 某系统的系统函数为 $H(z) = \dfrac{z^2 + 1.5}{z^2 - az - \dfrac{1}{4}}$,若系统稳定,试给出参数 a 的取值范围。

解 系统的极点 $p_{1,2}=\dfrac{a\pm\sqrt{a^2+1}}{2}$，令 $-1<\dfrac{a}{2}\pm\sqrt{\left(\dfrac{a}{2}\right)^2+\dfrac{1}{4}}<1$，得 $-\dfrac{3}{4}<a<\dfrac{3}{4}$。

上述方法判断系统的稳定性需要求出极点，但对于高阶系统求极点往往较困难。以下介绍 July 稳定性判断方法，该方法利用特征多项式系数阵列判断系统的稳定性，回避了求极点的问题。

设离散时间系统的系统函数为

$$H(z)=\frac{B(z)}{A(z)}$$

且系统的特征多项式 $A(z)=a_N z^N+a_{N-1}z^{N-1}+\cdots+a_1 z+a_0$，$a_N>0$。

假设系统的阶数 $N\geqslant 2$，则可按表 8.4 所示的阵列判断系统的稳定性。

表 8.4 July 阵列

行	z^0	z^1	z^2	$\cdots$	z^{N-2}	z^{N-1}	z^N
1	a_0	a_1	a_2		a_{N-2}	a_{N-1}	a_N
2	a_N	a_{N-1}	a_{N-2}		a_2	a_1	a_0
3	b_0	b_1	b_2		b_{N-2}	b_{N-1}	
4	b_{N-1}	b_{N-2}	b_{N-3}		b_1	b_0	
5	c_0	c_1	c_2		c_{N-2}		
6	c_{N-2}	c_{N-3}	c_{N-4}		c_0		
$2N-5$	d_0	d_1	d_3				
$2N-4$	d_3	d_2	d_1	d_0			
$2N-3$	e_0	e_1	e_2				

July 阵列的排列规则如下：

第一行元素：由多项式的系数组成，各系数按 z 的各次幂顺序排列。

第二行元素：由第一行元素交换前后顺序而得。

第三、四行元素：按如下公式计算各元素 b_i，并按顺序排列构成第三行。第四行元素由第三行元素交换前后顺序而得。

$$b_i=a_0 a_i-a_{N-i}a_N,\quad i=0,1,2,\cdots,N-1$$

第五、六行元素：按如下公式计算各元素 c_i，并按顺序排列构成第五行。第六行元素由第五行元素交换前后顺序而得。

$$c_i=b_0 b_i-b_{N-i-1}b_{N-1},\quad i=0,1,2,\cdots,N-2$$

此过程持续计算到第 $2N-3$ 行，$e_2=d_0 d_2-d_1 d_3$。

Jury 稳定性判断准则：当且仅当下列条件满足，即

$$A(1)>0，及(-1)^n A(-1)>0$$
$$a_N>|a_0|$$
$$|b_0|>|b_{N-1}|$$
$$|c_0|>|c_{N-2}|$$
$$\vdots$$
$$|e_0|>|e_2|$$

则系统稳定,此时系统的所有极点位于单位圆内。

【例 8-39】 设离散时间系统的特征多项式为 $A(z) = z^2 + a_1 z + a_0$,试确定系统稳定条件。

解 构造 July 阵列如下。

行	z^0	z^1	z^2
1	a_0	a_1	1

由稳定性条件,有

$$A(1) = 1 + a_1 + a_0 > 0$$
$$(-1)^2 A(-1) = 1 - a_1 + a_0 > 0$$
$$1 > |a_0|$$

得

$$|a_1| < 1 + a_0, |a_0| < 1$$

【例 8-40】 设离散时间系统的系统函数 $H(z) = \dfrac{z^3 + z + 3}{4z^4 - 4z^3 + 2z - 1}$,试判断系统的稳定性。

解 特征多项式 $A(z) = 4z^4 - 4z^3 + 2z - 1$。

Jury 阵列如下:

行	z^0	z^1	z^2	z^3	z^4
1	-1	2	0	-4	4
2	4	-4	0	2	-1
3	-15	14	0	-4	
5	-4	0	14	-15	
5	209	-210	56		

$$A(1) = 1 > 0$$
$$(-1)^4 A(-1) = 5 > 0$$
$$4 > |-1| (a_N > |a_0|)$$
$$|-15| > |-4| (|b_0| > |b_{N-1}|)$$
$$|209| > |56| (|c_0| > |c_{N-2}|)$$

满足系统稳定条件,故系统稳定。

习题 8

1. 求下列信号的 z 变换 $X(z)$,并标出收敛域。

(1) $x[n] = \left(\dfrac{1}{3}\right)^{-n} u[n]$;

(2) $x[n] = \left(\dfrac{1}{3}\right)^n u[-n]$;

(3) $x[n] = \delta[n+1]$;

(4) $x[n] = \left(\dfrac{1}{2}\right)^{|n|}$;

(5) $x[n]=\left(\dfrac{1}{2}\right)^{n}u[n]+\left(\dfrac{1}{3}\right)^{n}u[n]$；

(6) $x[n]=\left(\dfrac{1}{3}\right)^{n}u[n]+\left(\dfrac{1}{2}\right)^{n}u[-n-1]$；

(7) $x[n]=\left(\dfrac{1}{2}\right)^{n}u[n]+\left(\dfrac{1}{3}\right)^{n}u[-n-1]$；

(8) $x[n]=\delta[n]+2\delta[n-2]$；

(9) $x[n]=e^{0.5n}u[n]+u[n-2]$；

(10) $x[n]=\sin(n\pi/2)u[n-2]$；

(11) $x[n]=u[n]-nu[n-1]+(1/3)^{n}u[n-2]$；

(12) $x[n]=\left(\dfrac{1}{4}\right)^{-n}u[n-2]$。

2. 设离散时间信号的 z 变换为

$$X(z)=\frac{z}{8z^2-2z-1}$$

求下列信号的 z 变换。

(1) $v[n]=x[n-4]u[n-4]$；

(2) $v[n]=\cos(2n)x[n]$；

(3) $v[n]=x[n]*x[n]$。

3. 一右边离散时间信号的 z 变换为 $X(z)=\dfrac{z+1}{z(z-1)}$，求 $x[0],x[1],x[10000]$。

4. 求下列 z 变换的逆变换：

(1) $X(z)=\dfrac{10z}{(z-0.5)(z-0.25)},|z|>0.5$；

(2) $X(z)=\dfrac{z}{(z-6)^2},|z|>6$；

(3) $X(z)=\dfrac{1}{z^2+1},|z|>1$；

(4) $X(z)=\dfrac{z}{z(z-1)(z-2)^2},|z|>2$；

(5) $X(z)=\dfrac{2z^3-5z^2+z+3}{(z-1)(z-2)},|z|<1$；

(6) $X(z)=\dfrac{3}{z-2},|z|>2$。

5. 已知 $X(z)$，且 $x[n]$ 为右边序列，求逆 z 变换 $x[n]$。

(1) $X(z)=\dfrac{z+0.3}{z^2+0.75z+0.125}$；

(2) $X(z)=\dfrac{5z+1}{4z^2+4z+1}$；

(3) $X(z)=\dfrac{4z+1}{z^2-z+0.2}$；

(4) $X(z)=\dfrac{z}{16z^2+1}$；

（5）$X(z) = \dfrac{z}{z^2 + 1}$。

6. 已知信号的 z 变换，求下列三种收敛域下所对应的序列。

$$X(z) = \frac{-3z}{2z^2 - 5z + 2}, \quad |z| > 0.5$$

（1）$|z| > 2$；

（2）$|z| < 0.5$；

（3）$0.5 < |z| < 2$。

7. 求利用幂级数法、部分分式法和留数法计算逆 z 变换。

$$X(z) = \frac{10z}{(z-1)(z-2)}, \quad |z| > 2$$

8. 计算卷积 $y[n] = x[n] * v[n]$。

（1）$x[n] = u[n] + 3\delta[n-1]$，$v[n] = u[n-2]$；

（2）$x[n] = u[n]$，$v[n] = nu[n]$；

（3）$x[n] = a^n u[n]$，$v[n] = b^n u[-n]$；

（4）$x[n] = a^n u[n]$，$v[n] = u[n-1]$。

9. 用 z 变换求下列系统的响应。

（1）$y[n] - 0.2y[n-1] - 0.8y[n-2] = 0$，$y[-1] = 1$，$y[-2] = 1$；

（2）$3y[n] - 4y[n-1] + y[n-2] = x[n]$，$x[n] = \left(\dfrac{1}{2}\right)^n u[n]$，$y[-1] = 1$，$y[-2] = 2$；

（3）$y[n] - \dfrac{9}{10}y[n-1] = \dfrac{1}{10}u[n]$，$y[-1] = 2$；

（4）$y[n] + 2y[n-1] = (n-2)u[n]$，$y[0] = 1$；

（5）$y[n] + 3y[n-1] + 2y[n-2] = u[n]$，$y[-1] = 1$，$y[-2] = \dfrac{1}{2}$；

（6）$2y[n+2] + 3y[n+1] + y[n] = (0.5)^n u[n]$，$y[0] = 0$，$y[1] = -1$。

10. 已知系统的差分方程为

$$y[n] + y[n-1] - 2y[n-2] = 2x[n] - x[n-1]$$

系统的响应为 $y[n] = 2(u[n] - u[n-3])$，初始条件 $y[-2] = 2$，$y[-1] = 0$，求输入 $x[n]$（当 $n < 0$ 时，$x[n] = 0$）。

11. 某离散时间系统的单位脉冲响应为

$$h[n] = [(-1)^n + (0.5)^n]u[n]$$

（1）写出系统的差分方程；

（2）求系统的单位阶跃响应。

12. 某离散时间系统的差分方程为 $y[n] - 2y[n-1] = 3^n u[n]$，$y[0] = 2$，求系统的零输入响应 $y_{zi}[n]$、零状态响应 $y_{zs}[n]$ 和全响应 $y[n]$。

13. 信号 $x[n] = (-1)^n u[n]$ 作用于线性时不变系统，所产生的响应为

$$y[n] = \begin{cases} 0, & n < 0 \\ n+1, & n = 1, 2, 3 \\ 0, & n \geq 4 \end{cases}$$

(1) 求系统函数 $H(z)$；

(2) 求激励为 $x[n]=\dfrac{1}{n}(u[n-1]-u[n-3])$ 的零状态响应。

14. 一个线性时不变离散时间系统,输入 $x[n]$ 为 $u[n]$ 时输出 $y[n]=2\left(\dfrac{1}{3}\right)^{n}u[n]$。

(1) 求系统的单位脉冲响应 $h[n]$；

(2) 求输入为 $x[n]=\left(\dfrac{1}{2}\right)^{n}u[n]$ 时的输出 $y[n]$。

15. 一因果 LTI 离散时间系统的差分方程为

$$y[n]-\frac{3}{4}y[n-1]+\frac{1}{2}y[n-2]=x[n]$$

(1) 求系统函数 $H(z)$；

(2) 求系统的单位脉冲响应 $h[n]$；

(3) 求单位阶跃响应 $y[n]$。

16. 已知线性时不变系统的差分方程为

$$y[n+2]+y[n]=2x[n+1]-x[n]$$

(1) 求系统的单位脉冲响应 $h[n]$；

(2) 求系统的单位阶跃响应 $y[n]$；

(3) 已知 $x[n]=2^{n}u[n],y[-1]=3,y[-2]=2$,求 $y[n]$；

(4) 若 $x[n]$ 具有初值 $x[-2]=x[-1]=0$,产生的零状态响应为 $y[n]=\sin(n\pi)u[n]$,求 $x[n]$；

(5) 若 $x[n]$ 具有初值 $x[-2]=x[-1]=0$,产生的响应为 $y[n]=\delta[n-1]$,求 $x[n]$。

17. 信号 $x[n]=u[n]-2u[n-2]+u[n-4]$ 作用于线性时不变系统,零初始条件下的响应为 $y[n]=nu[n]-nu[n-4]$,求系统函数 $H(z)$。

18. 一线性时不变系统的系统函数为

$$H(z)=\frac{z^2-z-2}{z^2+1.5z-1}$$

(1) 求系统的单位脉冲响应 $h[n]$；

(2) 求系统的单位阶跃响应 $y[n]$。

19. 一线性时不变系统的系统函数为

$$H(z)=\frac{3z}{(z+0.5)(z-0.5)}$$

在激励 $x[n]=u[n]$ 及初始条件 $y[-2]$、$y[-1]$ 作用下所产生的响应为

$$y[n]=[(0.5)^{n}-3(-0.5)^{n}+4]u[n]$$

(1) 试确定初始条件 $y[-2],y[-1]$；

(2) 求初始条件引起的零输入响应对应的 z 变换。

20. 一线性时不变系统的系统函数为

$$H(z)=\frac{2z+1}{z^2+3z+2}$$

(1) 求系统的单位脉冲响应 $h[n]$；

(2) 求系统的差分方程；

(3) 求系统的单位阶跃响应。

21. 已知系统的差分方程,求系统函数 $H(z)$ 和单位脉冲响应 $h[n]$。

(1) $y[n]=x[n]-5x[n-1]+8x[n-3]$;

(2) $y[n]-3y[n-1]+3y[n-2]-y[n-3]=x[n]$;

(3) $y[n]-5y[n-1]+6y[n-2]=x[n]-3x[n-2]$;

(4) $y[n]-\dfrac{3}{4}y[n-1]+\dfrac{1}{8}y[n-2]=x[n]+\dfrac{1}{3}y[n-1]$。

22. 一线性时不变系统在激励 $x[n]=\delta[n]+2u[n-1]$ 作用下所产生的响应为
$$y[n]=(0.5)^n u[n]$$
试判断系统的稳定性。

23. 设系统的差分方程为
$$y[n+2]-y[n+1]+y[n]=x[n+2]-x[n-1]$$
试判断系统的稳定性。

24. 已知线性时不变系统的单位脉冲响应 $h[n]$,判断系统是否 BIBO 稳定。

(1) $h[n]=\sin(\pi n/6)(u[n]-u[n-10])$;

(2) $h[n]=\dfrac{1}{n}u[n-1]$;

(3) $h[n]=e^{-n}\sin(\pi n/6)u[n]$。

25. 一线性时不变系统的系统函数为
$$H(z)=\frac{z}{z+0.5}$$

(1) 求系统在 $x[n]=5\cos 3n \cdot u[n]$ 激励下的暂态响应和稳态响应(设初始条件为 0);

(2) 画出系统的幅频响应和相频响应曲线。

26. 设系统的差分方程为
$$y[n+2]+0.3y[n+1]+0.02y[n]=x[n+1]+3x[n]$$
求系统在 $x[n]=\cos(\pi n)u[n]$ 激励下的暂态响应和稳态响应(设初始条件为 0)。

27. 已知因果系统的系统函数,判断系统的稳定性。

(1) $H(z)=\dfrac{z+2}{8z^2-2z-3}$;

(2) $H(z)=\dfrac{8(z^2-z-1)}{2z^2+5z+2}$;

(3) $H(z)=\dfrac{2z-4}{2z^2+z-1}$;

(4) $H(z)=\dfrac{z^2+z}{z^2-z+1}$。

9

系统分析的状态变量法

9.1 概述

前面所述的系统分析方法为输入/输出分析方法,主要用于单输入单输出系统(single input single output,SISO)的分析,且不涉及系统内部的其他变量。但欲分析多输入多输出系统的输入与输出之间的关系或欲考虑系统内部的某些物理量及其对系统输出的影响,输入/输出变量法就不能满足要求了,需要用状态变量分析方法来进行分析。

所谓状态变量分析法(analysis of state valuables),就是把系统内独立的物理变量作为分析变量(通常称为状态变量,state valuables),利用状态变量与输入变量描述系统特性的方法。下面通过一个简单的电路来说明状态变量法的一些基本概念。

【例 9-1】 某电路如图 9.1 所示,试以电感电流和电容电压为变量构建电路方程。

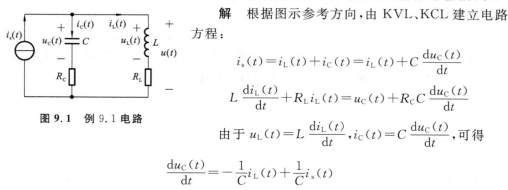

图 9.1 例 9.1 电路

解 根据图示参考方向,由 KVL、KCL 建立电路方程:

$$i_s(t) = i_L(t) + i_C(t) = i_L(t) + C\frac{du_C(t)}{dt}$$

$$L\frac{di_L(t)}{dt} + R_L i_L(t) = u_C(t) + R_C C\frac{du_C(t)}{dt}$$

由于 $u_L(t) = L\frac{di_L(t)}{dt}$,$i_C(t) = C\frac{du_C(t)}{dt}$,可得

$$\frac{du_C(t)}{dt} = -\frac{1}{C}i_L(t) + \frac{1}{C}i_s(t)$$

$$\frac{di_L(t)}{dt} = \frac{1}{L}u_C(t) - \frac{R_L + R_C}{L}i_L(t) + \frac{R_C}{L}i_s(t)$$

将上述方程写成矩阵形式为

$$\begin{bmatrix} \dfrac{du_C(t)}{dt} \\ \dfrac{di_L(t)}{dt} \end{bmatrix} = \begin{bmatrix} 0 & -\dfrac{1}{C} \\ \dfrac{1}{L} & -\dfrac{R_L + R_C}{L} \end{bmatrix} \begin{bmatrix} u_C(t) \\ i_L(t) \end{bmatrix} + \begin{bmatrix} \dfrac{1}{C} \\ \dfrac{R_C}{L} \end{bmatrix} i_s(t) \qquad (9.1)$$

若已知系统的激励 $i_s(t)$ 和初始条件 $i_L(t_0)$ 与 $u_C(t_0)$,就可以唯一地确定系统在 $t \geqslant$

t_0 后任意时刻的响应 $i_L(t)$ 与 $u_C(t)$，这里 $i_L(t_0)$ 与 $u_C(t_0)$ 称为系统在 t_0 时刻的状态（state），$i_L(t)$ 与 $u_C(t)$ 称作状态变量（state valuables）。式（9.1）称为状态方程（state equation），它是一组独立的一阶微分方程，等式左边是状态变量的一阶导数，右边是状态变量与输入（激励）的线性组合。

一般来说，系统的状态变量就是描述系统所需要的最小的一组变量，根据这组变量在 $t=t_0$ 时刻的初始值和 $t>t_0$ 的激励，就可以唯一地确定系统在 $t \geq t_0$ 时刻的响应。

若指定图中所示的端电压 $u(t)$ 和电容电流 $i_C(t)$ 为输出，则有输出方程

$$u(t)=u_C(t)-R_C i_L(t)+R_C i_s(t)$$
$$i_C(t)=-i_L(t)+i_s(t)$$

将输出方程写成矩阵形式：

$$\begin{bmatrix} u(t) \\ i_C(t) \end{bmatrix}=\begin{bmatrix} 1 & -R_C \\ 0 & -1 \end{bmatrix}\begin{bmatrix} u_C(t) \\ i_L(t) \end{bmatrix}+\begin{bmatrix} R_C \\ 1 \end{bmatrix}i_s(t) \tag{9.2}$$

显然，系统的输出方程（output equation）也为状态变量与输入的线性组合。

系统的状态方程（9.1）和输出方程（9.2）可表示成矩阵形式：

$$\frac{\mathrm{d}\boldsymbol{\lambda}(t)}{\mathrm{d}t}=\boldsymbol{A}\boldsymbol{\lambda}(t)+\boldsymbol{B}\boldsymbol{x}(t)$$

$$\boldsymbol{y}(t)=\boldsymbol{C}\boldsymbol{\lambda}(t)+\boldsymbol{D}\boldsymbol{x}(t)$$

式中：$\boldsymbol{A}=\begin{bmatrix} 0 & -\dfrac{1}{C} \\ \dfrac{1}{L} & -\dfrac{R_L+R_C}{L} \end{bmatrix}$，$\boldsymbol{B}=\begin{bmatrix} \dfrac{1}{C} \\ \dfrac{R_C}{L} \end{bmatrix}$，$\boldsymbol{C}=\begin{bmatrix} 1 & -R_C \\ 0 & -1 \end{bmatrix}$，$\boldsymbol{D}=\begin{bmatrix} R_C \\ 1 \end{bmatrix}$ 为系数矩阵；$\dfrac{\mathrm{d}\boldsymbol{\lambda}(t)}{\mathrm{d}t}=$

$\begin{bmatrix} \dfrac{\mathrm{d}u_C(t)}{\mathrm{d}t} \\ \dfrac{\mathrm{d}i_L(t)}{\mathrm{d}t} \end{bmatrix}$ 为状态变量的导数矩阵；$\boldsymbol{\lambda}(t)=\begin{bmatrix} u_C(t) \\ i_L(t) \end{bmatrix}$ 为状态变量矩阵；$\boldsymbol{y}(t)=\begin{bmatrix} u(t) \\ i_C(t) \end{bmatrix}$ 为输

出矩阵；$\boldsymbol{x}(t)=[i_s(t)]$ 为输入矩阵。

一般来说，对于多输入多输出系统，若系统具有 n 个状态变量 $\lambda_1(t),\lambda_2(t),\cdots,\lambda_n(t)$，$m$ 个输入 $x_1(t),x_2(t),\cdots,x_m(t)$，以及 r 个输出 $y_1(t),y_2(t),\cdots,y_r(t)$，则状态方程是状态变量的一阶联立微分方程组，且状态方程和输出方程的右边均为状态变量和输入的函数，即

$$\begin{cases} \dfrac{\mathrm{d}\lambda_1(t)}{\mathrm{d}t}=f_1[\lambda_1(t),\lambda_2(t),\cdots,\lambda_n(t);x_1(t),x_2(t),\cdots,x_m(t),t] \\ \dfrac{\mathrm{d}\lambda_2(t)}{\mathrm{d}t}=f_2[\lambda_1(t),\lambda_2(t),\cdots,\lambda_n(t);x_1(t),x_2(t),\cdots,x_m(t),t] \\ \quad\vdots \\ \dfrac{\mathrm{d}\lambda_n(t)}{\mathrm{d}t}=f_n[\lambda_1(t),\lambda_2(t),\cdots,\lambda_n(t);x_1(t),x_2(t),\cdots,x_m(t),t] \end{cases} \tag{9.3}$$

输出方程为

$$\begin{cases} y_1(t)=g_1[\lambda_1(t),\lambda_2(t),\cdots,\lambda_n(t);x_1(t),x_2(t),\cdots,x_m(t),t] \\ y_2(t)=g_2[\lambda_1(t),\lambda_2(t),\cdots,\lambda_n(t);x_1(t),x_2(t),\cdots,x_m(t),t] \\ \quad\vdots \\ y_r(t)=g_r[\lambda_1(t),\lambda_2(t),\cdots,\lambda_n(t);x_1(t),x_2(t),\cdots,x_m(t),t] \end{cases} \tag{9.4}$$

若系统为线性时不变系统，则方程的右边为状态变量和输入的线性组合，即

$$\begin{cases} \dfrac{\mathrm{d}\lambda_1(t)}{\mathrm{d}t}=a_{11}\lambda_1(t)+a_{12}\lambda_2(t)+\cdots+a_{1n}\lambda_n(t)+b_{11}x_1(t)+b_{12}x_2(t)+\cdots+b_{1m}x_m(t) \\[2mm] \dfrac{\mathrm{d}\lambda_2(t)}{\mathrm{d}t}=a_{21}\lambda_1(t)+a_{22}\lambda_2(t)+\cdots+a_{2n}\lambda_n(t)+b_{21}x_1(t)+b_{22}x_2(t)+\cdots+b_{2m}x_m(t) \\[2mm] \qquad\vdots \\[2mm] \dfrac{\mathrm{d}\lambda_n(t)}{\mathrm{d}t}=a_{n1}\lambda_1(t)+a_{n2}\lambda_2(t)+\cdots+a_{mn}\lambda_n(t)+b_{n1}x_1(t)+b_{n2}x_2(t)+\cdots+b_{nm}x_m(t) \end{cases}$$

$$(9.5)$$

和

$$\begin{cases} y_1(t)=c_{11}\lambda_1(t)+c_{12}\lambda_2(t)+\cdots+c_{1n}\lambda_n(t)+d_{11}x_1(t)+d_{12}x_2(t)+\cdots+d_{1m}x_m(t) \\[2mm] y_2(t)=c_{21}\lambda_1(t)+c_{22}\lambda_2(t)+\cdots+c_{2n}\lambda_n(t)+d_{21}x_1(t)+d_{22}x_2(t)+\cdots+d_{2m}x_m(t) \\[2mm] \qquad\vdots \\[2mm] y_r(t)=c_{r1}\lambda_1(t)+c_{r2}\lambda_2(t)+\cdots+c_{rn}\lambda_n(t)+d_{r1}x_1(t)+d_{r2}x_2(t)+\cdots+d_{rm}x_m(t) \end{cases}$$

$$(9.6)$$

式中：系数 a、b、c、d 由系统结构和元件参数所决定，对于线性时不变系统，这些系数均为常数。

系统的状态方程和输出方程用矩阵表示为

$$\frac{\mathrm{d}\boldsymbol{\lambda}(t)}{\mathrm{d}t}=\boldsymbol{A}\boldsymbol{\lambda}(t)+\boldsymbol{B}\boldsymbol{x}(t) \tag{9.7}$$

$$\boldsymbol{y}(t)=\boldsymbol{C}\boldsymbol{\lambda}(t)+\boldsymbol{D}\boldsymbol{x}(t) \tag{9.8}$$

式中：

$$\frac{\mathrm{d}\boldsymbol{\lambda}(t)}{\mathrm{d}t}=\begin{bmatrix}\dfrac{\mathrm{d}\lambda_1(t)}{\mathrm{d}t}\\[2mm]\dfrac{\mathrm{d}\lambda_2(t)}{\mathrm{d}t}\\[1mm]\vdots\\[1mm]\dfrac{\mathrm{d}\lambda_n(t)}{\mathrm{d}t}\end{bmatrix};\boldsymbol{\lambda}(t)=\begin{bmatrix}\lambda_1(t)\\\lambda_2(t)\\\vdots\\\lambda_n(t)\end{bmatrix};\boldsymbol{x}(t)=\begin{bmatrix}x_1(t)\\x_2(t)\\\vdots\\x_m(t)\end{bmatrix};\boldsymbol{y}(t)=\begin{bmatrix}y_1(t)\\y_2(t)\\\vdots\\y_r(t)\end{bmatrix};$$

$$\boldsymbol{A}=\begin{bmatrix}a_{11}&a_{12}&\cdots&a_{1n}\\a_{21}&a_{22}&\cdots&a_{2n}\\\vdots&\vdots&&\vdots\\a_{n1}&a_{n2}&\cdots&a_{mn}\end{bmatrix};\boldsymbol{B}=\begin{bmatrix}b_{11}&b_{12}&\cdots&b_{1m}\\b_{21}&b_{22}&\cdots&b_{2m}\\\vdots&\vdots&&\vdots\\b_{n1}&b_{n2}&\cdots&b_{nm}\end{bmatrix};$$

$$\boldsymbol{C}=\begin{bmatrix}c_{11}&c_{12}&\cdots&c_{1n}\\c_{21}&c_{22}&\cdots&a_{2n}\\\vdots&\vdots&&\vdots\\a_{r1}&a_{r2}&\cdots&a_{m}\end{bmatrix};\boldsymbol{D}=\begin{bmatrix}d_{11}&d_{12}&\cdots&d_{1m}\\d_{21}&d_{22}&\cdots&d_{2m}\\\vdots&\vdots&&\vdots\\d_{r1}&d_{r2}&\cdots&d_{rm}\end{bmatrix}。$$

对于线性时不变系统，上述矩阵均为常数矩阵。矩阵的阶数用下标表示为 $\boldsymbol{A}_{n\times n}$、$\boldsymbol{B}_{n\times m}$、$\boldsymbol{C}_{r\times n}$、$\boldsymbol{D}_{r\times m}$。

由系统的状态方程和输出方程，结合 $t=t_0$ 时刻系统的 n 个状态值 $\lambda_1(t_0)$，$\lambda_2(t_0)$，$\cdots$，$\lambda_n(t_0)$，即可求出系统的各输出（或响应）。

与输入/输出分析法相比,状态变量法具有如下优点:

(1) 适用于分析多输入多输出系统;

(2) 便于分析系统内部各因素对系统的影响;

(3) 状态变量法不仅用于分析线性时不变系统,也可用于分析非线性时不变系统;

(4) 状态方程是一阶微分(或差分)方程组,计算方法成熟,且便于计算机分析计算。

由于状态变量法具有以上特点,状态变量分析已成为系统分析和控制理论的重要组成部分。

本章将介绍状态变量法的一些基本概念,状态方程列写的方法、求解以及状态变量法在系统可控制性与可观测性中的应用。

9.2　连续时间系统状态方程的建立

系统状态方程的建立方法有直接法和间接法。利用系统结构及系统所遵循的物理规律直接写出方程的方法,称为直接法。根据已知的输入/输出方程、系统框图或系统函数拟写状态方程的方法称为间接法。

9.2.1　直接法建立状态方程

建立状态方程需选择适当的状态变量,对于同一系统状态变量的选择不是唯一的,通常可选择系统的惯性元件如积分器的输出为状态变量,如在电路中选择电容电压($u_C(t) = \dfrac{1}{C}\displaystyle\int_{-\infty}^{t} i_C(\lambda)\mathrm{d}\lambda$)、电感电流($i_L(t) = \dfrac{1}{L}\displaystyle\int_{-\infty}^{t} u_L(\lambda)\mathrm{d}\lambda$)或电容电荷、电感磁链作为状态变量,在运动系统中选择距离、速度作为状态变量。方程的列写基于基本的物理定律,如 KVL、KCL、牛顿第二定律等。下面举例说明。

【例 9-2】 某电路如图 9.2 所示,设输出为电阻上的电压,试建立电路的状态方程和输出方程。

解 由下列三步建立状态方程:

第 1 步,选取独立的电感电流和电容电压作为状态变量,即取 $i_L(t)$、$u_{C_1}(t)$、$u_{C_2}(t)$ 为状态变量。

第 2 步,对包含有电感的回路列写回路电压方程,其中必然包含 $L\dfrac{\mathrm{d}i_L(t)}{\mathrm{d}t}$ 项,对连接有电容的

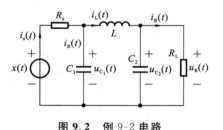

图 9.2　例 9-2 电路

节点也写节点电流方程,其中必然包含 $C\dfrac{\mathrm{d}u_C(t)}{\mathrm{d}t}$ 项。将导数项置于方程的左边,得

$$\begin{cases} L\dfrac{\mathrm{d}i_L(t)}{\mathrm{d}t} = u_{C_1}(t) - u_{C_2}(t) \\[2mm] C_1\dfrac{\mathrm{d}u_{C_1}(t)}{\mathrm{d}t} = i_s(t) - i_L(t) \\[2mm] C_2\dfrac{\mathrm{d}u_{C_2}(t)}{\mathrm{d}t} = i_L(t) - i_R(t) \end{cases} \tag{9.9}$$

上列三式中 $i_s(t)$、$i_R(t)$ 不是状态变量，应设法把它们用状态变量和输入来表示。

第 3 步，消除非状态变量。由电路显然有

$$i_s(t) = \frac{x(t) - u_{C_1}(t)}{R_s}, \quad i_R(t) = \frac{u_{C_2}(t)}{R_L}$$

将它们代入方程(9.9)并整理得状态方程：

$$
\begin{cases}
\dfrac{\mathrm{d}i_L(t)}{\mathrm{d}t} = \dfrac{1}{L}u_{C_1}(t) - \dfrac{1}{L}u_{C_2}(t) \\[2mm]
\dfrac{\mathrm{d}u_{C_1}(t)}{\mathrm{d}t} = -\dfrac{1}{C_1}i_L(t) - \dfrac{1}{R_s C_1}u_{C_1}(t) + \dfrac{1}{R_s C_1}x(t) \\[2mm]
\dfrac{\mathrm{d}u_{C_2}(t)}{\mathrm{d}t} = \dfrac{1}{C_2}i_L(t) - \dfrac{1}{R_L C_2}u_{C_2}(t)
\end{cases}
$$

写成矩阵形式为

$$
\begin{bmatrix}
\dfrac{\mathrm{d}i_L(t)}{\mathrm{d}t} \\[3mm]
\dfrac{\mathrm{d}u_{C_1}(t)}{\mathrm{d}t} \\[3mm]
\dfrac{\mathrm{d}u_{C_2}(t)}{\mathrm{d}t}
\end{bmatrix}
=
\begin{bmatrix}
0 & \dfrac{1}{L} & -\dfrac{1}{L} \\[3mm]
-\dfrac{1}{C_1} & -\dfrac{1}{R_s C_1} & 0 \\[3mm]
\dfrac{1}{C_2} & 0 & -\dfrac{1}{R_L C_2}
\end{bmatrix}
\begin{bmatrix}
i_L(t) \\[2mm]
u_{C_1}(t) \\[2mm]
u_{C_2}(t)
\end{bmatrix}
+
\begin{bmatrix}
0 \\[2mm]
\dfrac{1}{R_s C_1} \\[2mm]
0
\end{bmatrix}
x(t)
\qquad (9.10)
$$

输出方程为

$$
u_R(t) = u_{C_2}(t) = \begin{bmatrix} 0 & 0 & 1 \end{bmatrix}
\begin{bmatrix}
i_L(t) \\[2mm]
u_{C_1}(t) \\[2mm]
u_{C_2}(t)
\end{bmatrix}
\qquad (9.11)
$$

上述状态方程和输出方程写成矩阵形式

$$\frac{\mathrm{d}\boldsymbol{\lambda}(t)}{\mathrm{d}t} = \boldsymbol{A}\boldsymbol{\lambda}(t) + \boldsymbol{B}x(t) \qquad (9.12)$$

$$\boldsymbol{y}(t) = \boldsymbol{C}\boldsymbol{\lambda}(t) + \boldsymbol{D}x(t) \qquad (9.12)$$

式中：$\boldsymbol{A} = \begin{bmatrix} 0 & \dfrac{1}{L} & -\dfrac{1}{L} \\[3mm] -\dfrac{1}{C_1} & -\dfrac{1}{R_s C_1} & 0 \\[3mm] \dfrac{1}{C_2} & 0 & -\dfrac{1}{R_L C_2} \end{bmatrix}$；$\boldsymbol{B} = \begin{bmatrix} 0 \\[2mm] \dfrac{1}{R_s C_1} \\[2mm] 0 \end{bmatrix}$；$\boldsymbol{C} = \begin{bmatrix} 0 & 0 & 1 \end{bmatrix}$；$\boldsymbol{D} = \boldsymbol{0}$；$\dfrac{\mathrm{d}\boldsymbol{\lambda}(t)}{\mathrm{d}t} =$

$\begin{bmatrix} \dfrac{\mathrm{d}i_L(t)}{\mathrm{d}t} \\[3mm] \dfrac{\mathrm{d}u_{C_1}(t)}{\mathrm{d}t} \\[3mm] \dfrac{\mathrm{d}u_{C_2}(t)}{\mathrm{d}t} \end{bmatrix}$；$\boldsymbol{y}(t) = \begin{bmatrix} u_R(t) \end{bmatrix}$。

9.2.2　由系统的微分方程建立状态方程

设系统的输入/输出关系由下列微分方程描述：

$$\frac{\mathrm{d}^n y(t)}{\mathrm{d}t^n} + a_{n-1}\frac{\mathrm{d}^{n-1} y(t)}{\mathrm{d}t^{n-1}} + \cdots + a_1\frac{\mathrm{d}y(t)}{\mathrm{d}t} + a_0 y(t)$$

$$= b_m\frac{\mathrm{d}^m x(t)}{\mathrm{d}t^m} + b_{m-1}\frac{\mathrm{d}^{m-1} x(t)}{\mathrm{d}t^{m-1}} + \cdots + b_1\frac{\mathrm{d}x(t)}{\mathrm{d}t} + b_0 x(t) \qquad (9.14)$$

其系统函数为

$$H(s) = \frac{b_m s^m + b_{m-1} s^{m-1} + \cdots + b_1 s + b_0}{s^n + a_{n-1} s^{n-1} + \cdots + a_1 s + a_0} \qquad (9.15)$$

系统的时域模拟框图如图 9.3 所示,图中积分方框表示积分环节,系数方框表示比例环节,求和运算遵循输入之和等于输出。

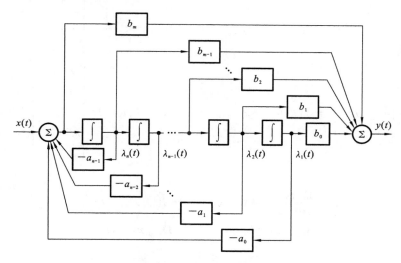

图 9.3 系统的时域模拟框图(此图假设 $m=n$)

上述时域模拟框图过于复杂,可表示成更为简单的信号流图形式,如图 9.4 所示。图 9.4 中 $1/s$ 表示积分环节,系数 a、b 表示比例或增益,运算按箭头方向,$x(t)$ 为输入,$y(t)$ 为输出。

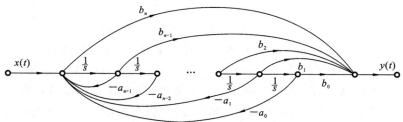

图 9.4 系统的信号流图(此图假设 $m=n$)

取每个积分器的输出作为状态变量,如图 9.3 中所标的 $\lambda_1(t),\lambda_2(t),\cdots,\lambda_n(t)$,可得系统的状态方程

$$\begin{cases} \dot{\lambda}_1(t) = \lambda_2(t) \\ \dot{\lambda}_2(t) = \lambda_3(t) \\ \quad\vdots \\ \dot{\lambda}_{n-1}(t) = \lambda_n(t) \\ \dot{\lambda}_n(t) = -a_0\lambda_1(t) - a_1\lambda_2(t) - \cdots - a_{n-2}\lambda_{n-1}(t) - a_{n-1}\lambda_n(t) + x(t) \end{cases} \qquad (9.16)$$

和输出方程

$$y(t) = b_0\lambda_1(t) + b_1\lambda_2(t) + \cdots + b_{n-1}\lambda_n(t) + b_n[-a_0\lambda_1(t) - a_1\lambda_2(t) - \cdots$$
$$- a_{n-2}\lambda_{n-1}(t) - a_{n-1}\lambda_n(t) + x(t)]$$
$$= (b_0 - b_n a_0)\lambda_1(t) + (b_1 - b_n a_1)\lambda_2(t) + \cdots + (b_{n-1} - b_n a_{n-1})\lambda_n(t) + b_n x(t) \quad (9.17)$$

用矩阵形式表示,则状态方程为

$$\begin{bmatrix} \dot{\lambda}_1(t) \\ \dot{\lambda}_2(t) \\ \vdots \\ \dot{\lambda}_{n-1}(t) \\ \dot{\lambda}_n(t) \end{bmatrix} = \begin{bmatrix} 0 & 1 & 0 & \cdots & 0 \\ 0 & 0 & 1 & \cdots & 0 \\ \vdots & \vdots & & \vdots & \vdots \\ 0 & 0 & 0 & \cdots & 1 \\ -a_0 & -a_1 & -a_2 & \cdots & -a_{n-1} \end{bmatrix} + \begin{bmatrix} 0 \\ 0 \\ \vdots \\ 0 \\ 1 \end{bmatrix} x(t) \quad (9.18)$$

输出方程为

$$[y(t)] = [(b_0 - b_n a_0) \quad (b_1 - b_n a_1) \quad \cdots \quad (b_{n-1} - b_n a_{n-1})] \begin{bmatrix} \lambda_1(t) \\ \lambda_2(t) \\ \vdots \\ \lambda_{n-1}(t) \\ \lambda_n(t) \end{bmatrix} + b_n x(t)$$

$$(9.19)$$

简写成
$$\frac{\mathrm{d}\boldsymbol{\lambda}(t)}{\mathrm{d}t}\bigg|_{n\times 1} = \boldsymbol{A}_{n\times n}\boldsymbol{\lambda}_{n\times 1}(t) + \boldsymbol{B}_{n\times m}\boldsymbol{x}_{m\times 1}(t) \quad (9.20)$$

$$\boldsymbol{y}_{r\times 1}(t) = \boldsymbol{C}_{r\times n}\boldsymbol{\lambda}_{n\times 1}(t) + \boldsymbol{D}_{r\times m}\boldsymbol{x}_{m\times 1}(t) \quad (9.21)$$

式中:

$$\boldsymbol{A} = \begin{bmatrix} 0 & 1 & 0 & \cdots & 0 \\ 0 & 0 & 1 & \cdots & 0 \\ \vdots & \vdots & & \vdots & \vdots \\ 0 & 0 & 0 & \cdots & 1 \\ -a_0 & -a_1 & -a_2 & \cdots & -a_{n-1} \end{bmatrix}; \quad \boldsymbol{B} = \begin{bmatrix} 0 \\ 0 \\ \vdots \\ 0 \\ 1 \end{bmatrix};$$

$$\boldsymbol{C} = [(b_0 - b_n a_0) \quad (b_1 - b_n a_1) \quad \cdots \quad (b_{n-1} - b_n a_{n-1})]; \boldsymbol{D} = [b_n].$$

若微分方程(9.14)中 $m < n$,则上述系数矩阵 $\boldsymbol{A}$、$\boldsymbol{B}$ 不变,$\boldsymbol{C}$、$\boldsymbol{D}$ 变为

$$\boldsymbol{C} = [b_0 \quad b_1 \quad \cdots \quad b_m, \quad 0 \quad \cdots \quad 0], \quad \boldsymbol{D} = \boldsymbol{0}$$

观察系数矩阵 $\boldsymbol{A}$、$\boldsymbol{B}$、$\boldsymbol{C}$、$\boldsymbol{D}$,可以发现它们的规律:即矩阵 $\boldsymbol{A}$ 的最后一行是系统函数分母多项式的系数的负数,且系数按 s 升幂顺序排列,其他各行除对角线右边的元素为 1 外其余都是 0;$\boldsymbol{B}$ 为列矩阵,其最后一行为 1,其余为零;$\boldsymbol{C}$ 为行矩阵,当 $m < n$ 时,其前 $m+1$ 个元素按传递函数分子多项式系数的倒序排列,其余 $n-m-1$ 个元素为 0;矩阵 $\boldsymbol{D}$ 在 $m < n$ 时为 $\boldsymbol{0}$,在 $m = n$ 时 $\boldsymbol{D} = [b_n]$。

【**例 9-3**】 已知某系统的输出/输入方程为

$$\frac{\mathrm{d}^3 y(t)}{\mathrm{d}t^3} + 5\frac{\mathrm{d}^2 y(t)}{\mathrm{d}t^2} + 4\frac{\mathrm{d}y(t)}{\mathrm{d}t} + 3y(t) = 2x(t)$$

求系统的状态方程及输出方程。

解 输入/输出方程是一个三阶微分方程,该系统必须有三个状态变量,可选择其输出及其一阶、二阶导数做状态变量,即

$$\begin{cases} \lambda_1(t) = y(t) \\ \lambda_2(t) = \dfrac{d\lambda_1(t)}{dt} = \dfrac{dy(t)}{dt} \\ \lambda_3(t) = \dfrac{d\lambda_2(t)}{dt^2} = \dfrac{d^2 y(t)}{dt^2} \end{cases}$$

由系统的输出/输入方程和上述关系可得

$$\begin{cases} \dfrac{d\lambda_1(t)}{dt} = \lambda_2(t) \\ \dfrac{d\lambda_2(t)}{dt} = \lambda_3(t) \\ \dfrac{d\lambda_3(t)}{dt} = -3\lambda_1(t) - 4\lambda_2(t) - 5\lambda_3(t) + 2x(t) \end{cases}$$

故得矩阵形式的状态方程

$$\begin{bmatrix} \dfrac{d\lambda_1(t)}{dt} \\ \dfrac{d\lambda_2(t)}{dt} \\ \dfrac{d\lambda_3(t)}{dt} \end{bmatrix} = \begin{bmatrix} 0 & 1 & 0 \\ 0 & 0 & 1 \\ -3 & -4 & -5 \end{bmatrix} \begin{bmatrix} \lambda_1(t) \\ \lambda_2(t) \\ \lambda_3(t) \end{bmatrix} + \begin{bmatrix} 0 \\ 0 \\ 2 \end{bmatrix} x(t)$$

和输出方程

$$y(t) = \begin{bmatrix} 1 & 0 & 0 \end{bmatrix} \begin{bmatrix} \lambda_1(t) \\ \lambda_2(t) \\ \lambda_3(t) \end{bmatrix} + \begin{bmatrix} 0 \\ 0 \\ 0 \end{bmatrix} x(t) = \lambda_1(t)$$

其中,$A = \begin{bmatrix} 0 & 1 & 0 \\ 0 & 0 & 1 \\ -3 & -4 & -5 \end{bmatrix}$;$B = \begin{bmatrix} 0 \\ 0 \\ 2 \end{bmatrix}$;$C = \begin{bmatrix} 1 & 0 & 0 \end{bmatrix}$;$D = \begin{bmatrix} 0 \\ 0 \\ 0 \end{bmatrix}$。

上述例题也可直接由式(9.18)、式(9.19)得到状态方程和输出方程。

9.2.3 由系统函数建立状态方程

设系统的传递函数可展开成如下部分分式之和的形式,即

$$H(s) = \frac{Y(s)}{X(s)} = \sum_{i=1}^{N} \frac{k_i}{s + p_i} \tag{9.22}$$

其中,$H_i(s) = \dfrac{k_i}{s + p_i}$ 为每一个部分分式的标准形式,$-p_i$ 为 $H_i(s)$ 的极点,k_i 为 $H_i(s)$ 的系数。由

$$H_i(s) = \frac{Y_i(s)}{X_i(s)} = \frac{k_i}{s + p_i}$$

可画出标准部分分式的结构框图,如图 9.5 所示。

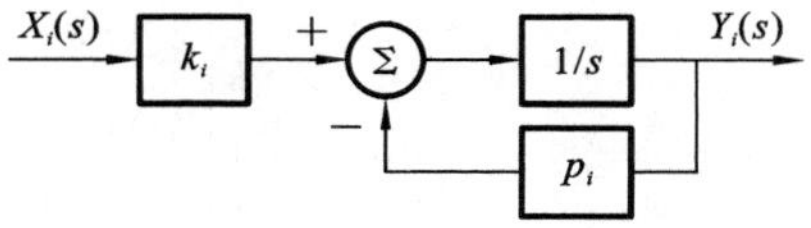

图 9.5 标准部分分式 $H_i(s) = \dfrac{k_i}{s + p_i}$ 的结构框图

因此,由各部分分式组合而成的系统框图如图9.6所示,该结构为并联结构。

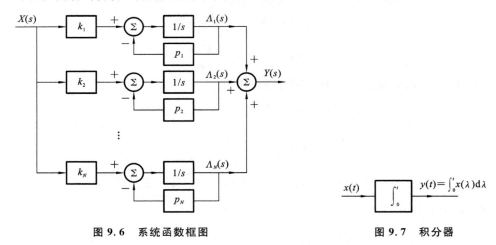

图9.6 系统函数框图　　　　　　　图9.7 积分器

在拉氏变换中,$1/s$对应时域的积分环节(或积分器),即时域的输入/输出关系为 $y(t) = \int_0^t x(\lambda)\mathrm{d}\lambda$,其框图表示如图9.7所示。

在系统函数框图中,若以$\lambda_i(t)$表示积分器的输出,则$\dfrac{\mathrm{d}\lambda_i(t)}{\mathrm{d}t}$为积分器的输入,选择积分器的输出作为状态变量,可得系统的状态方程

$$\begin{cases} \dfrac{\mathrm{d}\lambda_1(t)}{\mathrm{d}t} = -p_1\lambda_1(t) + k_1 x(t) \\[2mm] \dfrac{\mathrm{d}\lambda_2(t)}{\mathrm{d}t} = -p_2\lambda_2(t) + k_2 x(t) \\[2mm] \vdots \\[2mm] \dfrac{\mathrm{d}\lambda_N(t)}{\mathrm{d}t} = -p_N\lambda_N(t) + k_N x(t) \end{cases}$$

写成矩阵形式

$$\begin{bmatrix} \dfrac{\mathrm{d}\lambda_1(t)}{\mathrm{d}t} \\[2mm] \dfrac{\mathrm{d}\lambda_2(t)}{\mathrm{d}t} \\[2mm] \vdots \\[2mm] \dfrac{\mathrm{d}\lambda_N(t)}{\mathrm{d}t} \end{bmatrix} = \begin{bmatrix} -p_1 & 0 & \cdots & 0 \\ 0 & -p_2 & \cdots & 0 \\ \vdots & \vdots & & \vdots \\ 0 & 0 & \cdots & -p_N \end{bmatrix} \begin{bmatrix} \lambda_1(t) \\ \lambda_2(t) \\ \vdots \\ \lambda_N(t) \end{bmatrix} + \begin{bmatrix} k_1 \\ k_2 \\ \vdots \\ k_N \end{bmatrix} x(t) \qquad (9.23)$$

输出方程

$$y(t) = \lambda_1(t) + \lambda_2(t) + \cdots + \lambda_N(t)$$

写成矩阵形式

$$y(t) = \begin{bmatrix} 1 & 1 & \cdots & 1 \end{bmatrix} \begin{bmatrix} \lambda_1(t) \\ \lambda_2(t) \\ \vdots \\ \lambda_N(t) \end{bmatrix} \qquad (9.24)$$

上述状态方程和输出方程的矩阵表示形式为

$$\frac{\mathrm{d}\boldsymbol{\lambda}(t)}{\mathrm{d}t} = \boldsymbol{A}\boldsymbol{\lambda}(t) + \boldsymbol{B}x(t) \tag{9.25}$$

$$y(t) = \boldsymbol{C}\boldsymbol{\lambda}(t) \tag{9.26}$$

式中：$\boldsymbol{A} = \begin{bmatrix} -p_1 & 0 & \cdots & 0 \\ 0 & -p_2 & \cdots & 0 \\ \vdots & \vdots & & \vdots \\ 0 & 0 & \cdots & -p_N \end{bmatrix}$；$\boldsymbol{B} = \begin{bmatrix} k_1 \\ k_2 \\ \vdots \\ k_N \end{bmatrix}$；$\boldsymbol{C} = \begin{bmatrix} 1 & 1 & \cdots & 1 \end{bmatrix}$。

显然，状态方程的矩阵 $\boldsymbol{A}$ 为对角阵，对角线上的元素 $-p_i$ 为系统函数极点的负值；矩阵 $\boldsymbol{B}$ 为列矩阵，其中的元素为 k_i。

【例 9-4】　已知系统的传递函数为

$$H(s) = \frac{5s^2 - 2s - 3}{s^3 + 6s^2 + 11s + 6}$$

求系统的状态方程。

解　将系统函数进行部分分式分解，得

$$H(s) = \frac{2}{s+1} + \frac{-21}{s+2} + \frac{24}{s+3} = \sum_{i=1}^{3} H_i(s)$$

由此可得系统的传递函数并联结构框图，如图 9.8 所示。

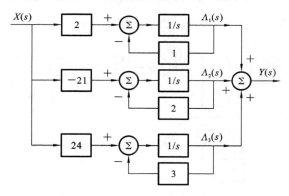

图 9.8　例 9-4 系统并联结构框图

选择积分器的输出作为状态变量，由图 9.8 可得本系统的状态方程为

$$\begin{cases} \dfrac{\mathrm{d}\lambda_1(t)}{\mathrm{d}t} = -\lambda_1(t) + 2x(t) \\[2mm] \dfrac{\mathrm{d}\lambda_2(t)}{\mathrm{d}t} = -2\lambda_2(t) - 21x(t) \\[2mm] \dfrac{\mathrm{d}\lambda_3(t)}{\mathrm{d}t} = -3\lambda_3(t) + 24x(t) \end{cases}$$

其矩阵形式为

$$\begin{bmatrix} \dfrac{\mathrm{d}\lambda_1(t)}{\mathrm{d}t} \\[2mm] \dfrac{\mathrm{d}\lambda_2(t)}{\mathrm{d}t} \\[2mm] \dfrac{\mathrm{d}\lambda_3(t)}{\mathrm{d}t} \end{bmatrix} = \begin{bmatrix} -1 & 0 & 0 \\ 0 & -2 & 0 \\ 0 & 0 & -3 \end{bmatrix} \begin{bmatrix} \lambda_1(t) \\ \lambda_2(t) \\ \lambda_3(t) \end{bmatrix} + \begin{bmatrix} 2 \\ -21 \\ 24 \end{bmatrix} x(t) = \boldsymbol{A}\boldsymbol{\lambda}(t) + \boldsymbol{B}x(t)$$

输出方程为

$$y(t) = \lambda_1(t) + \lambda_2(t) + \lambda_3(t) = \begin{bmatrix} 1 & 1 & 1 \end{bmatrix} \begin{bmatrix} \lambda_1(t) \\ \lambda_2(t) \\ \lambda_3(t) \end{bmatrix} = \boldsymbol{C}\boldsymbol{\lambda}(t)$$

状态变量的选择不是唯一的。若系统函数展开成如下部分分式之积的形式,即

$$H(s) = \frac{Y(s)}{X(s)} = H_1(s) \cdot H_2(s) \cdot \cdots \cdot H_N(s) = K \frac{\prod\limits_{i=1}^{N}(s+k_i)}{\prod\limits_{i=1}^{N}(s+p_i)} \tag{9.27}$$

其中,$H_i(s)$ 的标准形式为

$$H_i(s) = \frac{Y_i(s)}{X_i(s)} = \frac{s+k_i}{s+p_i} = 1 + \frac{k_i - p_i}{s+p_i} \tag{9.28}$$

其框图如图 9.9 所示。

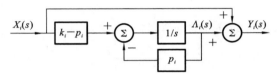

图 9.9 $H_i(s)$ 系统框图

整个系统由若干子系统级联而成,故系统框图可表示为图 9.10 所示的形式。

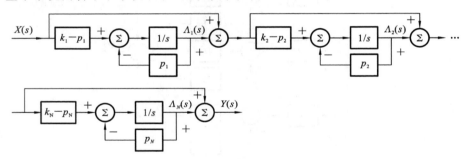

图 9.10 级联系统框图

选择积分器的输出作为状态变量,得状态方程

$$\begin{cases} \dfrac{\mathrm{d}\lambda_1(t)}{\mathrm{d}t} = -p_1\lambda_1(t) + (k_1 - p_1)x(t) \\[2mm] \dfrac{\mathrm{d}\lambda_2(t)}{\mathrm{d}t} = -p_2\lambda_2(t) + (k_2 - p_2)[\lambda_1(t) + x(t)] \\[2mm] \dfrac{\mathrm{d}\lambda_3(t)}{\mathrm{d}t} = -p_3\lambda_3(t) + (k_3 - p_3)[\lambda_2(t) + \lambda_1(t) + x(t)] \\[1mm] \quad\vdots \\[1mm] \dfrac{\mathrm{d}\lambda_N(t)}{\mathrm{d}t} = -p_N\lambda_N(t) + (k_N - p_N)[\lambda_{N-1}(t) + \cdots + \lambda_2(t) + \lambda_1(t) + x(t)] \end{cases} \tag{9.29}$$

输出方程

$$y(t) = \lambda_1(t) + \lambda_2(t) + \cdots + \lambda_N(t) \tag{9.30}$$

它们的矩阵形式分别为

$$\begin{bmatrix} \dfrac{d\lambda_1(t)}{dt} \\ \dfrac{d\lambda_2(t)}{dt} \\ \dfrac{d\lambda_3(t)}{dt} \\ \vdots \\ \dfrac{d\lambda_N(t)}{dt} \end{bmatrix} = \begin{bmatrix} -p_1 & 0 & 0 & \cdots & 0 \\ k_2-p_2 & -p_2 & 0 & \cdots & 0 \\ k_3-p_3 & k_3-p_3 & -p_3 & \cdots & 0 \\ \vdots & \vdots & \vdots & & \vdots \\ k_N-p_N & k_N-p_N & k_N-p_N & \cdots & -p_N \end{bmatrix} \begin{bmatrix} \lambda_1(t) \\ \lambda_2(t) \\ \lambda_3(t) \\ \vdots \\ \lambda_N(t) \end{bmatrix} + \begin{bmatrix} k_1-p_1 \\ k_2-p_2 \\ k_3-p_3 \\ \vdots \\ k_N-p_N \end{bmatrix} x(t)$$

$$(9.31)$$

$$y(t) = \begin{bmatrix} 1 & 1 & \cdots & 1 \end{bmatrix} \begin{bmatrix} \lambda_1(t) \\ \lambda_2(t) \\ \vdots \\ \lambda_N(t) \end{bmatrix} \qquad (9.32)$$

显然,并联系统和级联系统的状态方程不一样。

【例 9-5】 某系统的系统函数为

$$H(s) = \frac{5s^2 - 2s - 3}{s^3 + 6s^2 + 11s + 6}$$

试写出级联系统的状态方程。

解 将系统函数分解成级联形式:

$$H(s) = \frac{5s^2 - 2s - 3}{s^3 + 6s^2 + 11s + 6} = \frac{5}{s+1} \cdot \frac{s-1}{s+2} \cdot \frac{s+3/5}{s+3}$$

上式中的第一项 $H_1(s) = \dfrac{5}{s+1}$ 为 $\dfrac{k_i}{s+p_i}$ 形式,后两项为 $\dfrac{s+k_i}{s+p_i}$ 形式,故可画出级联系统函数框图,如图 9.11 所示。

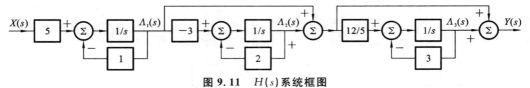

图 9.11 $H(s)$ 系统框图

取积分器的输出作为状态变量,得状态方程

$$\begin{cases} \dfrac{d\lambda_1(t)}{dt} = -\lambda_1(t) + 5x(t) \\ \dfrac{d\lambda_2(t)}{dt} = -2\lambda_2(t) - 3\lambda_1(t) \\ \dfrac{d\lambda_3(t)}{dt} = -3\lambda_3(t) - \dfrac{12}{5}\lambda_1(t) - \dfrac{12}{5}\lambda_2(t) \end{cases}$$

其矩阵形式为

$$\begin{bmatrix} \dfrac{d\lambda_1(t)}{dt} \\ \dfrac{d\lambda_2(t)}{dt} \\ \dfrac{d\lambda_3(t)}{dt} \end{bmatrix} = \begin{bmatrix} -1 & 0 & 0 \\ -3 & -2 & 0 \\ -\dfrac{2}{5} & -\dfrac{2}{5} & -3 \end{bmatrix} \begin{bmatrix} \lambda_1(t) \\ \lambda_2(t) \\ \lambda_3(t) \end{bmatrix} + \begin{bmatrix} 5 \\ 0 \\ 0 \end{bmatrix} x(t) = \boldsymbol{A}\boldsymbol{\lambda}(t) + \boldsymbol{B}\boldsymbol{x}(t)$$

输出方程为

$$y(t) = \lambda_1(t) + \lambda_2(t) + \lambda_3(t) = \begin{bmatrix} 1 & 1 & 1 \end{bmatrix} \begin{bmatrix} \lambda_1(t) \\ \lambda_2(t) \\ \lambda_3(t) \end{bmatrix} = \boldsymbol{C}\boldsymbol{\lambda}(t)$$

由本例可见,同一系统选用不同的状态变量所得状态方程和输出方程亦不相同,但输出结果相同。不同状态变量所得的状态方程和输出方程可以通过线性变换互相转换。

此外,还可按下列一般方法建立状态方程和输出方程。

【**例 9-6**】 一线性时不变连续时间系统的系统函数为

$$H(s) = \frac{b_0 s^3 + b_1 s^2 + b_2 s + b_3}{s^3 + a_1 s^2 + a_2 s + a_3}$$

求其状态方程和输出方程。

解 由 $H(s) = \dfrac{Y(s)}{X(s)} = \dfrac{b_0 s^3 + b_1 s^2 + b_2 s + b_3}{s^3 + a_1 s^2 + a_2 s + a_3}$ 可得

$$(s^3 + a_1 s^2 + a_2 s + a_3)Y(s) = (b_0 s^3 + b_1 s^2 + b_2 s + b_3)X(s)$$

上式两边同时乘以 s^{-3},整理得

$$Y(s) = -a_1 s^{-1} Y(s) - a_2 s^{-2} Y(s) - a_3 s^{-3} Y(s) + b_0 X(s) + b_1 s^{-1} X(s)$$
$$+ b_2 s^{-2} X(s) + b_3 s^{-3} X(s)$$

式中:s^{-k} 对应 k 次积分。

由此可画出模拟框图,如图 9.12 所示。

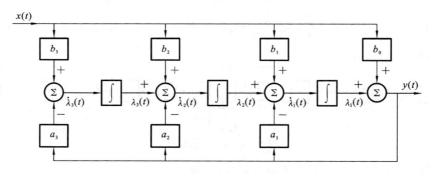

图 9.12 系统的模拟框图

选择积分器的输出作为状态变量,可得

$$y(t) = \lambda_1(t) + b_0 x(t)$$
$$\dot{\lambda}_1(t) = -a_1 y(t) + \lambda_2(t) + b_1 x(t) = -a_1 \lambda_1(t) + \lambda_2(t) + (b_1 - a_1 b_0)x(t)$$
$$\dot{\lambda}_2(t) = -a_2 y(t) + \lambda_3(t) + b_2 x(t) = -a_2 \lambda_1(t) + \lambda_3(t) + (b_2 - a_2 b_0)x(t)$$
$$\dot{\lambda}_3(t) = -a_3 y(t) + b_3 x(t) = -a_3 \lambda_1(t) + (b_3 - a_3 b_0)x(t)$$

矩阵形式的状态方程和输出方程为

$$\dot{\boldsymbol{\lambda}}(t) = \begin{bmatrix} -a_1 & 1 & 0 \\ -a_2 & 0 & 1 \\ -a_3 & 0 & 0 \end{bmatrix} \boldsymbol{\lambda}(t) + \begin{bmatrix} b_1 - a_1 b_0 \\ b_2 - a_2 b_0 \\ b_3 - a_3 b_0 \end{bmatrix} x(t)$$

$$y(t) = \begin{bmatrix} 1 & 0 & 0 \end{bmatrix} \boldsymbol{\lambda}(t) + b_0 x(t)$$

上述系统函数也可写成级联形式：

$$H(s)=\frac{b_0 s^3+b_1 s^2+b_2 s+b_3}{s^3+a_1 s^2+a_2 s+a_3}=H_1(s)H_2(s)$$

式中：$H_1(s)=\dfrac{1}{s^3+a_1 s^2+a_2 s+a_3}$；$H_2(s)=b_0 s^3+b_1 s^2+b_2 s+b_3$。

设

$$H_1(s)=\frac{W(s)}{X(s)}=\frac{1}{s^3+a_1 s^2+a_2 s+a_3}$$

$$H_2(s)=\frac{Y(s)}{W(s)}=b_0 s^3+b_1 s^2+b_2 s+b_3$$

则有

$$(s^3+a_1 s^2+a_2 s+a_3)W(s)=X(s)$$

$$Y(s)=(b_0 s^3+b_1 s^2+b_2 s+b_3)W(s)$$

整理上面两式，得

$$s^3 W(s)=-a_1 s^2 W(s)-a_2 s W(s)-a_3 W(s)+X(s)$$

$$Y(s)=b_0 s^3 W(s)+b_1 s^2 W(s)+b_2 s W(s)+b_3 W(s)$$

可得系统的模拟框图，如图 9.13 所示。

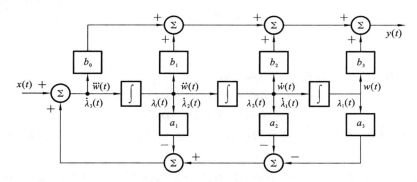

图 9.13　系统模拟框图

以积分器的输入为状态变量，可得状态方程

$$\dot{\lambda}_1(t)=\lambda_2(t)$$

$$\dot{\lambda}_2(t)=\lambda_3(t)$$

$$\dot{\lambda}_3(t)=-a_3\lambda_1(t)-a_2\lambda_2(t)-a_1\lambda_3(t)+x(t)$$

输出方程

$$y(t)=b_3\lambda_1(t)+b_2\lambda_2(t)+b_1\lambda_3(t)+b_0\dot{\lambda}_3(t)$$

$$=(b_3-a_3 b_0)\lambda_1(t)+(b_2-a_2 b_0)\lambda_2(t)+(b_1-a_1 b_0)\lambda_3(t)+b_0 x(t)$$

状态方程和输出方程的矩阵形式为

$$\dot{\boldsymbol{\lambda}}(t)=\begin{bmatrix} 0 & 1 & 0 \\ 0 & 0 & 1 \\ -a_3 & -a_2 & -a_1 \end{bmatrix}\boldsymbol{\lambda}(t)+\begin{bmatrix} 0 \\ 0 \\ 1 \end{bmatrix}x(t)$$

$$y(t)=\begin{bmatrix} b_3-a_3 b_0 & b_2-a_2 b_0 & b_1-a_1 b_0 \end{bmatrix}\boldsymbol{\lambda}(t)+b_0 x(t)$$

9.3 离散时间系统状态方程的建立

离散时间系统的状态方程是一阶联立差分方程组。若系统是线性时不变系统,则状态方程和输出方程是状态变量和输入的线性组合。

对于一个多输入多输出系统,设有 k 个状态变量,p 个输入和 q 个输出,则状态方程为

$$
\begin{bmatrix} \lambda_1[n+1] \\ \lambda_2[n+1] \\ \vdots \\ \lambda_k[n+1] \end{bmatrix}_{k\times 1} = \begin{bmatrix} a_{11} & a_{12} & \cdots & a_{1k} \\ a_{21} & a_{22} & \cdots & a_{2k} \\ \vdots & \vdots & & \vdots \\ a_{k1} & a_{k2} & \cdots & a_{kk} \end{bmatrix}_{k\times k} \begin{bmatrix} \lambda_1[n] \\ \lambda_2[n] \\ \vdots \\ \lambda_k[n] \end{bmatrix}_{k\times 1} + \begin{bmatrix} b_{11} & b_{12} & \cdots & b_{1p} \\ b_{21} & b_{22} & \cdots & b_{2p} \\ \vdots & \vdots & & \vdots \\ b_{k1} & b_{k2} & \cdots & b_{kp} \end{bmatrix}_{k\times p} \begin{bmatrix} x_1[n] \\ x_2[n] \\ \vdots \\ x_p[n] \end{bmatrix}_{p\times 1}
$$
(9.33)

输出方程为

$$
\begin{bmatrix} y_1[n] \\ y_2[n] \\ \vdots \\ y_q[n] \end{bmatrix}_{q\times 1} = \begin{bmatrix} c_{11} & c_{12} & \cdots & c_{1k} \\ c_{21} & c_{22} & \cdots & c_{2k} \\ \vdots & \vdots & & \vdots \\ c_{q1} & c_{q2} & \cdots & c_{qk} \end{bmatrix}_{q\times k} \begin{bmatrix} \lambda_1[n] \\ \lambda_2[n] \\ \vdots \\ \lambda_k[n] \end{bmatrix}_{k\times 1} + \begin{bmatrix} d_{11} & d_{12} & \cdots & d_{1p} \\ d_{21} & d_{22} & \cdots & d_{2p} \\ \vdots & \vdots & & \vdots \\ d_{q1} & d_{q2} & \cdots & d_{qp} \end{bmatrix}_{q\times p} \begin{bmatrix} x_1[n] \\ x_2[n] \\ \vdots \\ x_p[n] \end{bmatrix}_{p\times 1}
$$
(9.34)

将状态方程和输出方程写成矩阵形式

$$\boldsymbol{\lambda}[n+1] = \boldsymbol{A}\boldsymbol{\lambda}[n] + \boldsymbol{B}\boldsymbol{x}[n] \tag{9.35}$$

$$\boldsymbol{y}[n+1] = \boldsymbol{C}\boldsymbol{\lambda}[n] + \boldsymbol{D}\boldsymbol{x}[n] \tag{9.36}$$

对于线性时不变系统,上述方程中 $\boldsymbol{A}$、$\boldsymbol{B}$、$\boldsymbol{C}$、$\boldsymbol{D}$ 为常数矩阵,矩阵中的每个元素均为常数。

若已知系统的激励 $\boldsymbol{x}[n]$ 和 $n=n_0$ 时刻的初始状态 $\boldsymbol{\lambda}[n_0]$,就可以唯一地确定系统在 $n \geqslant n_0$ 后任意时刻的状态 $\boldsymbol{\lambda}[n]$ 和输出 $\boldsymbol{y}[n]$。

与连续时间系统状态方程建立方法类似,利用系统的差分方程、系统函数或系统框图,选择适当的状态变量即可写出系统的状态方程。

9.3.1 由差分方程建立状态方程

设离散时间信号的 k 阶差分方程为

$$y[n] + a_{k-1}y[n-1] + \cdots + a_1y[n-k+1] + a_0y[n-k]$$
$$= b_mx[n] + b_{m-1}x[n-1] + \cdots + b_1x[n-m+1] + b_0x[n-m] \tag{9.37}$$

系统函数为

$$H(z) = \frac{b_m + b_{m-1}z^{-1} + \cdots + b_0z^{-m}}{1 + a_{k-1}z^{-1} + \cdots + a_0z^{-n}} \tag{9.38}$$

系统的时域模拟图如图 9.14 所示,其中 D 为延时环节,a、b 为比例系数。

选取每个延迟环节的输出作为状态变量,则得状态方程

$$\lambda_1[n+1] = \lambda_2[n]$$
$$\lambda_2[n+1] = \lambda_3[n]$$

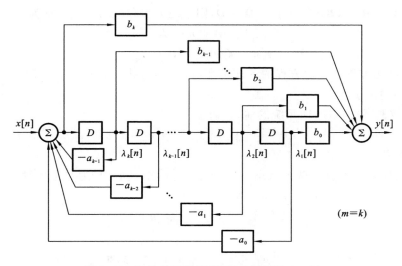

图 9.14　系统的时域模拟图(此图假设 $m=k$)

$$\vdots$$

$$\lambda_{k-1}[n+1]=\lambda_k[n]$$

$$\lambda_k[n+1]=-a_0\lambda_1[n]-a_1\lambda_2[n]-\cdots-a_{k-1}\lambda_k[n]+x[n]$$

和输出方程

$$y[n]=b_0\lambda_1[n]+b_1\lambda_2[n]+\cdots+b_{k-1}\lambda_k[n]+b_k(-a_0\lambda_1[n]-a_1\lambda_2[n]-\cdots$$

$$-a_{k-1}\lambda_k[n]+x[n])$$

$$=(b_0-b_ka_0)\lambda_1[n]+(b_1-b_ka_1)\lambda_2[n]+\cdots+(b_{k-1}-b_ka_{k-1})\lambda_k[n]+b_kx[n]$$

将状态方程和输出方程写成一般矩阵形式为

$$\boldsymbol{\lambda}[n+1]=\boldsymbol{A}\boldsymbol{\lambda}[n]+\boldsymbol{B}x[n]$$

$$y[n]=\boldsymbol{C}\boldsymbol{\lambda}[n]+\boldsymbol{D}x[n]$$

式中:$\boldsymbol{A}=\begin{bmatrix}0&1&0&\cdots&0\\0&0&1&\cdots&0\\\vdots&\vdots&\vdots&&\vdots\\0&0&0&\cdots&1\\-a_0&-a_1&-a_2&\cdots&-a_{n-1}\end{bmatrix}$;$\boldsymbol{B}=\begin{bmatrix}0\\0\\\vdots\\0\\1\end{bmatrix}$;$\boldsymbol{C}=[(b_0-b_ka_0)\quad(b_1-b_ka_1)$

$\cdots\quad(b_{k-1}-b_ka_{k-1})]$;$\boldsymbol{D}=[b_k]$。

由离散时间系统差分方程列写状态方程,其结果与连续时间系统情况类似。

对于多输入多输出系统,$x[n],y[n]$为矢量。

状态变量的选择不是唯一的,对任意的系统,状态变量有多种选择。设 $\boldsymbol{\lambda}[n]$ 是旧状态矢量,$\boldsymbol{T}$ 是一任意的 $N\times N$ 线性变换满秩矩阵,定义一个新的状态矢量 $v[n]$,即

$$v[n]=\boldsymbol{T}\boldsymbol{\lambda}[n]$$

因为 $\boldsymbol{T}$ 是满秩矩阵,$\boldsymbol{T}^{-1}$存在,故

$$\boldsymbol{\lambda}[n]=\boldsymbol{T}^{-1}v[n]$$

故有

$$v[n+1]=\boldsymbol{T}\boldsymbol{\lambda}[n+1]=\boldsymbol{T}(\boldsymbol{A}\boldsymbol{\lambda}[n]+\boldsymbol{B}x[n])=\boldsymbol{T}\boldsymbol{A}\boldsymbol{\lambda}[n]+\boldsymbol{T}\boldsymbol{B}x[n]=\boldsymbol{T}\boldsymbol{A}\boldsymbol{T}^{-1}v[n]+\boldsymbol{T}\boldsymbol{B}x[n]$$

$$y[n]=\boldsymbol{C}\boldsymbol{\lambda}[n]+\boldsymbol{D}x[n]=\boldsymbol{C}\boldsymbol{T}^{-1}v[n]+\boldsymbol{D}x[n]$$

令 $A'=TAT^{-1}$，$B'=TB$，$C'=CT^{-1}$，$D'=D$，则状态方程和输出方程分别为

$$v[n+1]=A'v[n]+B'x[n]$$

$$y[n]=C'v[n]+D'x[n]$$

显然，状态方程和输出方程的形式不变，但不同的状态方程对于给定的输入 $x[n]$ 可得同样的输出 $y[n]$。

【例 9-7】 设离散时间系统的输入/输出方程为

$$y[n+2]+3y[n+1]+2y[n]=x[n]$$

试求系统的状态方程和输出方程。

解 二阶差分方程有两个状态变量，选择 $y[n]$ 及 $y[n+1]$ 为状态变量，即

$$\lambda_1[n]=y[n]$$

$$\lambda_2[n]=y[n+1]=\lambda_1[n+1]$$

则

$$\lambda_2[n+1]=y[n+2]=-3y[n+1]-2y[n]+x[n]$$

将 $\lambda_1[n]$、$\lambda_2[n]$ 代入上式，得

$$\lambda_2[n+1]=-3\lambda_2[n]-2\lambda_1[n]+x[n]$$

状态方程和输出方程写成矩阵形式为

$$\begin{bmatrix} \lambda_1[n+1] \\ \lambda_2[n+1] \end{bmatrix} = \begin{bmatrix} 0 & 1 \\ -2 & -3 \end{bmatrix} \begin{bmatrix} \lambda_1[n] \\ \lambda_2[n] \end{bmatrix} + \begin{bmatrix} 0 \\ 1 \end{bmatrix} x[n]$$

$$y[n]=\begin{bmatrix} 0 & 1 \end{bmatrix}\begin{bmatrix} \lambda_1[n] \\ \lambda_2[n] \end{bmatrix}$$

9.3.2 由系统函数建立状态方程

设离散时间系统的系统函数为

$$H(z)=\frac{b_m+b_{m-1}z^{-1}+\cdots+b_0z^{-m}}{1+a_{k-1}z^{-1}+\cdots+a_0z^{-n}}$$

将其展开成部分分式之和形式

$$H(z)=\sum_{i=1}^{N}\frac{k_iz^{-1}}{1+a_iz^{-1}}$$

其中的每一个部分分式代表一个子系统，系统函数 $H_i(z)=\frac{k_iz^{-1}}{1+a_iz^{-1}}$，系统框图如图 9.15所示，则整个系统的系统框图由多个类似环节并联求和而成。

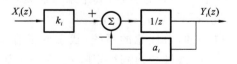

图 9.15 子系统 $H_i(z)$ 框图

下面举例说明系统状态方程的建立过程。

【例 9-8】 设离散时间系统的系统函数为

$$H(z)=\frac{1}{z^2+3z+2}$$

将 $H(z)$ 部分分式展开，即

$$H(z)=\frac{1}{z+1}-\frac{1}{z+2}=\frac{z^{-1}}{1+z^{-1}}-\frac{z^{-1}}{1+z^{-1}}$$

系统框图如图 9.16 所示。

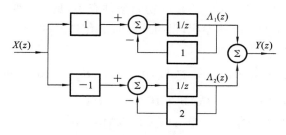

图 9.16 例 9-8 系统框图

选择延迟因子 $1/z$ 的输出作为状态变量,则由图 9.16 可写出系统的状态方程

$$\begin{cases}\lambda_1[n+1]=-\lambda_1[n]+x[n]\\\lambda_2[n+1]=-2\lambda_1[n]-x[n]\end{cases}$$

及输出方程

$$y[n]=\lambda_1[n]+\lambda_2[n]$$

将状态方程和输出方程表示成矩阵形式为

$$\begin{bmatrix}\lambda_1[n+1]\\\lambda_2[n+1]\end{bmatrix}=\begin{bmatrix}-1&0\\-2&0\end{bmatrix}\begin{bmatrix}\lambda_1[n]\\\lambda_2[n]\end{bmatrix}+\begin{bmatrix}1\\-1\end{bmatrix}x[n]$$

$$y[n]=\lambda_1[n]+\lambda_2[n]=\begin{bmatrix}1&1\end{bmatrix}\begin{bmatrix}\lambda_1[n]\\\lambda_2[n]\end{bmatrix}$$

对于同一系统,选择的状态变量不同所得的状态方程和输出方程亦不相同,矩阵的阶数相同但系数不同。

9.4 连续时间系统状态方程的求解

连续时间系统状态方程的求解方法有时域解法和频域解法。

9.4.1 时域解法

状态方程的标准形式为

$$\frac{\mathrm{d}\boldsymbol{\lambda}(t)}{\mathrm{d}t}=\boldsymbol{A}\boldsymbol{\lambda}(t)+\boldsymbol{B}\boldsymbol{x}(t) \tag{9.39}$$

将方程两边左乘 e^{-At},并移项得

$$\mathrm{e}^{-At}\frac{\mathrm{d}\boldsymbol{\lambda}(t)}{\mathrm{d}t}-\mathrm{e}^{-At}\boldsymbol{A}\boldsymbol{\lambda}(t)=\mathrm{e}^{-At}\boldsymbol{B}\boldsymbol{x}(t)$$

即

$$\frac{\mathrm{d}}{\mathrm{d}t}[\mathrm{e}^{-At}\boldsymbol{\lambda}(t)]=\mathrm{e}^{-At}\boldsymbol{B}\boldsymbol{x}(t)$$

将上式两边求 0^- 至 t 区间积分,得

$$\mathrm{e}^{-At}\boldsymbol{\lambda}(t)-\boldsymbol{\lambda}(0^-)=\int_{0^-}^{t}\mathrm{e}^{-A\tau}\boldsymbol{B}\boldsymbol{x}(\tau)\mathrm{d}\tau$$

将上式移项并左乘 e^{At},得

$$\boldsymbol{\lambda}(t) = e^{At}\boldsymbol{\lambda}(0^-) + \int_0^t e^{A(t-\tau)}\boldsymbol{B}\boldsymbol{x}(\tau)\mathrm{d}\tau = e^{At}\boldsymbol{\lambda}(0^-) + e^{-At}\boldsymbol{B} * \boldsymbol{x}(t) \tag{9.40}$$

上式由两部分组成,第一项 $e^{At}\boldsymbol{\lambda}(0^-)$ 仅与初始条件有关,是状态变量 $\boldsymbol{\lambda}(t)$ 的零输入解;第二项 $e^{-At}\boldsymbol{B} * \boldsymbol{x}(t)$ 是两矩阵的卷积,仅与外部激励有关,是状态变量 $\boldsymbol{\lambda}(t)$ 的零状态解。

将上式代入输出方程,得

$$\boldsymbol{y}(t) = \boldsymbol{C}\boldsymbol{\lambda}(t) + \boldsymbol{D}\boldsymbol{x}(t) = \boldsymbol{C}e^{At}\boldsymbol{\lambda}(0^-) + \int_{0^-}^t \boldsymbol{C}e^{A(t-\tau)}\boldsymbol{B}\boldsymbol{x}(\tau)\mathrm{d}\tau + \boldsymbol{D}\boldsymbol{x}(t)$$
$$= \boldsymbol{C}e^{At}\boldsymbol{\lambda}(0^-) + [\boldsymbol{C}e^{At}\boldsymbol{B} + \boldsymbol{D}\delta(t)] * \boldsymbol{x}(t) \tag{9.41}$$

上式第一项仅与初始条件有关,为系统的零输入响应,即

$$\boldsymbol{y}_{zi}(t) = \boldsymbol{C}e^{At}\boldsymbol{\lambda}(0^-) \tag{9.42}$$

第二项仅与输入有关,为系统的零状态响应,即

$$\boldsymbol{y}_{zs} = [\boldsymbol{C}e^{At}\boldsymbol{B} + \boldsymbol{D}\delta(t)] * \boldsymbol{x}(t) \tag{9.43}$$

式(9.40)、式(9.41)就是状态方程和输出方程的时域解。其中,e^{At} 称为状态转移矩阵(state transition matrix)。对状态转移矩阵求解有不同方法,下面作简要介绍。

(1) 时域中利用矩阵 $\boldsymbol{A}$ 的特征值求 e^{At}。

设 $\boldsymbol{A}$ 是 $k \times k$ 阶矩阵,由卡莱-哈密顿(Cayley-Hamiton)定理可知:当 $i \geq k$ 时,有

$$\boldsymbol{A}^i = \beta_0\boldsymbol{I} + \beta_1\boldsymbol{A} + \beta_2\boldsymbol{A}^2 + \cdots + \beta_{k-1}\boldsymbol{A}^{k-1} = \sum_{j=0}^{k-1}\beta_j\boldsymbol{A}^j \tag{9.44}$$

即矩阵 $\boldsymbol{A}^i(k \times k$ 阶)可表示为有限个(k 个)指数小于 k 的矩阵 $\boldsymbol{A}^0, \boldsymbol{A}^1, \boldsymbol{A}^2, \cdots, \boldsymbol{A}^{k-1}$ 之线性组合,β_j 为待求系数,$\boldsymbol{I}$ 为单位矩阵。

若定义

$$e^{At} = \boldsymbol{I} + \boldsymbol{A}t + \frac{1}{2!}\boldsymbol{A}^2t^2 + \cdots = \sum_{k=0}^{\infty}\frac{1}{k!}\boldsymbol{A}^kt^k \tag{9.45}$$

则由线性代数理论可证明下列各式成立:

$$\frac{\mathrm{d}}{\mathrm{d}t}[e^{-At}\boldsymbol{\lambda}(t)] = e^{-At}\frac{\mathrm{d}\boldsymbol{\lambda}(t)}{\mathrm{d}t} - \boldsymbol{A}e^{-At}\boldsymbol{\lambda}(t)$$
$$\boldsymbol{A}e^{-At} = e^{-At}\boldsymbol{A}$$
$$e^{At}e^{-At} = \boldsymbol{I}$$

因此,e^{At} 可展开成

$$e^{At} = \sum_{k=0}^{\infty}\frac{t^k}{k!}\boldsymbol{A}^k = \sum_{j=0}^{k-1}\beta_j(t)\boldsymbol{A}^j \tag{9.46}$$

由卡莱-哈密顿定理可知:矩阵 $\boldsymbol{A}$ 满足它自己的特征方程,即在式(9.46)中用 $\boldsymbol{A}$ 的特征值 $\alpha_i(i=1,2,3,\cdots,k)$ 替代 $\boldsymbol{A}$ 后等式仍能满足

$$e^{\alpha_i t} = \sum_{j=0}^{k-1}\beta_j(t)\alpha_i^j \tag{9.47}$$

利用上式和 k 个 α_i 就可确定待定系数 $\beta_j(t)$。

若 α_i 互不相等,则根据式(9.47)可写出由 α_i 所构成的 n 元一次方程组

$$\begin{cases} e^{\alpha_1 t} = \beta_0 + \beta_1\alpha_1 + \beta_2\alpha_1^2 + \cdots + \beta_{k-1}\alpha_1^{k-1} \\ e^{\alpha_2 t} = \beta_0 + \beta_1\alpha_2 + \beta_2\alpha_2^2 + \cdots + \beta_{k-1}\alpha_2^{k-1} \\ \quad\quad\vdots \\ e^{\alpha_k t} = \beta_0 + \beta_1\alpha_k + \beta_2\alpha_k^2 + \cdots + \beta_{k-1}\alpha_k^{k-1} \end{cases} \tag{9.48}$$

解方程组即可求得各待定系数 $\beta_0,\beta_1,\beta_2,\cdots,\beta_{k-1}$（它们均为时间 t 的函数），将其代入式(9.46)后即可得到 e^{At}。

【例 9-9】 已知 $A=\begin{bmatrix}0&1\\-6&5\end{bmatrix}$，求 e^{At}。

解 首先求 A 的特征值：

$$|\alpha I-A|=0$$
$$\begin{vmatrix}\alpha&-1\\6&\alpha-5\end{vmatrix}=0$$
$$\alpha^2-5\alpha+6=0$$

得 $\alpha_1=-2,\alpha_2=-3$，它们均为单根。

将其代入式(9.47)，有

$$\begin{cases}e^{-2t}=\beta_0+\beta_1(-2)\\e^{-3t}=\beta_0+\beta_1(-3)\end{cases}$$

求得

$$\begin{cases}\beta_0=3e^{-2t}-2e^{-3t}\\\beta_1=e^{-2t}-e^{-3t}\end{cases}$$

所以

$$e^{At}=\beta_0 I+\beta_1 A=(3e^{-2t}-2e^{-3t})\begin{bmatrix}1&0\\0&1\end{bmatrix}+(e^{-2t}-e^{-3t})\begin{bmatrix}0&1\\-6&5\end{bmatrix}$$
$$=\begin{bmatrix}3e^{-2t}-2e^{-3t}&e^{-2t}-e^{-3t}\\-6e^{-2t}+6e^{-3t}&-2e^{-2t}+3e^{-3t}\end{bmatrix}$$
$$=e^{-2t}\begin{bmatrix}3&1\\-6&2\end{bmatrix}+e^{-3t}\begin{bmatrix}-2&-1\\6&3\end{bmatrix}$$

若矩阵 A 的特征值 α_1 是 m 阶的，则求解各系数 β_j 的方程组的前 m 个方程可写成

$$\begin{cases}e^{\alpha_1 t}=\beta_0+\beta_1\alpha_1+\cdots+\beta_{k-1}\alpha_1^{k-1}\\\dfrac{d}{dt}e^{\alpha t}\Big|_{\alpha=\alpha_1}=\beta_1+2\beta_2\alpha_1+\cdots+(k-1)\beta_{k-1}\alpha_1^{k-2}\\\dfrac{d^{m-1}}{dt^{m-1}}e^{\alpha t}\Big|_{\alpha=\alpha_1}=(m-1)!\ \beta_{m-1}+m!\ \beta_m\alpha_1+\dfrac{(m+1)!}{2!}\beta_{m+1}\alpha_1^2+\cdots+\dfrac{(k-1)!}{(k-m)!}\beta_{k-1}\alpha_1^{k-m}\end{cases}$$

$$(9.49)$$

其他由 $\alpha_i(i=2,3,\cdots,k-m+1)$ 组成的 $(k-m)$ 个方程组仍与式(9.48)的形式相同，它们与式(9.49)联立即可求出各待定系数。

【例 9-10】 已知 $A=\begin{bmatrix}-2&0\\1&-2\end{bmatrix}$，求 e^{At}。

解 首先求 A 的特征值：

$$|\alpha I-A|=0$$
$$\begin{vmatrix}\alpha+2&0\\-1&\alpha+2\end{vmatrix}=0$$
$$\alpha^2+4\alpha+4=0$$

得 $\alpha_1=\alpha_2=-2$ 为二重根，将其代入式(9.47)，有

$$\begin{cases} e^{-2t} = \beta_0 + \beta_1(-2) \\ te^{-2t} = \beta_1 \end{cases}$$

求得

$$\begin{cases} \beta_0(t) = e^{-2t}(1+2t) \\ \beta_1(t) = te^{-2t} \end{cases}$$

所以

$$e^{At} = \beta_0 I + \beta_1 A = e^{-2t}(1+2t)\begin{bmatrix} 1 & 0 \\ 0 & 1 \end{bmatrix} + te^{-2t}\begin{bmatrix} -2 & 0 \\ 1 & -2 \end{bmatrix} = e^{-2t}\begin{bmatrix} 1 & 0 \\ t & 1 \end{bmatrix}$$

【例 9-11】 已知二阶系统的微分方程为

$$\frac{d^2 y(t)}{dt^2} + 5\frac{dy(t)}{dt} + 6y(t) = x(t)$$

$$y(0^-) = 2, y'(0^-) = 1, \ x(t) = e^{-t}u(t)$$

用状态变量法求解系统。

解   取状态变量 $\lambda_1(t)$、$\lambda_2(t)$,有

$$\lambda_1(t) = y(t), \ \lambda_2(t) = y'(t)$$

可得系统的状态方程和输出方程为

$$\dot{\lambda}(t) = A\lambda(t) + Bx(t)$$

$$y(t) = C\lambda(t) + Dx(t)$$

式中:$A = \begin{bmatrix} 0 & 1 \\ -6 & -5 \end{bmatrix}$;$B = \begin{bmatrix} 0 \\ 1 \end{bmatrix}$;$C = \begin{bmatrix} 1 & 0 \end{bmatrix}$;$D = 0$;$\lambda(0) = \begin{bmatrix} \lambda_1(0) \\ \lambda_2(0) \end{bmatrix} = \begin{bmatrix} 2 \\ 1 \end{bmatrix}$。

由式(9-41)有

$$y(t) = C\lambda(t) + Dx(t) = Ce^{At}\lambda(0^-) + \int_{0^-}^t Ce^{A(t-\tau)}Bx(\tau)d\tau + Dx(t)$$

式中:

$$e^{At} = e^{-2t}\begin{bmatrix} 3 & 1 \\ -6 & -2 \end{bmatrix} + e^{-3t}\begin{bmatrix} -2 & -1 \\ 6 & 3 \end{bmatrix}$$

$$Ce^{A(t)}\lambda(0^-) = \begin{bmatrix} 1 & 0 \end{bmatrix}\left(e^{-2t}\begin{bmatrix} 3 & 1 \\ -6 & -2 \end{bmatrix} + e^{-3t}\begin{bmatrix} -2 & -1 \\ 6 & 3 \end{bmatrix}\right)\begin{bmatrix} 2 \\ 1 \end{bmatrix} = 7e^{-2t} - 5e^{-3t}$$

$$Ce^{A(t-\tau)}Bx = \begin{bmatrix} 1 & 0 \end{bmatrix}\left(e^{-2(t-\tau)}\begin{bmatrix} 3 & 1 \\ -6 & -2 \end{bmatrix} + e^{-3(t-\tau)}\begin{bmatrix} -2 & -1 \\ 6 & 3 \end{bmatrix}\right)\begin{bmatrix} 0 \\ 1 \end{bmatrix}$$

$$= e^{-2(t-\tau)} - e^{-3(t-\tau)}$$

故

$$y(t) = 7e^{-2t} - 5e^{-3t} + \int_{0^-}^t [e^{-2(t-\tau)} - e^{-3(t-\tau)}]e^{-\tau}d\tau = \frac{1}{2}e^{-t} + 6e^{-2t} - \frac{9}{2}e^{-3t}, \quad t \geqslant 0$$

9.4.2 复频域解法

已知系统的状态方程为

$$\frac{d\lambda(t)}{dt} = A\lambda(t) + Bx(t)$$

对其两边求拉普拉斯变换,得

$$s\Lambda(s) - \lambda(0^-) = A\Lambda(s) + BX(s)$$

式中:$\Lambda(s) = \mathscr{L}[\lambda(t)], X(s) = \mathscr{L}[x(t)]$。

上式经整理得

$$\mathbf{\Lambda}(s)=(s\mathbf{I}-\mathbf{A})^{-1}\boldsymbol{\lambda}(0^-)+(s\mathbf{I}-\mathbf{A})^{-1}\mathbf{B}X(s) \tag{9.50}$$

对输出方程

$$\boldsymbol{y}(t)=\boldsymbol{C}\boldsymbol{\lambda}(t)+\boldsymbol{D}\boldsymbol{x}(t)$$

两边求拉普拉斯变换,得

$$\boldsymbol{Y}(s)=\boldsymbol{C}\boldsymbol{\Lambda}(s)+\boldsymbol{D}X(s)=\boldsymbol{C}(s\mathbf{I}-\mathbf{A})^{-1}\boldsymbol{\lambda}(0^-)+[\boldsymbol{C}(s\mathbf{I}-\mathbf{A})^{-1}\mathbf{B}+\boldsymbol{D}]X(s) \tag{9.51}$$

上式两项中,第一项仅与初始状态有关,代表系统的零输入响应,即

$$\boldsymbol{Y}_{zi}(s)=\boldsymbol{C}(s\mathbf{I}-\mathbf{A})^{-1}\boldsymbol{\lambda}(0^-) \tag{9.52}$$

第二项仅与输入有关,代表系统的零状态响应,即

$$\boldsymbol{Y}_{zs}(s)=[\boldsymbol{C}(s\mathbf{I}-\mathbf{A})^{-1}\mathbf{B}+\boldsymbol{D}]X(s) \tag{9.53}$$

系统的全响应为

$$\boldsymbol{Y}(s)=\boldsymbol{Y}_{zi}(s)+\boldsymbol{Y}_{zs}(s) \tag{9.54}$$

求拉普拉斯反变换得时域解

$$\boldsymbol{\lambda}(t)=\mathscr{L}^{-1}[(s\mathbf{I}-\mathbf{A})^{-1}\boldsymbol{\lambda}(0^-)]+\mathscr{L}^{-1}[(s\mathbf{I}-\mathbf{A})^{-1}\mathbf{B}X(s)] \tag{9.55}$$

$$\boldsymbol{y}(t)=\mathscr{L}^{-1}[\boldsymbol{C}(s\mathbf{I}-\mathbf{A})^{-1}\boldsymbol{\lambda}(0)]+\mathscr{L}^{-1}\{[\boldsymbol{C}(s\mathbf{I}-\mathbf{A})^{-1}\mathbf{B}+\boldsymbol{D}]X(s)\} \tag{9.56}$$

比较式(9.55)与式(9.40)可见,状态转移矩阵为

$$\mathrm{e}^{\mathbf{A}t}=\mathscr{L}^{-1}[(s\mathbf{I}-\mathbf{A})^{-1}]=\mathscr{L}^{-1}\left[\frac{\mathrm{adj}(s\mathbf{I}-\mathbf{A})}{|s\mathbf{I}-\mathbf{A}|}\right] \tag{9.57}$$

式中:$\mathrm{adj}(s\mathbf{I}-\mathbf{A})$是$(s\mathbf{I}-\mathbf{A})$的伴随矩阵;$|s\mathbf{I}-\mathbf{A}|$是$(s\mathbf{I}-\mathbf{A})$的特征多项式。利用式(9.57)可以方便地计算出$\mathrm{e}^{\mathbf{A}t}$。

【例 9-12】 已知系统状态方程和输出方程中各矩阵分别为 $\mathbf{A}=\begin{bmatrix}1&2\\0&-1\end{bmatrix}$,$\mathbf{B}=\begin{bmatrix}0&1\\1&0\end{bmatrix}$,$\boldsymbol{C}=\begin{bmatrix}1&1\\0&-1\end{bmatrix}$,$\boldsymbol{D}=\begin{bmatrix}1&0\\1&0\end{bmatrix}$,输入为$\begin{bmatrix}u(t)\\\delta(t)\end{bmatrix}$,初始状态为$\begin{bmatrix}\lambda_1(0^-)\\\lambda_2(0^-)\end{bmatrix}=\begin{bmatrix}1\\0\end{bmatrix}$,求输出 $y_1(t)$ 与 $y_2(t)$。

解 首先求 $\mathrm{e}^{\mathbf{A}t}$ 的拉普拉斯变换。由式(9.57)有

$$\mathscr{L}[\mathrm{e}^{\mathbf{A}t}]=(s\mathbf{I}-\mathbf{A})^{-1}=\begin{bmatrix}s-1&-2\\0&s+1\end{bmatrix}^{-1}=\frac{1}{(s-1)(s+1)}\begin{bmatrix}s+1&-2\\0&s-1\end{bmatrix}$$

$$=\begin{bmatrix}\dfrac{1}{s-1}&\dfrac{2}{s^2-1}\\0&\dfrac{1}{s+1}\end{bmatrix}$$

由式(9.52)得系统零输入响应的拉普拉斯变换

$$\boldsymbol{Y}_{zi}(s)=\boldsymbol{C}(s\mathbf{I}-\mathbf{A})^{-1}\boldsymbol{\lambda}(0^-)=\begin{bmatrix}1&1\\0&-1\end{bmatrix}\begin{bmatrix}\dfrac{1}{s-1}&\dfrac{2}{s^2-1}\\0&\dfrac{1}{s+1}\end{bmatrix}\begin{bmatrix}1\\0\end{bmatrix}=\begin{bmatrix}\dfrac{1}{s-1}\\0\end{bmatrix}$$

系统零状态响应的拉普拉斯变换

$$\boldsymbol{Y}_{zs}(s)=[\boldsymbol{C}(s\mathbf{I}-\mathbf{A})^{-1}\mathbf{B}+\boldsymbol{D}]X(s)$$

$$=\left(\begin{bmatrix}1&1\\0&-1\end{bmatrix}\begin{bmatrix}\dfrac{1}{s-1}&\dfrac{2}{s^2-1}\\0&\dfrac{1}{s+1}\end{bmatrix}\begin{bmatrix}0&1\\1&0\end{bmatrix}+\begin{bmatrix}1&0\\1&0\end{bmatrix}\right)\begin{bmatrix}\dfrac{1}{s}\\1\end{bmatrix}$$

$$= \begin{bmatrix} \dfrac{s}{s-1} & \dfrac{1}{s-1} \\ \dfrac{s}{s+1} & 0 \end{bmatrix} \begin{bmatrix} \dfrac{1}{s} \\ 1 \end{bmatrix} = \begin{bmatrix} \dfrac{2}{s-1} \\ \dfrac{1}{s+1} \end{bmatrix}$$

故系统的全响应为

$$\boldsymbol{y}(t) = \mathcal{L}^{-1}[\boldsymbol{Y}_{zi}(s)] + \mathcal{L}^{-1}[\boldsymbol{Y}_{zs}(s)]$$

$$= \begin{bmatrix} e^t \\ 0 \end{bmatrix} + \begin{bmatrix} 2e^t \\ e^{-t} \end{bmatrix} = \begin{bmatrix} 3e^t \\ e^{-t} \end{bmatrix}, \quad t \geqslant 0$$

矩阵 $\boldsymbol{A}$ 的特征值即为系统的特征根:

$$|\alpha \boldsymbol{I} - \boldsymbol{A}| = 0$$

$$\begin{vmatrix} \alpha-3 & -2 \\ 0 & \alpha+1 \end{vmatrix} = 0$$

$$\alpha^2 - 2\alpha - 3 = 0$$

得 $\alpha_1 = 3, \alpha_2 = -1$。

矩阵 $\boldsymbol{A}$ 的特征值(特征根)实际上就是系统的固有频率,因此可根据 $\boldsymbol{A}$ 的特征值来判断系统特性,如判断系统的稳定性等。系统的特征根决定了系统的自由响应。

9.4.3　系统函数矩阵

状态方程和系统函数都可对系统进行描述,它们之间可以通过一定的关系进行转换,前面已经阐述了由系统函数求状态方程的方法,本节介绍由状态方程求系统函数的方法,并比较状态变量与系统函数描述系统的特点。

由式(9.53),系统零状态响应的拉普拉斯变换为

$$\boldsymbol{Y}_{zs}(s) = [\boldsymbol{C}(s\boldsymbol{I}-\boldsymbol{A})^{-1}\boldsymbol{B} + \boldsymbol{D}]\boldsymbol{X}(s)$$

故有

$$\boldsymbol{H}(s) = \frac{\boldsymbol{Y}_{zs}(s)}{\boldsymbol{X}(s)} = \boldsymbol{C}(s\boldsymbol{I}-\boldsymbol{A})^{-1}\boldsymbol{B} + \boldsymbol{D} \tag{9.58}$$

$\boldsymbol{H}(s)$ 称为系统函数矩阵或转移函数矩阵。当系统有 p 个输入、q 个输出时,$\boldsymbol{H}(s)$ 是 $p \times q$ 阶矩阵,有

$$\boldsymbol{H}(s) = \begin{bmatrix} H_{11}(s) & H_{12}(s) & \cdots & H_{1p}(s) \\ H_{21}(s) & H_{22}(s) & \cdots & H_{2p}(s) \\ \vdots & \vdots & & \vdots \\ H_{q1}(s) & H_{q2}(s) & \cdots & H_{pq}(s) \end{bmatrix}_{p \times q} \tag{9.59}$$

其中,

$$H_{ij}(s) = \frac{Y_{ij}(s)}{X_j(s)} \bigg|_{\text{除}x_j(t)\text{外其他输入均为零}}$$

由于 $(s\boldsymbol{I}-\boldsymbol{A})^{-1} = \dfrac{\mathrm{adj}(s\boldsymbol{I}-\boldsymbol{A})}{|s\boldsymbol{I}-\boldsymbol{A}|}$,因此 $\boldsymbol{H}(s)$ 的极点必然都是方程 $|s\boldsymbol{I}-\boldsymbol{A}| = 0$ 的根,即矩阵 $\boldsymbol{A}$ 的特征值。矩阵 $\boldsymbol{A}$ 的特征值是确定不变的,但 $\boldsymbol{H}(s)$ 的零点和极点有可能互相抵消,此时矩阵 $\boldsymbol{A}$ 的特征值并不全部都是 $\boldsymbol{H}(s)$ 的极点。因此,当 $\boldsymbol{H}(s)$ 有零极点相消时,仍利用 $\boldsymbol{H}(s)$ 来描述系统则不能反映系统的全部信息。

$\boldsymbol{H}(s)$ 可用于描述系统的零状态响应,但不能全部正确地反映零输入响应。

此外,在利用 $H(s)$ 的极点判断系统稳定性时也存在缺陷。当系统存在位于 s 右半平面的不稳定极点,且发生不稳定极点与零点相消时,利用 $H(s)$ 不能判断有不稳定极点的存在。一旦系统参数发生变化导致 $H(s)$ 的零极点发生偏移而不能再抵消掉不稳定的极点时,系统就会处于不稳定状态。

利用矩阵 $\boldsymbol{A}$ 的特征值来判断系统稳定则可克服上述不足,因此系统的状态变量描述比系统函数描述(输入/输出描述)更能反映系统的全貌与系统内部的规律。

9.5 离散时间系统状态方程的求解

与连续时间系统类似,离散时间系统状态方程的求解方法也有时域法和 z 域法。

9.5.1 时域解法

将前述离散时间系统的状态方程重写如下:
$$\boldsymbol{\lambda}[n+1]=\boldsymbol{A\lambda}[n]+\boldsymbol{Bx}[n]$$
设系统的激励 $\boldsymbol{x}[n]$ 和初始状态 $\boldsymbol{\lambda}[0]$ 均为已知,则由递推可得
$$\boldsymbol{\lambda}[1]=\boldsymbol{A\lambda}[0]+\boldsymbol{Bx}[0]$$
$$\boldsymbol{\lambda}[2]=\boldsymbol{A\lambda}[1]+\boldsymbol{Bx}[1]=\boldsymbol{A}^2\boldsymbol{\lambda}[0]+\boldsymbol{Bx}[0]+\boldsymbol{Bx}[1]$$
$$\boldsymbol{\lambda}[3]=\boldsymbol{A\lambda}[2]+\boldsymbol{Bx}[2]=\boldsymbol{A}^3\boldsymbol{\lambda}[0]+\boldsymbol{A}^2\boldsymbol{Bx}[0]+\boldsymbol{ABx}[1]+\boldsymbol{Bx}[2]$$
$$\vdots$$
得系统的状态方程
$$\begin{aligned}\boldsymbol{\lambda}[n]&=\boldsymbol{A\lambda}[n-1]+\boldsymbol{Bx}[n-1]\\&=\boldsymbol{A}^n\boldsymbol{\lambda}[0]+\boldsymbol{A}^{n-1}\boldsymbol{Bx}[0]+\boldsymbol{A}^{n-2}\boldsymbol{Bx}[1]+\cdots+\boldsymbol{Bx}[n-1]\\&=\boldsymbol{A}^n\boldsymbol{\lambda}[0]+\sum_{i=0}^{n-1}\boldsymbol{A}^{n-1-i}\boldsymbol{Bx}[i]\end{aligned} \tag{9.60}$$
其中,$\boldsymbol{A}$ 称为状态转移矩阵,设 $\boldsymbol{\phi}[n]=\boldsymbol{A}^n$,则上式还可写为
$$\begin{aligned}\boldsymbol{\lambda}[n]&=\boldsymbol{\phi}[n]\boldsymbol{\lambda}[0]+\sum_{i=0}^{n-1}\boldsymbol{\phi}[n-1-i]\boldsymbol{Bx}[i]\\&=\boldsymbol{\phi}[n]\boldsymbol{\lambda}[0]+\boldsymbol{\phi}[n-1]\boldsymbol{B}*\boldsymbol{x}[n]\end{aligned} \tag{9.61}$$
则输出方程
$$\begin{aligned}\boldsymbol{y}[n]&=\boldsymbol{C\lambda}[n]+\boldsymbol{Dx}[n]\\&=\boldsymbol{CA}^n\boldsymbol{\lambda}[0]+\boldsymbol{C}\sum_{i=0}^{n-1}\boldsymbol{A}^{n-1-i}\boldsymbol{Bx}[i]+\boldsymbol{Dx}[n]\\&=\boldsymbol{C\phi}[n]\boldsymbol{\lambda}[0]+[\boldsymbol{C\phi}[n-1]\boldsymbol{B}+\boldsymbol{D\delta}[n]]*\boldsymbol{x}[n]\end{aligned} \tag{9.62}$$
式中:第一项 $\boldsymbol{C\phi}[n]\boldsymbol{\lambda}[0]$ 由初始条件引起,为零输入响应 $\boldsymbol{y}_{zi}[n]$;第二项 $[\boldsymbol{C\phi}[n-1]\boldsymbol{B}+\boldsymbol{D\delta}[n]]*\boldsymbol{x}[n]$ 由激励引起,为零状态响应 $\boldsymbol{y}_{zs}[n]$。

由上述状态方程和输出方程可见,求解方程的关键在于求出状态转移矩阵 $\boldsymbol{\phi}[n]=\boldsymbol{A}^n$。虽然利用 $\boldsymbol{A}$ 自乘 n 次可求出 $\boldsymbol{A}^n$,但当 n 较大时计算工作量较大。此时可仿照连续系统求 $\mathrm{e}^{\boldsymbol{A}t}$ 的方法,用矩阵 $\boldsymbol{A}$ 的特征值求 $\boldsymbol{A}^n$。

由卡莱-哈密顿定理,对于 $k\times k$ 阶矩阵 $\boldsymbol{A}$,当 $i\geqslant k$ 时,有
$$\boldsymbol{A}^i=\beta_0\boldsymbol{I}+\beta_1\boldsymbol{A}+\beta_2\boldsymbol{A}^2+\cdots+\beta_{k-1}\boldsymbol{A}^{k-1}=\sum_{j=0}^{k-1}\beta_j\boldsymbol{A}^j \tag{9.63}$$

因为矩阵 A 满足其特征方程,将 A 的特征值 $\alpha_1,\alpha_2,\cdots,\alpha_{k-1}$ 替代 A 后再代入式(9.63),得到 k 元一次方程组,解方程组即得系数 β_j。

【**例 9-13**】 已知 $A=\begin{bmatrix} 0 & 1 \\ -\dfrac{1}{8} & \dfrac{3}{4} \end{bmatrix}$,求 A^n。

解 $|\alpha I-A|=\begin{vmatrix} \alpha & -1 \\ \dfrac{1}{8} & \alpha-\dfrac{3}{4} \end{vmatrix}=\alpha^2-\dfrac{3}{4}\alpha+\dfrac{1}{8}=0$,得 $\alpha_1=\dfrac{1}{2},\alpha_2=\dfrac{1}{4}$。有

$$\begin{cases} \left(\dfrac{1}{2}\right)^n=\beta_0+\beta_1\cdot\dfrac{1}{2} \\ \left(\dfrac{1}{4}\right)^n=\beta_0+\beta_1\cdot\dfrac{1}{4} \end{cases}$$

得 $\beta_0=-\left(\dfrac{1}{2}\right)^n+2\left(\dfrac{1}{4}\right)^n,\beta_1=4\left(\dfrac{1}{2}\right)^n-4\left(\dfrac{1}{4}\right)^n$。故

$$A^n=\beta_0 I+\beta_1 A=\left[-\left(\dfrac{1}{2}\right)^n+2\left(\dfrac{1}{4}\right)^n\right]\begin{bmatrix}1&0\\0&1\end{bmatrix}+\left[4\left(\dfrac{1}{2}\right)^n-4\left(\dfrac{1}{4}\right)^n\right]\begin{bmatrix}0&1\\-\dfrac{1}{8}&\dfrac{3}{4}\end{bmatrix}$$

$$=\begin{bmatrix} -\left(\dfrac{1}{2}\right)^n+2\left(\dfrac{1}{4}\right)^n & 4\left(\dfrac{1}{2}\right)^n-4\left(\dfrac{1}{4}\right)^n \\ -\dfrac{1}{2}\left(\dfrac{1}{2}\right)^n+\dfrac{1}{2}\left(\dfrac{1}{4}\right)^n & 2\left(\dfrac{1}{2}\right)^n-\left(\dfrac{1}{4}\right)^n \end{bmatrix}$$

$$=\left(\dfrac{1}{2}\right)^n\begin{bmatrix}-1&4\\-\dfrac{1}{2}&2\end{bmatrix}+\left(\dfrac{1}{4}\right)^n\begin{bmatrix}2&-4\\\dfrac{1}{2}&-1\end{bmatrix}$$

【**例 9-14**】 已知系统状态方程和输出方程各系数矩阵 $A=\begin{bmatrix}0&1\\-2&3\end{bmatrix}$,$B=\begin{bmatrix}0\\1\end{bmatrix}$,$C=[2\quad 1]$,$D=0$;激励 $x[n]=\delta[n]$,初始条件 $\lambda[0]=\begin{bmatrix}1\\1\end{bmatrix}$。求状态方程与输出方程的解。

解 先求出矩阵 A 的特征值:
$$|\alpha I-A|=0$$
$$\begin{vmatrix}\alpha&-1\\2&\alpha-3\end{vmatrix}=0$$
$$\alpha^2-3\alpha+2=0$$

得 $\alpha_1=1,\alpha_2=2$。

由 $A^n=\beta_0 I+\beta_1 A$,有
$$\begin{cases}1^n=\beta_0+\beta_1\\2^n=\beta_0+2\beta_1\end{cases}$$

求得
$$\begin{cases}\beta_0=2-2^n\\\beta_1=2^n-1\end{cases}$$

所以

$$A^n = \beta_0 I + \beta_1 A$$

$$= (2 - 2^n)\begin{bmatrix} 1 & 0 \\ 0 & 1 \end{bmatrix} + (2^n - 1)\begin{bmatrix} 0 & 1 \\ -2 & 3 \end{bmatrix}$$

$$= \begin{bmatrix} 2 - 2^n & 0 \\ 0 & 2 - 2^n \end{bmatrix} + \begin{bmatrix} 0 & 2^n - 1 \\ 2 - 2^{n+1} & 3(2^n - 1) \end{bmatrix}$$

$$= \begin{bmatrix} 2 - 2^n & 2^n - 1 \\ 2 - 2^{n+1} & 2^{n+1} - 1 \end{bmatrix}$$

代入式(9.61)得状态方程

$$\boldsymbol{\lambda}[n] = \boldsymbol{\phi}[n]\boldsymbol{\lambda}[0] + \sum_{i=0}^{n-1}\boldsymbol{\phi}[n-1-i]\boldsymbol{B}\boldsymbol{x}[i]$$

$$= \boldsymbol{\phi}[n]\boldsymbol{\lambda}[0] + \boldsymbol{\phi}[n-1]\boldsymbol{B}*\boldsymbol{x}[n]$$

$$= \begin{bmatrix} 2 - 2^n & 2^n - 1 \\ 2 - 2^{n+1} & 2^{n+1} - 1 \end{bmatrix}\begin{bmatrix} 1 \\ 1 \end{bmatrix}u[n] + \begin{bmatrix} 2 - 2^{n-1} & 2^{n-1} - 1 \\ 2 - 2^n & 2^n - 1 \end{bmatrix}\begin{bmatrix} 0 \\ 1 \end{bmatrix}u[n-1]*\delta[n]$$

$$= \begin{bmatrix} 1 \\ 1 \end{bmatrix}u[n] + \begin{bmatrix} 2^{n-1} - 1 \\ 2^n - 1 \end{bmatrix}u[n-1]$$

$$= \begin{bmatrix} 1 \\ 1 \end{bmatrix}\delta[n] + \begin{bmatrix} 2^{n-1} \\ 2^n \end{bmatrix}u[n-1]$$

输出方程

$$y[n] = \boldsymbol{C}\boldsymbol{\lambda}[n] + \boldsymbol{D}\boldsymbol{x}[n]$$

$$= \begin{bmatrix} 2 & 1 \end{bmatrix}\begin{bmatrix} 1 \\ 1 \end{bmatrix}\delta[n] + \begin{bmatrix} 2 & 1 \end{bmatrix}\begin{bmatrix} 2^{n-1} - 1 \\ 2^n \end{bmatrix}u[n-1]$$

$$= 3\delta[n] + 2^{n+1}u[n-1]$$

$$= \delta[n] + 2^{n+1}u[n]$$

9.5.2　z 域解法

对时域状态方程(9.35)两边求 z 变换,则有

$$z\boldsymbol{\Lambda}(z) - z\boldsymbol{\lambda}[0] = \boldsymbol{A}\boldsymbol{\Lambda}(z) + \boldsymbol{B}\boldsymbol{X}(z)$$

式中:$\boldsymbol{\Lambda}(z) = \mathscr{L}^{-1}[\boldsymbol{\lambda}[n]]$。上式整理可得

$$\boldsymbol{\Lambda}(z) = [z\boldsymbol{I} - \boldsymbol{A}]^{-1}z\boldsymbol{\lambda}[0] + [z\boldsymbol{I} - \boldsymbol{A}]^{-1}\boldsymbol{B}\boldsymbol{X}(z) \tag{9.64}$$

式中:第一项 $[z\boldsymbol{I} - \boldsymbol{A}]^{-1}z\boldsymbol{\lambda}[0]$ 仅与初始状态有关,为零输入解;第二项 $[z\boldsymbol{I} - \boldsymbol{A}]^{-1}\boldsymbol{B}\boldsymbol{X}(z)$ 仅与激励有关,为零状态解。

对上式两边求逆 z 变换,则有

$$\boldsymbol{\lambda}[n] = \mathscr{Z}^{-1}\{[z\boldsymbol{I} - \boldsymbol{A}]^{-1}z\boldsymbol{\lambda}[0]\} + \mathscr{Z}^{-1}\{[z\boldsymbol{I} - \boldsymbol{A}]^{-1}\boldsymbol{B}\boldsymbol{X}(z)\}$$

$$= \underbrace{\mathscr{Z}^{-1}\{[z\boldsymbol{I} - \boldsymbol{A}]^{-1}z\boldsymbol{\lambda}[0]\}}_{\text{零输入解}} + \underbrace{\mathscr{Z}^{-1}\{[z\boldsymbol{I} - \boldsymbol{A}]^{-1}\boldsymbol{B}\} * \boldsymbol{x}[n]}_{\text{零状态解}} \tag{9.65}$$

比较式(9.65)与式(9.60),可看出状态转移矩阵

$$\boldsymbol{\phi}[n] = \boldsymbol{A}^n = \mathscr{Z}^{-1}\{[z\boldsymbol{I} - \boldsymbol{A}]^{-1}z\} = \mathscr{Z}^{-1}\{[\boldsymbol{I} - \boldsymbol{A}z]^{-1}\}$$

对输出方程(9.36)两边求 z 变换,并将式(9.64)代入,则

$$\boldsymbol{Y}(z) = \boldsymbol{C}\boldsymbol{\Lambda}(z) + \boldsymbol{D}\boldsymbol{X}(z)$$

$$= \boldsymbol{C}[z\boldsymbol{I} - \boldsymbol{A}]^{-1}z\boldsymbol{\lambda}[0] + \boldsymbol{C}[z\boldsymbol{I} - \boldsymbol{A}]^{-1}\boldsymbol{B}\boldsymbol{X}(z) + \boldsymbol{D}\boldsymbol{X}(z) \tag{9.66}$$

求逆 z 变换后就得到输出

$$y[n]=\mathscr{Z}^{-1}\{C[zI-A]^{-1}z\lambda[0]\}+\mathscr{Z}^{-1}\{C[zI-A]^{-1}B+D\}*x[n]$$

【例 9-15】 试用 z 变换法求例 9-14 状态方程与输出方程的解。

解 $[zI-A]^{-1}=\left(\begin{bmatrix}z&0\\0&z\end{bmatrix}-\begin{bmatrix}0&1\\-2&3\end{bmatrix}\right)^{-1}=\begin{bmatrix}z&-1\\2&z-3\end{bmatrix}^{-1}=\dfrac{1}{z^2-3z+2}\begin{bmatrix}z-3&1\\-2&z\end{bmatrix}$

由式(9.64),有

$$\Lambda(z)=[zI-A]^{-1}z\lambda[0]+[zI-A]^{-1}BX(z)$$

$$=\frac{1}{z^2-3z+2}\begin{bmatrix}z^2-3z&z\\-2z&z^2\end{bmatrix}\begin{bmatrix}1\\1\end{bmatrix}+\frac{1}{z^2-3z+2}\begin{bmatrix}z-3&1\\-2&z\end{bmatrix}\begin{bmatrix}0\\1\end{bmatrix}$$

$$=\frac{1}{z^2-3z+2}\begin{bmatrix}z^2-2z+1\\z^2-z\end{bmatrix}=\frac{1}{z-2}\begin{bmatrix}z-1\\z\end{bmatrix}$$

求逆 z 变换得

$$\lambda[n]=\mathscr{Z}^{-1}[\Lambda(z)]=\begin{bmatrix}\mathscr{Z}^{-1}\left(\dfrac{z-1}{z-2}\right)\\\mathscr{Z}^{-1}\left(\dfrac{z}{z-2}\right)\end{bmatrix}=\begin{bmatrix}\dfrac{1}{2}\delta[n]+2^{n-1}u[n]\\2^n u[n]\end{bmatrix}$$

输出方程的 z 变换,即

$$Y(z)=C\Lambda(z)+DX(z)=\begin{bmatrix}2&1\end{bmatrix}\begin{bmatrix}\dfrac{z-1}{z-2}\\\dfrac{z}{z-2}\end{bmatrix}=\frac{2z}{z-2}+1$$

求逆变换得

$$y[n]=2^{n+1}u[n]+\delta[n]$$

两种方法计算结果一致,显然用 z 变换计算较方便。

由式(9.66)可见,系统的零状态响应

$$Y_{zs}(z)=C[zI-A]^{-1}BX(z)+DX(z)$$
$$=\{C[zI-A]^{-1}B+D\}X(z)$$

由系统函数的定义,离散时间系统的系统函数矩阵为

$$H(z)=C[zI-A]^{-1}B+D \tag{9.67}$$

矩阵的每一个元素的物理意义与 $H(s)$ 相同,此处不再赘述。

9.6　系统的可控性与可观性

系统的可控性与可观性是多输入多输出系统的两个重要特性,在系统分析与控制等方面都有广泛的应用,本节只简要地介绍它们的定义及其判断方法。

9.6.1　系统的可控性

系统的可控性定义:如果存在一个输入矢量,能在有限的时间内使系统的全部初始状态转移至零状态,那么系统就是完全可控的,简称系统是可控的。如果只能使系统的部分初始状态转移至零状态,则系统就是不完全可控的。系统的可控性反映了系统的输入对内部状态的控制能力。

【例 9-16】 已知离散时间系统的状态方程为

$$\begin{bmatrix} \lambda_1[n+1] \\ \lambda_2[n+1] \end{bmatrix} = \begin{bmatrix} 1 & 0 \\ 0 & 1 \end{bmatrix} \begin{bmatrix} \lambda_1[n] \\ \lambda_2[n] \end{bmatrix} + \begin{bmatrix} 1 \\ 0 \end{bmatrix} x[n]$$

试判断系统的可控性。

解 设初始状态为 $\lambda_1[0]$、$\lambda_2[0]$，且均不为 0，则由迭代法可求得

$$\begin{bmatrix} \lambda_1[1] \\ \lambda_2[1] \end{bmatrix} = \begin{bmatrix} \lambda_1[0]+x[0] \\ \lambda_2[0] \end{bmatrix}$$

$$\begin{bmatrix} \lambda_1[2] \\ \lambda_2[2] \end{bmatrix} = \begin{bmatrix} \lambda_1[0]+x[0] \\ \lambda_2[0] \end{bmatrix} + \begin{bmatrix} x[1] \\ 0 \end{bmatrix} = \begin{bmatrix} \lambda_1[0]+x[0]+x[1] \\ \lambda_2[0] \end{bmatrix}$$

$$\vdots$$

$$\begin{bmatrix} \lambda_1[n] \\ \lambda_2[n] \end{bmatrix} = \begin{bmatrix} \lambda_1[0]+x[0]+x[1]+\cdots+x[n-1] \\ \lambda_2[0] \end{bmatrix}$$

由可控性定义可判断出，上式中状态变量 $\lambda_1[n]$ 可以由输入 $x[n]$ 从初始状态引向零状态，但 $\lambda_2[0]$ 不受输入变量控制，因此系统是不完全可控的。

线性系统理论指出：线性时不变系统具有可控性的充要条件是由状态方程中的矩阵 $\boldsymbol{A}(k\times k$ 阶) 和 $\boldsymbol{B}(k\times p$ 阶) 组成的矩阵 $\boldsymbol{S}$ 满秩，即

$$\text{rank}\boldsymbol{S} = k \tag{9.68}$$

式中：$\boldsymbol{S} = [\boldsymbol{B} \quad \boldsymbol{AB} \quad \boldsymbol{A}^2\boldsymbol{B} \quad \cdots \quad \boldsymbol{A}^{k-1}\boldsymbol{B}]$。

以单输入系统为例加以证明。

设系统的状态方程为

$$\frac{\mathrm{d}\boldsymbol{\lambda}(t)}{\mathrm{d}t} = \boldsymbol{A}\boldsymbol{\lambda}(t) + \boldsymbol{B}\boldsymbol{x}(t)$$

则其解为

$$\boldsymbol{\lambda}(t) = \mathrm{e}^{-\boldsymbol{A}t}\boldsymbol{\lambda}(0) + \int_0^{t_1} \mathrm{e}^{-\boldsymbol{A}(t-\tau)}\boldsymbol{B}\boldsymbol{x}(\tau)\mathrm{d}\tau$$

若系统可控，且在 t_1 时刻有 $\boldsymbol{\lambda}(t_1)=0$，则由上式可得

$$\mathrm{e}^{-\boldsymbol{A}t_1}\boldsymbol{\lambda}(0) = -\int_0^{t_1} \mathrm{e}^{-\boldsymbol{A}(t_1-\tau)}\boldsymbol{B}\boldsymbol{x}(\tau)\mathrm{d}\tau$$

用 $\mathrm{e}^{\boldsymbol{A}t_1}$ 左乘上式，并根据卡莱-哈密顿定理 $\boldsymbol{A}^i = \sum_{j=0}^{k-1}\beta_j\boldsymbol{A}^j, i \geqslant k$，则上式可写成

$$\boldsymbol{\lambda}(0) = -\int_0^{t_1}\sum_{j=0}^{k-1}\beta_j(\tau)\boldsymbol{A}^j\boldsymbol{B}\boldsymbol{x}(\tau)\mathrm{d}\tau = -\sum_{j=0}^{k-1}\boldsymbol{A}^j\boldsymbol{B}\int_0^{t_1}\beta_j(\tau)x(\tau)\mathrm{d}\tau$$

令 $e_j(t_1) = \int_0^{t_1}\beta_j(\tau)x(\tau)\mathrm{d}\tau$，并代入上式，则有

$$\boldsymbol{\lambda}(0) = -\sum_{j=0}^{k-1}\boldsymbol{A}^j\boldsymbol{B}e_j(t_1)$$

$$= -[\boldsymbol{B} \quad \boldsymbol{AB} \quad \boldsymbol{A}^2\boldsymbol{B} \quad \cdots \quad \boldsymbol{A}^{k-1}\boldsymbol{B}][e_0(t_1) \quad e_1(t_1) \quad \cdots \quad e_{k-1}(t_1)]^{\mathrm{T}}$$

上式是 n 元一次方程组，方程有 n 个解的充分必要条件是 $\boldsymbol{S} = [\boldsymbol{B} \quad \boldsymbol{AB} \quad \boldsymbol{A}^2\boldsymbol{B} \quad \cdots \quad \boldsymbol{A}^{k-1}\boldsymbol{B}]$ 为满秩矩阵。故得证。

上述结论可推广至多输入多输出系统。

【**例 9-17**】 已知两系统的状态方程为

$$\frac{\mathrm{d}}{\mathrm{d}t}\begin{bmatrix}\lambda_{11}(t)\\\lambda_{12}(t)\end{bmatrix}=\begin{bmatrix}-2&1\\1&-2\end{bmatrix}\begin{bmatrix}\lambda_{11}(t)\\\lambda_{12}(t)\end{bmatrix}+\begin{bmatrix}1\\0\end{bmatrix}x_1(t)$$

$$\frac{\mathrm{d}}{\mathrm{d}t}\begin{bmatrix}\lambda_{21}(t)\\\lambda_{22}(t)\end{bmatrix}=\begin{bmatrix}1&1\\0&-2\end{bmatrix}\begin{bmatrix}\lambda_{21}(t)\\\lambda_{22}(t)\end{bmatrix}+\begin{bmatrix}1\\0\end{bmatrix}x_2(t)$$

试判断系统的可控性。

解 对于第一个系统

$$\boldsymbol{A}_1\boldsymbol{B}_1=\begin{bmatrix}-2&1\\1&-2\end{bmatrix}\begin{bmatrix}1\\0\end{bmatrix}=\begin{bmatrix}-2\\1\end{bmatrix}$$

$$\boldsymbol{S}_1=\begin{bmatrix}\boldsymbol{B}_1&\boldsymbol{A}_1\boldsymbol{B}_1\end{bmatrix}=\begin{bmatrix}1&-2\\0&1\end{bmatrix}$$

对于第二个系统

$$\boldsymbol{S}_2=\begin{bmatrix}\boldsymbol{B}_2&\boldsymbol{A}_2\boldsymbol{B}_2\end{bmatrix}=\begin{bmatrix}1&1\\0&0\end{bmatrix}$$

显然，$\mathrm{rank}\boldsymbol{S}_1=2$，满秩，系统 1 可控；$\mathrm{rank}\boldsymbol{S}_2=1$，不满秩，系统 2 不可控。

对于离散时间系统也可推出同样的可控性判据。若离散时间系统状态方程为

$$\boldsymbol{\lambda}[n+1]=\boldsymbol{A}\boldsymbol{\lambda}[n]+\boldsymbol{B}\boldsymbol{x}[n]$$

矩阵 $\boldsymbol{A}$、$\boldsymbol{B}$ 分别为 $k\times k$ 阶和 $k\times p$ 阶矩阵，则系统可控的充分必要条件是

$$\boldsymbol{S}=\begin{bmatrix}\boldsymbol{B}&\boldsymbol{A}\boldsymbol{B}&\boldsymbol{A}^2\boldsymbol{B}&\cdots&\boldsymbol{A}^{k-1}\boldsymbol{B}\end{bmatrix}$$

满秩，即 $\mathrm{rank}\boldsymbol{S}=k$。

利用上述判据可方便判断例 9-16 系统的可控性。

因为 $\boldsymbol{A}=\begin{bmatrix}1&0\\0&1\end{bmatrix}$，$\boldsymbol{B}=\begin{bmatrix}1\\0\end{bmatrix}$，因此 $\boldsymbol{S}=\begin{bmatrix}1&1\\0&0\end{bmatrix}$，$\mathrm{rank}\boldsymbol{S}=1$，系统不可控。

9.6.2 系统的可观性

系统的可观测性定义为：对于给定的输入，若能在有限时间内根据系统的输出唯一地确定系统的全部起始状态，则系统是完全可观测的，简称系统可观。若只能确定部分起始状态，则系统是部分可观的。系统的可观性反映了从输出量能否获得系统内部全部状态的信息。

例如，在图 9.17 所示的系统中，状态变量为 $\lambda_1(t)$ 和 $\lambda_2(t)$，输出为 $y(t)$。由图可见，$y(t)=\lambda_2(t)$，即可由输出确定 $\lambda_2(t)$，但在 $\lambda_2(t)$ 中不含有 $\lambda_1(t)$，因此系统是不可观的。

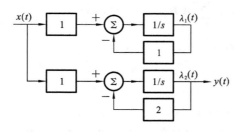

图 9.17 某不可观的系统框图

对于一个由下列状态方程和输出方程描述的系统

$$\frac{\mathrm{d}\boldsymbol{\lambda}(t)}{\mathrm{d}t}=\boldsymbol{A}\boldsymbol{\lambda}(t)+\boldsymbol{B}\boldsymbol{x}(t)$$

$$\boldsymbol{y}(t)=\boldsymbol{C}\boldsymbol{\lambda}(t)+\boldsymbol{D}\boldsymbol{x}(t)$$

系统完全可观的充分必要条件是矩阵 $\boldsymbol{R}=\begin{bmatrix} \boldsymbol{C} \\ \boldsymbol{CA} \\ \boldsymbol{CA}^2 \\ \vdots \\ \boldsymbol{CA}^{k-1} \end{bmatrix}$ 满秩，即

$$\mathrm{rank}\boldsymbol{R}=k \tag{9.69}$$

式中：$\boldsymbol{A}$ 为 $k\times k$ 阶矩阵；$\boldsymbol{B}$ 为 $q\times k$ 阶矩阵；k 为系统的状态变量数；q 为系统的输出数。

　　证　因可观性与输入无关，故可设 $\boldsymbol{x}(t)=0$，则系统的状态方程和输出方程可简化为

$$\frac{\mathrm{d}\boldsymbol{\lambda}(t)}{\mathrm{d}t}=\boldsymbol{A}\boldsymbol{\lambda}(t)$$

$$\boldsymbol{y}(t)=\boldsymbol{C}\boldsymbol{\lambda}(t)$$

设系统为单输出，则

$$y(t)=\boldsymbol{C}\mathrm{e}^{\boldsymbol{A}t}\boldsymbol{\lambda}(0)$$

由卡莱-哈密顿定理，上式可写成

$$
\begin{aligned}
y(t) &= \boldsymbol{C}\sum_{j=0}^{k-1}\beta_j(t)\boldsymbol{A}^j\boldsymbol{\lambda}(0)\\
&= \sum_{j=0}^{k-1}\beta_j(t)\boldsymbol{C}\boldsymbol{A}^j\boldsymbol{\lambda}(0)\\
&= \begin{bmatrix} \beta_0 & \beta_1 & \cdots & \beta_{k-1} \end{bmatrix}\begin{bmatrix} \boldsymbol{C} \\ \boldsymbol{CA} \\ \boldsymbol{CA}^2 \\ \vdots \\ \boldsymbol{CA}^{k-1} \end{bmatrix}\boldsymbol{\lambda}(0)
\end{aligned}
$$

上述方程有解的充分必要条件是

$$\boldsymbol{R}=\begin{bmatrix} \boldsymbol{C} \\ \boldsymbol{CA} \\ \boldsymbol{CA}^2 \\ \vdots \\ \boldsymbol{CA}^{k-1} \end{bmatrix}$$

满秩，即 $\mathrm{rank}\boldsymbol{R}=k$。

　　上述结论也可推广到多输入多输出系统。

　　类似于连续时间系统，也可推导出离散时间系统可观的充要条件，即若给定离散系统为

$$\begin{cases} \boldsymbol{\lambda}[n+1]=\boldsymbol{A}\boldsymbol{\lambda}[n]+\boldsymbol{B}\boldsymbol{x}[n]\\ \boldsymbol{y}[n]=\boldsymbol{C}\boldsymbol{\lambda}[n]+\boldsymbol{D}\boldsymbol{x}[n] \end{cases}$$

其中，$\boldsymbol{A}$ 为 $k\times k$ 阶矩阵，则系统完全可观的充要条件是矩阵

$$\boldsymbol{R}=\begin{bmatrix} \boldsymbol{C} \\ \boldsymbol{CA} \\ \boldsymbol{CA}^2 \\ \vdots \\ \boldsymbol{CA}^{k-1} \end{bmatrix}$$

满秩，即 rank$R=k$。

【例 9-18】 两连续时间系统的状态方程分别为

（1）$\dfrac{\mathrm{d}}{\mathrm{d}t}\boldsymbol{\lambda}(t)=\begin{bmatrix}1 & 1\\ 0 & -1\end{bmatrix}\boldsymbol{\lambda}(t)+\begin{bmatrix}1\\ 0\end{bmatrix}\boldsymbol{x}(t)$

（2）$\dfrac{\mathrm{d}}{\mathrm{d}t}\boldsymbol{\lambda}(t)=\begin{bmatrix}1 & 1\\ 1 & -1\end{bmatrix}\boldsymbol{\lambda}(t)+\begin{bmatrix}1\\ 0\end{bmatrix}\boldsymbol{x}(t)$

输出方程均为 $y(t)=\begin{bmatrix}1 & 1/2\end{bmatrix}\boldsymbol{\lambda}(t)$，试判断系统的可观性。

解 对于系统 1：$R=\begin{bmatrix}C\\ CA\end{bmatrix}=\begin{bmatrix}1 & 1/2\\ 1 & 1/2\end{bmatrix}$，rank$R=1$，系统不可观。

对于系统 2：$R=\begin{bmatrix}C\\ CA\end{bmatrix}=\begin{bmatrix}1 & 1/2\\ 3/2 & 1/2\end{bmatrix}$，rank$R=2$，满秩，故系统是可观的。

【例 9-19】 已知系统的差分方程为

$$y[n]-\frac{3}{4}y[n-1]+\frac{1}{8}y[n-2]=x[n]$$

（1）求系统的状态方程；

（2）判断系统是否可控；

（3）判断系统是否可观；

（4）求系统函数 $H(z)$。

解 （1）取状态变量 $\lambda_1[n]=y[n-2]$，$\lambda_2[n]=y[n-1]$，可得状态方程

$$\lambda_1[n+1]=\lambda_2[n]$$

$$\lambda_2[n+1]=-\frac{1}{8}\lambda_1[n]+\frac{3}{4}\lambda_2[n]+x[n]$$

输出方程

$$y[n]=-\frac{1}{8}\lambda_1[n]+\frac{3}{4}\lambda_2[n]+x[n]$$

写成矩阵形式

$$\boldsymbol{\lambda}[n+1]=\begin{bmatrix}0 & 1\\ -\dfrac{1}{8} & \dfrac{3}{4}\end{bmatrix}\boldsymbol{\lambda}[n]+\begin{bmatrix}0\\ 1\end{bmatrix}x[n]$$

$$y[n]=\begin{bmatrix}-\dfrac{1}{8} & \dfrac{3}{4}\end{bmatrix}\boldsymbol{\lambda}[n]+x[n]$$

式中：$A=\begin{bmatrix}0 & 1\\ -\dfrac{1}{8} & \dfrac{3}{4}\end{bmatrix}$；$B=\begin{bmatrix}0\\ 1\end{bmatrix}$；$C=\begin{bmatrix}-\dfrac{1}{8} & \dfrac{3}{4}\end{bmatrix}$；$D=[1]$。

$$AB=\begin{bmatrix}0 & 1\\ -\dfrac{1}{8} & \dfrac{3}{4}\end{bmatrix}\begin{bmatrix}0\\ 1\end{bmatrix}=\begin{bmatrix}1\\ \dfrac{3}{4}\end{bmatrix}$$

$S=\begin{bmatrix}A & AB\end{bmatrix}=\begin{bmatrix}0 & 1\\ -\dfrac{1}{8} & \dfrac{3}{4}\end{bmatrix}$，矩阵的秩为 2，满秩，故系统可控。

$$CA=\begin{bmatrix}-\dfrac{1}{8} & \dfrac{3}{4}\end{bmatrix}\begin{bmatrix}0 & 1\\ -\dfrac{1}{8} & \dfrac{3}{4}\end{bmatrix}\begin{bmatrix}0\\ 1\end{bmatrix}=\begin{bmatrix}-\dfrac{3}{32} & \dfrac{7}{16}\end{bmatrix}$$

$$R = \begin{bmatrix} C \\ CA \end{bmatrix} = \begin{bmatrix} -\dfrac{1}{8} & \dfrac{3}{4} \\ -\dfrac{3}{32} & \dfrac{7}{16} \end{bmatrix}$$

矩阵的秩为 2,满秩,故系统可观。

$$H(z) = C(zI - A)^{-1}B + D = \begin{bmatrix} -\dfrac{1}{8} & \dfrac{3}{4} \end{bmatrix} \begin{bmatrix} z & -1 \\ \dfrac{1}{8} & z - \dfrac{3}{4} \end{bmatrix}^{-1} \begin{bmatrix} 1 \\ 0 \end{bmatrix} + [1] = \dfrac{z^2}{\left(z - \dfrac{1}{2}\right)\left(z - \dfrac{1}{4}\right)}$$

习题 9

1. 一力学系统的位移 $y(t)$ 和外力 $x(t)$ 之间具有如下关系:

$$m \frac{\mathrm{d}^2 y(t)}{\mathrm{d}t^2} + k_2 \frac{\mathrm{d}y(t)}{\mathrm{d}t} + k_1 y(t) = x(t)$$

(1) 写出系统的状态方程;

(2) 若位移为输出,写出输出方程。

2. 一 RLC 串联电路,若激励为电压源 $x(t)$,以电感电流和电容电压为状态变量,以回路电流为输出,构建系统的状态方程和输出方程。

3. 一电路如图 9-18 所示,以电感电流和电容电压为状态变量(参考方向见图 9.18),选电容电压为输出,写出电路的状态方程和输出方程,并写成矩阵形式。

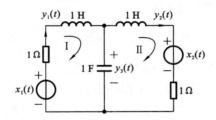

图 9-18   第 3 题图

4. 系统的状态方程和初始条件为

$$\begin{bmatrix} \dot{\lambda}_1(t) \\ \dot{\lambda}_2(t) \end{bmatrix} = \begin{bmatrix} 1 & -2 \\ 1 & 4 \end{bmatrix} \begin{bmatrix} \lambda_1(t) \\ \lambda_2(t) \end{bmatrix}, \quad \begin{bmatrix} \lambda_1(0_-) \\ \lambda_2(0_-) \end{bmatrix} = \begin{bmatrix} 3 \\ 2 \end{bmatrix}$$

求 $\boldsymbol{\lambda}(t) = \begin{bmatrix} \lambda_1(t) \\ \lambda_2(t) \end{bmatrix}$。

5. 线性时不变系统的系统函数分别为

(1) $H(s) = \dfrac{3s+7}{(s+1)(s+2)(s+5)}$;

(2) $H(s) = \dfrac{3s+10}{s^2+7s+12}$;

(3) $H(s) = \dfrac{2s^2+3s+10}{(s+1)(s+2)(s+3)}$。

按系统函数为部分分式之和的形式写出系统的状态方程和输出方程。

6. 已知离散时间系统的差分方程为

$$y[n] - \frac{3}{4}y[n-1] + \frac{1}{8}y[n-2] = x[n]$$

试写出系统的状态方程和输出方程。

7. 已知离散时间系统的差分方程为

$$y[n] - \frac{3}{4}y[n-1] + \frac{1}{8}y[n-2] = x[n] + \frac{1}{2}x[n-1]$$

试写出系统的状态方程和输出方程。

8. 设线性时不变离散时间系统的系统函数为

$$H(z) = \frac{b_0 z^2 + b_1 z + b_2}{z^2 + a_1 z + a_2}$$

求系统的状态方程和输出方程。

9. 设线性时不变离散时间系统的系统函数为

$$H(z) = \frac{z}{2z^2 - 3z + 1}$$

求系统的状态方程和输出方程。

10. 已知系统的状态方程和输出方程分别为

$$\begin{bmatrix} y_1[n+1] \\ y_2[n+1] \end{bmatrix} = \begin{bmatrix} 1 & 1 \\ 4 & 1 \end{bmatrix} \begin{bmatrix} y_1[n] \\ y_2[n] \end{bmatrix} + \begin{bmatrix} 0 \\ 1 \end{bmatrix} [x[n]]$$

$$y[n] = y_1[n] = \begin{bmatrix} 1 & 0 \end{bmatrix} \begin{bmatrix} y_1[n] \\ y_2[n] \end{bmatrix}$$

(1) 求系统的单位脉冲响应 $h[n]$；

(2) 已知 $\begin{bmatrix} y_1[0] \\ y_2[0] \end{bmatrix} = \begin{bmatrix} 1 \\ 1 \end{bmatrix}$，激励 $x[n] = u[n]$，求 $\begin{bmatrix} y_1[n] \\ y_2[n] \end{bmatrix}$ 与全响应。

(3) 求系统的自然频率，并判断系统的稳定性。

11. 已知系统的状态方程和输出方程分别为

$$\begin{bmatrix} \lambda_1[n+1] \\ \lambda_2[n+1] \end{bmatrix} = \begin{bmatrix} -5 & -1 \\ 3 & -1 \end{bmatrix} \begin{bmatrix} \lambda_1[n] \\ \lambda_2[n] \end{bmatrix} + \begin{bmatrix} 2 \\ 5 \end{bmatrix} x[n]$$

$$y[n] = \begin{bmatrix} 1 & 2 \end{bmatrix} \begin{bmatrix} \lambda_1[n] \\ \lambda_2[n] \end{bmatrix} + x[n]$$

(1) 求系统的差分方程；

(2) 求系统的单位脉冲响应 $h[n]$；

(3) 判断系统的稳定性。

12. 系统的状态矩阵如下，求 e^{At}。

(1) $\boldsymbol{A} = \begin{bmatrix} -2 & 0 \\ 0 & -3 \end{bmatrix}$；

(2) $\boldsymbol{A} = \begin{bmatrix} -2 & 1 \\ 0 & -2 \end{bmatrix}$；

(3) $\boldsymbol{A} = \begin{bmatrix} -3 & 1 \\ 2 & -2 \end{bmatrix}$；

(4) $A = \begin{bmatrix} 0 & 1 & 0 \\ 0 & 0 & 1 \\ 2 & -5 & 4 \end{bmatrix}$。

13. 已知 $A = \begin{bmatrix} 2 & 1 \\ 0 & 2 \end{bmatrix}$，求 A^n。

14. 线性时不变系统的状态方程和输出方程分别为
$$\dot{\boldsymbol{\lambda}}(t) = A\boldsymbol{\lambda}(t) + Bx(t)$$
$$y(t) = C\boldsymbol{\lambda}(t)$$

式中：$A = \begin{bmatrix} -2 & 2 & -1 \\ 0 & -2 & 0 \\ 1 & -4 & 0 \end{bmatrix}$；$B = \begin{bmatrix} 0 \\ 1 \\ 1 \end{bmatrix}$；$C = \begin{bmatrix} 1 & 0 & 0 \end{bmatrix}$。

（1）判断系统的可控性；

（2）判断系统的可观性；

（3）求系统的转移函数。

15. 已知系统的状态方程和输出方程分别为
$$\begin{bmatrix} \dot{\lambda}_1(t) \\ \dot{\lambda}_2(t) \end{bmatrix} = \begin{bmatrix} -2 & -1 \\ -1 & -2 \end{bmatrix} \begin{bmatrix} \lambda_1(t) \\ \lambda_2(t) \end{bmatrix} + \begin{bmatrix} 1 \\ 1 \end{bmatrix} x(t)$$
$$y(t) = \begin{bmatrix} 0 & 1 \end{bmatrix} \begin{bmatrix} \lambda_1(t) \\ \lambda_2(t) \end{bmatrix}$$

（1）判断系统的可控性；

（2）判断系统的可观性；

（3）求系统的转移函数。

16. 设系统的状态方程和输出方程分别为
$$\dot{\boldsymbol{\lambda}}(t) = A\boldsymbol{\lambda}(t) + Bx(t)$$
$$y(t) = C\boldsymbol{\lambda}(t) + Dx(t)$$

式中：$A = \begin{bmatrix} 0 & 1 \\ 2 & 1 \end{bmatrix}$；$B = \begin{bmatrix} 1 \\ -1 \end{bmatrix}$；$C = \begin{bmatrix} 1 & -1 \end{bmatrix}$；$D = 0$。

（1）系统是否可控；

（2）系统是否可观。

习 题 答 案

习题 1 答案

1. 略

2. (1) $x(t_0)$；(2) 2；(3) e^2-2；(4) $\dfrac{\pi}{6}+\dfrac{1}{2}$

3. (a) 周期，$T=10$；(b) 周期，$T=2$；(c) 非周期

4. 略

5. 略

6. (1) 非周期；(2) 周期，$r=3$

7. (1) 线性，时不变，因果；

(2) 线性，时变，因果；

(3) 线性，时变，因果；

(4) 线性，时不变，因果

8. (1) 因果，无记忆，非线性，时不变；

(2) 因果，无记忆，非线性，时不变；

(3) 因果，无记忆，线性，时变；

(4) 因果，无记忆，非线性，时不变；

(5) 因果，有记忆，线性，时变；

(6) 因果，有记忆，线性，时变

9. (1) 因果，有记忆，线性，时不变；

(2) 非因果，线性，时不变；

(3) 因果，无记忆，线性，时不变；

(4) 因果，无记忆，线性，时不变；

(5) 因果，无记忆，非线性，时不变；

(6) 因果，无记忆，非线性，时不变；

(7) 因果，有记忆，线性，时变。

10. (1) $y(t)=4(1-e^{-t})u(t)-4[1-e^{-(t-1)}]u(t-1)$；

(2) $y(t)=2(t+e^{-t})-2, t\geqslant 0$

11. 略

12. 略

13. 因果，非线性，时不变

习题 2 答案

1. (1) $y_{zi}=e^{-t}(\cos t+3\sin t), t>0$；

(2) $y_{zi}(t) = (3t+1)e^{-t}, t>0$

2. (1) $y_{zi}(t) = (4e^{-t} - 3e^{-2t})u(t), y_{zs}(t) = \left(-2e^{-t} + \frac{1}{2}e^{-2t} + \frac{3}{2}\right)u(t)$

$$y(t) = y_{zi}(t) + y_{zs}(t) = \left(2e^{-t} - \frac{5}{2}e^{-2t} + \frac{3}{2}\right)u(t)$$

$$y_n(t) = \left(-2e^{-t} + \frac{1}{2}e^{-2t}\right)u(t), \quad y_f(t) = \frac{3}{2}u(t)$$

(2) $y_{zi}(t) = (4e^{-t} - 3e^{-2t})u(t), y_{zs}(t) = (e^{-t} - e^{-2t})u(t)$

$y(t) = y_{zi}(t) + y_{zs}(t) = (5e^{-t} - 4e^{-2t})u(t), \quad y_n(t) = (5e^{-t} - 4e^{-2t})u(t), \quad y_f(t) = 0$

3. (1) $h(t) = 2\delta(t) - 6e^{-3t}u(t), g(t) = 2e^{-3t}u(t)$;

(2) $h(t) = (e^{-2t} - e^{-3t})u(t), g(t) = \frac{1}{2}(1 - e^{-2t})u(t) - \frac{1}{3}(1 - e^{-3t})u(t)$;

(3) $h(t) = \delta(t) + (3e^{-2t} - 6e^{-3t})u(t), g(t) = \left(-\frac{3}{2}e^{-2t} + 2e^{-3t}\right)u(t)$;

(4) $h(t) = \delta'(t) + \delta(t) + 2e^{-2t}u(t), g(t) = \delta(t) + \left(\frac{3}{2} - \frac{1}{2}e^{-2t}\right)u(t)$

4. (1) $y(t) = \frac{1}{\alpha}[1 - e^{-\alpha t}]u(t)$;

(2) $y(t) = \cos[\omega(t+1)] - \cos[\omega(t-1)]$;

(3) $y(t) = \frac{\alpha\sin t - \cos t + e^{-\alpha t}}{\alpha^2 + 1}u(t)$

5. (a) $y(t) = \begin{cases} 2t, & 0 \le t < 1 \\ 2, & 1 \le t < 3 \\ -2t+8, & 3 \le t < 4 \\ 0, & t \ge 4 \end{cases}$

(b) $y(t) = \begin{cases} -t^2 + 4t, & 0 \le t < 2 \\ t^2 - 8t + 16, & 2 \le t < 4 \\ 0, & t \ge 4 \end{cases}$

(c) $y(t) = \begin{cases} 2e^{-t}(1 - e^{-t}), & 0 \le t < 2 \\ 2e^{-t}(1 - e^2), & t \ge 2 \end{cases}$

(d) $y(t) = \begin{cases} 0, & 0 \le t < 1 \\ \frac{1}{4}(t-1)^2, & 1 \le t < 3 \\ \frac{1}{4}(5-t)(t-1), & 3 \le t < 5 \\ 0, & t \ge 5 \end{cases}$

(e) $y(t) = \begin{cases} 0, & t < 0 \\ 4e^{-2}(1 - e^{-2t}), & 0 \le t < 4 \\ 4e^{-2t}(e^6 - e^{-2}), & t \ge 4 \end{cases}$

6. $y(t)=\begin{cases} 0, & t<-1 \\ 2t+2, & -1\leqslant t<0 \\ 3t+2, & 0\leqslant t<1 \\ -3t+8, & 1\leqslant t<2 \\ -2t+6, & 2\leqslant t<3 \\ 0, & t\geqslant 0 \end{cases}$

7. (1) $h(t)=\int_{-\infty}^{t}(t-\lambda+2)x(\lambda)\mathrm{d}\lambda=(t+2)u(t)$;

(2) $y(t)=\left(-\dfrac{1}{2}t^2+3\right)u(t)-\left[-\dfrac{1}{2}(t-1)^2+3\right]u(t-1)$

8. (1) $y(t)=(-\mathrm{e}^{-t}-\cos t+2)u(t)$;

(2) $y(t)=(-\mathrm{e}^{-t}-\cos t+2)u(t)+[-\mathrm{e}^{-(t-2)}-\cos(t-2)+2]u(t-2)$

9. (1) $y[0]=2, y[1]=2.6, y[2]=3.08$;

(2) $y[n]=[-3(0.8)^n+5]u[n]$

10. (1) $y[0]=-1.375, y[1]=0.78125, y[2]=-0.4140625, y[3]=0.21289$;

(2) $y[n]=\left[-1.75\left(-\dfrac{1}{2}\right)^n+0.375\left(-\dfrac{1}{4}\right)^n\right]u[n]$

11. (1) $y[n]=[4(-1)^n-12(-2)^n]u[n]$;

(2) $y[n]=(2n+1)(-1)^n u[n]$;

(3) $y[n]=\left[\cos\left(\dfrac{n\pi}{2}\right)+2\sin\left(\dfrac{n\pi}{2}\right)\right]u[n]$

12. $y[n]=\left(\dfrac{3}{4}n+\dfrac{9}{16}\right)(-1)^{n+1}+\dfrac{1}{16}\cdot 3^{n+2}$

13. $y[n]=\left[\dfrac{2}{3}(-1)^n-(-2)^n+\dfrac{1}{3}\cdot 2^n\right]u[n]$

14. (1) $h[0]=0, h[1]=2, h[2]=-2, h[3]=2$;

(2) $h[0]=0, h[1]=1, h[2]=-3/2, h[3]=1/2$

15. (1) $h[n]=(-1/2)^n u[n]$;

(2) $h[0]=1, h[n]=2(1/2)^n, n\geqslant 1$

16. $h[n]=2\delta[n]+4\left(\dfrac{1}{2}\right)^n u[n-1]$

17. (1) $h[n]=[0.8^{n-1}-(-0.2)^{n-1}]u[n-1]$;

(2) $h[n]=(-1)^{n-1}u[n-1]$

18. (1) $y[n]=\begin{cases} 1, & n=0 \\ 2, & n=1 \\ 3, & n=2 \\ 3, & n=3 \\ 2, & n=4 \\ 1, & n=5 \end{cases}$;(2) $y[n]=\begin{cases} 2, & n=0 \\ 3, & n=1 \\ 3, & n=2 \\ 3, & n=3 \\ 1, & n=4 \end{cases}$;(3) $y[n]=\begin{cases} 2, & n=1 \\ 5, & n=2 \\ 2, & n=3 \end{cases}$;

(4) $y[n]=n+1$;(5) $y[n]=\cos(\pi n/3)u[n]-\cos[\pi(n-2)/3]u[n-2]$

19. (1) $y[n]=(2^{n+1}-1)u[n]$;

(2) $y[n]=\left[-\dfrac{1}{3}(0.5)^n+\dfrac{4}{3}(2)^n\right]u[n]$

20. $\dfrac{d^2 i_L(t)}{dt^2}+\dfrac{R_C+R_L}{L}\dfrac{di_L(t)}{dt}+\dfrac{1}{LC}i_L(t)=\dfrac{R_C}{L}\dfrac{di_s(t)}{dt}+\dfrac{1}{LC}i_s(t)$

$\dfrac{d^2 u_1(t)}{dt^2}+\dfrac{R_C+R_L}{L}\dfrac{du_1(t)}{dt}+\dfrac{1}{LC}u_1(t)=R_C\dfrac{d^2 i_s(t)}{dt^2}+\dfrac{R_C R_L}{L}\dfrac{di_s(t)}{dt}$

21. (1) 略;

(2) $y[n+2]+(T-2)y[n+1]+(4.25T^2-T+1)y[n]=T^2 x[n]$

22. (1) $y(t)=2e^{-t}+te^{-t}$;

(2) $y[n+2]+(2T-2)y[n+1]+(T^2-2T+1)y[n]=x[n]$

习题 3 答案

1. 略

2. (1) $T=\dfrac{2\pi}{5},\omega_0=5,x(t)=\dfrac{1}{2}e^{j\frac{\pi}{4}}e^{-j5t}+\dfrac{1}{2}e^{-j\frac{\pi}{4}}e^{j5t},c_{-1}=\dfrac{1}{2}e^{j\frac{\pi}{4}},c_1=\dfrac{1}{2}e^{-j\frac{\pi}{4}}$

(2) $T=2\pi,\omega_0=1,x(t)=\dfrac{1}{2}(1+j)e^{-jt}+\dfrac{1}{2}(1-j)e^{jt},c_{-1}=\dfrac{1}{2}(1+j),c_1=\dfrac{1}{2}(1-j)$

(3) $T=2\pi,\omega_0=1,x(t)=\dfrac{1}{j4}(-e^{-j5t}-e^{-jt}+e^{jt}+e^{j5t})$

$c_{-5}=\dfrac{-1}{j4},c_{-1}=\dfrac{-1}{j4},c_1=\dfrac{1}{j4},c_5=\dfrac{1}{j4}$

(4) $T=\dfrac{\pi}{5},\omega_0=10,x(t)=\dfrac{1}{4}(-e^{-j10t}+2+e^{j10t}),c_0=\dfrac{1}{2},c_{-1}=c_1=\dfrac{1}{4},c_1=\dfrac{1}{j4}$

3. $T=2\pi,\omega_0=1,x(t)=\dfrac{1}{2}(e^{-j2t}+e^{-jt}+1+e^{jt}+e^{j2t})$

4. (1) $x(t)=\displaystyle\sum_{k=-\infty}^{\infty}c_k^x e^{jk\omega_0 t},v(t)=\sum_{k=-\infty}^{\infty}c_k^v e^{jk\omega_0 t},c_k^v=c_k^x e^{-jk\omega_0}$

(2) $x(t)=\displaystyle\sum_{k=-\infty}^{\infty}c_k^x e^{jk\omega_0 t},v(t)=\sum_{k=-\infty}^{\infty}c_k^v e^{jk\omega_0 t},c_k^v=jk\omega_0 c_k^x$

5. (1) $a_0=\dfrac{1}{2},a_k=0,b_k=\dfrac{1}{k\pi},\quad x(t)=\dfrac{1}{2}-\dfrac{1}{\pi}\sum_{k=1}^{\infty}\dfrac{1}{k}\sin(k\omega_0 t)$

(2) $c_0=\dfrac{1}{2},c_k=\dfrac{j}{2k\pi},x(t)=\sum_{k=-\infty}^{\infty}c_k e^{jk\omega_0 t}=\sum_{k=-\infty}^{\infty}\dfrac{j}{2\pi k}e^{jk\omega_0 t}$

6. (1) $a_0=\dfrac{E}{2},x(t)=\dfrac{E}{2}+\dfrac{E}{\pi}\sum_{k=1}^{\infty}\dfrac{1}{k}\sin(k\omega_0 t)=\dfrac{E}{2}+\dfrac{E}{\pi}[\sin(\omega_0 t)+\dfrac{1}{2}\sin(2\omega_0 t)+\cdots]$

(2) $c_0=\dfrac{1}{2},c_k=\dfrac{j}{2k\pi},x(t)=\dfrac{E}{2}-\sum_{k=-\infty}^{\infty}\dfrac{jE}{2\pi k}e^{jk\omega_0 t},k=\pm1,\pm2,\cdots$

7. (1) $T=4,\omega_0=\dfrac{\pi}{2},a_0=\dfrac{1}{2},b_k=0,a_k=-\dfrac{2}{\pi^2 k^2}[\cos(\pi k)-1]=\begin{cases}0,&k\text{ 偶数}\\\dfrac{4}{\pi^2 k^2},&k\text{ 奇数}\end{cases}$

$$x(t) = \frac{1}{2} + \sum_{k=1,3,\cdots}^{\infty} \frac{4}{\pi^2 k^2} \cos\left(\frac{\pi k}{2} t\right)$$

(2) $T = 3/4, \omega_0 = \frac{8\pi}{3}, a_0 = \frac{2}{3}, b_k = 0, a_k = \frac{3}{\pi^2 k^2}\left[\cos\left(\frac{2\pi k}{3}\right) - 1\right], k = 1, 2, \cdots$

$$x(t) = \frac{2}{3} + \sum_{k=1}^{\infty} \frac{3}{\pi^2 k^2}\left[\cos\left(\frac{2\pi k}{3}\right) - 1\right]\cos\left(\frac{8\pi k}{3} t\right)$$

(3) $T = 2, \omega_0 = \pi, a_0 = \frac{1}{2}, b_k = \frac{-2}{\pi k}, a_k = \frac{-2}{\pi^2 k^2}[-1 + \cos(\pi k)] = \begin{cases} 0, & k \text{ 偶数} \\ \dfrac{4}{\pi^2 k^2}, & k \text{ 奇数} \end{cases}$

$$x(t) = \frac{1}{2} + \sum_{k=1,3,\cdots}^{\infty} \frac{4}{\pi^2 k^2}\cos(\pi k t) + \sum_{k=1}^{\infty} \frac{2}{\pi k}\sin(\pi k t)$$

8. (1) $T_0 = 1$; (2) $x(t) = -\frac{2A}{\pi}\sum_{k=-\infty}^{\infty} \frac{1}{4k^2 - 1}e^{jk2\pi t}$;

(3) $x(t) = \frac{2A}{\pi} - \frac{4A}{\pi}\sum_{k=1}^{\infty} \frac{1}{4k^2 - 1}\cos(k2\pi t)$

9. (1) $X(\omega) = -\operatorname{sinc}\left(\frac{\omega}{2\pi}\right)e^{-j\omega/2} + \operatorname{sinc}\left(\frac{\omega}{2\pi}\right)e^{-j3\omega/2}$

(2) $X(\omega) = \frac{1}{2}\left[\operatorname{sinc}\left(\frac{\omega+1}{2\pi}\right) + \operatorname{sinc}\left(\frac{\omega-1}{2\pi}\right)\right]$

(3) $X(\omega) = \frac{1}{1+j\omega}[1 - e^{-(1+j\omega)}]$

(4) $X(\omega) = \frac{1}{j\omega}\left[\operatorname{sinc}\left(\frac{\omega}{2\pi}\right)e^{j\omega/2} - e^{-j\omega}\right]$

10. (1) $V(\omega) = \frac{1}{j\omega + 5b}e^{-j\omega\frac{4}{5}}$

(2) $V(\omega) = \frac{2}{(j\omega + b)^3}$

11. (1) $X(\omega) = \frac{1}{2}\left[\frac{1}{j(\omega+4)+1} + \frac{1}{j(\omega-4)+1}\right]$

(2) $X(\omega) = \frac{1}{(j\omega + 1)^2}$

(3) $X(\omega) = \frac{1}{2}\left[\pi\delta(\omega+4) - \frac{j2\omega}{\omega^2 - 16} + \pi\delta(\omega-4)\right]$

(4) $X(\omega) = \frac{1}{j\omega+1} + \frac{1}{-j\omega+1} = \frac{2}{\omega^2+1}$

12. (1) $Y(\omega) = \frac{j}{2}\frac{d}{d\omega}X\left(\frac{\omega}{2}\right)$;

(2) $Y(\omega) = j\frac{dX(\omega)}{d\omega} - 2X(\omega)$

(3) $Y(\omega) = \frac{j}{2}\frac{dX\left(-\frac{\omega}{2}\right)}{d\omega} - X\left(-\frac{\omega}{2}\right)$

(4) $Y(\omega) = -\left[\omega\frac{dX(\omega)}{d\omega} + X(\omega)\right]$

(5) $Y(\omega) = X(-\omega)e^{-j\omega}$

(6) $Y(\omega)=\mathrm{j}\,\dfrac{\mathrm{d}X(-\omega)}{\mathrm{d}\omega}\mathrm{e}^{-\mathrm{j}\omega}$

(7) $Y(\omega)=\dfrac{1}{2}X\left(\dfrac{\omega}{2}\right)\mathrm{e}^{-\mathrm{j}\frac{5\omega}{2}}$

13. (1) $x(t)=\dfrac{1}{2}\big[\delta(t+4)+\delta(t-4)\big]$

(2) $x(t)=\dfrac{1}{4}\big[-\delta(t+6)+2\delta(t)-\delta(t-6)\big]$

(3) $x(t)=\dfrac{1}{\pi}\left[\operatorname{sinc}\left(\dfrac{2t+\pi}{\pi}\right)+\operatorname{sinc}\left(\dfrac{2t-\pi}{\pi}\right)\right]$

(4) $x(t)=\dfrac{1}{\mathrm{j}2}\left[\mathrm{e}^{-2\left(t-\frac{3}{2}\right)}u\left(t-\dfrac{3}{2}\right)-\mathrm{e}^{-2\left(t-\frac{5}{2}\right)}u\left(t-\dfrac{5}{2}\right)\right]$

14. (1) $x(t)=2\operatorname{sinc}(t)$

(2) $v(t)=2x(t)\cos(\omega_0 t)=4\operatorname{sinc}(t)\cos(\omega_0 t)$

15. (1) $X(\omega)=\begin{cases}\pi\mathrm{j}, & \omega<0\\ -\pi\mathrm{j}, & \omega>0\end{cases}$

(2) $X(\omega)=2\pi\delta(\omega)+4\pi\delta(\omega-2\pi)+4\pi\delta(\omega+2\pi)$

(3) $X(\omega)=3\pi[\delta(\omega-1)+\delta(\omega+1)]+2\mathrm{j}\pi[\delta(\omega-2)+\delta(\omega+2)]$

(4) $X(\omega)=2\pi\delta(\omega)+\dfrac{2}{\mathrm{j}\omega}+3\pi[\mathrm{e}^{\mathrm{j}\frac{\pi}{4}}\delta(\omega-\pi)+\mathrm{e}^{-\mathrm{j}\frac{\pi}{4}}\delta(\omega-\pi)]$

16. (1) $x(t)=\dfrac{1}{2}p_4(t)\sin\left(\dfrac{\pi t}{2}\right),-\infty<t<\infty$

(2) $X_p(\omega)=2\pi\displaystyle\sum_{k=-\infty}^{\infty}c_k\delta(\omega-k\omega_0),\omega_0=\dfrac{\pi}{8}$

$$c_k=\dfrac{1}{16}X\left(\dfrac{k\pi}{8}\right)=\dfrac{1}{\mathrm{j}16}\left[\operatorname{sinc}\left(\dfrac{k}{4}-\dfrac{1}{2}\right)-\operatorname{sinc}\left(\dfrac{k}{4}+\dfrac{1}{2}\right)\right]$$

17. $\omega_m=500\pi\ \mathrm{rad/s},B=2\omega_m=1000\pi\ \mathrm{rad/s}$

18. (1) $x_1(t)=\mathrm{e}^{-10t}u(t),X_1(\omega)=\dfrac{1}{\mathrm{j}\omega+10}$

$$X(\omega)=\dfrac{1}{2}\left[\dfrac{1}{\mathrm{j}(\omega+100)+10}+\dfrac{1}{-\mathrm{j}(\omega-100)+10}\right]$$

(2) $x_1(t)=p_2(t),X_1(\omega)=2\operatorname{sinc}\left(\dfrac{\omega}{\pi}\right),X(\omega)=\operatorname{sinc}\left(\dfrac{\omega+10}{\pi}\right)+\operatorname{sinc}\left(\dfrac{\omega-10}{\pi}\right)$

习题 4 答案

1. (1) $x(t)=3\cos(3t)-5\sin(6t-30°)$

(2) $x(t)=\cos(2t)+\dfrac{1}{2}\cos(4t)+\dfrac{1}{3}\cos(6t)$

2. (1) $y(t)=|H(1)|\cos(t+\angle H(1))=0.707\cos(t-45°),-\infty<t<\infty$

(2) $y(t)=|H(1)|\cos(t+45°+\angle H(1))=0.707\cos t,-\infty<t<\infty$

3. (1) $y(t)=2+|H(50)|\cos(50t+\pi/2+\angle H(50))=2+0.784\cos(50t+0.197)$

(2) 略

4.（1）略

（2）$T=2,\omega_0=\pi,c_k=\begin{cases}1/2, & k=0\\[2mm]\dfrac{j}{k\pi}, & k\text{ 偶数}\\[2mm]\dfrac{1}{k\pi}\left(\dfrac{2}{k\pi}+j\right), & k\text{ 奇数}\end{cases}$，$\quad x(t)=\dfrac{1}{2}+\displaystyle\sum_{k=-\infty}^{\infty}c_k\mathrm{e}^{jk\omega_0 t}$

$$H(0)=0,\quad H(k\pi)=\dfrac{jk\pi}{jk\pi+2},\quad c_k^y=c_k H(k\pi),\quad y(t)=\sum_{k=-\infty}^{\infty}c_k^y\mathrm{e}^{jk\omega_0 t}$$

5. $y(t)=\displaystyle\sum_{k=-\infty}^{\infty}c_k^y\mathrm{e}^{jk\omega_0 t}=\sum_{k=-\infty}^{\infty}c_k^x H(k\omega_0)\mathrm{e}^{jk\omega_0 t}=\sum_{k=-\infty}^{\infty}c_k^x\cdot10\mathrm{e}^{-j5k\omega_0}\mathrm{e}^{jk\omega_0 t}$

$\qquad=\displaystyle\sum_{k=-\infty,k\neq0}^{\infty}c_k^x\cdot10\mathrm{e}^{jk\omega_0(t-5)}=10x(t-5)-c_0^x\cdot10,\ a=10,\ b=5,\ c=-20$

6. $R=11.1\ \Omega,C=264.95\ \mu\mathrm{F}$

7. $c_k^x=\dfrac{1}{2}(a_k^x-b_k^x)=\dfrac{1}{2k\pi}(2-j),\quad c_k^y=\dfrac{1}{2}\displaystyle\int_0^1\mathrm{e}^{-jk\omega_0 t}\mathrm{d}t=\begin{cases}\dfrac{1}{2}, & k=0\\[2mm]0, & k=\text{奇数}\\[2mm]\dfrac{1}{jk\pi}, & k=\text{偶数}\end{cases}$

$$H(k\pi)=c_k^y/c_k^x=\begin{cases}0, & k=\text{偶数}\\[2mm]\dfrac{2}{5}(1-j2), & k=\text{奇数}\end{cases}$$

8. $H(k\pi)=\dfrac{c_k^y}{c_k^x},\quad H(0)=\dfrac{c_0^y}{c_0^x}=\dfrac{2}{1}=2,\quad H(2\pi)=\dfrac{c_2^y}{c_2^x}=\dfrac{\mathrm{e}^{j\frac{\pi}{2}}}{2}=\dfrac{1}{2}\mathrm{e}^{j\frac{\pi}{2}}$

$$H(3\pi)=\dfrac{c_3^y}{c_3^x}=\dfrac{0}{4\mathrm{e}^{-j\pi}}=0$$

9.（1）$y(t)=x(t)=\dfrac{\sin(at)}{\pi t}$

（2）$y(t)=h(t)=\dfrac{\sin(\omega_c t)}{\pi t}$

（3）$\omega_c<a$ 时失真

10.（1）无混叠

（2）$y(t)=2+\cos(50\pi t)$

（3）$x[n]=2+\cos50(\pi nT)=2+\cos\left(\dfrac{\pi n}{2}\right)$

11.（1）$y(t)=x(t-1)=5\,\mathrm{sinc}\left[\dfrac{3(t-1)}{2\pi}\right],\ -\infty<t<\infty$

（2）$y(t)=\dfrac{5}{2}\,\mathrm{sinc}\left(\dfrac{t-1}{4\pi}\right)\cos(1.75(t-1)),\ -\infty<t<\infty$

（3）$y(t)=\cos\left(\dfrac{\pi}{2}t-60°\right),\ -\infty<t<\infty$

12.（1）$h(t)=\dfrac{1}{2\pi}\,\mathrm{sinc}\left(\dfrac{t}{2\pi}\right)+\dfrac{1}{8\pi^2}\left[\mathrm{sinc}\left(\dfrac{t+2\pi}{2\pi}\right)+\mathrm{sinc}\left(\dfrac{t-2\pi}{2\pi}\right)\right]$

(2) $y(t) = \text{sinc}\left(\dfrac{t}{2\pi}\right) + \dfrac{1}{4\pi}\left[\text{sinc}\left(\dfrac{t+2\pi}{2\pi}\right) + \text{sinc}\left(\dfrac{t-2\pi}{2\pi}\right)\right]$

13. $a = 3$

14. $y(t) = -2\sin(3\pi t)$

15. (1) $h(t) = \dfrac{5}{2}\left[\delta(t-2) + \delta(t+2)\right]$

(2) $y(t) = \dfrac{5}{2}\left[x(t-2) + x(t+2)\right]$

16. $y(t) = A\pi\cos(\omega_0 t - 90°),\ -\infty < t < \infty$

17. (1) $X(\omega) = \text{sinc}\left(\dfrac{\omega + \pi/2}{\pi}\right) + \text{sinc}\left(\dfrac{\omega - \pi/2}{\pi}\right)$

$\qquad Y(\omega) = \text{j}\omega e^{-\text{j}\omega}\left[\text{sinc}\left(\dfrac{\omega + \pi/2}{\pi}\right) + \text{sinc}\left(\dfrac{\omega - \pi/2}{\pi}\right)\right]$

(2) $y(t) = \dfrac{\pi}{2}\cos(\pi t/2)p_2(t-1)$

18. 略

19. (1) 无混叠

(2) $y(t) = 2 + \cos(50\pi t)$

(3) $x[n] = 2 + \cos(50\pi nT) = 2 + \cos\left(\dfrac{\pi n}{2}\right)$

习题 5 答案

1. (1) $x(\Omega) = 2\left[\dfrac{\sin(5\Omega/2)}{\sin(\Omega/2)}e^{-\text{j}\Omega 2} - \dfrac{\sin(3\Omega/2)}{\sin(\Omega/2)}e^{-\text{j}\Omega 6}\right]$

(2) $x(\Omega) = 2\dfrac{\sin(5\Omega/2)}{\sin(\Omega/2)} + 3\dfrac{\sin(3\Omega/2)}{\sin(\Omega/2)}e^{-\text{j}\Omega 4}$

2. (1) $X(\Omega) = \dfrac{e^{\text{j}\Omega 4}}{e^{\text{j}\Omega 4} - 0.8}$

(2) $X(\Omega) = \dfrac{1}{2}\left[\dfrac{e^{\text{j}(\Omega+4)}}{e^{\text{j}(\Omega+4)} - 0.5} + \dfrac{e^{\text{j}(\Omega-4)}}{e^{\text{j}(\Omega-4)} - 0.5}\right]$

(3) $X(\Omega) = \dfrac{0.5e^{\text{j}\Omega}}{(e^{\text{j}\Omega} - 0.5)^2}$

(4) $X(\Omega) = \dfrac{1}{4}\left\{\dfrac{e^{\text{j}(\Omega+4)}}{[e^{\text{j}(\Omega+4)} - 0.5]^2} + \dfrac{e^{\text{j}(\Omega-4)}}{[e^{\text{j}(\Omega-4)} - 0.5]^2}\right\}$

(5) $X(\Omega) = \dfrac{5}{2}\left[\dfrac{e^{\text{j}(\Omega+2)}}{e^{\text{j}(\Omega+2)} - 0.8} + \dfrac{e^{\text{j}(\Omega-2)}}{e^{\text{j}(\Omega-2)} - 0.8}\right]$

(6) $X(\Omega) = \dfrac{e^{-\text{j}\Omega}}{e^{-\text{j}\Omega} - 0.5} + \dfrac{e^{\text{j}\Omega}}{e^{\text{j}\Omega} - 0.5} - 1 = \dfrac{0.75}{1.25 - \cos\Omega}$

3. (1) $V(\Omega) = \dfrac{e^{-\text{j}5\Omega}}{e^{\text{j}\Omega} + b}$

(2) $V(\Omega) = \dfrac{1}{e^{-\text{j}\Omega} + b}$

(3) $V(\Omega) = \dfrac{e^{\text{j}\Omega}}{(e^{\text{j}\Omega} + b)^2}$

（4）$V(\Omega) = \dfrac{1 - \mathrm{e}^{-\mathrm{j}\Omega}}{\mathrm{e}^{\mathrm{j}\Omega} + b}$

（5）$V(\Omega) = \dfrac{1}{(\mathrm{e}^{\mathrm{j}\Omega} + b)^2}$

（6）$V(\Omega) = \dfrac{1}{2}\left[\dfrac{1}{\mathrm{e}^{\mathrm{j}(\Omega+3)} + b} + \dfrac{1}{\mathrm{e}^{\mathrm{j}(\Omega-3)} + b}\right]$

4．（1）$x[n] = \dfrac{1}{2\mathrm{j}}(\delta[n+1] - \delta[n-1])$

（2）$x[n] = \dfrac{1}{2}(\delta[n+1] + \delta[n-1])$

（3）$x[n] = \dfrac{1}{4}(\delta[n+2] + 2\delta[n] + \delta[n-2])$

（4）$x[n] = \dfrac{1}{\mathrm{j}4}(\delta[n+2] - \delta[n-2])$

5．（1）$P_x(\Omega) = X(\Omega)X^*(\Omega) = |X(\Omega)|^2$

（2）$R_x[-n] = R_x[n]$

（3）$P_x(0) = |X(0)|^2 = \left|\displaystyle\sum_{n=-\infty}^{\infty} x[n]\right|^2$

6．（1）$X(k) = 1 + \cos(\pi n), X(0) = 2, X(1) = 0, X(2) = 2, X(3) = 0$

（2）$X(k) = 1 - \cos(\pi n), X(0) = 2, X(1) = 2, X(2) = 0, X(3) = 2$

（3）$X(k) = 1 + \mathrm{e}^{-\mathrm{j}\pi n/2} - \mathrm{e}^{-\mathrm{j}\pi n} - \mathrm{e}^{-\mathrm{j}3\pi n/2}$

$X(0) = 2, X(1) = 2 - \mathrm{j}2, X(2) = 0, X(3) = 2 + \mathrm{j}2$

（4）$X(k) = -1 + \mathrm{e}^{-\mathrm{j}\pi n/2} + \mathrm{e}^{-\mathrm{j}\pi n} + \mathrm{e}^{-\mathrm{j}3\pi n/2}$

$X(0) = 2, X(1) = -2 + \mathrm{j}2, X(2) = -2, X(3) = -2 - \mathrm{j}2$

7．（1）$x[n] = \dfrac{1}{2} + \dfrac{1}{2}\cos\pi n$

（2）$x[n] = \cos\left(\dfrac{\pi n}{2}\right)$

（3）$x[n] = \cos\left(\dfrac{\pi n}{2}\right) - \sin\left(\dfrac{\pi n}{2}\right)$

（4）$x[n] = \dfrac{1}{2} - \cos\left(\dfrac{\pi n}{2}\right) - \dfrac{1}{2}\sin(\pi n)$

8．（1）$y[0] = 0, y[1] = 0, y[2] = 0, y[3] = 0$

（2）$y[0] = 0, y[1] = 2, y[2] = 0, y[3] = 2$

（3）$y[0] = 2, y[1] = 4, y[2] = 2, y[3] = -4$

（4）$y[0] = 0, y[1] = -4, y[2] = 0, y[3] = 4$

9．（1）$X[0] = 2, X[1] = 0, X[2] = 2, X[3] = 0, V[0] = 0, V[1] = 2, V[2] = 0, V[3] = 2$

$Y[0] = 0, Y[1] = 0, Y[2] = 0, Y[3] = 0$

（2）$X[0] = 2, X[1] = 0, X[2] = 2, X[3] = 0, V[0] = 2, V[1] = -2, V[2] = -2,$
$V[3] = -2$

$Y[0] = 4, Y[1] = 0, Y[2] = -4, Y[3] = 0$

10．（1）$X(0) = 2, X(1) = 0, X(2) = 2, X(3) = 0$

（2）$X(0) = 0, X(1) = -2, X(2) = 0, X(3) = -2$

(3) $X(0)=0,X(1)=-2+2\mathrm{j},X(2)=0,X(3)=-2-2\mathrm{j}$

(4) $X(0)=2,X(1)=2,X(2)=-2,X(3)=2$

习题 6 答案

1. (1) $h[n]=\dfrac{B}{\pi}\mathrm{sinc}\left(\dfrac{nB}{\pi}\right)=\dfrac{1}{4}\mathrm{sinc}\left(\dfrac{n}{4}\right)$

(2) (a) $y[n]=x[n]=\cos\left(\dfrac{\pi n}{8}\right)$

(b) $y[n]=x[n]=\cos\left(\dfrac{\pi n}{16}\right)$

2. (1) $h[n]=\dfrac{1}{2}\mathrm{sinc}\left(\dfrac{n-2}{4}\right)\cos\left(\dfrac{3\pi(n-2)}{4}\right),n=0,\pm1,\pm2,\cdots$

(2) (a) $y[n]=0,n=0,\pm1,\pm2,\cdots$

(b) $y[n]=\cos\left(\dfrac{3\pi(n-3)}{4}\right),n=0,\pm1,\pm2,\cdots$

(c) $y[n]=0,n=0,\pm1,\pm2,\cdots$

3. $T\leqslant\dfrac{\pi}{1000},H(\omega)=\begin{cases}0, & 0\leqslant|\Omega|<\pi/10\\1, & \pi/10\leqslant|\Omega|<\pi\end{cases}$

4. (1) $H(\Omega)=0.35+0.35\mathrm{e}^{-\mathrm{j}\Omega}+0.15\mathrm{e}^{-\mathrm{j}2\Omega}+0.15\mathrm{e}^{-\mathrm{j}3\Omega}$

(2) $y[n]=0.35x[n]+0.35x[n-1]+0.15x[n-2]+0.15x[n-3]$

5. (1) $H(\Omega)=1+\mathrm{e}^{-\mathrm{j}\Omega}=2\mathrm{e}^{-\mathrm{j}\Omega/2}\cos(\Omega/2)$

(2) $h[n]=\delta[n]+\delta[n-1]$

(3) 略

(4) $\Omega_{3\mathrm{dB}}=\dfrac{\pi}{2}$

6. 略

习题 7 答案

1. (1) $X(s)=\dfrac{s+10}{(s+10)^{2}+9}$

(2) $X(s)=\dfrac{\cos1(s+10)}{(s+10)^{2}+9}+\dfrac{3\sin1}{(s+10)^{2}+9}$

(3) $X(s)=\dfrac{1}{s^{2}}-\dfrac{1}{s}+\dfrac{1}{2}\dfrac{s+10}{(s+10)^{2}+16}+\dfrac{\sqrt{3}}{2}\dfrac{4}{(s+10)^{2}+16}$

(4) $X(s)=\dfrac{2s+1}{s^{2}+1}$

(5) $X(s)=\dfrac{1}{(s+2)^{2}}$

(6) $X(s)=\dfrac{2\cos2+s\sin2}{s^{2}+4}\mathrm{e}^{-s}$

(7) $X(s)=\dfrac{1}{s^2}[1-(1+s)\mathrm{e}^{-s}]\mathrm{e}^{-s}$

2. (1) $X(s)=\dfrac{s+3}{s^2+15s+63}\mathrm{e}^{-\frac{4}{3}s}$

(2) $X(s)=\dfrac{s^2+2s-2}{(s^2+5s+7)^2}$

(3) $X(s)=\dfrac{s+1}{s(s^2+5s+7)}$

3. $X(s)=aF(as+1)$

4. (1) $x(\infty)=4,x(0)=0$

(2) $x(\infty)=4,x(0)=3$

(3) $x(0_+)=1,x(\infty)=0$

(4) $x(0_+)=0,x(\infty)=0$

5. (1) $x(t)*v(t)=\dfrac{1}{2}\mathrm{e}^{-t}-\dfrac{1}{2}\cos t+\dfrac{1}{2}\sin t=\dfrac{1}{2}\mathrm{e}^{-t}-0.707\cos(t-45°),t\geqslant0$

(2) $x(t)*v(t)=\dfrac{1}{2}t\sin t,t\geqslant0$

6. (1) $x(t)=-\mathrm{e}^{-3t}+2\mathrm{e}^{-4t},t\geqslant0$

(2) $x(t)=\dfrac{1}{7}+\dfrac{2}{\sqrt{7}}\mathrm{e}^{-2.5t}\cos\left(\dfrac{\sqrt{3}}{2}t-100.89°\right),t\geqslant0$

(3) $x(t)=2\mathrm{e}^{-t}+\mathrm{e}^{-2t}-9t\mathrm{e}^{-2t},t\geqslant0$

(4) $x(t)=\dfrac{1}{81}-\dfrac{1}{81}\cos(3t)-\dfrac{2}{13.5}t\cos(3t+90°),t\geqslant0$

(5) $x(t)=\dfrac{1}{2}(\mathrm{e}^{-2t}-\mathrm{e}^{-4t})u(t)$

(6) $x(t)=\dfrac{1}{5}\mathrm{e}^{-t}[3\sin(2t)-4\cos(2t)]u(t)+\dfrac{4}{5}u(t)$

(7) $x(t)=[\mathrm{e}^{-(t-4)}+t-5]u(t-4)$

(8) $x(t)=\sin t u(t)+\delta(t)$

7. (1) $y(t)=\dfrac{1}{2}(\mathrm{e}^{2t}-1)+\mathrm{e}^{-2t},t\geqslant0$

(2) $y(t)=\dfrac{14}{13}\mathrm{e}^{-10t}-\dfrac{1}{13}\cos(2t)+\dfrac{5}{13}\sin(2t),t\geqslant0$

(3) $y(t)=-\dfrac{3}{8}\mathrm{e}^{-3t}+\dfrac{1}{4}\mathrm{e}^{-2t}+\dfrac{1}{8},t\geqslant0$

8. (1) $y(t)=\dfrac{1}{2}\mathrm{e}^{-3t}-\dfrac{5}{2}\mathrm{e}^{-t},t\geqslant0$

(2) $y(t)=2\delta(t)+\dfrac{5}{2}\mathrm{e}^{-t}-\dfrac{29}{2}\mathrm{e}^{-3t},t\geqslant0$

(3) $y(t)=\dfrac{1}{3}-\mathrm{e}^{-t}+\dfrac{1}{3}\mathrm{e}^{-3t},t\geqslant0$

9. $y_1(t)=\dfrac{1}{2}(\mathrm{e}^{-t}-\mathrm{e}^{-3t})u(t),y_2(t)=\dfrac{1}{2}(\mathrm{e}^{-t}+\mathrm{e}^{-3t})u(t)$

10. (1) $H(s)=\dfrac{s+\mathrm{e}^{-2s}}{s^2+2s+3}$

(2) $h(t)=\mathrm{e}^{-t}\left[\cos(\sqrt{2}t)-\frac{1}{\sqrt{2}}\sin(\sqrt{2}t)\right]u(t)+\frac{1}{\sqrt{2}}\mathrm{e}^{-(t-2)}\left[\sin\sqrt{2}(t-2)\right]u(t-2)$

11. (1) 系统时变，无系统函数

(2) $H(s)=\dfrac{s^2+1}{s^3+s+1}$

(3) $H(s)=\dfrac{s^2-s}{s^3+1}$

(4) 系统时变，无系统函数

12. $y(t)=y(0^-)\cos(2t)+\frac{1}{2}y'(0^-)\sin(2t)+\cos(2t)x(t)+\frac{7}{2}\sin(2t)x(t),t\geqslant0$

13. (1) $H(s)=\dfrac{s+8}{s^2+4}$

(2) $y(t)=-\cos(2t)+\mathrm{e}^{-t},t\geqslant0$

14. $\dfrac{\mathrm{d}^4y(t)}{\mathrm{d}t^4}+2\dfrac{\mathrm{d}^3y(t)}{\mathrm{d}t^3}+5\dfrac{\mathrm{d}^2y(t)}{\mathrm{d}t^2}=\dfrac{\sqrt{2}}{2}\dfrac{\mathrm{d}^3x(t)}{\mathrm{d}t^3}+1.121\dfrac{\mathrm{d}^2x(t)}{\mathrm{d}t^2}-2\dfrac{\mathrm{d}x(t)}{\mathrm{d}t}-5x(t)$

15. $h(t)=\dfrac{3}{2}\delta(t)+(\mathrm{e}^{-2t}+8\mathrm{e}^{3t})u(t)$

16. $x(t)=\left(1-\frac{1}{2}\mathrm{e}^{-2t}\right)u(t)$

17. $H(s)=\dfrac{1-sCR}{1+sCR}$;

$H(\mathrm{j}\omega)=\dfrac{1-\mathrm{j}\omega CR}{1+\mathrm{j}\omega CR}=\dfrac{\sqrt{1+(\omega CR)^2}}{\sqrt{1+(\omega CR)^2}}\angle-2\arctan(\omega CR)$

18. $H(s)=\dfrac{1}{3+sCR+\frac{1}{sCR}}$, $H(\mathrm{j}\omega)=\dfrac{1}{3+\mathrm{j}\left(\omega CR-\frac{1}{\omega CR}\right)}$

19. $H(\mathrm{j}\omega)=\dfrac{-1}{\frac{R_1}{R_2}+\mathrm{j}\omega R_1C}$

20. $u_{\mathrm{L}}(t)=20\mathrm{e}^{-\frac{200}{3}t}u(t)=20\mathrm{e}^{-66.7t}u(t)$ V

21. (1) $I(s)=\dfrac{\frac{25}{s}+3-1-\frac{20}{s}}{10+10+3s+2s}=\dfrac{5+2s}{5s(s+4)}=\dfrac{0.25}{s}+\dfrac{0.15}{s+4}$

(2) $i(t)=(0.25+0.15\mathrm{e}^{-4t})u(t)$ A

22. $u_2(t)=(50-10\mathrm{e}^{-0.4t})u(t)$ V, $i_2(t)=C_2\dfrac{\mathrm{d}u_2}{\mathrm{d}t}=120\delta(t)+12\mathrm{e}^{-0.4t}u(t)$ A

习题 8 答案

1. (1) $X(z)=\dfrac{z}{z-\frac{1}{2}},|z|>\frac{1}{2}$

(2) $X(z)=\dfrac{1/3}{z-\frac{1}{3}},|z|<\frac{1}{3}$

(3) $X(z)=z, |z|<\infty$

(4) $X(z)=\dfrac{-\dfrac{3}{2}z}{\left(z-\dfrac{1}{2}\right)(z-2)}, \dfrac{1}{2}<|z|<2$

(5) $X(z)=\dfrac{z}{z-\dfrac{1}{2}}+\dfrac{z}{z-\dfrac{1}{3}}, |z|>\dfrac{1}{2}$

(6) $X(z)=\dfrac{z}{z-\dfrac{1}{3}}-\dfrac{z}{z-\dfrac{1}{2}}, \dfrac{1}{3}<|z|<\dfrac{1}{2}$

(7) 无公共收敛域，无 $X(z)$

(8) $X(z)=1+2z^{-2}, |z|>0$

(9) $X(z)=\dfrac{z}{z-\mathrm{e}^{0.5}}+z^{-2}\dfrac{z}{z-1}, |z|>\mathrm{e}^{0.5}$

(10) $X(z)=\dfrac{-1}{z(z^2+1)}, |z|>0$

(11) $X(z)=\dfrac{z}{z-1}-\dfrac{1}{z-1}-z^{-1}\dfrac{z}{(z-1)^2}+\dfrac{1}{9}z^{-2}\dfrac{z}{z-1/3}, |z|>1$

(12) $X(z)=\dfrac{16}{z(z-4)}, |z|>4$

2. (1) $V(z)=\dfrac{1}{8z^5-2z^4-z^3}$

(2) $V(z)=\dfrac{1}{2}\left[X(\mathrm{e}^{\mathrm{j}2}z)+X(\mathrm{e}^{-\mathrm{j}2}z)\right]$

(3) $V(z)=\dfrac{z^2}{(8z^5-2z^4-z^3)^2}$

3. $x[0]=0, x[1]=1, x[10000]=2$

4. (1) $x[n]=10\left[2\left(\dfrac{1}{2}\right)^n-\left(\dfrac{1}{4}\right)^n\right]u[n]$

(2) $x[n]=\dfrac{1}{6}n\cdot 6^n u[n]$

(3) $x[n]=\delta[n]-\cos\left(\dfrac{\pi n}{2}\right)u[n]$

(4) $x[n]=(1-2^n+n2^{n-1})u[n]$

(5) $x[n]=2\delta[n+1]+\dfrac{3}{2}\delta[n]+(1-2^{n-1})u[-n-1]$

(6) $x[n]=3\cdot 2^{n-1}u[n-1]$

5. (1) $x[n]=2.4\delta[n]-[1.6(-0.5)^n+0.8(-0.25)^n]u[n]$

(2) $x[n]=\delta[n]-[(-0.5)^n+1.5n(-0.5)^n]u[n]$

(3) $x[n]=2\delta[n]+10.2(0.707)^n\cos\left(\dfrac{\pi n}{4}-101°\right)u[n]$

(4) $x[n]=\dfrac{1}{4}(0.25)^n\sin\left(\dfrac{\pi n}{2}\right)u[n]$

(5) $x[n]=\sin\left(\dfrac{n\pi}{2}\right)u[n]$

6. (1) $x[n]=\left[\left(\frac{1}{2}\right)^{n}-2^{n}\right]u[n]$

(2) $x[n]=\left[-\left(\frac{1}{2}\right)^{n}+2^{n}\right]u[-n-1]$

(3) $x[n]=\left(\frac{1}{2}\right)^{n}u[n]+2^{n}u[-n-1]$

7. $x[n]=10(2^{n}-1)u[n]$

8. (1) $y[n]=(n-1)u[n-1]+3u[n-3]$

(2) $y[n]=n(n+1)u[n]$

(3) $y[n]=\frac{b}{b-a}(a^{n}u[n]+b^{n}u[-n-1])$

(4) $y[n]=\frac{1-a^{n}}{1-a}u[n]$

9. (1) $y[n]=u[n]$

(2) $y[n]=\frac{3}{2}-\left(\frac{1}{2}\right)^{n}+\frac{1}{2}\left(\frac{1}{3}\right)^{n},n\geqslant-2$

(3) $y[n]=(1+0.9^{n+1})u[n]$

(4) $y[n]=\left[-\frac{4}{9}+\frac{1}{3}n+\frac{13}{9}(-2)^{n}\right]u[n]$

(5) $y[n]=\left[\frac{1}{6}+\frac{1}{2}(-1)^{n}-\frac{2}{3}(-2)^{n}\right]u[n]$

(6) $y[n]=\left[(-0.5)^{n}-\frac{4}{3}(-1)^{n}+\frac{1}{3}(0.5)^{n}\right]u[n]$

10. $x[n]=36\delta[n]+20\delta[n-1]+10\delta[n-2]+4\delta[n-3]-37(0.5)^{n}u[n]$

11. (1) $2y[n]+y[n-1]-y[n-2]=4x[n]+x[n-1]$

(2) $y[n]=[2.5+0.5(-1)^{n}-(0.5)^{n}]u[n]$

12. $y_{zi}[n]=3^{n}u[n],y_{zs}[n]=(-2\times2^{n}+3\times3^{n})u[n],y[n]=(-2^{n+1}+3^{n+1})u[n]$

13. (1) $H(z)=\frac{z^{4}+3z^{3}+5z^{2}+7z+4}{z^{4}}$

(2) $Y(z)=z^{-2}+z^{-3}+\frac{7}{12}z^{-4}+\frac{13}{6}z^{-5}+4z^{-6}+\frac{3}{2}z^{-7}$

$y[2]=1,y[3]=1,y[4]=7/12,y[5]=13/6,y[6]=4,y[7]=3/2,y[n]=0($其他$n)$

14. (1) $h[n]=6\delta[n]-4\left(\frac{1}{3}\right)^{n}u[n]$

(2) $y[n]=\left[-6\left(\frac{1}{2}\right)^{n}+8\left(\frac{1}{3}\right)^{n}\right]u[n]$

15. (1) $H(z)=\frac{z^{2}}{\left(z-\frac{1}{2}\right)\left(z-\frac{1}{4}\right)},|z|>\frac{1}{2}$

(2) $h[n]=\left[2\left(\frac{1}{2}\right)^{n}-\left(\frac{1}{4}\right)^{n}\right]u[n]$

(3) $y[n]=\left[\frac{8}{3}-2\left(\frac{1}{2}\right)^{n}+\frac{1}{3}\left(\frac{1}{4}\right)^{n}\right]u[n]$

16. (1) $h[n]=2\sin\left(\frac{n\pi}{2}\right)+\cos\left(\frac{n\pi}{2}\right)u[n-1],n\geqslant0$

(2) $y[n] = \frac{1}{2} + \frac{3}{2}\sin\left(\frac{n\pi}{2}\right) - \frac{1}{2}\cos\left(\frac{n\pi}{2}\right)u[n], n \geqslant 0$

(3) $y[n] = \left[\frac{3}{5}(2)^n - \frac{11}{5}\sin\left(\frac{n\pi}{2}\right) - \frac{13}{5}\cos\left(\frac{n\pi}{2}\right)\right]u[n]$

(4) $x[n] = 0, n \geqslant 0$

(5) $x[n] = -2\delta[n] - \delta[n-1] + 2.5(0.5)^n u[n]$

17. $H(z) = \dfrac{z^2 + 2z + 3}{z^3 + z^2 - z - 1}$

18. (1) $h[n] = 2\delta[n] + 0.8(-2)^n - 1.8(0.5)^n, n \geqslant 0$

(2) $y[n] = \frac{8}{15}(-2)^n + 1.8(0.5)^n - \frac{4}{3}, n \geqslant 0$

19. (1) $y[-2] = 8, y[-1] = 12$

(2) $\dfrac{C(z)}{A(z)} = \dfrac{2z^2 + 3z}{z^2 - 0.25}$

20. (1) $h[n] = -(-1)^{n-1}u[n-1] + 3(-2)^{n-1}u[n-1]$

(2) $y[n+2] + 3y[n+1] + 2y[n] = 2x[n+1] + x[n]$

(3) $y[n] = [-0.5(-1)^{n-1}u[n-1] + 2(-2)^{n-1} + 0.5]u[n-1]$

21. (1) $H(z) = 1 - 5z^{-1} + 8z^{-3}, h[n] = \delta[n] - 5\delta[n-1] + 8\delta[n-3]$

(2) $H(z) = \dfrac{z^3}{(z-1)^3}, h[n] = \frac{1}{2}(n+1)(n+2)u[n]$

(3) $H(z) = -\dfrac{1}{2} - \dfrac{1}{2}\dfrac{z}{z-2} + \dfrac{2z}{z-3}, h[n] = -\frac{1}{2}\delta[n] - (2^{n-1} - 2 \times 3^n)u[n]$

(4) $H(z) = \dfrac{z\left(z + \dfrac{1}{3}\right)}{z^2 - \dfrac{3}{4}z + \dfrac{1}{8}}, h[n] = \left[\frac{10}{3}\left(\frac{1}{2}\right)^n - \frac{7}{3}\left(\frac{1}{4}\right)^n\right]u[n]$

22. 临界稳定

23. 临界稳定

24. (1) BIBO 稳定

(2) 非 BIBO 稳定

(3) BIBO 稳定

25. $y_{\text{ss}}[n] = 9.8\cos(3n + 8°)u[n], y_{\text{ts}}[n] = -4.71(-0.5)^n u[n]$

26. $y_{\text{ts}}[n] = \left[\frac{290}{9}(-0.1)^n - 35(-0.2)^n\right]u[n],$

$$y_{\text{ss}}[n] = \frac{25}{9}(-1)^n u[n] = \frac{25}{9}\cos(\pi n)u[n]$$

27. (1) 稳定

(2) 不稳定

(3) 临界稳定

(4) 临界稳定

习题 9 答案

1. (1) 取状态变量 $\lambda_1(t) = y(t)$, $\lambda_2(t) = \dot{y}(t)$

$$\begin{bmatrix} \dot{\lambda}_1(t) \\ \dot{\lambda}_2(t) \end{bmatrix} = \begin{bmatrix} 0 & 1 \\ -\dfrac{k_1}{m} & -\dfrac{k_2}{m} \end{bmatrix} \begin{bmatrix} \lambda_1(t) \\ \lambda_2(t) \end{bmatrix} + \begin{bmatrix} 0 \\ \dfrac{1}{m} \end{bmatrix} x(t)$$

（2）$y(t) = \begin{bmatrix} 1 & 0 \end{bmatrix} \begin{bmatrix} \lambda_1(t) \\ \lambda_2(t) \end{bmatrix}$

2. $$\begin{bmatrix} \dfrac{\mathrm{d}i_L(t)}{\mathrm{d}t} \\ \dfrac{\mathrm{d}u_C(t)}{\mathrm{d}t} \end{bmatrix} = \begin{bmatrix} -\dfrac{R}{L} & -\dfrac{1}{L} \\ \dfrac{1}{C} & 0 \end{bmatrix} \begin{bmatrix} i_L(t) \\ u_C(t) \end{bmatrix} + \begin{bmatrix} \dfrac{1}{L} \\ 0 \end{bmatrix} x(t)$$

输出方程

$$y(t) = \begin{bmatrix} 1 & 0 \end{bmatrix} \begin{bmatrix} i_L(t) \\ u_C(t) \end{bmatrix}$$

3. $$\begin{bmatrix} \dot{y}_1(t) \\ \dot{y}_2(t) \\ \dot{y}_3(t) \end{bmatrix} = \begin{bmatrix} -1 & 0 & -1 \\ 0 & -1 & 1 \\ 1 & -1 & 0 \end{bmatrix} \begin{bmatrix} y_1(t) \\ y_2(t) \\ y_3(t) \end{bmatrix} + \begin{bmatrix} 1 & 0 \\ 0 & -1 \\ 0 & 0 \end{bmatrix} \begin{bmatrix} x_1(t) \\ x_2(t) \end{bmatrix}$$

$$y_1(t) = \begin{bmatrix} 0 & 0 & 1 \end{bmatrix} \begin{bmatrix} x_1(t) \\ x_2(t) \\ x_3(t) \end{bmatrix} + \begin{bmatrix} 0 & 0 \end{bmatrix} \begin{bmatrix} x_1(t) \\ x_2(t) \end{bmatrix}$$

4. $$\boldsymbol{\lambda}(t) = \mathrm{e}^{At}\boldsymbol{\lambda}(0_-) = \begin{bmatrix} -7\mathrm{e}^{3t} + 10\mathrm{e}^{2t} \\ 7\mathrm{e}^{3t} - 5\mathrm{e}^{2t} \end{bmatrix}$$

5. （1）$H(s) = \dfrac{3s+7}{(s+1)(s+2)(s+5)} = \dfrac{1}{s+1} - \dfrac{1/3}{s+2} - \dfrac{2/3}{s+5}$

$$\dot{\boldsymbol{\lambda}}(t) = \begin{bmatrix} -1 & 0 & 0 \\ 0 & -2 & 0 \\ 0 & 0 & -5 \end{bmatrix} \boldsymbol{\lambda}(t) + \begin{bmatrix} 1 \\ -\dfrac{1}{3} \\ -\dfrac{2}{3} \end{bmatrix} x(t), \quad y(t) = \begin{bmatrix} 1 & 1 & 1 \end{bmatrix} \boldsymbol{\lambda}(t)$$

（2）$H(s) = \dfrac{3s+10}{s^2+7s+12} = \dfrac{1}{s+3} + \dfrac{2}{s+4}$

$$\begin{bmatrix} \dot{\lambda}_1(t) \\ \dot{\lambda}_2(t) \end{bmatrix} = \begin{bmatrix} -3 & 0 \\ 0 & -4 \end{bmatrix} \begin{bmatrix} \lambda_1(t) \\ \lambda_2(t) \end{bmatrix} + \begin{bmatrix} 1 \\ 2 \end{bmatrix} x(t), \quad y(t) = \begin{bmatrix} 1 & 1 \end{bmatrix} \begin{bmatrix} \lambda_1(t) \\ \lambda_2(t) \end{bmatrix}$$

（3）$H(s) = \dfrac{2s^2+3s+10}{(s+1)(s+2)(s+3)} = \dfrac{9/2}{s+1} - \dfrac{12}{s+2} + \dfrac{9/2}{s+3}$

$$\begin{bmatrix} \dot{\lambda}_1(t) \\ \dot{\lambda}_2(t) \\ \dot{\lambda}_3(t) \end{bmatrix} = \begin{bmatrix} -1 & 0 & 0 \\ 0 & -2 & 0 \\ 0 & 0 & -3 \end{bmatrix} \begin{bmatrix} \lambda_1(t) \\ \lambda_2(t) \\ \lambda_3(t) \end{bmatrix} + \begin{bmatrix} \dfrac{9}{2} \\ -12 \\ \dfrac{9}{2} \end{bmatrix} x(t), \quad y(t) = \begin{bmatrix} 1 & 1 & 1 \end{bmatrix} \begin{bmatrix} \lambda_1(t) \\ \lambda_2(t) \\ \lambda_3(t) \end{bmatrix}$$

6. 选状态变量 $\lambda_1[n] = y[n-2], \lambda_2[n] = y[n-1]$

$$\begin{bmatrix} \lambda_1[n+1] \\ \lambda_2[n+1] \end{bmatrix} = \begin{bmatrix} 0 & 1 \\ -\dfrac{1}{8} & \dfrac{3}{4} \end{bmatrix} \begin{bmatrix} \lambda_1[n] \\ \lambda_2[n] \end{bmatrix} + \begin{bmatrix} 0 \\ 1 \end{bmatrix} x[n], \quad y[n] = \begin{bmatrix} -\dfrac{1}{8} & \dfrac{3}{4} \end{bmatrix} \begin{bmatrix} \lambda_1[n] \\ \lambda_2[n] \end{bmatrix} + x[n]$$

7. $\begin{bmatrix} \lambda_1[n+1] \\ \lambda_2[n+1] \end{bmatrix} = \begin{bmatrix} \dfrac{3}{4} & 1 \\ -\dfrac{1}{8} & 0 \end{bmatrix} \begin{bmatrix} \lambda_1[n] \\ \lambda_2[n] \end{bmatrix} + \begin{bmatrix} \dfrac{5}{4} \\ -\dfrac{1}{8} \end{bmatrix} x[n], \quad y[n] = \begin{bmatrix} 1 & 0 \end{bmatrix} \begin{bmatrix} \lambda_1[n] \\ \lambda_2[n] \end{bmatrix} + x[n]$

8. $\begin{bmatrix} \lambda_1[n+1] \\ \lambda_2[n+1] \end{bmatrix} = \begin{bmatrix} -a_1 & 1 \\ -a_2 & 0 \end{bmatrix} \begin{bmatrix} \lambda_1[n] \\ \lambda_2[n] \end{bmatrix} + \begin{bmatrix} b_1 - a_1 b_0 \\ b_2 - a_2 b_0 \end{bmatrix} x[n]$

$$y[n] = \begin{bmatrix} 1 & 0 \end{bmatrix} \begin{bmatrix} \lambda_1[n] \\ \lambda_2[n] \end{bmatrix} + b_0 x[n]$$

9. $\begin{bmatrix} \lambda_1[n+1] \\ \lambda_2[n+1] \end{bmatrix} = \begin{bmatrix} -\dfrac{3}{2} & 1 \\ -\dfrac{1}{2} & 0 \end{bmatrix} \begin{bmatrix} \lambda_1[n] \\ \lambda_2[n] \end{bmatrix} + \begin{bmatrix} \dfrac{1}{2} \\ 0 \end{bmatrix} x[n], \quad y[n] = \begin{bmatrix} 1 & 0 \end{bmatrix} \begin{bmatrix} \lambda_1[n] \\ \lambda_2[n] \end{bmatrix}$

10. (1) $h[n] = \dfrac{1}{4} [3^{n-1} - (-1)^{n-1}] u[n-1]$

(2) $\begin{bmatrix} y_1[n] \\ y_2[n] \end{bmatrix} = \begin{bmatrix} \dfrac{3}{8}(-1)^n + \dfrac{7}{8}(3)^n - \dfrac{1}{4}(1)^n \\ -\dfrac{3}{4}(-4)^n + \dfrac{7}{4}(3)^n \end{bmatrix} u[n]$

$$y[n] = y_1[n] = \left[\dfrac{3}{8}(-1)^n + \dfrac{7}{8}(3)^n - \dfrac{1}{4}(1)^n \right] u[n]$$

(3) $p_1 = 3, p_2 = -1$，有极点位于单位圆外，系统不稳定

11. (1) $y[n+2] + 6y[n+1] + 8y[n] = x[n+2] + 18x[n+1] + 67x[n]$

(2) $h[n] = \left[-\dfrac{35}{4}(-2)^n + \dfrac{11}{8}(-4)^n \right] u[n] + \dfrac{67}{8}\delta[n]$

(3) $p_1 = -2, p_2 = -4$，极点在单位圆外，系统不稳定

12. (1) $e^{At} = \begin{bmatrix} e^{-2t} & 0 \\ 0 & e^{-3t} \end{bmatrix}$

(2) $e^{At} = \begin{bmatrix} e^{-2t} & t e^{-2t} \\ 0 & e^{-2t} \end{bmatrix}$

(3) $e^{At} = \begin{bmatrix} \dfrac{1}{3}e^{-t} + \dfrac{2}{3}e^{-4t} & \dfrac{1}{3}e^{-t} - \dfrac{1}{3}e^{-4t} \\ \dfrac{2}{3}e^{-t} - \dfrac{2}{3}e^{-4t} & \dfrac{2}{3}e^{-t} + \dfrac{1}{3}e^{-4t} \end{bmatrix}$

(4) $e^{At} = \begin{bmatrix} -2te^t + e^{2t} & (3t+2)e^t - 2e^{2t} & -(t+1)e^t + e^{2t} \\ -2(t+1)e^t + 2e^{2t} & (3t+5)e^t - 4e^{2t} & -(t+2)e^t + 2e^{2t} \\ -2(t+2)e^t + 4e^{2t} & (3t+8)e^t - 8e^{2t} & -(t+3)e^t + 4e^{2t} \end{bmatrix}$

13. $A^n = \begin{bmatrix} 2^n & n2^{n-1} \\ 0 & 2^n \end{bmatrix}$

14. (1) $M = \begin{bmatrix} B & AB & A^2B \end{bmatrix} = \begin{bmatrix} 0 & 1 & -2 \\ 1 & -2 & 4 \\ 1 & -4 & 9 \end{bmatrix}$，满秩，故系统可控

(2) $N = \begin{bmatrix} C \\ CA \\ CA^2 \end{bmatrix} = \begin{bmatrix} 1 & 0 & 0 \\ -2 & 2 & -1 \\ 3 & -4 & 2 \end{bmatrix} \rightarrow \begin{bmatrix} 1 & 0 & 0 \\ 3 & -4 & 2 \\ 3 & -4 & 2 \end{bmatrix} \rightarrow \begin{bmatrix} 1 & 0 & 0 \\ 3 & -4 & 2 \\ 0 & 0 & 0 \end{bmatrix}$, C 的秩为 2, 非

满秩, 故系统不可观

(3) $H(s) = C(sI - A)^{-1}B + D = \dfrac{1}{(s+1)^2}$

15.（1）$A = \begin{bmatrix} -2 & -1 \\ -1 & -2 \end{bmatrix}$, $B = \begin{bmatrix} 1 \\ 1 \end{bmatrix}$, $C = \begin{bmatrix} 0 & 1 \end{bmatrix}$, $D = 0$

$M = \begin{bmatrix} B & AB \end{bmatrix} = \begin{bmatrix} 1 & -3 \\ 1 & -3 \end{bmatrix} \rightarrow \begin{bmatrix} 1 & -3 \\ 0 & 0 \end{bmatrix}$秩为 1, 非满秩, 故系统不完全可控

(2) $N = \begin{bmatrix} C \\ CA \end{bmatrix} = \begin{bmatrix} 0 & 1 \\ -1 & -2 \end{bmatrix}$, 满秩, 故系统完全可观

(3) $H(s) = C(sI - A)^{-1}B + D = \dfrac{1}{s+3}$

16.（1）系统不可控

（2）系统可观

参 考 书 籍

［1］ Edwcrd W，Kamen，Bonnie S，et al. Fundamentals of signals and systems u-sing the Web and MATLAB：Pearson(Third edition)［M］. 北京：科学出版社，2011.

［2］ 姜建国，曹建中，高玉明. 信号与系统分析基础［M］. 北京：清华大学出版社，1994.

［3］ 吴大正，杨林耀，张永瑞. 信号与线性系统分析［M］. 3 版，北京：高等教育出版社，1998.

［4］ 王宝祥. 信号与系统［M］. 2 版. 哈尔滨：哈尔滨工业大学出版社，2000.

［5］ 郑君里，应启珩，张永瑞. 信号与系统［M］. 2 版. 北京：高等教育出版社，2000.

［6］ 管致中，夏恭恪. 信号与线性系统［M］. 4 版. 北京：高等教育出版社. 2004.

［7］ 范世贵，李辉. 信号与线性系统［M］. 2 版. 西安：西北工业大学出版社，2006.

［8］ Alan V. Oppenheim，Alan S. Willsky. Signals and Systems(Second edition). 北京：电子工业出版社，2002.

［9］ Simon Haykin，Barry Van Veen. Signals and Systems(Second edition)［M］. 北京：电子工业出版社，2012.

［10］ Hwei P. Hsu. 信号与系统［M］. 北京：科学出版社，2002.

［11］ Hwei P. Hsu. 数字信号处理［M］. ，北京：科学出版社，2002.

［12］ Edward W，Kamen，Bonnie S，et al. Fundamentals of signals and systems using the Web and MATLAB：Person(Second edition)［M］. 北京：科学出版社，2002.